江苏省高等学校重点教材
（编号：2021-1-069）

高等学校土木工程学科专业指导委员会规划教材
高等学校土木工程本科指导性专业规范配套系列教材
总主编 何若全

材料力学（第3版）

CAILIAO LIXUE

主　编　范存新
副主编　陈　宁
参　编　蒋　明　谢小明
　　　　王嘉航
主　审　刘德华

重庆大学出版社

内容提要

本书作为“高等学校土木工程本科指导性专业规范配套系列教材”之一，按照最新颁布的“高等学校土木工程本科指导性专业规范”进行编写。全书共分11章，内容包括绪论、轴向拉伸和压缩、剪切、扭转、弯曲内力、弯曲应力、弯曲变形、应力状态和强度理论、组合变形、压杆稳定、能量法。

本书将理论教学与工程应用相结合，突出工程背景，体现土木工程的专业特点。本书涵盖了“高等学校土木工程本科指导性专业规范”中“力学原理和方法”知识领域中材料力学部分全部的知识点，并补充适当的选修单元，可供土木工程各专业方向作为材料力学课程教材使用。

图书在版编目(CIP)数据

材料力学 / 范存新主编. -- 3版. -- 重庆：重庆大学出版社，2023.4

高等学校土木工程本科指导性专业规范配套系列教材

ISBN 978-7-5624-6144-9

Ⅰ.①材… Ⅱ.①范… Ⅲ.①材料力学—高等学校—教材 Ⅳ.①TB301

中国国家版本馆CIP数据核字(2023)第068459号

高等学校土木工程本科指导性专业规范配套系列教材

材料力学

(第3版)

主 编 范存新

副主编 陈 宁

主 审 刘德华

责任编辑：范春青　　版式设计：莫 西

责任校对：王 倩　　责任印制：赵 晟

*

重庆大学出版社出版发行

出版人：饶帮华

社址：重庆市沙坪坝区大学城西路21号

邮编：401331

电话：(023)88617190　88617185(中小学)

传真：(023)88617186　88617166

网址：http://www.cqup.com.cn

邮箱：fxk@cqup.com.cn (营销中心)

全国新华书店经销

重庆市美尚印务股份有限公司印刷

*

开本：787mm×1092mm　1/16　印张：17.5　字数：449千

2017年6月第2版　2023年4月第3版　2023年4月第10次印刷

印数：22 001—25 000

ISBN 978-7-5624-6144-9　定价：49.00元

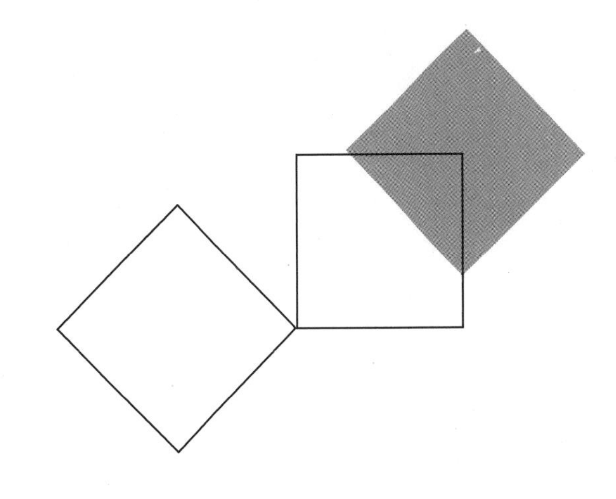

编委会名单

总　序

进入21世纪的第二个十年，土木工程专业教育的背景发生了很大的变化。"国家中长期教育改革和发展规划纲要"正式启动，中国工程院和国家教育部倡导的"卓越工程师教育培养计划"开始实施，这些都为高等工程教育的改革指明了方向。截至2010年底，我国已有300多所大学开设土木工程专业，在校生达30多万人，这无疑是世界上该专业在校大学生最多的国家。如何培养面向产业、面向世界、面向未来的合格工程师，是土木工程界一直在思考的问题。

由住房和城乡建设部土建学科教学指导委员会下达的重点课题"高等学校土木工程本科指导性专业规范"的研制，是落实国家工程教育改革战略的一次尝试。"专业规范"为土木工程本科教育提供了一个重要的指导性文件。

由"高等学校土木工程本科指导性专业规范"研制项目负责人何若全教授担任总主编，重庆大学出版社出版的《高等学校土木工程本科指导性专业规范配套系列教材》力求体现"专业规范"的原则和主要精神，按照土木工程专业本科期间有关知识、能力、素质的要求设计了各教材的内容，同时对大学生增强工程意识、提高实践能力和培养创新精神做了许多有意义的尝试。这套教材的主要特色体现在以下方面：

(1)系列教材的内容覆盖了"专业规范"要求的所有核心知识点，并且教材之间尽量避免了知识的重复；

(2)系列教材更加贴近工程实际，满足培养应用型人才对知识和动手能力的要求，符合工程教育改革的方向；

(3)教材主编们大多具有较为丰富的工程实践能力，他们力图通过教材这个重要手段实现"基于问题、基于项目、基于案例"的研究型学习方式。

据悉，本系列教材编委会的部分成员参加了"专业规范"的研究工作，而大部分成员曾为"专业规范"的研制提供了丰富的背景资料。我相信，这套教材的出版将为"专业规范"的推广实施，为土木工程教育事业的健康发展起到积极的作用！

中国工程院院士　哈尔滨工业大学教授

沈世钊

第3版前言

作为全国高校土木工程专业指导委员会规划教材、江苏省高等学校重点教材,同时亦是高等学校土木工程本科指导性专业规范配套系列教材之一,本教材于2011年出版第1版,于2017年出版第2版。为更好地满足应用型创新人才的培养要求,结合土木工程专业规范的更新,我们根据近年来的教学实践和教材使用者反馈的信息,对原教材进行了部分修订。

本版保持了前两版的体系和风格,整体框架未做改变,修订后主要在以下几个方面体现特色:

(1)本次教材修订坚持正确的政治方向和价值导向,将党的二十大会议精神融入到专业课教育中,通过实际工程案例,培养学生的法治意识、安全意识和高质量发展意识,寓价值引导于知识传授和能力培养之中,培养有情怀、有担当、有本领的新时代建设者。

(2)教材体现了国际工程教育认证强调的“以学生为本”,培养学生的“大工程观”,增加了结合工程的例题、案例等。

(3)根据本学科国内外前沿研究成果,补充介绍了负泊松比的概念,对温度应力与装配应力、提高压杆稳定性的措施等部分内容进行了改写,补充了工程上稳定设计计算需注意的问题等等。

(4)本次修订还对例题和习题进行了修改和调整,替换并增加了部分例题,同时对部分重点例题,提供了例题讲解,读者可通过扫描例题旁的二维码观看例题讲解,方便更好地理解例题。

本教材由苏州科技大学和南京林业大学联合编写修订,参加编写修订的人员有:范存新(第1、2、10章、附录Ⅱ),陈宁(第3、6、11章),谢小明(第5、8、9章),王嘉航(第4、7章,附录Ⅰ、附录Ⅲ)。本教材由范存新教授担任主编、陈宁教授为副主编。

限于编者的水平,教材中可能有不完善甚至是错误的地方,欢迎读者给予批评指正。

编者

2023年2月

第1版前言

本书是按照最新颁布的“高等学校土木工程本科指导性专业规范”编写的。土木工程涉及相当广泛的技术领域,建筑工程、交通土建工程、井巷工程、水利水运设施工程、城镇建筑环境设施工程、防灾减灾工程等,都属于广义的土木工程范围。本书在编写过程中特别注重应用型人才培养的要求,力争符合目前大多数高校土木工程专业不同专业方向的材料力学课程的教学和兼顾社会对人才的需求,并能够充分体现“专业规范”的主要精神,便于学生学习。

为了体现应用型人才培养的要求,本书的编写力求将理论教学与工程应用相结合,突出工程背景,体现土木工程的专业特点。本书根据土木工程专业的特点,调整了教学内容结构,涵盖了“专业规范”中“力学原理和方法”知识领域中材料力学部分全部知识点,并补充适当的选修单元(加注 * 号),可供各专业方向根据需要选用。同时,为了方便教学,本书提供配套的电子课件及习题参考答案供教师免费下载(重庆大学出版社教育资源网,http://www.cqup.net/edusrc)。

本书由苏州科技学院和南京林业大学合作编写,参加编写的人员有:范存新(第1,2,10章,附录Ⅱ),陈宁(第3,11章),蒋明(第5,6,7章,附录Ⅲ),谢小明(第8,9章),王嘉航(第4章,附录Ⅰ)。本书由范存新担任主编,陈宁为副主编。

研究生王彦军、夏瑞光、冷元、曹新风参与了本书的校对等工作。本书在编写过程中,参阅了多本同类教材,在此一并表示谢意。限于编者的水平,教材中可能有不完善的地方,欢迎读者给予批评指正。

编　者

2011年6月

目　录

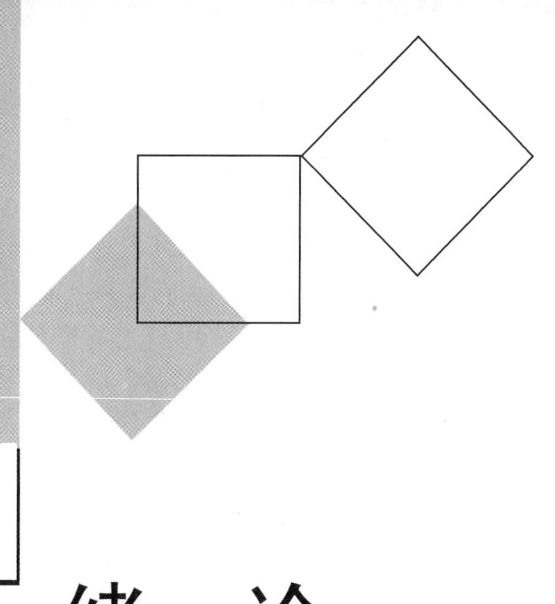

1 绪 论

本章导读:

• **基本要求** 了解材料力学的任务和研究对象;掌握可变形固体的概念及其基本假设;了解杆件变形的基本形式。

• **重点** 可变形固体及其基本假设;杆件变形的基本形式。

• **难点** 杆件变形的基本形式。

1.1 材料力学的任务和研究对象

由静力学理论可知,物体在受力作用以后,力将使物体运动状态发生变化或使物体产生变形。前者称为力的运动效应,后者称为力的变形效应。在静力学中,采用刚体这种力学模型,则不考虑力的变形效应,但在某些实际问题中,物体的变形是不能忽视的,因而仅用刚体静力学的理论就不能解决全部问题,有必要在考虑变形的条件下进一步研究问题。

在工程实际问题中,各种结构物、机械和设备在使用时,组成它们的每个构件都要承受相邻构件或从其他构件传递过来的外力(即荷载)的作用,如压力、风力、重力等。而这些构件都必须正常工作,发挥作用,因此首先要求各构件具有一定的承受荷载的能力,即构件在荷载的作用下不发生破坏。另外,由于荷载的作用,构件的形状和几何尺寸也要发生一定的变化,即变形。若变形过大,构件也无法正常工作。如机床上的主轴若变形过大,会影响机床的工作精度。此外,还有一些构件在荷载的作用下,其原有的平衡可能丧失。例如细长的杆件,在受到轴向压力超过一定的限度后,会显著地变弯,这类现象称为失稳。这也是工程中不允许的。针对上述3种情况,对构件正常工作的要求可以表达为以下3个方面:

图 1.1

1) 强度要求

构件在荷载作用下,应具有足够的抵抗破坏的能力。例如在吊车中的拉索(图 1.1),若因荷载过大而断裂时,吊车就无法使用。强度有高低之分,在一定的荷载作用下,说某种材料或某个构件的强度高,是指其比较坚固,不易破坏;反之则是指其不够坚固,较易破坏。

2) 刚度要求

构件在荷载作用下,应具有足够的抵抗变形的能力。例如在土木工程中的桥梁(图 1.2),不能有过大的变形。刚度有大小之分,在一定荷载作用下,说某个构件的刚度大,是指这个构件不易变形,即抵抗变形的能力强;反之则指其较易变形,即抵抗变形的能力弱。

图 1.2

3) 稳定性要求

某些构件在特定荷载,如压力作用下,应具有足够的保持其原有平衡状态的能力。例如悬臂吊车架的支撑杆、千斤顶的螺杆(图 1.3)不能变弯等。

图 1.3

实际工程问题中,构件均应具有足够的强度、刚度和稳定性。但对一个具体的构件,这三方面要求往往有所侧重。例如,氧气瓶以强度要求为主,机械加工的车床主轴以刚度要求为主,而土木工程中的某些压杆以稳定性要求为主。此外,对某些特殊的构件往往还有相反的要求。例如为保证机器不致因超载而造成事故,当荷载达到一定限度时,要求安全销应立即破坏。

构件强度、刚度和稳定性都与所用的材料有关,因此材料力学还要研究材料在荷载作用下表现出的力学性能。材料的力学性能需要通过实验来测定,许多理论分析的结果是在某些假设的前提下,经过简化而得到的,是否可靠,也需要实验来验证。工程中还有一些问题单靠现有的理论还解决不了,也需要借助实验来解决。因此,实验研究和理论分析同样重要,材料力学是一门理论与实验相结合的学科。

在设计构件时,不但要满足上述的强度、刚度和稳定性这三个方面的要求,同时还要尽可能地为合理选用材料和降低材料的消耗量,以节约资金和降低构件的自重。前者往往要求多用材料,而后者则要求少用材料,两者之间存在着矛盾。材料力学的任务就是研究材料及构件在荷载作用下所表现的力学性能,并在满足强度、刚度和稳定性的要求的前提下,尽可能地为合理地解决工程中构件的设计提供必要的理论基础知识和计算方法,尽可能合理地解决这一矛盾。

1.2 可变形固体及其基本假设

构件在荷载作用下均会产生变形,研究构件的强度、刚度和稳定性问题时就不能将物体视为刚体,应建立新的力学模型。而制造构件所用的材料,虽然其物质材料和性质是多种多样的,但有一个共同的特点,即它们都是固体,而且在荷载作用下会发生变形——包括物体尺寸的改变和形状的改变。因此,这些材料统称为**可变形固体**。

对于由可变形固体材料做成的构件进行强度、刚度和稳定性计算时,为了使问题得到简化,需要抓住材料的主要因素,略去次要因素,将它们抽象为一种理想模型。这一抽象过程就是要对可变形固体做出如下基本假设:

①**连续性假设**:认为整个物体所占空间内毫无空隙地充满物质。事实上,可变形固体材料的微粒或晶体之间并不连续,物质结构虽然有不同程度的孔隙,但这些孔隙的大小和构件尺寸相比极为微小,故可将它们忽略不计,而认为是密实的。

②**均匀性假设**:认为物体内的任何部分,其力学性能均相同。事实上,可变形固体的基本组成部分(如钢材中的微粒)的性能都有不同程度的差异,但从宏观角度来研究时,整体的力学性能是一样的。

③**各向同性假设**:认为材料沿各方向的力学性能都是相同的。这一假设,对大多数金属材料是完全正确的,但对某些材料如木材等,其整体的力学性能具有明显的方向性,就不能认为是各向同性的,而应该按各向异性来进行计算。

实践表明:在工程计算所要求的精度范围内,将实际材料抽象成连续、均匀和各向同性的可变形固体这种力学模型,所得到的计算结果是能令人满意的。这种理想化了的力学模型代表了各种工程材料的基本属性,使理论计算得到了简化。除了上面三个基本假设以外,材料力学中所研究的构件在承受荷载作用时,其变形远比构件的原始尺寸小,这样在研究构件的平衡和内部受力以及变形等问题时,均可按构件的原始尺寸和形状进行计算。这种因变形微小而按构件的原始尺寸和形状进行计算的方法,在材料力学中将经常用到。但同时需注意,对能够产生大变形的物体(如橡胶、塑料等)以及后面第 10 章所讨论的压杆的稳定性问题,则不适用。

构件的变形还可分为弹性变形和塑性变形。当构件所受荷载不超过一定限度时,大多数材料在荷载卸除后,变形可以完全消失,恢复原状,这种变形称为**弹性变形**;但如荷载过大,超过某一限度,则在荷载卸除后,构件的变形只能部分地恢复,并将留下一部分不能消失的变形,这种变形称为**塑性变形**。大多数构件在正常工作的条件下,均要求其材料只发生弹性变形,若发生了塑性变形,则认为是材料的强度失效。所以材料力学中所研究的大部分问题,一般限于弹性变形的范围内。

综上所述,材料力学中是把实际构件看作均匀、连续、各向同性的可变形固体,且在大多数情况下按构件的原始尺寸和形状,在小变形和弹性变形的范围内来讨论。

1.3 杆件变形的基本形式

实际构件有各种不同的形状,而材料力学中所研究的主要构件从几何上多抽象为杆件。所谓杆件,是指纵向尺寸远大于横向尺寸的构件,其几何要素是横截面和轴线,如图1.4(a)所示,其中横截面是垂直于杆件纵向的截面,轴线是横截面形心的连线。按横截面可将杆件分为等截面杆和变截面杆,等截面杆如图1.4(a)、图1.4(d)所示,变截面杆如图1.4(c)所示;按轴线可将杆件分为直杆和曲杆,曲杆如图1.4(b)所示。在本教材中,如未作特别说明,构件即是指杆件。

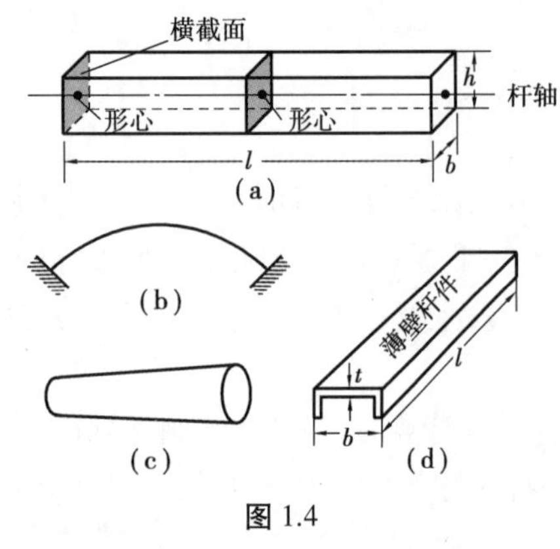

图 1.4

杆件的变形不但与荷载大小有关,还与荷载的作用方式有关。因为荷载是多种多样的,因此,杆的变形也就有各种各样的形式,但是杆件的基本变形可分为以下4种。

①**轴向拉伸或轴向压缩**:在两个作用线与直杆轴线重合的外力作用下,变形形式表现为杆件长度的伸长或缩短。如图1.5所示托架的拉杆和压杆受力后的变形。

②**剪切**:在相距很近的大小相等、方向相反、相互平行的一对力作用下,直杆的主要变形是横截面沿外力作用方向发生相对错动。如图1.6所示的连接件中的螺栓和销钉受力后的变形。

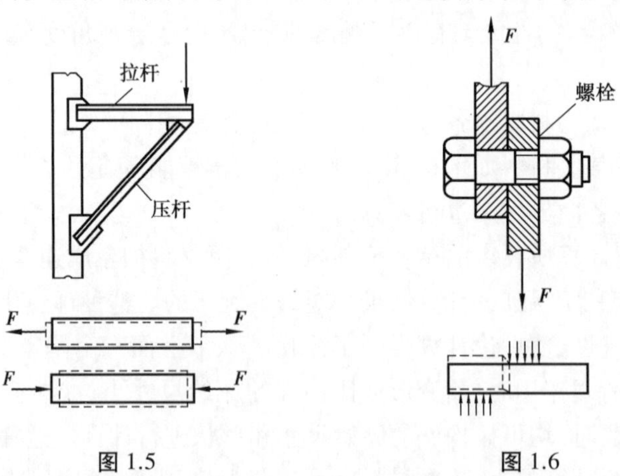

图 1.5　　图 1.6

③**扭转**:在一对大小相等、转向相反、作用面都垂直于直杆轴线的一对外力偶作用下,直杆的两个相邻横截面将发生绕轴线的相对转动,杆件表面纵向线将变为螺旋线,而轴线仍保持为直线。如图1.7所示的机器中的传动轴受力后的变形。

④**弯曲**:在一对大小相等、方向相反、作用面在杆件的纵向平面内的力偶作用下,直杆的相邻横截面将绕垂直于杆轴线的轴发生相对转动,变形后的杆件轴线将变为曲线,这种变形形式

称为**纯弯曲**,如图 1.8 所示。杆件在垂直于杆件轴线的横向力作用下的变形是弯曲与剪切的组合,通常称为**横力弯曲**。如图 1.9 所示为单梁吊车的横梁受力后的变形。

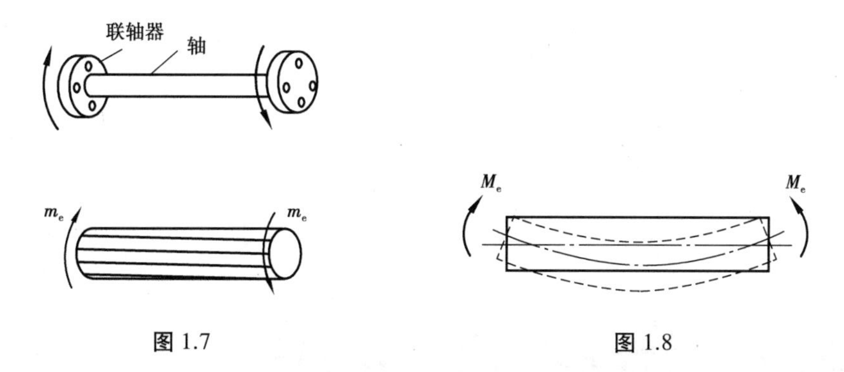

图 1.7

图 1.8

在工程结构中,杆件在荷载作用下的变形大多为上述几种基本变形形式的组合,例如图 1.10所示的拐轴,在力 F 的作用下,AB 杆同时发生扭转变形和弯曲变形。杆件同时发生几种基本变形,称为**组合变形**。但若以某一种基本变形形式为主,其他属于次要变形的,则可以按该基本变形形式计算。

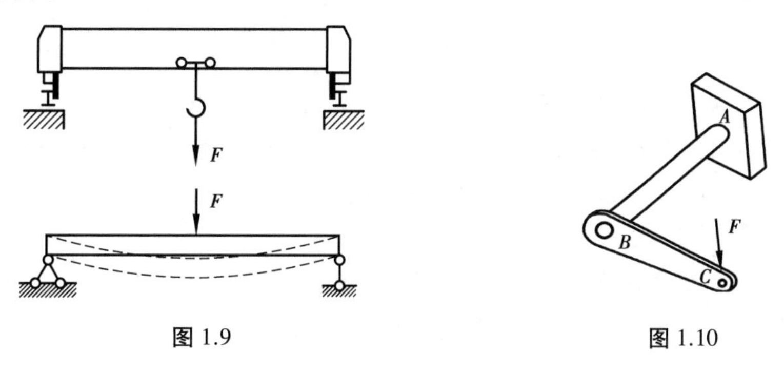

图 1.9

图 1.10

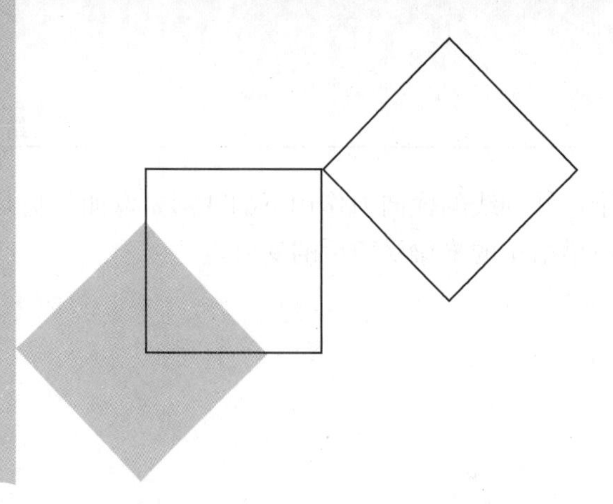

2 轴向拉伸和压缩

本章导读:

- **基本要求** 掌握轴向拉伸和压缩的概念;掌握内力、轴力、应力、正应力等概念;掌握拉压杆的变形计算;掌握材料在拉伸和压缩时的力学性能;掌握拉压杆的强度条件并能运用强度条件解决实际工程中的强度校核、截面设计和确定许用荷载等问题;了解应力集中的概念;掌握拉压杆超静定问题的解法。
- **重点** 拉压杆的强度计算问题;拉压杆的变形计算问题。
- **难点** 拉压杆的变形计算;拉压杆超静定问题的解法。

2.1 轴向拉伸和压缩的概念

工程中的许多构件,都可以看成直杆,当作用于杆上的外力合力的作用线与直杆的轴线重合时,杆的主要变形是纵向伸长或缩短,这类构件称为拉杆或压杆。这种变形形式就是我们在上一章所介绍的轴向拉伸或压缩。如图 2.1 所示三角架中的 AC 杆为拉杆,BC 杆为压杆。图 2.2 所示桁架中的杆也是主要承受拉伸或压缩变形的杆件。

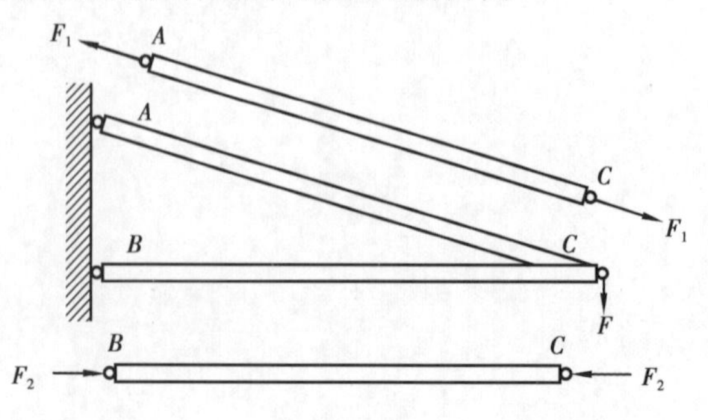

图 2.1

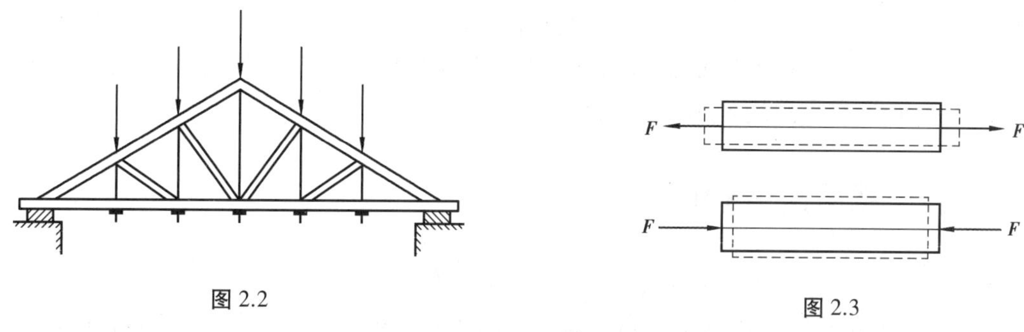

图 2.2　　　　图 2.3

虽然杆件的外形各有差异，加载方式也不同，但一般对于受轴向拉伸与压缩的杆件，其形状和受力情况仍可进行简化。如图 2.3 所示，这是拉（压）杆中最简单的例子，一等截面直杆在两端各受一集中力 F 的作用，这两个力大小相等，方向相反，作用线与杆的轴线重合。若两作用力的指向是离开杆端截面的，则在这样的轴向力作用下，杆件产生伸长变形，这时的力称为**轴向拉力**；若两作用力是指向杆端截面的，则在这样的轴向力作用下，杆件产生缩短变形，这时的力称为**轴向压力**。

2.2　拉压杆的内力与计算

2.2.1　内力的概念

我们以枝头上的苹果为对象进行受力分析，如图 2.4 所示。留在枝头的苹果受到重力的作用没有掉下来而保持平衡，是由于苹果把上“产生了内力”。

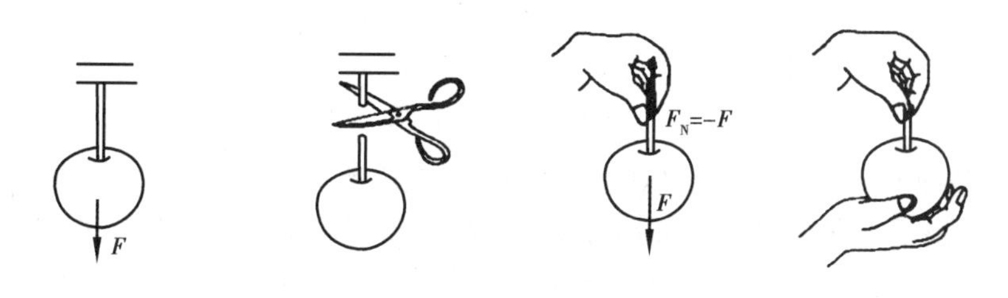

图 2.4

若我们剪断苹果把，苹果当然会下落。为使它不落下，用手指捏住要剪断的苹果把，来模拟苹果把的作用，这时手指会有受力的感觉。再用另一只手托住苹果，则手指感受到的力就会消失。由此可知苹果把中的内力和外力（重力）是有关系的，它随外力作用而产生，是由于外力的作用而引起的“附加内力”，有别于物体中微观粒子间的作用力，这就是材料力学中所谓的**内力**。

构件在荷载（外力）作用下处于平衡，但构件还会发生变形。由于构件假设为均匀连续的可变性固体，因此在构件内部相邻部分之间相互作用的内力，实际上是一个连续分布的内力系，而这里所谓的内力就是这部分分布力系的合成（力或力偶）。也就是说，内力是由外力作用所引起的，物体内部相邻部分之间分布内力系的合成。

杆件中的内力是与自身的变形相联系的，内力总是与变形同时产生的。内力作用的趋势则是试图使受力杆件恢复原状,内力对变形起抵抗和阻碍作用。

在研究杆件的强度、刚度等问题时,均与内力这个因素有关,经常需要知道构件在已知外力作用下某一截面(通常是横截面)上的内力值。

2.2.2 轴力、截面法、轴力图

当直杆轴向拉伸或压缩时,所产生的内力是沿杆件轴线的,故称为**轴力**。由于内力是受力物体内相邻部分的相互作用力,从杆件的外部,是不能分析的,可用一个假想截面将杆件截开,使内力“暴露”出来,以确定内力的大小和方向,这就是**截面法**。

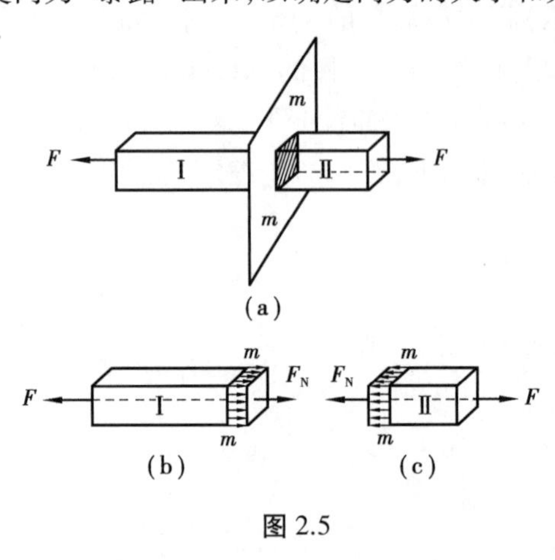

图 2.5

截面法的基本步骤如下:

1)**截开**

如图 2.5(a)所示,用一垂直于杆轴线的平面 $m—m$,将杆假想地截断成左右两部分Ⅰ和Ⅱ。任取一部分作为研究对象。

2)**代替**

去掉部分对留下部分的作用,是通过横截面上的内力来体现的,这是一个沿截面分布的力系,我们所谓的内力,就是指这个力系的合成(即对截面形心的简化结果),如图 2.5(b)所示。这里的内力即为截面 $m—m$ 上的轴力。

3)**平衡**

对留下部分建立平衡方程,由平衡方程可求出内力的大小,即:

$$\sum F_x = F_N - F = 0, F_N = F$$

可以看出,截面 $m—m$ 上的轴力 F_N 大小等于 F,方向与 F 相反,作用线沿轴线。

应当注意:无论我们取Ⅰ部分或Ⅱ部分研究,所得到的轴力大小是相同的,但方向相反,是一对作用力与反作用力。所以,一般我们只取一部分计算即可,但可从另一部分得到校核。

为了区分轴向受拉与受压,我们对轴力的正负号作如下规定:

拉杆的变形是沿纵向伸长,即杆长增加了,其轴力规定为正,称为拉力;

压杆的变形是沿纵向缩短,即杆长减少了,其轴力规定为负,称为压力。

从截开的横截面上看,拉力的指向是沿外法线方向,而压力的指向则与外法线方向相反。

图 2.5 所示直杆只受到两个平衡外力作用,无论是拉还是压,各横截面的内力的大小(即绝对值)都相同,且都等于杆所受到的外力。然而,当杆受到多于两个轴向外力作用时,其内力沿轴线就会发生变化。为了表示轴力随横截面位置变化而变化的情况,可选取一定的比例,用平行于杆轴线的坐标表示横截面的位置,用垂直于杆轴线的坐标表示横截面上轴力的数值,从而绘出表示轴力与截面位置关系的图线,称为**轴力图**。从该图上可以确定最大轴力的数值及其所在横截面的位置,习惯上将正值的轴力画在坐标轴的上侧,负值的轴力画在下侧。

【例题 2.1】 现有一等截面直杆，其受力情况如图 2.6(a)所示，试求各段内截面上的轴力并作出轴力图。

【解】 (1) 求约束反力

直杆在 B,C,D,E 四处作用的外力都是轴向的，根据杆件平衡条件，可得固定端 A 处的约束反力只有一个水平方向的 F_R。

由图2.6(b)列平衡方程得：

$$\sum F_x = -F_R - F_1 + F_2 - F_3 + F_4 = 0$$

$$F_R = -40\ \text{kN} + 55\ \text{kN} - 25\ \text{kN} + 20\ \text{kN} = 10\ \text{kN}$$

(2) 求各杆段截面轴力

容易看出，杆件中 AB 段、BC 段、CD 段、DE 段的轴力是不同的。为了求出这些轴力，分别用 4 个横截面：1—1、2—2、3—3、4—4，截杆并取 4 个部分为研究对象，由平衡方程即可求得。

在 AB 段内，用横截面 1—1 截杆取左段为研究对象如图 2.6(c)所示，由平衡方程得：

$$F_{N1} = F_R = 10\ \text{kN}$$

这说明在 AB 段内，轴力 $F_{N1} = 10\ \text{kN}$，且为拉力。

在 BC 段内，用横截面 2—2 截杆取左段为研究对象，如图 2.6(d)所示，由平衡方程得：

$$F_{N2} = F_R + F_1 = 10\ \text{kN} + 40\ \text{kN} = 50\ \text{kN}$$

同样地，在 BC 段内，轴力 F_{N2} 也是拉力。注意：以上的 F_{N1}，F_{N2} 均假设成拉力(背离横截面)，其值结果为正，说明所设为真。

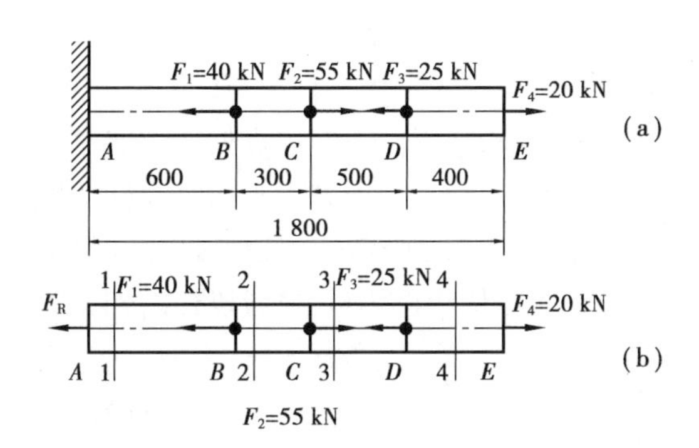

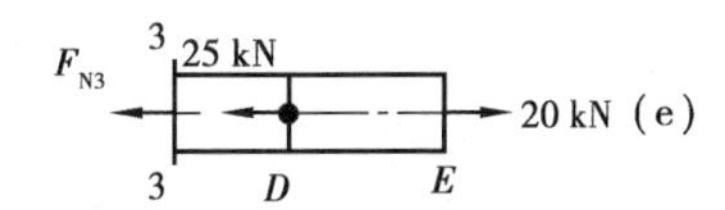

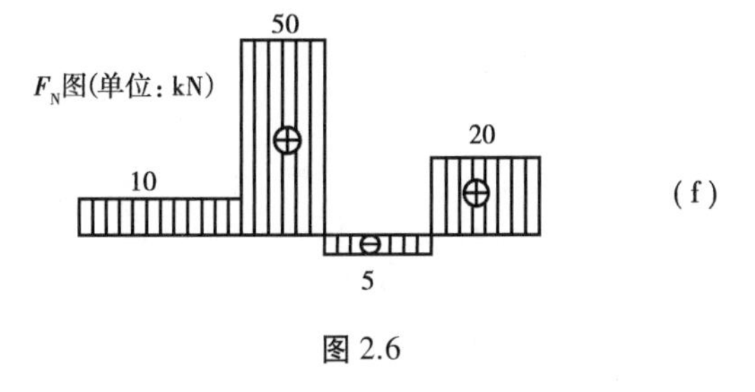

图 2.6

在 CD 段内，用横截面 3—3 截杆并分成左右两段。若取左段，则与右段相比外力较多，故宜取右段为研究对象，如图 2.6(e)所示，由平衡方程得：

$$\sum F_x = -F_{N3} - F_3 + F_4 = 0$$

$$F_{N3} = -F_3 + F_4 = -25\ \text{kN} + 20\ \text{kN} = -5\ \text{kN}$$

负值说明实际轴力应为压力。

同理可求得：　　$F_{N4} = F_4 = 20\ \text{kN}$

通过以上计算，轴力确实是有大有小，有拉有压。用一图线把轴力变化情况形象地描绘出来，并且能够一目了然地看到最大轴力的数值以及所在横截面之位置。这就是绘制轴力图的目的。

(3)作轴力图

以横坐标表示横截面位置,纵坐标表示轴力的大小,由以上结果作轴力图,如图2.6(f)所示。

从轴力图上可见,$F_{N\max}$在BC段内,而且是拉力,其值为50 kN。另外,在集中力作用之处,其横截面的轴力都会发生突变。如在B处F_N从10 kN增至50 kN,增加了40 kN,刚好与F_1 = 40 kN相同;再如C处F_N从50 kN变成-5 kN,减少了55 kN,这与F_2 = 55 kN刚好也等值。

通过例题2.1可以看出,画轴力图的步骤如下:

①画一条与杆的轴线平行且与杆等长的直线作基线。

②将杆分段,凡集中力作用点处均应取作分段点。

③用截面法,通过平衡方程求出每段杆的轴力。求各段杆轴力时,截面轴力一般先假设为正,计算结果是正的,则表示为拉力;计算结果是负的,则表示为压力。

④按大小比例和正负号,将各段杆的轴力画在基线两侧,并在图上表示出数值和正负号。

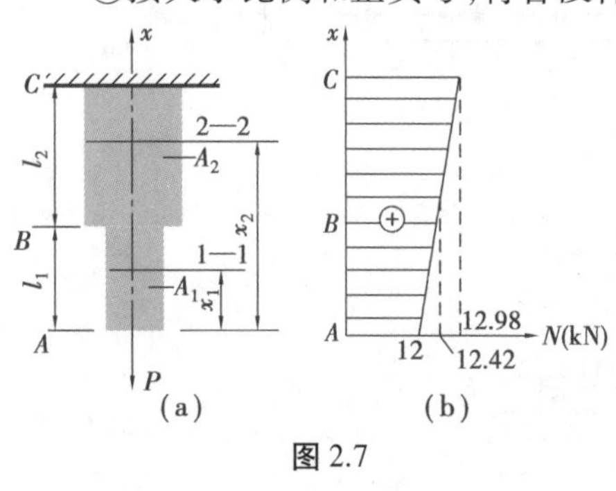

图2.7

【例题2.2】 起吊钢索如图2.7(a)所示,截面积分别为$A_1 = 3\ \text{cm}^2$,$A_2 = 4\ \text{cm}^2$,$l_1 = l_2 = 50$ m,P = 12 kN,材料单位体积重量$\gamma = 0.028\ \text{N/cm}^3$,试考虑自重绘制轴力图。

【解】 (1)计算轴力

AB段(取1—1截面):

$$F_1 = P + \gamma A_1 x_1 \quad (0 \leqslant x_1 \leqslant l_1)$$

BC段(取2—2截面):

$$F_2 = P + \gamma A_1 l_1 + \gamma A_2 (x_2 - l_1) \quad (l_1 \leqslant x_2 \leqslant l_1 + l_2)$$

(2)绘轴力图

当$x_1 = 0$时,$F_A = P = 12$ kN (拉力)

当$x_1 = l_1$时,$N_B = P + \gamma A_1 l_1 = 12 + 0.028 \times 3 \times 50 \times 10^2 = 12.42$ kN (拉力)

当$x_2 = l_1$时,$N_B = P + \gamma A_1 l_1 + \gamma A_2 (l_1 - l_1) = 12.42$ kN (拉力)

当$x_2 = l_1 + l_2$时,$N_C = P + \gamma A_1 l_1 + \gamma A_2 l_2 = 12.98$ kN (拉力)

所绘轴力图如图2.7(b)所示。

讨论:杆件的自重对轴力的影响到底有多大?这需要进一步分析。例如在此题中,B处的自重所产生的轴力与横截面的轴力相比,仅占0.42/12 = 3.38%,而在C处也只占0.98/12.98 = 7.55%。因此,在此题中,如果荷载远大于杆件的自重,此时就可以忽略自重的影响。

2.3 拉压杆截面上的应力

2.3.1 应力的概念

在2.2中,研究的是轴向拉压杆件在荷载作用下的轴力,并且由轴力图知道了最大轴力$F_{N\max}$在杆件的位置。但仅仅知道杆件的内力还是不够的,因为杆件的破坏不仅与内力有关,还与杆件截面形状和尺寸以及所用材料有关。

例如,两根所用材料相同的直杆,所受拉力相等,但两杆粗细不一,也就是横截面面积有大有小。虽然两杆横截面上的轴力都是相同的,但当所受拉力逐渐增大时,较细的杆必定先被拉断。但若同一根杆粗细不一,且各段受力也不相同,此时面积较小的截面也不一定是最危险的截面。

以上例子说明了拉压杆的破坏不仅与其轴力有关,还需考虑杆件的截面性质。可以想象,当粗细两杆内力相同时,细杆在横截面上内力分布的密集程度比粗杆要大,也就是说内力的密集程度才是影响杆件强度的主要因素,也是细杆容易被拉断的主要原因。

为了度量内力在截面上分布的密集程度,引入应力的概念,它表示内力在截面上一点处的集度(密集程度的简称)。

若考察受力杆截面 $m—m$ 上 M 点处的应力(图 2.8),则可在点 M 周围取一微小的面积 ΔA,设 ΔA 面积上分布内力的合力为 ΔF,于是,在面积 ΔA 上内力 ΔF 的平均集度为:

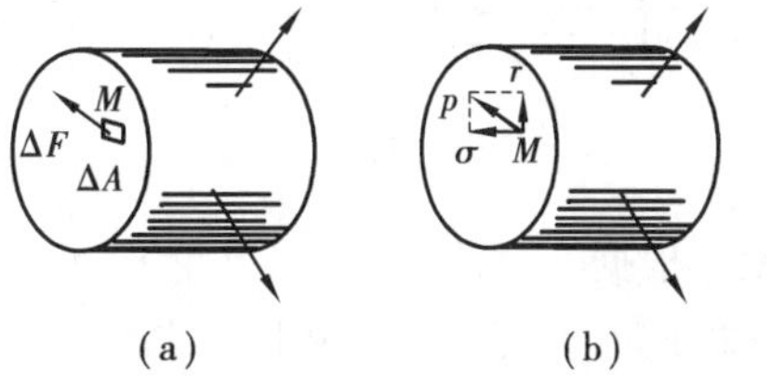

(a)　　(b)

图 2.8

$$p_{\mathrm{m}} = \frac{\Delta F}{\Delta A}$$

式中,p_{m} 称为面积 ΔA 上的平均应力。一般地说,截面 $m—m$ 上的分布内力并不是均匀的,因而平均应力 p_{m} 的大小和方向将随所取的微小面积 ΔA 的不同而不同。为度量分布内力在 M 点处的集度,令微小面积 ΔA 无限缩小而趋于零,则其极限值:

$$p = \lim_{\Delta A \to 0} \frac{\Delta F}{\Delta A} = \frac{\mathrm{d}F}{\mathrm{d}A} \tag{2.1}$$

即为 M 点处的内力集度,称为截面 $m—m$ 上 M 点处的**总应力**。总应力 p 是一个矢量,可分解为垂直于截面的分量和平行于截面的分量。把垂直于截面的应力分量称为**正应力**,用字母 σ 表示。正应力使杆件中的质点沿着截面的法线方向接近或离开截面。把平行于截面的应力分量称为**切应力**,用字母 τ 表示。切应力使杆件中的一些质点沿着截面的切线方向相对另一些质点发生错动。

在国际单位制中应力的常用单位是帕斯卡,简称帕,符号为 Pa。

$$1\ \mathrm{Pa} = 1\ \mathrm{N/m^2}$$

由于应力值往往较大,所以又用 MPa 或 GPa 表示,即:

$$1\ \mathrm{MPa} = 10^6\ \mathrm{Pa} \qquad 1\ \mathrm{GPa} = 10^9\ \mathrm{Pa}$$

在日常生活中,人们对应力的感觉并不陌生,常常通过改变几何形状或尺寸来改变应力的高低,如图 2.9 所示的图钉,它的大头盖使拇指产生较为舒适的应力(低应力),而在针尖下面却产生非常高的应力,以使图钉容易被按进去。

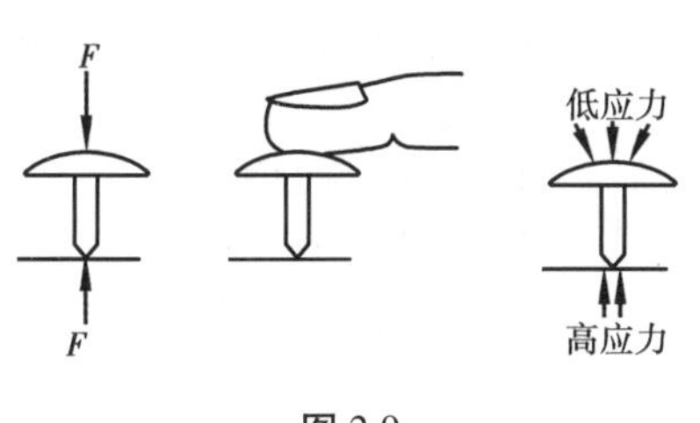

图 2.9

2.3.2　拉压杆横截面上的应力

由于轴力垂直于轴向拉压杆的横截面,因此轴力是杆横截面上正应力的合力。由于正应力在截面上的分布规律未知,因此应考察杆件在轴向受力后表面的变形情况,来推断正应力在横截面上的分布规律,进而得到正应力的计算公式。

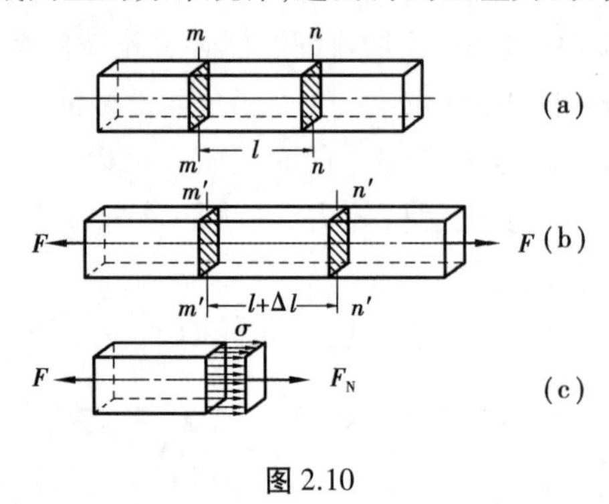

图 2.10

图 2.10(a)表示横截面为正方形的试样,其边长为 a ,在试样表面相距 l 处画了两个垂直于轴线的边框线表示横截面 $m—m$ 和 $n—n$。在试样两端缓慢加轴向外力,当达到 F 值时,可以观察到截面 $m—m$ 和 $n—n$ 相对产生了位移 Δl ,如图 2.10(b)所示。同时,正方形的边长 a 减小,但其形状保持不变,$m'—m'$ 和 $n'—n'$ 仍垂直于轴线。根据试验现象,可作以下假设:受轴向拉伸的杆件,变形后横截面仍保持为平面,两平面相对地平移了一段距离,这个假设称为**平面假设**。根据这个假设,可以推论 $m'n'$ 段纵向纤维伸长都一样。根据材料均匀性假设,变形相同,则横截面上每点受力相同,即轴力在横截面上分布集度相同,如图 2.10(c)所示。也就是说,横截面上各点正应力也相同,即 σ 等于常量。

可由静力平衡条件确定 σ 的大小,由于 $\mathrm{d}F_N = \sigma \mathrm{d}A$, 所以积分得:

$$F_N = \int_A \sigma \mathrm{d}A = \sigma A$$

$$\sigma = \frac{F_N}{A} \tag{2.2}$$

式中, σ 为横截面上的正应力; F_N 为横截面上的轴力; A 为横截面面积。

应当指出,这一结论实际上只在杆上离外力作用位置稍远的部分才适用,因为杆件两端并非直接作用着一对轴向力,而是作用着与两端加载方式有关的分布力,轴向力只是它们静力等效的合力。同时**圣维南原理**指出:如将作用于构件上某一小区域内的外力系(外力大小不超过一定值)用一静力等效力系来代替,则这种代替对构件内应力与应变的影响只限于离原受力小区域很近的范围内。对于杆件,此范围相当于横向尺寸的 1~1.5 倍。根据这一原理,拉压杆中离外力作用位置稍远的横截面上的应力分布就是均匀的。一般情况下,可以直接应用式(2.2)计算应力。

当杆件受到多个外力作用时,通过截面法可以求出最大轴力。如果是等截面杆件,直接应用式(2.2)就可以求出杆内的最大正应力;如果是变截面杆件,则要求出每段杆件的轴力,然后利用式(2.2)分别求出每段杆件上的正应力,再进行比较来确定杆内的最大正应力。

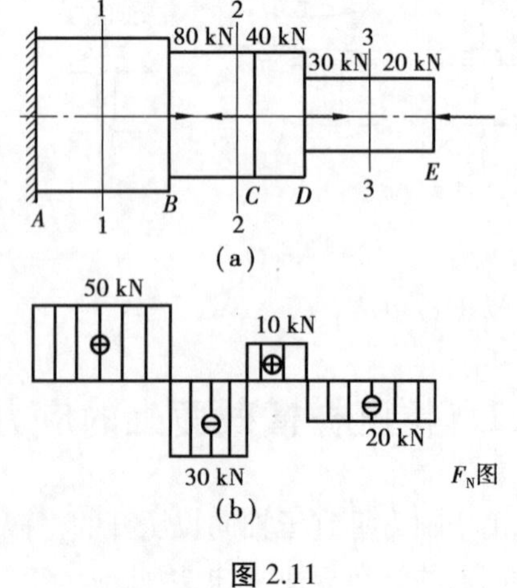

图 2.11

【例题 2.3】 一阶梯形直杆受力如图 2.11(a)所示,已知横截面面积为 $A_1 = 400\ \mathrm{mm}^2$, $A_2 = 300\ \mathrm{mm}^2$, $A_3 = 200\ \mathrm{mm}^2$,试求指定横截面上的正应力。

【解】 (1)计算轴力,画轴力图

利用截面法可求得阶梯杆各段的轴力为: $F_{N1} = 50\ \mathrm{kN}$, $F_{N2} = -30\ \mathrm{kN}$, $F_{N3} = 10\ \mathrm{kN}$, $F_{N4} = -20\ \mathrm{kN}$。轴力图如图 2.11(b)所示。

(2)计算各段的正应力

1—1 截面,即 AB 段:

$$\sigma_{AB}=\frac{F_{N1}}{A_1}=\frac{50\times10^3\text{N}}{400\times10^{-6}\text{m}^2}=125\text{ MPa}\qquad(拉应力)$$

2—2 截面,即 BC 段:

$$\sigma_{BC}=\frac{F_{N2}}{A_2}=\frac{-30\times10^3\text{N}}{300\times10^{-6}\text{m}^2}=-100\text{ MPa}\qquad(压应力)$$

3—3 截面,即 DE 段:

$$\sigma_{DE}=\frac{F_{N4}}{A_3}=\frac{-20\times10^3\text{N}}{200\times10^{-6}\text{m}^2}=-100\text{ MPa}\qquad(压应力)$$

2.3.3　拉压杆斜截面上的应力

前面讨论了拉(压)杆横截面上的正应力,但实验表明:有时拉(压)杆件是沿斜截面发生破坏的,因此,有必要进一步讨论拉(压)杆件斜截面上的应力。

现以一等截面直拉杆为例(图 2.12),看如何确定斜截面 k—k(截面外法线与 x 轴正方向成 α 角)上的应力 p_α。仿照横截面上应力的推导方法,我们设杆的轴向拉力为 F,横截面面积为 A,由于 k—k 截面上的内力仍为:

$$F_\alpha=F$$

而且由斜截面上沿 x 方向伸长变形仍均匀分布可知,斜截面上应力 p_α 仍均匀分布。于是有:

$$p_\alpha=\frac{F_\alpha}{A_\alpha}$$

而 $A_\alpha=\dfrac{A}{\cos\alpha}$,所以:

$$p_\alpha=\frac{F}{A}\cos\alpha=\sigma_0\cos\alpha$$

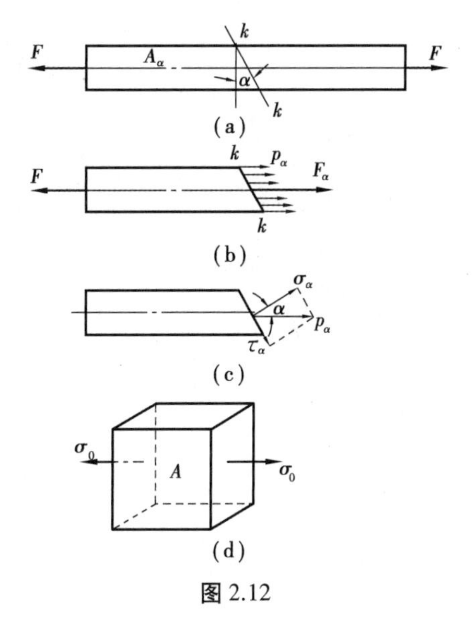

图 2.12

将斜截面上全应力 p_α 分解成正应力 σ_α 和切应力 τ_α,其中 $\alpha,\sigma_\alpha,\tau_\alpha$ 正负号分别规定为:

α ——自横截面外法线方向逆时针转向斜截面外法线方向为正,反之为负;

σ_α ——拉应力为正,压应力为负;

τ_α ——取保留截面内任一点为矩心,当 τ_α 对矩心顺时针转动时为正,反之为负。

于是有:

$$\sigma_\alpha=p_\alpha\cos\alpha=\sigma_0\cos^2\alpha\tag{2.3}$$

$$\tau_\alpha=p_\alpha\sin\alpha=\frac{\sigma_0}{2}\sin2\alpha\tag{2.4}$$

由式(2.3)和式(2.4)可知:

①当 $\alpha = 0$ 时,横截面 $\sigma_{\alpha\max} = \sigma_0$, $\tau_\alpha = 0$;

②当 $\alpha = 45°$ 时,斜截面 $\sigma_\alpha = \dfrac{\sigma_0}{2}$, $\tau_{\alpha\max} = \dfrac{\sigma_0}{2}$;

③当 $\alpha = 90°$ 时,纵向截面 $\sigma_\alpha = 0$, $\tau_\alpha = 0$。

于是可得以下结论:对于轴向拉杆,$\sigma_{\max} = \sigma_0$,发生在横截面上;$\tau_{\max} = \dfrac{\sigma_0}{2}$,发生在与横截面成45°角的斜截面上。对于压杆,也可作同样的分析。

若在拉杆表面的任一点 A 处(图 2.12(a))用横截面、纵截面及与表面平行的面截取一各边长均为无穷小量的正六面体,称为**单元体**(图 2.12(d)),则在该单元体上仅在左、右两横截面上作用有正应力 σ_0。通过一点的所有不同方位截面上应力的全部情况,称为该点处的**应力状态**。由式(2.3)、式(2.4)可知,在所研究的拉杆中,一点处的应力状态由其横截面上的正应力 σ_0 即可完全确定,这样的应力状态称为**单向应力状态**。关于应力状态的问题将在第 8 章中详细讨论。

【例题 2.4】 木立柱承受压力 F,上面放有钢块。如图 2.13 所示,钢块横截面面积 A_1 为 2 cm×2 cm,$\sigma_{钢} = 35$ MPa,木柱横截面面积 $A_2 = 8$ cm×8 cm,求木立柱上图示斜截面的切应力大小及指向。

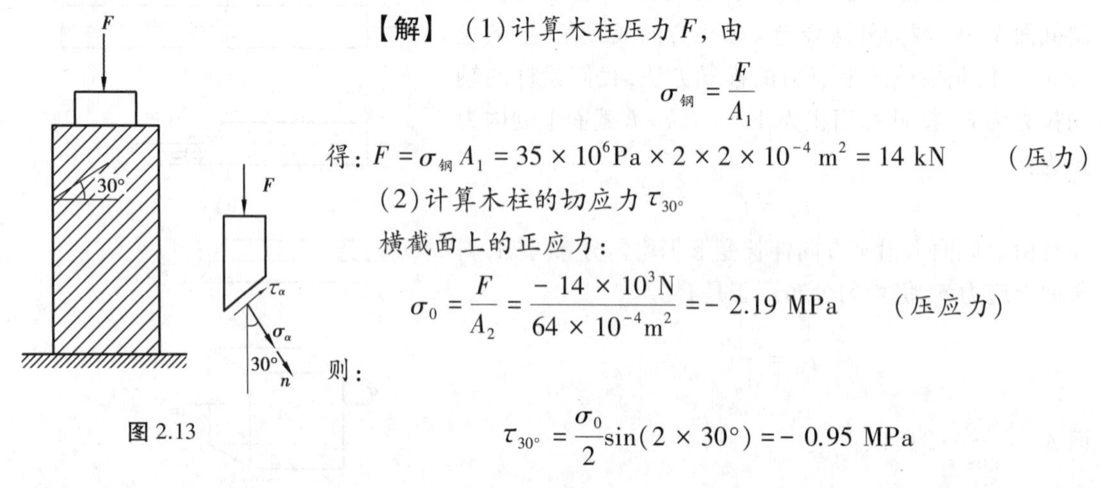

图 2.13

【解】 (1)计算木柱压力 F,由

$$\sigma_{钢} = \frac{F}{A_1}$$

得:$F = \sigma_{钢} A_1 = 35 \times 10^6 \text{Pa} \times 2 \times 2 \times 10^{-4}\ \text{m}^2 = 14\ \text{kN}$ (压力)

(2)计算木柱的切应力 $\tau_{30°}$

横截面上的正应力:

$$\sigma_0 = \frac{F}{A_2} = \frac{-14 \times 10^3 \text{N}}{64 \times 10^{-4} \text{m}^2} = -2.19\ \text{MPa} \quad (压应力)$$

则:

$$\tau_{30°} = \frac{\sigma_0}{2}\sin(2 \times 30°) = -0.95\ \text{MPa}$$

$\tau_{30°}$ 指向如图 2.13 所示。

2.4 拉压杆的变形·胡克定律

如果我们对同样尺寸的不同材料的杆件施加同样大小的拉(压)力,可以观察到它们的变形明显不同。这是什么原因呢?下面就来研究这个问题。

实验观察可以发现:外力作用时轴向拉(压)直杆的纵向与横向尺寸都会改变。若杆为轴向拉伸,杆的纵向尺寸变长时,横向尺寸则变短,如图 2.14(a)所示;若杆为轴向压缩,杆的纵向尺寸变短时,横向尺寸则变长,如图 2.14(b)所示。由此可见,变形分为纵向变形和横向变形两种。

2.4.1 纵向变形

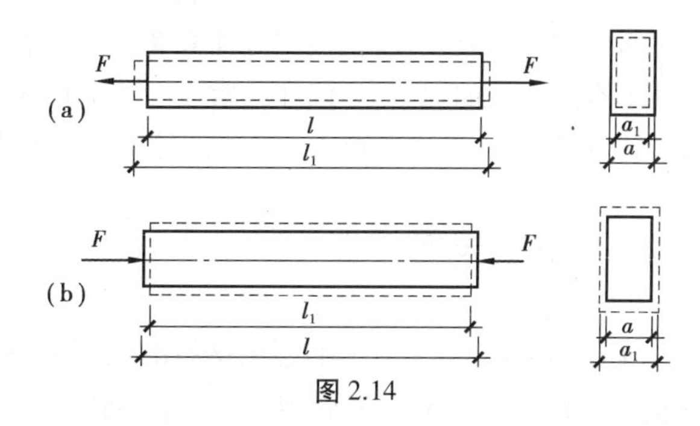

图 2.14

设拉杆的原长为 l,承受一对轴向力 F 的作用后,其长度为 l_1,则杆的纵向变形(伸长或缩短)为:

$$\Delta l = l_1 - l$$

拉伸时纵向变形 Δl 为正值,压缩时纵向变形 Δl 为负值。Δl 是绝对变形。

显然纵向伸长 Δl 只反映杆的总变形量,不能反映其变形程度,所以还需考虑杆长度 l 的影响。因此,杆的变形程度用单位长度的纵向伸长(或缩短)量来表示:

$$\varepsilon = \frac{\Delta l}{l} \tag{2.5}$$

单位长度的纵向伸长(或缩短)量称为**纵向应变**,或称**纵向线应变**,用 ε 表示,ε 的正负号与 Δl 相同。

2.4.2 横向变形

如图 2.14 所示,通常材料制造的拉(压)杆在产生纵向变形的同时,横向也发生变形。设杆在变形前的原横向尺寸为 a,变形后为 a_1,则杆的横向总变形量为:

$$\Delta a = a_1 - a$$

其横向线应变为:

$$\varepsilon' = \frac{\Delta a}{a} \tag{2.6}$$

杆伸长时,因横向尺寸变短,即 $a_1 < a$,故 $\Delta a < 0 \Rightarrow \varepsilon' < 0$;杆缩短时,因横向尺寸增大,即 $a_1 > a$,故 $\Delta a > 0 \Rightarrow \varepsilon' > 0$。由此可见,拉(压)杆的纵向应变与横向应变的正负号总是相反的。

实验结果表明:当拉(压)杆的应力不超过材料的比例极限*时,材料的横向线应变 ε' 与纵向线应变 ε 之间成比例关系,即:

$$\nu = \left|\frac{\varepsilon'}{\varepsilon}\right| \tag{2.7}$$

ν 称为横向变形系数。这是法国物理学家泊松(S.D.Poisson)发现的,故 ν 又称为泊松比。它与材料有关,其值可由实验测定。又因 ε' 与 ε 正负号相反,故去掉式(2.7)中的绝对值时,应写成:

$$\varepsilon' = -\nu\varepsilon \tag{2.8}$$

一般情况下,几乎所有的常见的材料泊松比值都为正,即这些材料在拉伸时材料的横向发生收缩。而近年来发现有一些特殊结构的材料具有负泊松比效应,即在受拉伸时,材料在弹性

---

* 比例极限的解释详见下节。

范围内横向发生膨胀；而受压缩时，材料的横向反而发生收缩。负泊松比材料因具有不同于普通材料的独特性质，所以在很多方面具备了其他材料所不能比拟的优势，尤其是材料的物理机械性能有了很大的提高，不仅在日常生活用品的制造具有重要意义，同时也在国家的某些重要领域，如航空、国防、电子产业等方面有着巨大的潜在价值。

2.4.3 胡克定律

实验结果表明：当应力不超出材料的比例极限时，杆的伸长或压缩变形量 Δl 与轴力 F_N 和杆长 l 成正比，而与杆截面面积 A 成反比，即：

$$\Delta l \propto \frac{F_N l}{A} \tag{2.9}$$

这是英国物理学家胡克在科学实验基础上提出的结论。该结论表明，外力越大（即轴力 F_N 越大）或杆原长越长，所产生的变形就越大；而当杆越粗（截面面积 A 越大），Δl 就越小。

引入比例常数 E，则式(2.9)变为：

$$\Delta l = \frac{F_N l}{EA} \tag{2.10}$$

此关系式称为**胡克定律**。式中的比例常数 E 称为材料的**弹性模量**，这是英国物理学家杨(T.Young)通过实验发现的，故又可把 E 称为杨氏模量。不同材料的弹性模量一般不同，弹性模量可通过实验测定。单位与应力相同，常用单位为 GPa。

对于长度相同、受力情况相同的杆件，由式(2.10)可知，EA 值越大，则杆的变形 Δl 越小；EA 值越小，则杆的变形 Δl 越大。EA 的大小反映了杆抵抗变形的能力，故 EA 称为杆件的拉伸（压缩）刚度。

式(2.10)还可写为：

$$\frac{\Delta l}{l} = \frac{1}{E}\frac{F_N}{A} \Rightarrow \varepsilon = \frac{1}{E}\sigma \Rightarrow$$

$$\sigma = E\varepsilon \tag{2.11}$$

式(2.11)为胡克定律另一表达式。此式可表述为：在应力不超过比例极限时，应力和应变成正比，其比例常数为弹性模量 E。一些材料的弹性模量 E 和泊松比 ν 的值见表 2.1。

表 2.1 弹性模量 E 和泊松比 ν

材料名称	牌　号	弹性模量 E/GPa	泊松比 ν
低碳钢	Q235	200~210	0.24~0.28
低合金钢	Q345	200	0.25~0.30
灰口铸铁		60~162	0.23~0.27
混凝土		22~38	0.16~0.18
铝合金	LY12	71	0.33
花岗石		50~100	0.2~0.3
木材（顺纹）		9~12	

【例题 2.5】 由铜和钢这两种材料组成的变截面杆，如图 2.15(a)所示。AD 段横截面面积 $A_1 = 20 \times 10^2\ \text{mm}^2$，$DE$ 段横截面面积 $A_2 = 10 \times 10^2\text{mm}^2$；铜的弹性模量 $E_1 = 100$ GPa，钢的弹性模量 $E_2 = 200$ GPa。试求杆纵向总变形量 Δl。

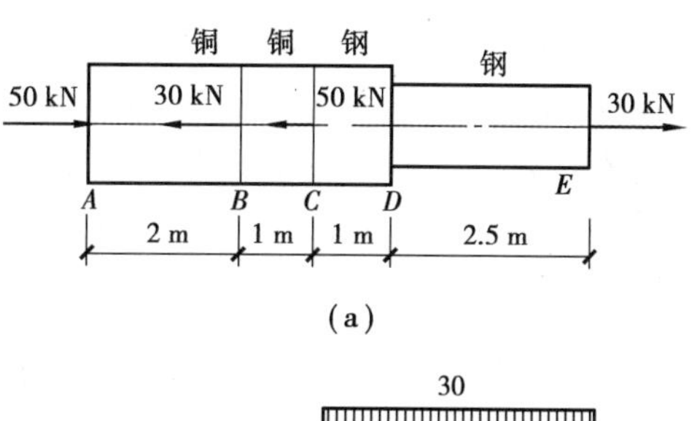

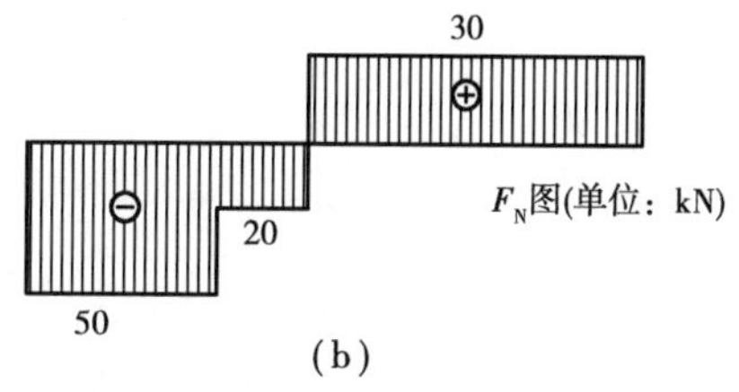

图 2.15

【解】 由于杆的轴力 F_N 沿杆长是变化的，材料有两种(E_1 和 E_2 不同)，截面为变截面(A_1 和 A_2 不等)，所以在运用式(2.10)计算杆长度改变量时，应按 F_N，E，A 的变化情况，分别计算每段长度的改变量，最后的代数和即为杆纵向总变形量 Δl。

先画出杆的轴力图，如图 2.15(b)所示。各段的纵向伸长或缩短量分别为：

$$\Delta l_{AB} = \frac{F_{NAB}l_{AB}}{E_1A_1} = \frac{-50 \times 10^3\text{N} \times 2\ \text{m}}{100 \times 10^9\text{Pa} \times 20 \times 10^2 \times 10^{-6}\text{m}^2} = -0.5\ \text{mm}$$

$$\Delta l_{BC} = \frac{F_{NBC}l_{BC}}{E_1A_1} = \frac{-20 \times 10^3\text{N} \times 1\ \text{m}}{100 \times 10^9\text{Pa} \times 20 \times 10^2 \times 10^{-6}\text{m}^2} = -0.1\ \text{mm}$$

$$\Delta l_{CD} = \frac{F_{NCD}l_{CD}}{E_2A_1} = \frac{30 \times 10^3\text{N} \times 1\ \text{m}}{200 \times 10^9\text{Pa} \times 20 \times 10^2 \times 10^{-6}\text{m}^2} = 0.075\ \text{mm}$$

$$\Delta l_{DE} = \frac{F_{NDE}l_{DE}}{E_2A_2} = \frac{30 \times 10^3\text{N} \times 2.5\ \text{m}}{200 \times 10^9\text{Pa} \times 10 \times 10^2 \times 10^{-6}\text{m}^2} = 0.375\ \text{mm}$$

$$\Delta l = \Delta l_{AB} + \Delta l_{BC} + \Delta l_{CD} + \Delta l_{DE} = -0.15\ \text{mm}$$

上面的计算结果中负号表示缩短，最终整根杆缩短了 0.15 mm。

【例题 2.6】 如图 2.16 所示变截面杆，各段杆件长度相等 $l = 2$ m，AB 段横截面面积 $A_1 = 200\ \text{mm}^2$，BC 段横截面面积 $A_2 = 500\ \text{mm}^2$，CD 段横截面面积 $A_3 = 600\ \text{mm}^2$，材料的弹性模量 $E = 200$ GPa。试求杆纵向总变形量 Δl。

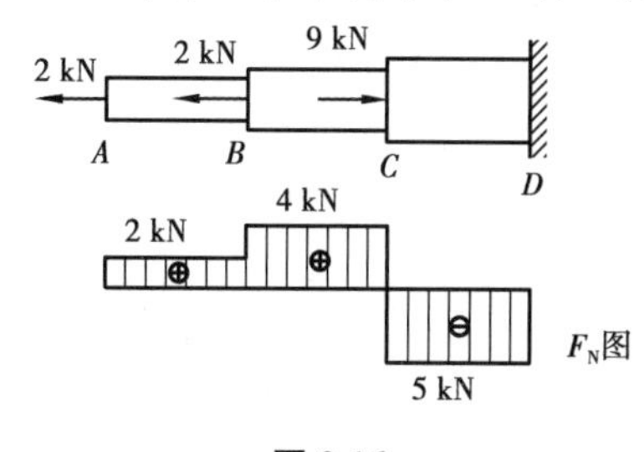

图 2.16

【解】 由于杆的轴力 F_N 沿杆长是变化的，且截面为变截面，所以在运用式(2.10)计算杆长度改变量时，应按 F_N，A 的变化情况，分别计算每段长度的改变量，最后的代数和即为杆纵向总变形量 Δl。

画出杆的轴力图，如图 2.16 所示。各段的纵向变形量分别为：

$$\Delta l_{AB} = \frac{F_{NAB}l}{EA_1} = \frac{2 \times 10^3\text{N} \times 2\ \text{m}}{200 \times 10^9\text{Pa} \times 200 \times 10^{-6}\text{m}^2} = 0.1\ \text{mm}$$

$$\Delta l_{BC} = \frac{F_{NBC}l}{EA_2} = \frac{4 \times 10^3\text{N} \times 2\ \text{m}}{200 \times 10^9\text{Pa} \times 500 \times 10^{-6}\text{m}^2} = 0.08\ \text{mm}$$

$$\Delta l_{CD} = \frac{F_{NCD}l}{EA_3} = \frac{-5 \times 10^3\text{N} \times 2\ \text{m}}{200 \times 10^9\text{Pa} \times 600 \times 10^{-6}\text{m}^2} = -0.083\ \text{mm}$$

$$\Delta l = \Delta l_{AB} + \Delta l_{BC} + \Delta l_{CD} = 0.1\ \text{mm} + 0.08\ \text{mm} - 0.083\ \text{mm} = 0.097\ \text{mm}$$

计算表明最终整根杆伸长了 0.097 mm。

【例题 2.7】 如图 2.17(a)所示结构，杆 AB 和 BC 的拉伸(压缩)刚度 EA 相同，在节点 B 处承受集中载荷 F，试求节点 B 的水平及铅垂位移。

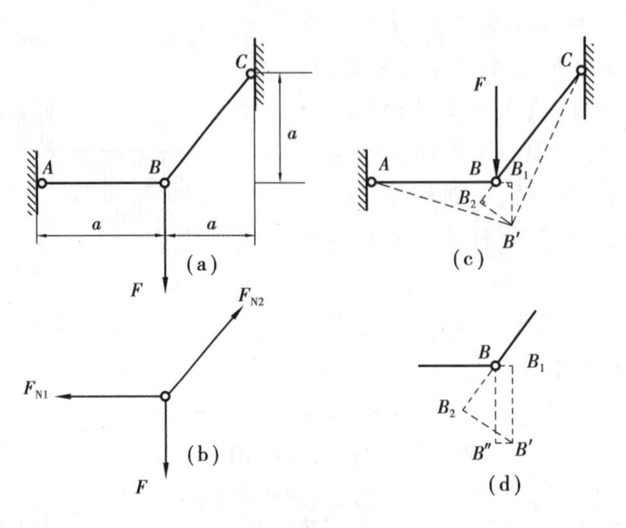

图 2.17

【解】 (1)求各杆轴力

由图 2.17(b)所示，节点 B 的平衡条件 $\sum F_x = 0, \sum F_y = 0$ 得：

$$F_{N2}\cos 45^\circ - F_{N1} = 0$$

$$F_{N2}\sin 45^\circ - F = 0$$

解得：

$$F_{N1} = F, F_{N2} = \sqrt{2}F$$

(2)求各杆变形

杆 AB $\quad \Delta l_1 = \dfrac{F_{N1}l_1}{EA} = \dfrac{Fa}{EA}$(伸长)

杆 BC $\quad \Delta l_2 = \dfrac{F_{N2}l_2}{EA} = \dfrac{\sqrt{2}F \times \sqrt{2}a}{EA} = \dfrac{2Fa}{EA}$(伸长)

(3)节点 B 的位移

结构变形后，两杆仍应相交在一点，这就是变形的协调条件，由小变形条件作结构的变形图(图 2.17(c)为放大后的图，以便于看清)：沿杆 AB 的延长线量取 BB_1 等于 Δl_1，沿杆 CB 的延长线量取 BB_2 等于 Δl_2，分别在点 B_1 和 B_2 处作 BB_1 和 BB_2 的垂线，两垂线的交点 B' 为结构变形后节点 B 应在的新位置。也即，结构变形后成为 $AB'C$ 的形状。图 2.17(c)称为结构的变形图。为求节点 B 的位移，单独作出节点 B 的位移图 2.17(d)。

由位移图的几何关系，可得：

水平位移

$$x_B = BB_1 = \Delta l_1 = \frac{Fa}{EA}(\rightarrow)$$

铅垂位移

$$y_B = BB'' = \frac{\Delta l_2}{\sin 45°} + \Delta l_1 \tan 45° = \sqrt{2}\left(\frac{2Fa}{EA}\right) + \frac{Fa}{EA} = (1 + 2\sqrt{2})\frac{Fa}{EA}(\downarrow)$$

由本例题可知,根据小变形条件,可按照结构变形前的原始几何形状和尺寸来计算变形后各部分的内力。在位移计算中也略去了小变形对杆件长度、夹角等的影响。

2.5 材料在拉伸与压缩时的力学性能

2.5.1 材料的拉伸与压缩试验

杆件的应力、变形计算中,涉及所用材料的力学性能,如弹性模量、泊松比等,这些数据需要通过材料试验来确定。

所谓材料的力学性能,也称机械性能,是指通过试验揭示材料在受力过程中所表现出的与试件几何尺寸无关的材料的本身特性,如变形特性、破坏特性等,这些特性是材料本身所固有的。研究材料的力学性能的目的是确定在变形和破坏情况下的一些重要性能指标,以作为选用材料,计算材料强度、刚度等的依据。

在室温、静载下,通过轴向拉伸和压缩试验得到的材料的力学性能,是材料最基本的力学性能,低碳钢和灰口铸铁是两种广泛使用的金属材料,它们的力学性能具有典型的代表性,本节主要介绍这两种材料在常温静载试验中的力学性能。

图 2.18

国家标准《金属材料室温拉伸试验方法》(GB 228—2002)中详细规定了试验方法和各项要求。通常采用圆截面试件(图 2.18),标距 l 与直径 d 的比例分为 $l = 10d$, $l = 5d$;矩形截面试件则规定标距 l 与横截面面积 A 的比例分为 $l = 11.3\sqrt{A}$, $l = 5.65\sqrt{A}$。试验设备主要是拉力机或万能试验机。这是用来使试件发生变形和测定试件的拉力(即内力)的设备,其基本工作原理是通过试验机夹头或承压平台的位移,使放在其中的试件发生变形,在试验机上则显示试件的抗力,由于显示的抗力与作用在试件上的荷载数值相等,因此习惯上常称此读数为荷载。另外,在试验中还需用到变形仪等相关的测量、记录仪器。

2.5.2 低碳钢拉伸时的力学性能

低碳钢是指含碳量在 0.3%以下的碳素钢,如 Q235 钢、16Mn 钢。将低碳钢材料的标准试件安装在试验机上,开动机器缓慢加载,直到试件拉断为止。利用试验机的自动绘图装置可以画出试件在试验过程中标距为 l 段的伸长量 Δl 和拉力 P 之间的关系曲线 P-Δl 曲线,如图 2.19 所示。由于 P-Δl 曲线与试样的尺寸有关,为了消除试件尺寸的影响,可采用应力应变曲线,即

σ-ε 曲线来代替 P-Δl 曲线,如图 2.20 所示。

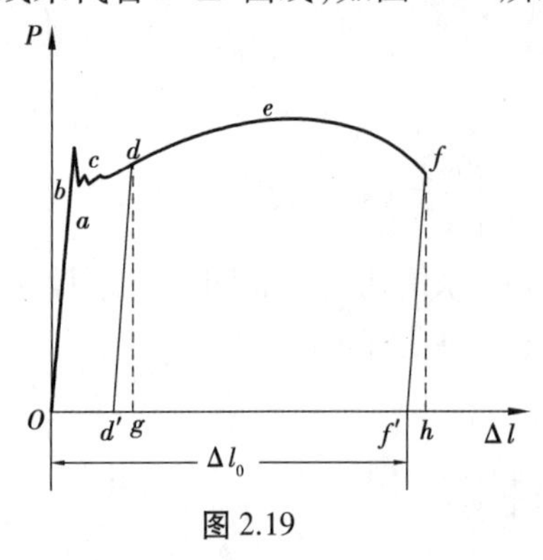

图 2.19

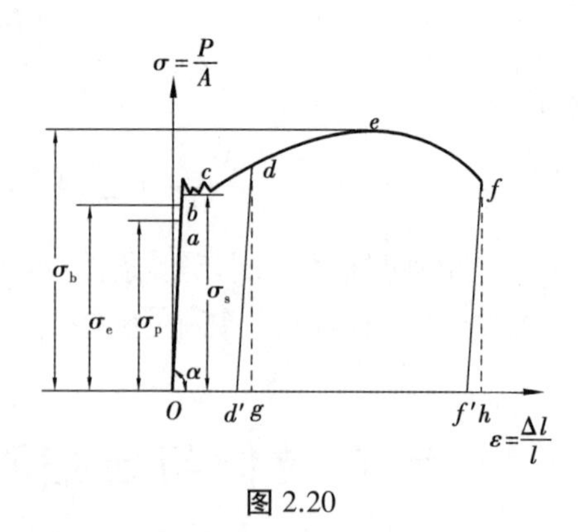

图 2.20

由低碳钢的 σ-ε 曲线图可见,整个拉伸试验过程大致可分为 4 个阶段:

①**弹性阶段**(Ob 段):在拉伸的第一阶段,应力 σ 与应变 ε 为直线关系直至 a 点,此时 a 点所对应的应力值称为**比例极限**,用 σ_p表示,低碳钢的比例极限约为 200 MPa。它是应力与应变成正比的最大极限。当 $\sigma \leqslant \sigma_p$,则有:

$$\sigma = E\varepsilon \tag{2.12}$$

即胡克定律,它表示应力与应变成正比,E 为弹性模量,单位与 σ 相同。

当应力超过比例极限增加到 b 点时,σ-ε 关系偏离直线,此时若将应力卸至零,则应变随之消失(一旦应力超过 b 点,卸载后,有一部分应变不能消除),此 b 点的应力定义为**弹性极限** σ_e。σ_e 是材料只出现弹性变形的极限值。

②**屈服阶段**(bc 段):应力超过弹性极限后继续加载,会出现一种现象,即应力增加很少或不增加,应变会很快增加,这种现象叫屈服。在这一阶段应力有一定的波动,通常将最低点的应力称为**屈服极限** σ_s,又称为屈服强度。在屈服阶段应力变化很小而应变不断增加,材料几乎失去了抵抗变形的能力,因此产生了显著的塑性变形(此时若卸载,应变不会完全消失,而存在残余变形),所以 σ_s 是衡量材料强度的重要指标。

表面磨光的低碳钢板状试样屈服时,表面出现与轴线成 45°倾角的条纹,这是由于材料内部晶格相对滑移形成的,称为**滑移线**,如图 2.21 所示。

③**强化阶段**(ce 段):经过屈服阶段后,如要让试件继续变形,必须继续加载,材料似乎强化了,ce 段即强化阶段。强化阶段的最高点(e 点)所对应的应力称为**强度极限** σ_b,它表示材料所能承受的最大应力。

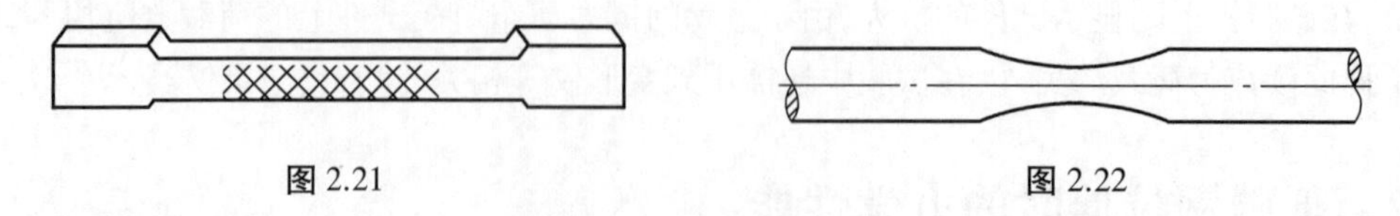

图 2.21　　　　图 2.22

④**局部变形阶段**:过 e 点后,即应力达到强度极限后,试件局部发生剧烈收缩的现象,称为**缩颈**。缩颈出现后,试件继续变形所需的拉力减小,应力-应变曲线相应呈现下降,最后导致试件在缩颈处断裂,如图 2.22 所示。

对低碳钢来说,σ_s,σ_b 是衡量材料强度的重要指标。

试件断裂破坏后,材料塑性变形的能力可用**延伸率**来度量:

$$\delta = \frac{l_1 - l}{l} \times 100\% \tag{2.13}$$

此处,l 为试件标线间的标距,l_1 为试件断裂后量得的标线间的长度。

材料塑性变形的能力,还可用**截面收缩率**来度量:

$$\psi = \frac{A - A_1}{A} \times 100\% \tag{2.14}$$

式中,A 为试件原截面面积;A_1 为断裂后试件颈缩处面积。对于低碳钢:$\delta = 25\% \sim 30\%$,$\psi = 60\%$,这两个值越大,说明材料塑性越好。

工程上通常按延伸率的大小把材料分为两类:$\delta \geqslant 5\%$为塑性材料,$\delta < 5\%$为脆性材料。如:低碳钢等材料是在有显著的残余变形之后才破坏的材料,称为塑性材料;铸铁等是在仅有极小的残余变形下就破坏的材料,称为脆性材料。

如果试样加载达到强化阶段,然后卸载(见图2.20中 d 点),卸载线$\overline{dd'}$大致平行于$\overline{oa}$线,此时$\overline{og} = \overline{od'} + \overline{d'g} = \varepsilon_p + \varepsilon_e$,其中,$\varepsilon_e$ 为卸载过程中恢复的弹性应变,ε_p 为卸载后的塑性变形(残余变形),卸载至 d' 后若再加载,加载线仍沿 $d'd$ 线上升,因此加载的应力应变关系符合线性规律,这就是卸载规律。

上述材料进入强化阶段以后的卸载再加载(如经冷拉处理的钢筋),使材料此后的 σ-ε 关系沿 $d'def$ 路径,此时材料的比例极限提高了,而塑性变形能力降低了,这一现象称为**冷作硬化**。

2.5.3 其他材料拉伸时的力学性能

其他塑性材料与低碳钢共同之处是断裂破坏前要经历较大的塑性变形,不同之处是一些材料没有明显的屈服阶段。对于 σ-ε 曲线没有明显屈服阶段的塑性材料,工程上规定取完全卸载后具有残余应变量 $\varepsilon_p = 0.2\%$时的应力为**名义屈服极限**,用 $\sigma_{p0.2}$ 表示,如图2.23所示。

铸铁在拉伸时的应力-应变关系如图2.24所示。由图可见:铸铁的拉伸过程中只有一个强度指标 σ_b,且抗拉强度较低,铸铁在断裂破坏前,几乎没有塑性变形;铸铁的 σ-ε 关系近似服从胡克定律,并以割线的斜率作为弹性模量。

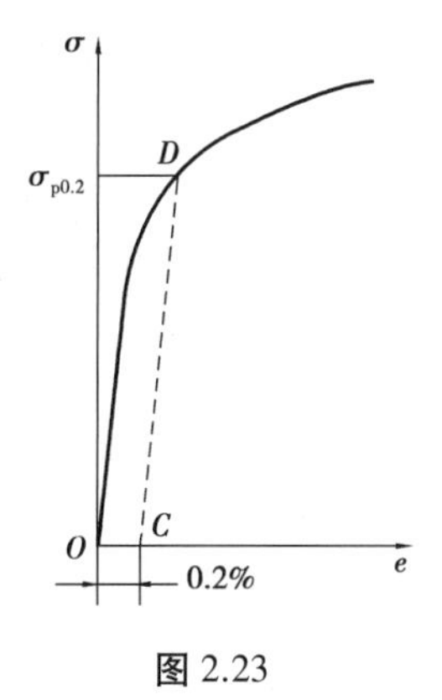

图 2.23

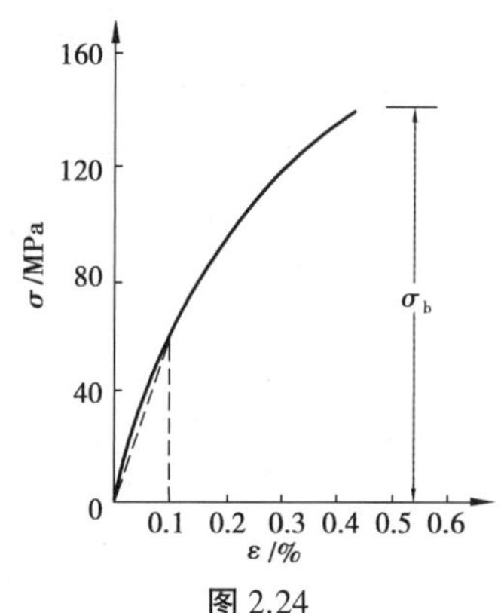

图 2.24

2.5.4 低碳钢及其他材料压缩时的力学性能

金属材料的压缩试件为短圆柱体,其高度与直径之比为 $h/d=1.5\sim3$;混凝土、石料等试件为立方体。

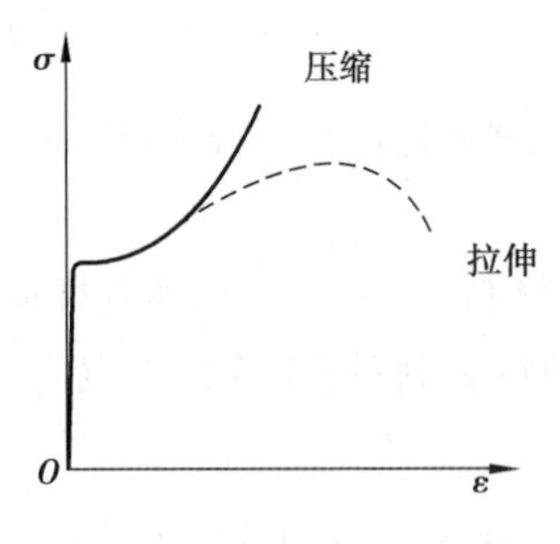

图 2.25

低碳钢压缩时的 σ-ε 曲线如图 2.25 所示。E,σ_s 与拉伸时大致相同。但因越压越扁,变形情况如图 2.26(a)所示,可以产生很大的塑性变形而不破坏,所以得不到 σ_b。因此,对低碳钢一般不做压缩试验。类似的情况在其他一般的塑性材料中也存在,但对某些材料(例如某些合金钢),在拉伸和压缩时的屈服极限不相同,所以有时有必要进行压缩试验以测定压缩屈服极限。

与塑性材料不同,脆性材料在压缩和拉伸时的力学性能有较大区别,以铸铁为例,铸铁试样受压破坏的情况如图 2.26(b)所示,其压缩时的 σ-ε 曲线如图 2.27所示。由铸铁实验可得出以下结论:

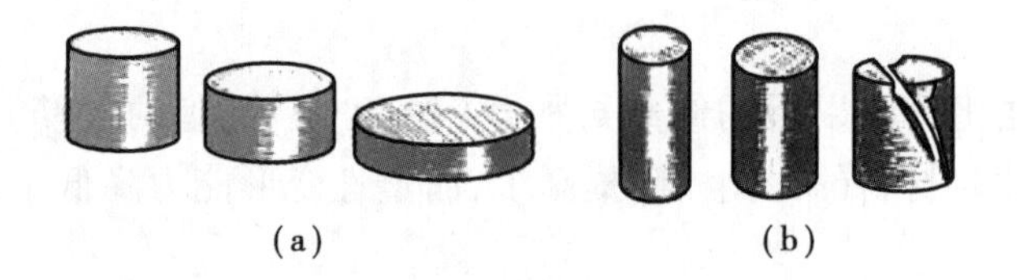

图 2.26

① 由于材料组织结构缺陷较多,铸铁的抗压强度极限与其抗拉强度极限均有较大分散度,但抗压强度极限 σ_c 远远高于抗拉强度极限 σ_t,其关系大约为 $\sigma_c=(3\sim5)\sigma_t$;

②短柱试样断裂前呈现圆鼓形;

③破坏时试件的断口沿与轴线大约成 50°的斜面断开,为灰暗色平断口。

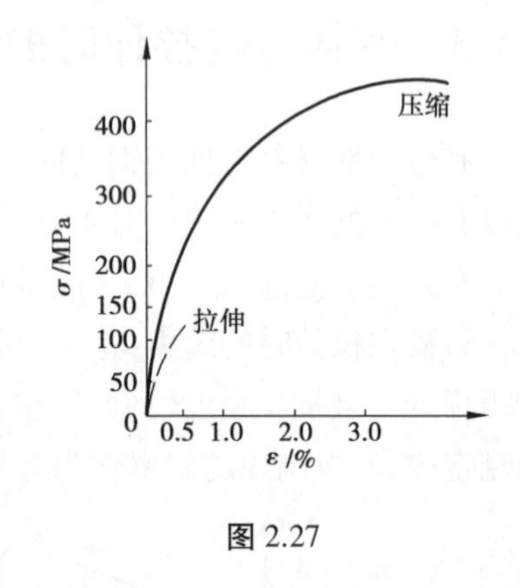

图 2.27

与铸铁在机械工程中广泛作为机械底座等承压部件相类似,作为另一类典型脆性材料的混凝土、石料等则是土建工程中重要的承压材料。混凝土的压缩强度是以标准的立方体块,在标准养护条件下经过 28 天养护后进行测定的。混凝土的标号即是以其压缩强度标定的。混凝土的拉伸强度很小,一般为压缩强度的 1/20~1/5,所以在土建工程中用作弯曲构件时,其受拉部分一般用钢筋来加强(称为钢筋混凝土)。

2.6 拉压杆的强度条件

前面已经讨论了杆件在轴向拉伸或压缩时的应力计算和材料的力学性能,因此可进一步讨论杆件的强度计算问题。

2.6.1　许用应力的概念

由材料的拉伸或压缩试验可知：当作用在拉压杆的荷载增加时，杆件横截面上的应力会随着荷载的增加而增加。对于某一种材料，当荷载增加到一定值时，应力也达到了最大值，超过这一最大值，材料就要破坏。对某种材料来说，应力可能达到的这个最大值称为材料的极限应力，用 σ_u 表示，对于不同的材料，极限应力值可以通过试验确定。实际工程结构中，由于荷载难以精确估计，以及材质的不均匀性、计算方法的近似性等其他因素的影响，为了保证构件能够不破坏而安全可靠地工作，还必须使构件留有适当的强度储备，即把极限应力除以大于 1 的系数 K 后，作为构件工作时允许达到的最大应力值，这个应力值称为许用应力，用 $[\sigma]$ 表示，即：

$$[\sigma]=\frac{\sigma_u}{K} \tag{2.15}$$

其中，K 值由设计规范规定。显然，许用应力小于极限应力，这无疑给了材料一定的安全储备，故又称 K 为安全系数。工程上常用材料的许用应力值见表 2.2。

表 2.2　常用材料的许用应力值

材料名称	牌　号	许用应力/MPa	
		轴向拉伸 $[\sigma_t]$	轴向压缩 $[\sigma_c]$
低碳钢	Q235	170	170
低合金钢	Q345	230	230
灰口铸铁	—	34～54	160～200
混凝土	C20	0.44	7
	C30	0.6	10.3
红松(顺纹)	—	6.4	10

注：① $[\sigma_t]$ 为许用拉应力，$[\sigma_c]$ 为许用压应力。

②适用于常温、静荷载和一般工作条件下的拉杆和压杆。

2.6.2　拉压杆的强度条件

1) 强度条件

为了保证拉(压)杆件在荷载作用下能正常地工作，不发生破坏，必须使杆内的最大应力 σ_{max} 不超过材料的许用应力 $[\sigma]$，对于等截面直杆，即：

$$\sigma_{max}=\frac{F_{N\,max}}{A}\leqslant[\sigma] \tag{2.16}$$

式中，$[\sigma]$ 为材料在拉伸(压缩)时的许用应力；A 为横截面面积；$F_{N\,max}$ 为横截面上的最大轴力。

2) 强度条件的应用

针对不同的具体情况,根据式(2.16)的强度条件,我们可以解决 3 种不同类型的问题:

(1)强度校核

所谓强度校核,就是已知杆的材料、尺寸(即已知 $[\sigma]$ 和 A),由所承受荷载求得最大应力 σ_{max},以此检查轴向拉(压)杆是否安全,即是否满足强度条件:

$$\sigma_{max}=\frac{F_{N\,max}}{A}\leqslant[\sigma]$$

若满足,则表示杆的强度满足要求,可以在生产实际中使用;若不满足,说明构件危险,不能正常使用。

(2)设计杆件截面尺寸

在根据荷载求得杆件轴力,并确定了所用材料,即已知 $F_{N\,max}$ 和 $[\sigma]$ 以后,再根据强度条件,选出杆所需的最小横截面面积 A。此时把式(2.16)改写为:

$$A\geqslant\frac{F_{N\,max}}{[\sigma]} \tag{2.17}$$

求得 A 值后,即可选用并确定出截面的形状和尺寸。

(3)确定杆件的许可荷载

若已知杆的截面尺寸和材料,即已知 A 和 $[\sigma]$,则由强度条件来确定杆所能承受最大轴力,并由此求得结构所允许承受的荷载。此时把式(2.16)改写为:

$$F_{N\,max}\leqslant A[\sigma] \tag{2.18}$$

其最大荷载可根据构件的受力情况求出。

【例题 2.8】 如图 2.28(a)所示为一高度为 24 m 的正方形截面花岗岩石柱,柱为等截面柱,在其顶部作用一轴向荷载 $F=1\ 000$ kN。已知石材容重 $\gamma=28$ kN/m³,许用压应力 $[\sigma_c]=1$ MPa,试设计石柱所需的截面尺寸。

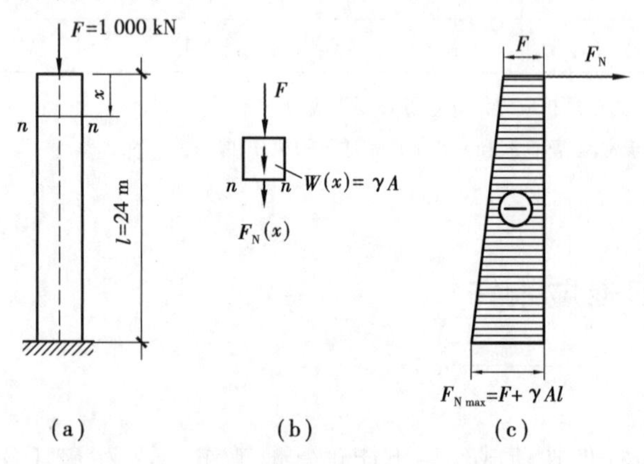

图 2.28

【解】 求解本题时,应考虑石柱既有轴向荷载 F 的作用,也有自重的影响。

(1)计算轴力

在距柱顶面距离为 x 处,用一横截面 $n—n$ 截杆并取上部分为脱离体,如图 2.28(b)所示。截面上的轴力由两部分组成:一是荷载 F,二是自重 $W(x)$,即:

$$F_N(x) = -[F + W(x)] = -(F + \gamma Ax) \qquad \text{(a)}$$

式(a)中的 $W(x) = \gamma Ax$，表示 $n—n$ 截面以上高度为 x 的这一段石柱的重量，其轴力图如图 2.28(c)所示。

(2)设计横截面

由式(a)知，当 $x=l$ 时，最大轴力发生在柱的底部，即 $F_N(x) = -(F + \gamma Al)$。根据强度条件有：

$$\sigma_{\max} = \frac{F_{N\max}}{A} = \frac{F}{A} + \gamma l \leqslant [\sigma_c]$$

故可解得：

$$A \geqslant \frac{F}{[\sigma_c] - \gamma l}$$

将有关的已知数值代入可得：

$$A \geqslant \frac{F}{[\sigma_c] - \gamma l} = \frac{1\ 000 \times 10^3\ \text{N}}{10^6\ \text{Pa} - 28 \times 10^3\ \text{N/m}^3 \times 24\ \text{m}} \approx 3\ \text{m}^2$$

故正方形截面的边长 a 应为：

$$a = \sqrt{A} \geqslant \sqrt{3\ \text{m}^2} = 1.73\ \text{m}$$

取 $a=1.8$ m，则 $A = 3.24\ \text{m}^2$。

【例题 2.9】 如图 2.29(a)所示铰接结构，各杆的横截面面积都等于 25 cm^2，材料均为铸铁，其许用拉应力$[\sigma_t]=35$ MPa，许用压应力$[\sigma_c]=150$ MPa，试求结构的许可荷载。

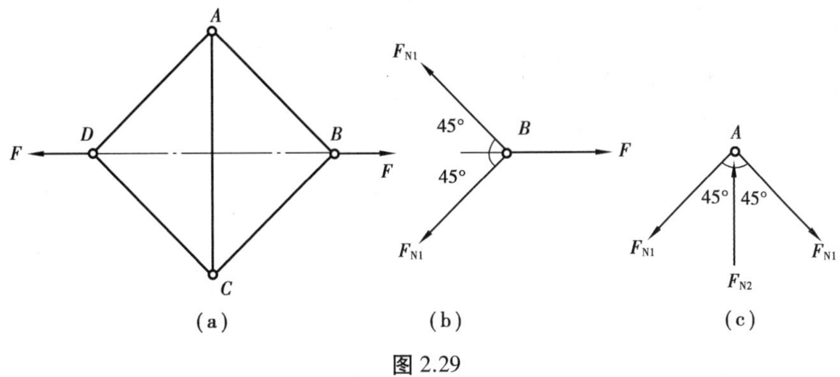

图 2.29

【解】 (1)求各杆轴力

由对称性知各斜杆的轴力均相同，为 F_{N1}。由图 2.29(b)节点 B 的平衡条件知：

$$\sum F_x = 0 \qquad F - 2F_{N1}\cos 45° = 0,$$

得：

$$F_{N1} = \frac{F}{\sqrt{2}} \quad (\text{拉})$$

由图 2.29(c)节点 A 的平衡条件知：

$$\sum F_y = 0 \qquad F_{N2} - 2F_{N1}\cos 45° = 0,$$

得：

$$F_{N2} = F \quad (\text{压})$$

(2)求许可荷载

由斜杆的拉伸强度条件知:

$$\sigma_1 = \frac{F_{N1}}{A} = \frac{F}{\sqrt{2}A} \leqslant [\sigma_t]$$

得:

$$F \leqslant \sqrt{2}A[\sigma_t] = \sqrt{2} \times (25 \times 10^{-4}\ \text{m}^2) \times (35 \times 10^6\ \text{Pa}) = 123.7\ \text{kN}$$

由铅垂杆的压缩强度条件知:

$$\sigma_2 = \frac{F_{N2}}{A} = \frac{F}{A} \leqslant [\sigma_c]$$

得:

$$F \leqslant A[\sigma_c] = (25 \times 10^{-4}\ \text{m}^2) \times (150 \times 10^6\ \text{Pa}) = 375\ \text{kN}$$

本题结构的许可荷载应取较小值,即 $[F] = 123.7$ kN。

【例题 2.10】 如图 2.30 所示,刚性梁 AB 由圆杆 CD 悬挂在 C 点,B 端作用集中荷载 F,已知 CD 杆的直径 $d = 20$ mm,许用应力 $[\sigma] = 160$ MPa。

(1)若 $F = 25$ kN,校核 CD 杆的强度;

(2)求结构的许用荷载 $[F]$;

(3)若 $F = 50$ kN,设计 CD 杆的直径 d。

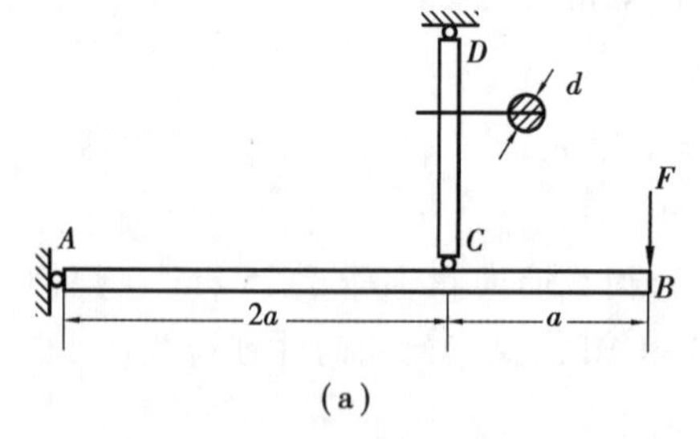

(a)

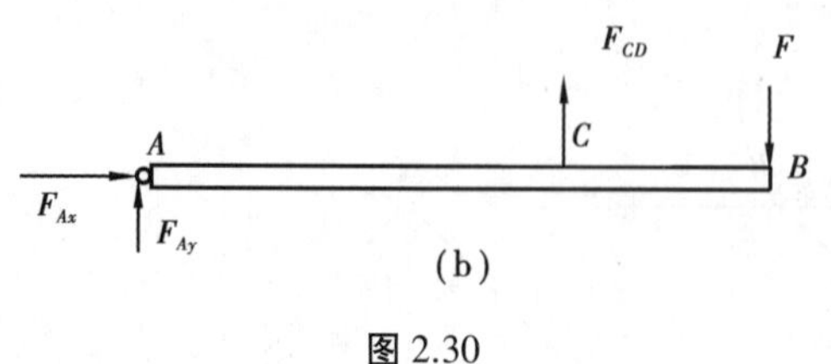

(b)

图 2.30

【解】 作 AB 杆的受力图如图 2.30(b)所示,由平衡方程知:

$$\sum M_A = 0$$

即:

$$2aF_{CD} - 3aF = 0$$

得:

$$F_{CD} = \frac{3}{2}F$$

(1)校核 CD 杆的强度

CD 杆的应力:

$$\sigma_{CD} = \frac{F_{CD}}{A} = \frac{\frac{3}{2}F}{\frac{\pi d^2}{4}} = \frac{\frac{3}{2} \times 25 \times 10^3\ \text{N}}{\frac{\pi \times (20 \times 10^{-3}\ \text{m})^2}{4}} = 119.4 \times 10^6\ \text{Pa} = 119.4\ \text{MPa}$$

因为 $\sigma_{CD} = 119.4\ \text{MPa} < [\sigma]$,所以 CD 杆安全。

(2)求许用荷载 $[F]$

由强度条件式(2.16),得:

$$\sigma_{CD} = \frac{F_{CD}}{A} = \frac{\frac{3}{2}F}{\frac{\pi d^2}{4}} \leqslant [\sigma]$$

$$F \leqslant \frac{\pi d^2[\sigma]}{6} = \frac{\pi \times (20 \times 10^{-3}\ \text{m})^2 \times 160 \times 10^6\ \text{Pa}}{6} = 33.5 \times 10^3\ \text{N} = 33.5\ \text{kN}$$

所以：$[F]=33.5\ \mathrm{kN}$。

(3)设计 CD 杆的直径 d

若 $F=50\ \mathrm{kN}$，设计 CD 杆的直径 d。由强度条件式(2.16)，得：

$$\sigma_{CD}=\frac{F_{CD}}{A}=\frac{6F}{\pi d^2}\leqslant[\sigma]$$

$$d\geqslant\sqrt{\frac{6F}{\pi[\sigma]}}=\sqrt{\frac{6\times50\times10^3\ \mathrm{N}}{\pi\times160\times10^6\ \mathrm{Pa}}}=2.44\times10^{-2}\ \mathrm{m}=24.4\ \mathrm{mm}$$

故取 $d=25\ \mathrm{mm}$。

2.7 应力集中的概念

我们在计算拉压杆横截面上的应力时，总是以公式 $\sigma=F_N/A$ 为依据，应用这个公式的前提是应力在横截面上的分布是均匀的。但我们也知道，在某些特殊情况下，比如有些零件常存在切口、切槽、钻孔、螺纹等，还有些构件要做成阶梯状等，致使构件中的截面尺寸发生突然变化。根据研究得知，构件在截面突变附近的小范围内，应力数值会急剧增加，而在离开这一区域稍远的地方，应力迅速降低而趋于均匀，这种现象，称为**应力集中**。如图 2.31 所示开有圆孔和带有切口的板条，当其受轴向拉伸时，在圆孔和切口附近的局部区域内，应力的数值剧烈增加。

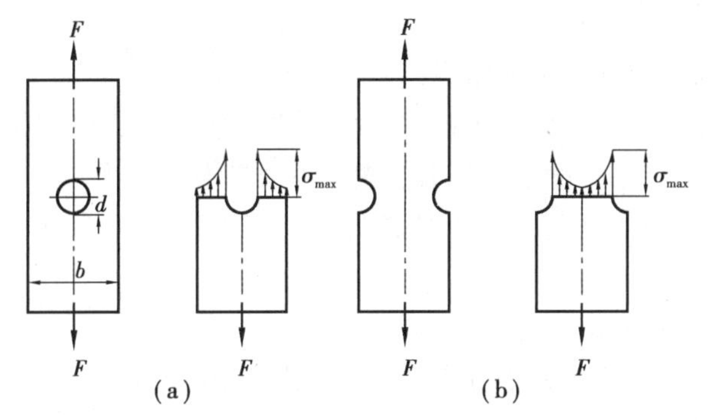

图 2.31

截面尺寸变化越急剧，角越尖，应力集中的程度就越严重，局部出现的最大应力 σ_{max} 就越大。鉴于应力集中往往会削弱杆件的强度，因此在设计中应尽可能避免或降低应力集中的影响。

为了表示应力集中的强弱程度，定义理论应力集中因数为：

$$k=\frac{\sigma_{max}}{\sigma_0} \tag{2.19}$$

式中，σ_{max} 为削弱面上轴向正应力的峰值，σ_0 为削弱面上平均应力。如图 2.31(a)所示厚度为 t 的具有小圆孔的矩形截面板条：

$$\sigma_0=\frac{F}{t(b-d)} \tag{2.20}$$

在孔边处的最大应力约为平均应力的 3 倍，而距孔稍远处，应力即趋于均匀。

必须指出，材料良好的塑性变形能力可以缓和应力集中峰值，因而低碳钢之类的塑性材料应力集中对强度的削弱作用不很明显，而脆性材料，特别是铸铁之类内含大量显微缺陷、组织不均匀的材料，应力集中将会对其造成严重影响。应力集中处往往是构件中最薄弱的地方，破坏往往是从这些地方开始的。特别是脆性材料，对应力集中比较敏感，需要加以注意。

*2.8 拉(压)杆超静定问题

在理论力学的课程中已经指出：若系统的全部未知力都可以通过静力学平衡方程求出时，这类问题称为静力学可定问题，即静定问题；反之，若仅仅应用静力学平衡方程不能求解出全部的未知力时，这类问题称为静力学不可定问题，即超静定问题。超静定问题具有“多余”约束，这种多余约束是相对于保证结构的平衡与几何不变性而言的，对于提高结构的强度、刚度是需要的，因而在工程中常常会选用具有多余约束的结构。超静定结构的未知力的个数多于平衡方程式的个数，即称为超静定次数。

超静定问题是仅用静力学理论不能求解的问题，这只是问题的一个方面，问题的另一方面是多余约束对结构的变形起着限制作用，而变形又和力有紧密的联系，这就为求解超静定问题提供了补充条件。因此，求解超静定问题，除了根据静力平衡条件列出平衡方程以外，还必须在多余约束处寻找各构件变形之间的关系，即所谓“变形协调条件”，进而根据力和变形之间的物理关系建立补充方程。总之，求解超静定问题时要综合考虑变形协调条件、物理方程、静力平衡三个方面，下面先给出一般超静定问题的解法，然后通过例题来说明如何实际应用这种解法。

求解一般超静定问题的方法步骤如下：

①首先确定超静定结构的超静定次数，然后解除“多余”约束，使超静定结构变为几何稳定的静定结构(此相应静定结构称静定基)，建立静力平衡方程。

②根据“多余”约束的性质，建立变形协调方程。变形协调条件应使静定基变形与原超静定结构相一致。

③建立物理方程(如胡克定律、热膨胀规律等)。

④联解静力平衡方程以及②和③所建立的补充方程，求出未知力(约束力或内力)。

【例题 2.11】 如图 2.32(a)所示，已知等截面直杆 AB，求 A，B 处的约束反力 F_A，F_B。

【解】 此结构在竖直方向的约束力个数为 2 个，而独立平衡方程数只有 1 个，属于一次超静定问题。

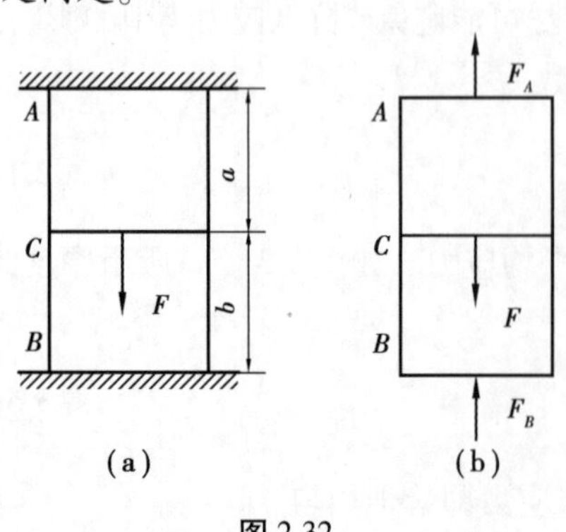

图 2.32

(1)静力平衡方程

如图 2.32(b)所示解除 B 处约束，代以相应的约束力 F_B，即得相应静定基。

由 $\sum F_x = 0$ 得：

$$F_A - F + F_B = 0$$

即：

$$F_A + F_B = F \tag{a}$$

(2)变形协调方程

总变形 $\Delta l = 0$

即：

$$\Delta l_{AC} + \Delta l_{CB} = 0 \tag{b}$$

(3)物理方程

由胡克定律知:

$$\Delta l_{AC}=\frac{F_{NAC}a}{EA}=\frac{F_A a}{EA}$$

$$\Delta l_{CB}=\frac{F_{NCB}b}{EA}=-\frac{F_B b}{EA} \tag{c}$$

将式(c)代入式(b)得补充方程:

$$F_A a=F_B b$$

或

$$F_A=\frac{F_B b}{a} \tag{d}$$

联解式(a)、式(d)得:

$$F_B=\frac{Fa}{a+b}(\uparrow)$$

$$F_A=\frac{Fb}{a+b}(\uparrow)$$

【例题 2.12】 如图 2.33 所示杆系结构中 AB 杆为刚性杆,①、②杆拉伸刚度为 EA,载荷为 F,求①、②杆的轴力。

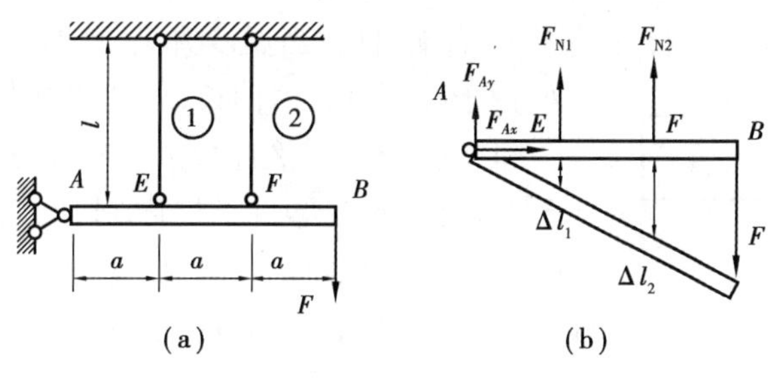

图 2.33

【解】 (1)静力平衡方程

如图 2.33(b)所示,F_{N1},F_{N2} 为①,②杆的内力;F_{Ax},F_{Ay} 为 A 处的约束力,未知力个数为 4 个,静力平衡方程个数为 3 个(平面力系),故为一次超静定问题。

由 $\sum M_A=0$ 得:

$$F_{N1}a+2aF_{N2}=3Fa$$

即:

$$F_{N1}+2F_{N2}=3F \tag{a}$$

(2)变形协调方程

由于 AB 为刚性杆,故:

$$\frac{\Delta l_1}{\Delta l_2}=\frac{1}{2}\text{ 或 }\Delta l_2=2\Delta l_1 \tag{b}$$

(3)物理方程

$$\Delta l_1 = \frac{F_{N1}l}{EA}, \Delta l_2 = \frac{F_{N2}l}{EA} \tag{c}$$

由式(c)、式(b)得补充方程:

$$F_{N2} = 2F_{N1} \tag{d}$$

由式(a)和式(d)得:

$$F_{N1} = \frac{3}{5}F(\text{拉力})$$

$$F_{N2} = \frac{6}{5}F(\text{拉力})$$

* 2.9 温度应力和装配应力

2.9.1 温度应力

在实际工程中,由于工作环境温度的变化(比如季节更替),通常会引起构件的膨胀或收缩。如果是静定结构,则构件可以随温度的变化而自由伸长或缩短,因此温度的改变不会在杆中产生内力。如图2.34所示的杆左端固定,右端自由,当温度升高 Δt 时,杆受热膨胀,长度增加 Δl,由于杆可以自由伸长,故杆的内力没有变化。

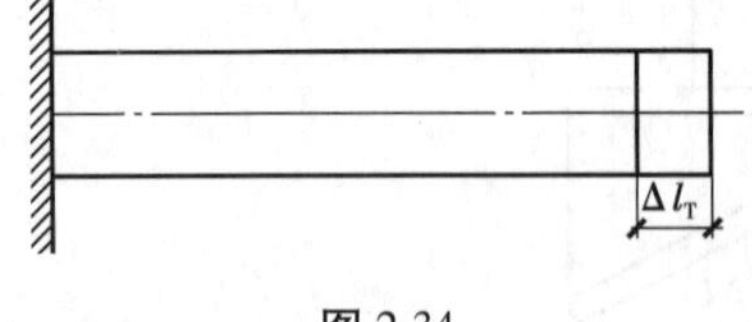

图 2.34

但对于超静定结构,由于有了多余约束,对于由温度变化而引起的变形将予以限制,所以会在杆中产生内力,这种因温度变化而引起的内应力,称为温度应力。计算温度应力的关键在于根据问题的变形协调条件写出补充方程。

【例题 2.13】 一蒸汽管道两端不能自由伸缩,现简化为如图 2.35 所示的固定端约束,此时若温度上升 ΔT,求 A,B 端的约束力 F_A,F_B。

【解】 (1)静力平衡方程

$$F_A = F_B = F \tag{a}$$

式(a)不能确定反力的数值,需再补充一个变形协调方程。现假想杆的一端(例如 B 端)并非固定端而是自由的,则杆有自由伸长 Δl_T,但实际上杆的 B 端为固定端,杆无法自由伸长,这相当于 B 端的约束反力也产生了 $\Delta l_F = \Delta l_T$ 的缩短。

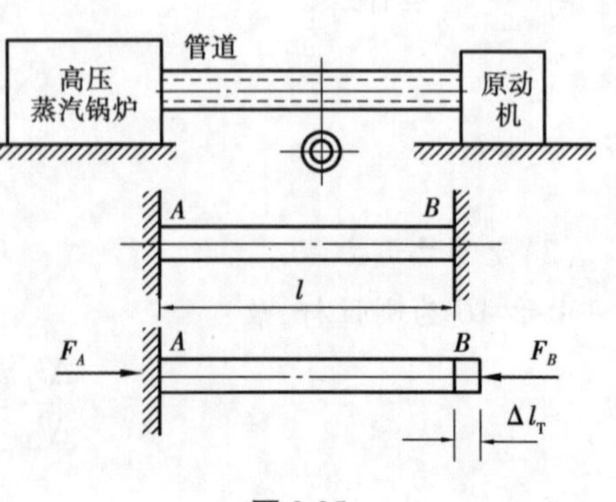

图 2.35

(2)变形协调方程

$$\Delta l_F = \Delta l_T \tag{b}$$

式中,Δl_F是杆件因反力作用而产生的缩短,Δl_T 是温度上升 ΔT 时的伸长。

(3)物理方程

$$\Delta l_T = \alpha \Delta T l, \Delta l_F = \frac{F_B l}{EA} \tag{c}$$

由式(c)、式(b)得补充方程:

$$\alpha \Delta T l = \frac{Fl}{EA}$$

即有:

$$F = \alpha \Delta T E A$$

应力为:

$$\sigma_T = \frac{F}{A} = \alpha \Delta T E \tag{d}$$

结果为正,说明当初设定杆受轴向压力是对的,故该杆的温度应力是压应力。

代入数据,对于钢材,$\alpha = 1.2 \times 10^{-5}/℃$,$E = 210 \times 10^3$ MPa,则当温度升高$\Delta T = 40$ ℃时,杆内的温度应力由式(d)算得为:

$$\sigma = \alpha E \Delta T = 1.2 \times 10^{-5}/℃ \times 210 \times 10^3 \text{ MPa} \times 40 ℃ = 101 \text{ MPa}\ (压应力)$$

可见当温度变化较大时,在构件中将产生较大的温度应力,有时不可忽略,为避免出现过高的温度应力,蒸汽管道中设置伸缩节(或弯管),如图2.36所示。铁路钢轨接头、水泥路面等也留有伸缩缝,以防止由于温度应力而引起破坏。

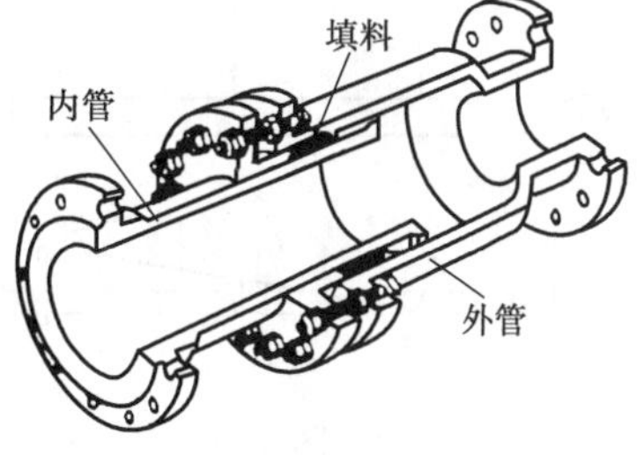

图2.36

2.9.2 装配应力

在加工制造杆件时,某些杆件的尺寸有微小的误差是难免的,若用这些杆件组装成静定结构,则这些误差只会使结构的几何形状略有改变,并不会在杆件中产生附加内力。但在超静定结构中,由于有了多余约束,情况就不一样了,这时将产生附加的内力,这种附加的内力称为装配内力,而与之相应的应力则称为装配应力。如图2.37(a)所示的静定结构,当杆件尺寸产生误差时,仅影响装配后的形状(如虚线所示),而图2.37(b)中的超静定结构,若3杆比原先的设计长度短了δ,则装配后3杆将拉长,1,2杆将压短,这样才能将三根杆装配起来,装配后实际形状如虚线所示。这样,虽然还没有受到其他外载荷的作用,但杆中已经存在了附加应力,即装配应力。由于装配应力是在外载荷作用以前就产生的应力,所以称为初应力。工程中存在的装配应力一般是不利的,但有时也利用装配应力以提高结构的承载能力,如在土建工程结构中的预应力钢筋混凝土和机械制造中的紧配合等。计算装配应力同样要利用变形协调条件写出补充方程,下面举例说明。

【例题2.14】 一结构如图2.38(a)所示。钢杆1,2,3的横截面积均为$A = 200$ mm²,弹性模量$E = 200$ GPa,长度$l = 1$ m。制造时杆3短了$\delta = 0.8$ mm。试求杆3和刚性杆AB连接后各杆的内力。

【解】 在装配过程中,刚性杆AB始终保持直线状态,杆1,2,3将有轴向拉伸或压缩。设

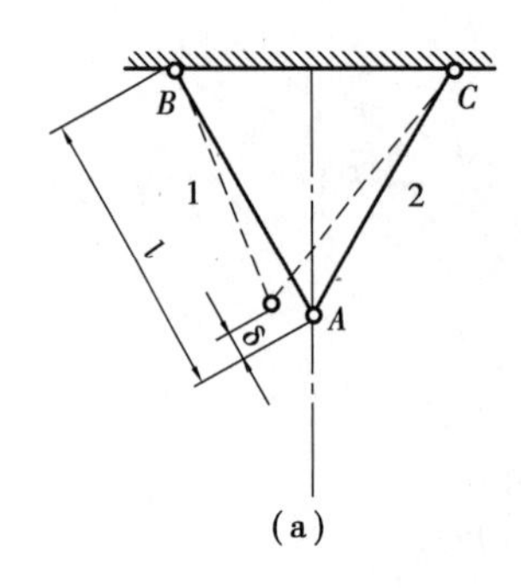

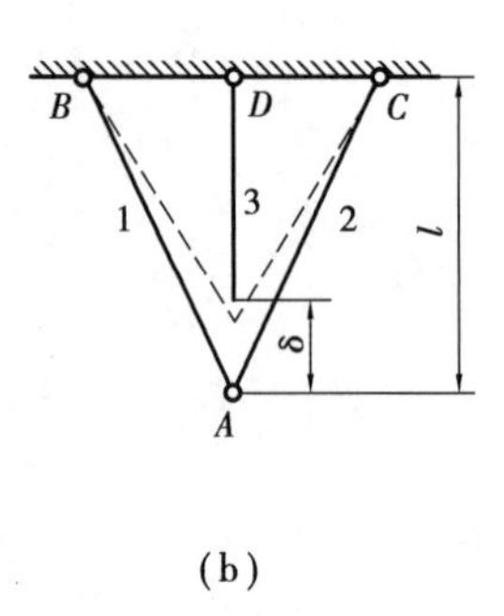

图 2.37

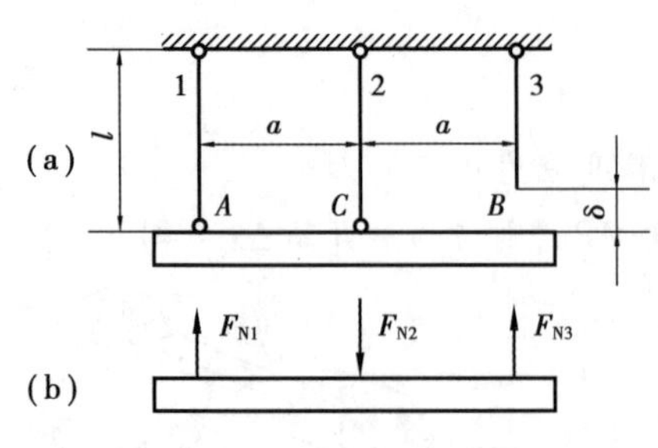

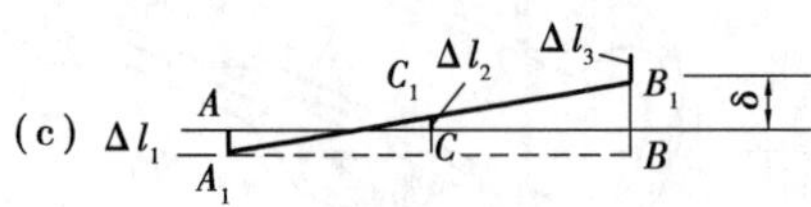

图 2.38

1,3 杆受拉,2 杆受压,杆 AB 受力如图 2.38(b)所示。列出静力平衡方程:

$$\left.\begin{aligned}\sum F_y = 0, \quad & F_{N1} + F_{N3} - F_{N2} = 0 \\ \sum M_C = 0, \quad & F_{N1}a = F_{N3}a\end{aligned}\right\} \tag{a}$$

杆 1,2,3 的变形示意图如图 2.38(c)所示,由图可以看出,各杆变形之间应满足的变形几何方程为:

$$\Delta l_1 + 2\Delta l_2 + \Delta l_3 = \delta \tag{b}$$

物理方程为:

$$\Delta l_1 = \frac{F_{N1}l}{EA}, \Delta l_2 = \frac{F_{N2}l}{EA}, \Delta l_3 = \frac{F_{N3}l}{EA}$$

由于 $\delta \ll l$, 上式中 3 杆的长度仍用 l。

将上述各物理方程代入式(b)可得补充方程:

$$F_{N1} + 2F_{N2} + F_{N3} = \frac{\delta EA}{l} \tag{c}$$

联立静力平衡方程与补充方程,解得:

$$F_{N1} = F_{N3} = 5.33\ \text{kN}, F_{N2} = 10.67\ \text{kN}$$

计算结果为正值,说明假设杆的受力方向正确,即 1,3 杆受拉,2 杆受压。

讨论:读者试写出三根杆都假设受拉或都受压时的变形几何方程,并分析 1,3 杆受压,2 杆受拉的情况。

本章小结

(1)轴向拉伸和压缩的应力、变形和应变的基本公式有:

正应力公式
$$\sigma = \frac{F_N}{A}$$

胡克定律
$$\Delta l = \frac{F_N l}{EA}$$

或
$$\sigma = E\varepsilon$$

胡克定律是揭示在比例极限内应力和应变的关系,它是材料力学最基本的定律之一。

(2)材料的力学性能的研究是解决强度和刚度问题的一个重要方面。材料力学性能的研究一般是采用试验方法,其中材料的拉伸试验是最主要和最基本的一种试验。通过材料的拉伸试验可得到相应的试验资料和性能指标。

(3)工程中一般将材料分为塑性材料和脆性材料。如低碳钢等材料是在有显著的残余变形之后才破坏的材料,称为塑性材料;如铸铁等是在只有极小的残余变形下就破坏的材料,称为脆性材料。

(4)强度计算是材料力学研究的重要问题之一,在杆件的轴向拉伸和压缩时,构件的强度条件是:

$$\sigma_{\max}=\frac{F_{\mathrm{N\,max}}}{A}\leqslant[\sigma]$$

该强度条件是进行强度校核、选定截面尺寸和确定许可荷载的依据。

(5)本章以简单拉(压)杆的超静定问题为例,说明了求解超静定问题的基本步骤为:

①首先确定超静定结构的超静定次数,然后解除“多余”约束,使超静定结构变为几何稳定的静定结构(此相应静定结构称静定基),建立静力平衡方程。

②根据“多余”约束性质,建立变形协调方程。

③建立物理方程(如胡克定律,热膨胀规律等)。

④联立求解静力平衡方程以及②和③所建立的补充方程,求出未知力(约束力或内力)。变形协调条件应使静定基变形与原超静定结构相一致。

思考题

2.1　如何用截面法计算轴力?如何画轴力图?在分析杆件轴力时,力的可传性原理是否仍可用?应注意什么?

2.2　拉压杆横截面上的正应力公式是如何建立的?为什么要做假设?该公式的应用条件是什么?

2.3　一根钢筋,其弹性模量 $E=210$ GPa,比例极限 $\sigma_p=210$ MPa,在轴向拉力 F 作用下,纵向线应变 $\varepsilon=0.001$。试求钢筋横截面上的正应力。如果加大拉力 F,使试样的纵向线应变增加到 $\varepsilon=0.01$,试问此时钢筋横截面上的正应力能否由胡克定律确定?为什么?

2.4　弹性模量的物理含义是什么?如低碳钢的弹性模量 $E_s=210$ GPa,混凝土的弹性模量 $E_c=28$ GPa,试求下列各项:

(1)在横截面上正应力 σ 相等的情况下,钢和混凝土杆的纵向线应变 ε 之比;

(2)在纵向线应变 ε 相等的情况下,钢和混凝土杆横截面上正应力 σ 之比;

(3)当纵向线应变 $\varepsilon=0.001\,5$ 时,钢和混凝土杆横截面上正应力 σ 的值。

2.5　若两杆的截面面积 A、长度 l 及所受荷载 F 均相同,而材料不同,试问所产生的应力 σ、变形 Δl 是否相同?

2.6　已知钢的弹性模量 $E_1=200$ GPa,灰铸铁的弹性模量 $E_2=150$ GPa。当应力低于比例极限时:

(1) 试比较在同一应力 σ 作用下,钢和灰铸铁的应变;

(2)比较在同一应变下,钢和灰铸铁的应力。

2.7　两根直杆的长度和横截面面积均相同,两端所受的轴向外力也相同,其中,一根为钢杆,一根为木杆。试问:

(1)两杆的内力是否相同?

(2)两杆的应力是否相同?强度是否相同?

(3)两杆的应变、变形、刚度是否相同?

2.8　低碳钢在拉伸过程中表现为几个阶段?各有何特点?何谓比例极限、屈服强度与强度极限?

2.9　何谓塑性材料与脆性材料?如何衡量材料的塑性?试比较塑性材料与脆性材料的力学性能。

2.10　现有低碳钢及铸铁两种材料,若杆 2 用低碳钢制成,杆 1 用铸铁制成,那么图(a),(b)所示的结构是否合理?为什么?

2.11　试问在低碳钢试样的拉伸图上,试样被拉断时的应力为什么反而比强度极限低?

2.12　材料 a,b,c 的应力-应变曲线如图所示,其中:材料__________的强度最高;材料__________的弹性模量最大;材料__________的塑性最好。

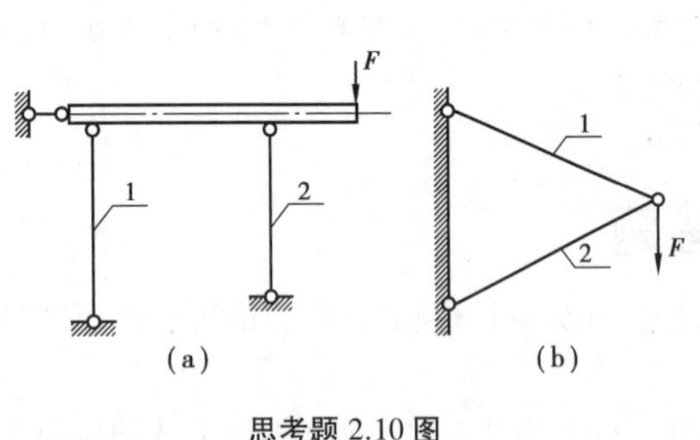

思考题 2.10 图

思考题 2.12 图

2.13　何谓许用应力?何谓强度条件?利用强度条件可以解决哪些类型的强度问题?

2.14　何谓杆截面的拉伸(压缩)刚度?刚度越大,对杆是否越有利?

2.15　试论述:为什么轴向拉(压)杆斜截面上的应力是均匀分布的?

习　题

2.1　试求图示各杆 1—1 和 2—2 横截面上的轴力,并作轴力图。

2.2　试求图示等截面直杆横截面 1—1,2—2 和 3—3 上的轴力,并作轴力图。若横截面面积 $A=400\ \text{mm}^2$,试求各横截面上的应力。

2.3　试求图示阶梯状直杆横截面 1—1,2—2 和 3—3 上的轴力,并作轴力图。若横截面面积 $A_1=200\ \text{mm}^2$, $A_2=300\ \text{mm}^2$, $A_3=400\ \text{mm}^2$,求各横截面上的应力。

2.4　图示轴向拉压杆的横截面面积 $A=1\ 000\ \text{mm}^2$,荷载 $F=10$ kN,纵向分布荷载的集度 $q=10$ kN/m, $a=1$ m。试求横截面 1—1 上的正应力 σ 和杆中的最大正应力 $\sigma_{\max}$。

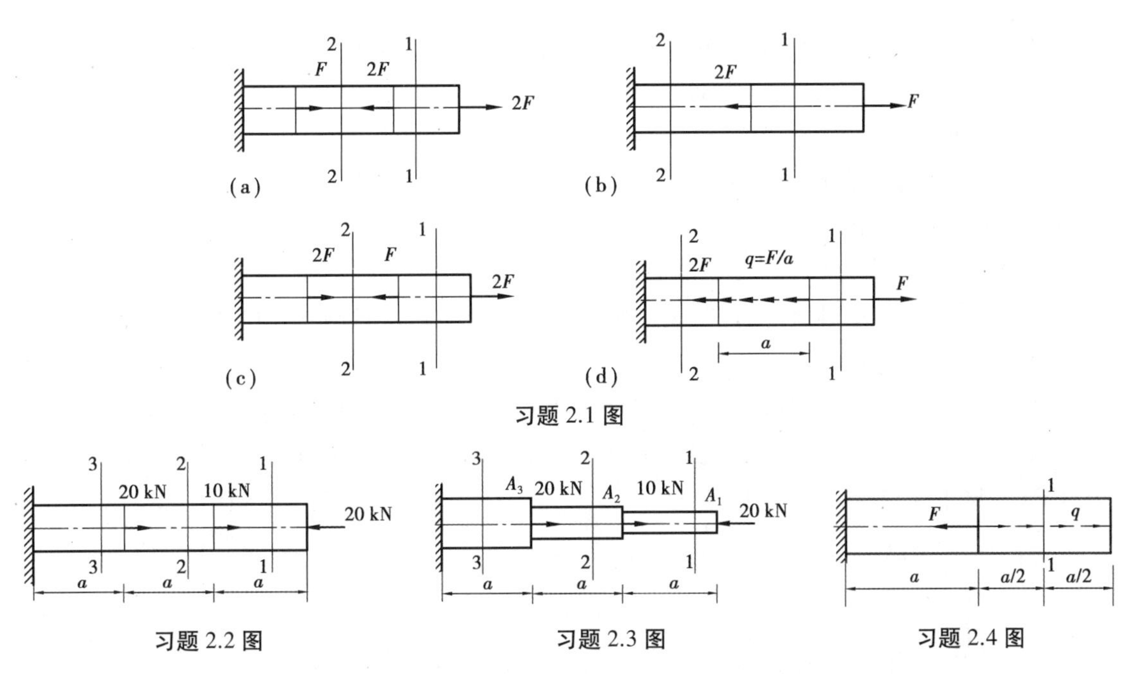

习题 2.1 图

习题 2.2 图

习题 2.3 图

习题 2.4 图

2.5 图示中段开槽的杆件，两端受轴向荷载 F 作用，已知：$F=14$ kN，截面尺寸 $b=20$ mm，$b_0=10$ mm，$\delta=4$ mm。试计算横截面 1—1 和 2—2 上的正应力。

2.6 图示为一混合屋架的计算简图。屋架的上弦用钢筋混凝土制成。下面的拉杆和中间竖向撑杆用角钢制成，其截面均为两个 75 mm×75 mm×8 mm 的等边角钢。已知屋面承受集度为 q = 20 kN/m 的竖直均布荷载。试求拉杆 AE 和 EG 横截面上的应力。

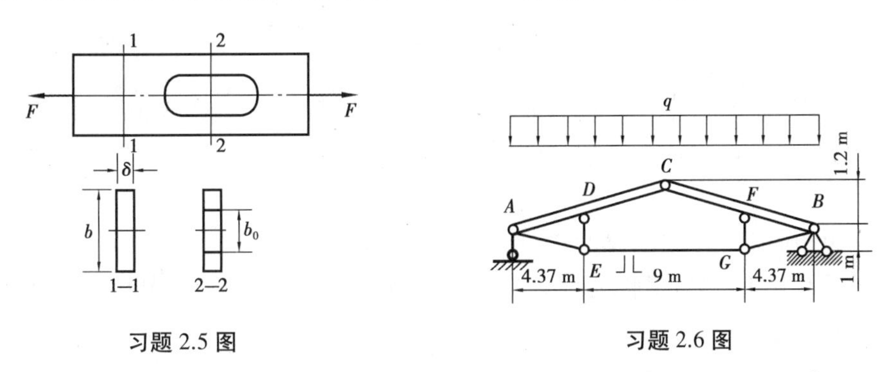

习题 2.5 图

习题 2.6 图

2.7 如图所示为拉杆承受轴向拉力 F = 10 kN，杆的横截面面积 A = 100 mm^2。如以 α 表示斜截面与横截面的夹角，试求当 α = 0°，30°，45°，60°，90° 时，各斜截面上的正应力和切应力，并用图表示其方向。

2.8 一等截面直杆受力如图所示，已知杆的横截面面积 A 和材料的弹性模量 E。试作轴力图，并求杆端 D 点的位移。

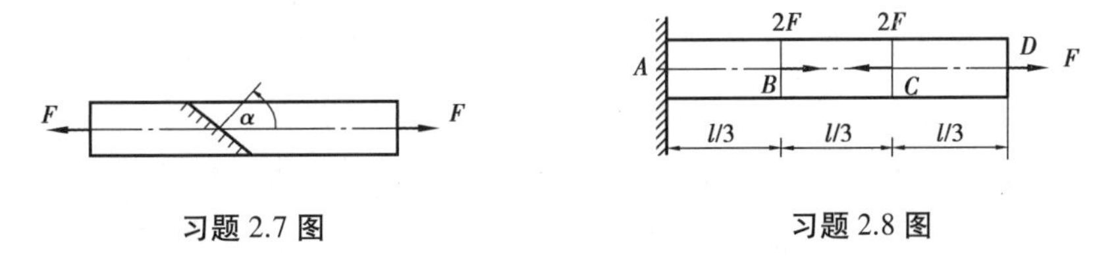

习题 2.7 图

习题 2.8 图

2.9　一木柱受力如图所示，柱的横截面为边长为 200 mm 的正方形，材料可认为符合胡克定律，其弹性模量 E = 10 GPa。如不计柱的自重，试求：

(1)柱的轴力图；

(2)各段横截面上的应力；

(3)各段柱的纵向线应变；

(4)柱的总变形。

2.10　如图所示钢质圆杆的直径 d = 10 mm，F = 5 kN，弹性模量 E = 210 GPa，试求杆内的最大正应力和杆的总变形。

2.11　如图所示实心圆钢杆 AB 和 AC 在 A 点以铰链相连接，在 A 点作用有铅垂向下的力 F=35 kN。已知杆 AB 和 AC 的直径分别为 d_1 = 12 mm 和 d_2 = 15 mm，钢的弹性模量 E = 210 GPa。试求 A 点在铅垂方向的位移。

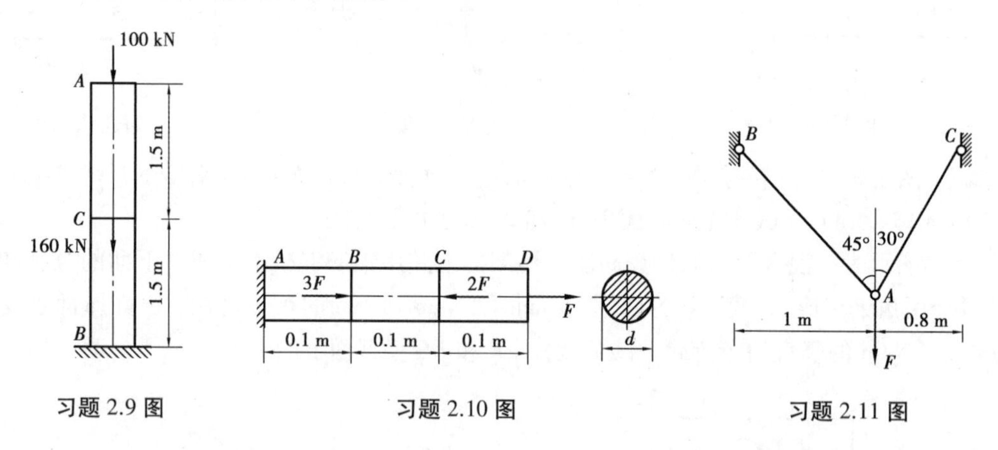

习题 2.9 图　　习题 2.10 图　　习题 2.11 图

2.12　如图所示结构中，AB 为水平放置的刚性杆，杆 1，2，3 材料相同，其弹性模量 E = 210 GPa，已知：l = 1 m，A_1 = A_2 = 100 mm^2，A_3 = 150 mm^2，F = 20 kN。试求 C 点的水平位移和铅垂位移。

2.13　如图所示硬铝试样，厚度 δ = 2 mm，试验段板宽 b = 20 mm，标距 l = 70 mm。在轴向拉力 F = 6 kN 的作用下，测得试验段伸长 Δl = 0.15 mm，板宽缩短 Δb = 0.014 mm。试计算硬铝的弹性模量 E 与泊松比 ν。

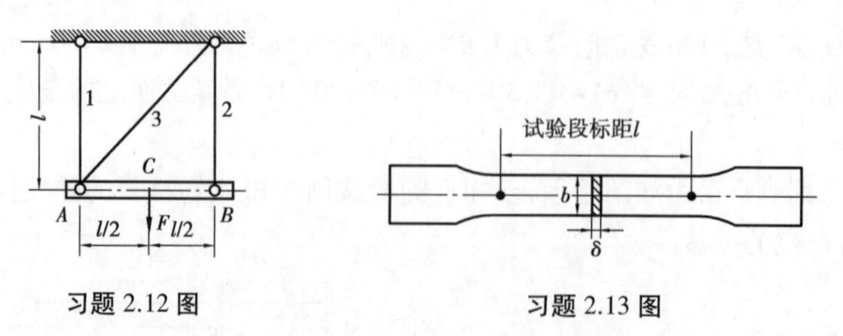

习题 2.12 图　　习题 2.13 图

2.14　如图所示一钢筋混凝土平面闸门，其最大启门力为 F = 140 kN。如提升闸门的钢质丝杆内径 d = 40 mm，钢的许用应力 $[\sigma]$ = 170 MPa，试校核丝杆的强度。

2.15 简易起重设备的计算简图如图所示。已知斜杆 AB 用两根 63 mm×40 mm×4 mm 不等边角钢组成，钢的许用应力 $[\sigma]=170$ MPa。试问在提起重量为 $P=15$ kN 的重物时，斜杆 AB 是否满足强度条件？

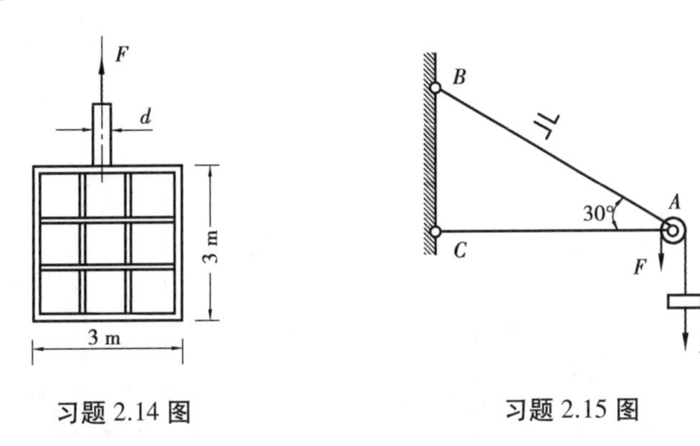

习题 2.14 图　　　　习题 2.15 图

2.16 一块厚 10 mm、宽 200 mm 的钢板，其截面被直径 $d=20$ mm 的圆孔所削弱，圆孔的排列对称于杆的轴线，如图所示。钢板承受轴向拉力 $F=200$ kN。材料的许用应力 $[\sigma]=170$ MPa，试校核钢板的强度。

2.17 吊车可在图示托架的 AC 梁上移动，斜杆 AB 的截面为圆形，直径为 $d=20$ mm，材料的许用应力 $[\sigma]=120$ MPa。试校核 AB 的强度。

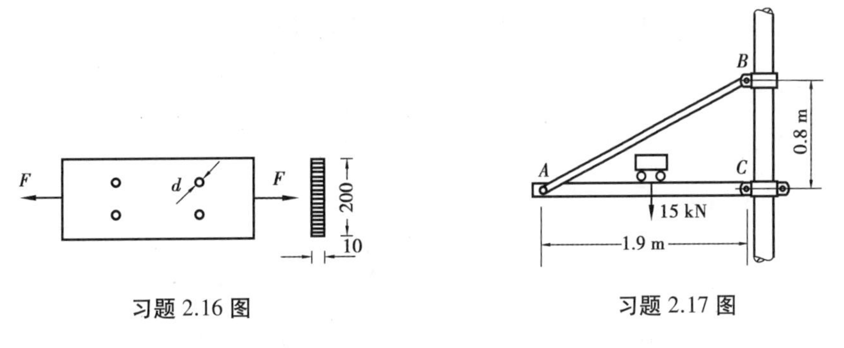

习题 2.16 图　　　　习题 2.17 图

2.18 如图所示木制桁架受水平力 F 作用，已知 $F=80$ kN，材料的许用拉应力和许用压应力分别为 $[\sigma_t]=8$ MPa，$[\sigma_c]=10$ MPa，试设计杆 AB 和杆 CD 的横截面面积。

2.19 如图所示结构中，AB 为圆截面杆。已知材料的许用应力为 $[\sigma]=160$ MPa，铅垂荷载 $F=20$ kN，试选择杆 AB 的直径。

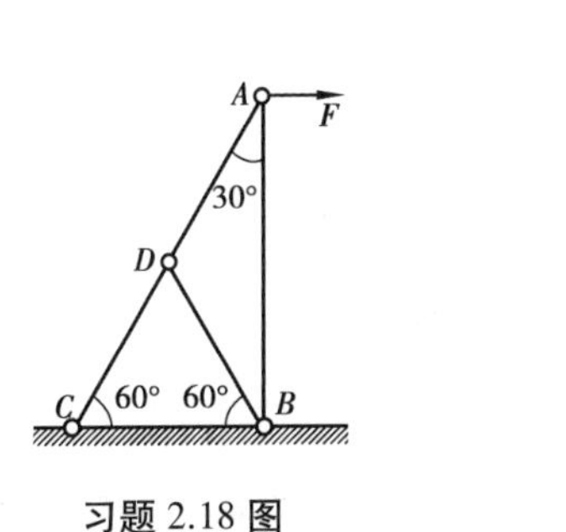

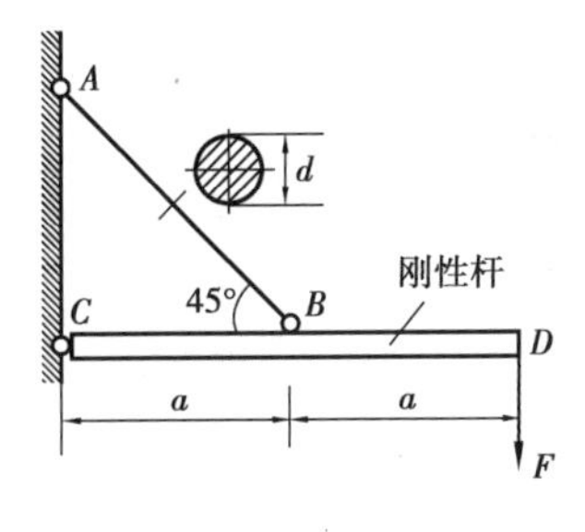

习题 2.18 图　　　　习题 2.19 图

2.20　一结构受力如图所示，杆件 AB 和 AD 均由两根等边角钢组成，ED 为无重钢性杆。已知材料的许用应力 $[\sigma]=170$ MPa，试选择杆 AB 和 AD 的角钢型号。

2.21　如图所示一正方形砖柱，顶部受集中力 $F=16$ kN 作用，柱边长为 0.4 m，砌筑在高为 0.4 m 的正方形石块底脚上。已知砖柱的容重 $\gamma_1=\rho_1 g=16\ \text{kN/m}^3$，石块容重 $\gamma_2=\rho_2 g=20\ \text{kN/m}^3$。地基许用应力 $[\sigma]=0.08$ MPa。试设计正方形石块底脚的边长 a。

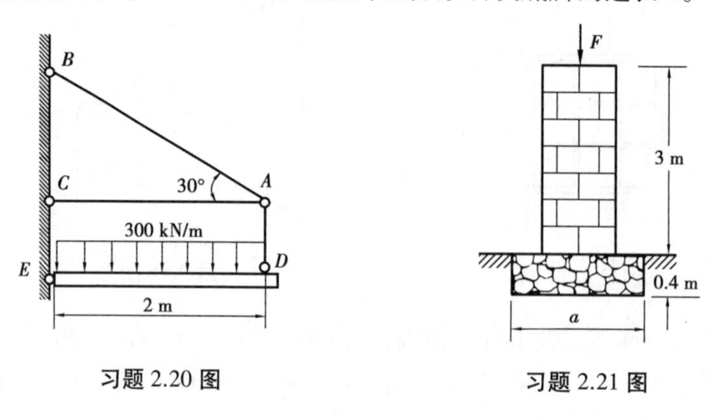

习题 2.20 图　　　　习题 2.21 图

2.22　如图所示桁架，杆 1 和 2 均为圆截面，直径分别为 $d_1=30$ mm，$d_2=20$ mm，两杆材料相同，许用应力 $[\sigma]=160$ MPa，节点 C 处承受铅垂荷载 F 作用，试确定该桁架的许用荷载。

2.23　如图所示结构中 AB 为刚性杆，1，2 两杆的直径 $d_1=d_2=100$ mm，3 杆的直径 $d_3=120$ mm，许用压应力 $[\sigma_c]=10$ MPa，许用拉应力 $[\sigma_t]=8$ MPa。试求结构的最大荷载。

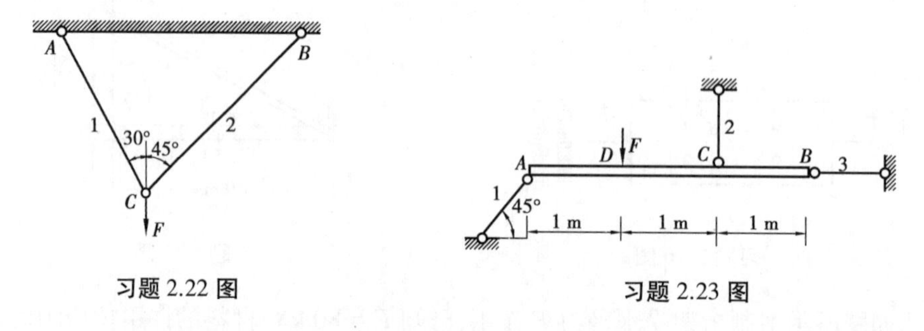

习题 2.22 图　　　　习题 2.23 图

2.24　简易起重设备如图所示，杆 AC 由两根 80 mm×80 mm×7 mm 的等边角钢组成，杆 AB 由两根 10 号工字钢组成。材料为 Q235 钢，许用应力 $[\sigma]=170$ MPa。试求结构的许可荷载。

2.25　如图所示两端固定的等直杆件，求两端支反力。

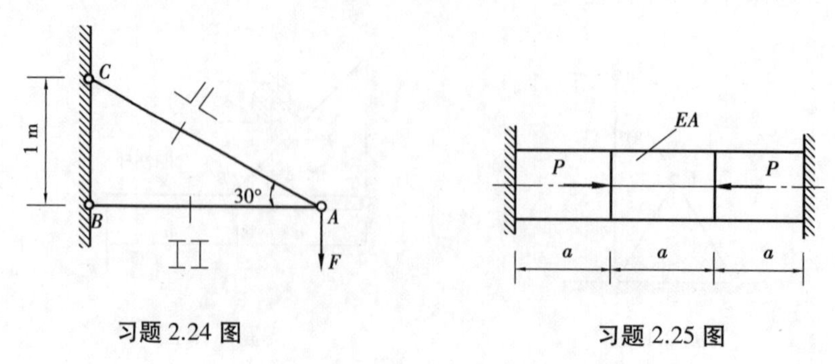

习题 2.24 图　　　　习题 2.25 图

2.26 如图所示桁架,在节点 C 上受到铅垂荷载 P 作用,杆③为刚性杆,杆①和②的长度与拉伸(压缩)刚度 EA 均相同。求各杆的内力。

2.27 结构如图所示,AB 为刚性梁,B 处作用集中力 P,1,2,3 杆的材料和截面面积皆相同。试求 1,2,3 各杆的轴力。

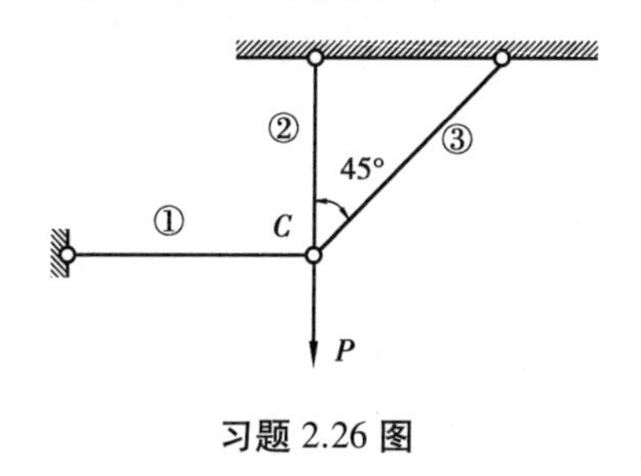

习题 2.26 图

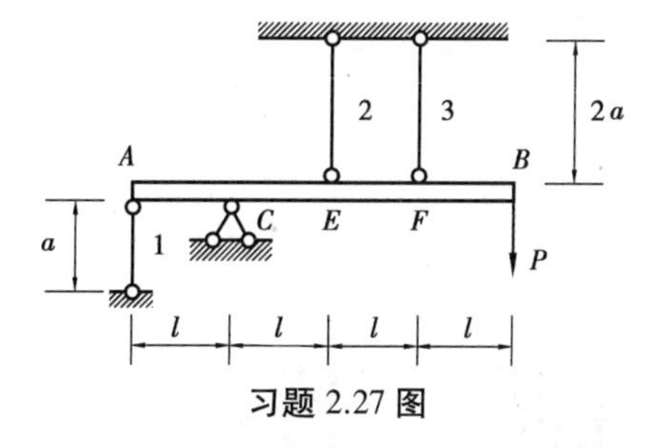

习题 2.27 图

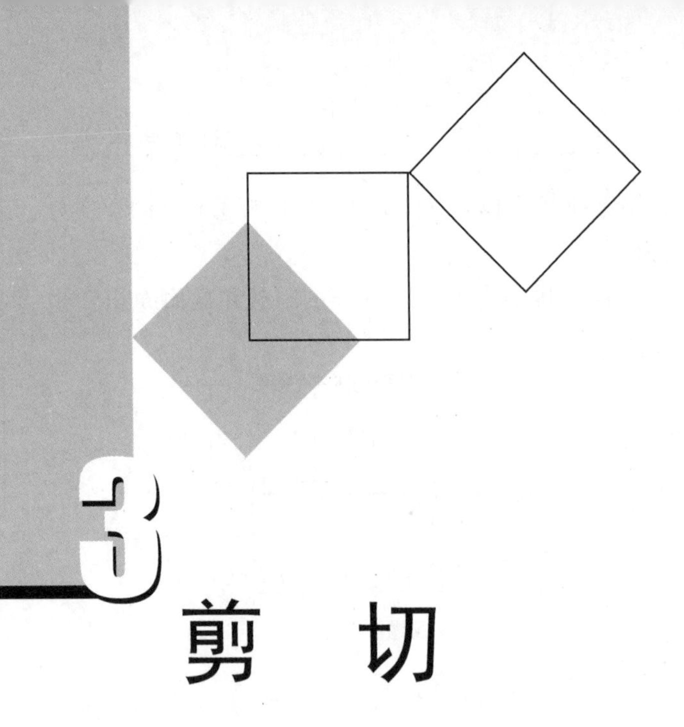

3 剪 切

> **本章导读：**
> • **基本要求** 掌握工程中各种常用连接件的受力和变形分析；了解连接件的应力分布、实用计算方法及其近似性和工程可行性；掌握对各种常用连接件的强度校核。
> • **重点** 各种常用连接件的强度校核。
> • **难点** 连接件的受力和变形分析，确定剪切面和挤压面。

3.1 剪切的概念

在工程实际中，常遇到剪切问题。如图 3.1 所示的螺栓受剪和连接轴与轮的键的受剪。剪切的受力特点是杆件截面两侧作用大小相等、方向相反、作用线相距很近的外力，其变形特点是两外力作用线所在截面之间发生相对错动。

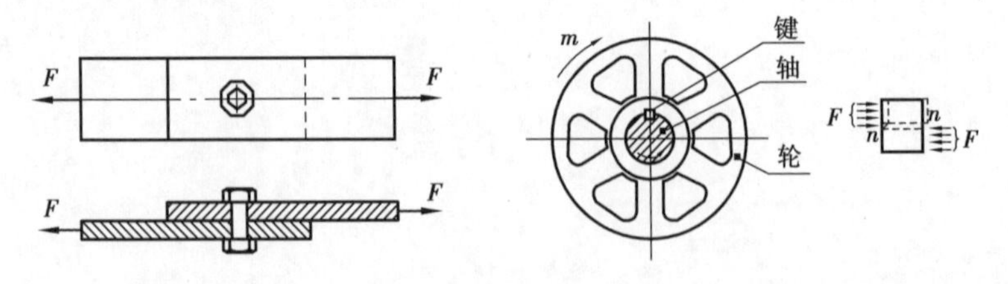

图 3.1

构件与构件之间的连接方式有许多，例如，常见的用销钉、螺栓、铆钉与键等连接件将构件连接一起。对于这些连接件，其受力和变形是比较复杂的，破坏的形式也有不同。在工程实际中，主要采用实用计算方法。其特点是：一方面对连接件的受力和应力分布进行一定的简化，通过简单的计算得到破坏面上应力的某一特征量——名义应力；另一方面，对同类连接件进行类似的破坏实验，并采用相同计算的方法，由破坏载荷计算其名义应力的极限值，在考虑一定安全系数的条件下,得到名义应力相应的许可值,并建立相应的强度条件。这种方法是建立在连接件的破坏面上具有相同应力分布规律的假设基础上,实践表明,只要简化合理,实验数据充分,这种强度计算方法是可靠、简单实用的。

构件连接处连接件的破坏形式主要有三种:连接件在外力作用下发生某断面剪切破坏,连接接触面相互挤压引起的塑性变形及连接构件的开孔造成强度削弱而引起的破坏。本章主要讨论连接件的剪切和挤压强度的实用计算。

3.2 剪切的实用计算

以螺栓受剪为例,在受拉力的板作用下,图 3.2 中截面 $m—m$ 的两侧将发生相对错动,应用截面法可得 $m—m$ 截面的内力,即平行于截面的剪力 F_S,但与轴向拉压杆上的正应力分布不同,剪切面上的切应力分布是不均匀的,且计算困难。为了对受剪杆件进行强度计算,下面给出一种简单的实用计算方法,该方法要求与实验相结合,用实验测试结果弥补理论分析上的不足。

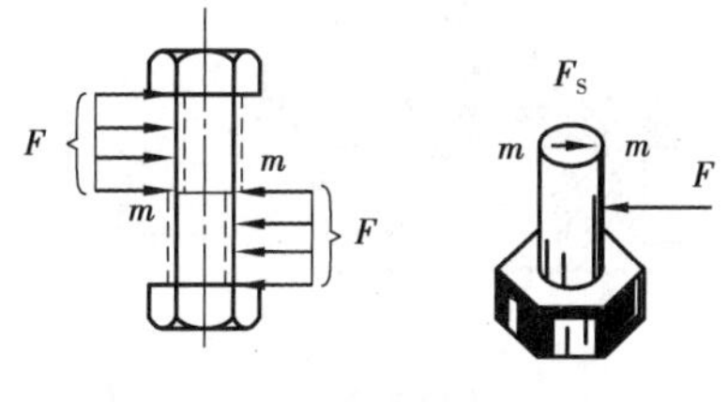

图 3.2

首先,假设受剪面上各点处的切应力相等,且与剪力 F_S 相平行(即选择截面上的平均切应力作为名义应力),受剪面上的切应力为:

$$\tau = \frac{F_S}{A} \tag{3.1}$$

式中,F_S 为剪力,A 为剪切面面积,τ 为名义切应力。

剪切强度条件可表示为:

$$\tau = \frac{F_S}{A} \leqslant [\tau] \tag{3.2}$$

式中,$[\tau]$ 为构件的许用切应力,该值是对同一材料构件经剪切破坏实验后,用最大剪力值求出名义切应力的极限值,再考虑受剪构件的安全系数后得到。

【例题 3.1】 拖车挂钩由插销连接,如图 3.3(a)所示。插销材料为 20#钢,$[\tau]=30$ MPa,直径 $d=20$ mm。挂钩及被连接的板件的厚度分别为 $t=8$ mm 和 $t_1=12$ mm。牵引力 $F=15$ kN。试校核插销的剪切强度。

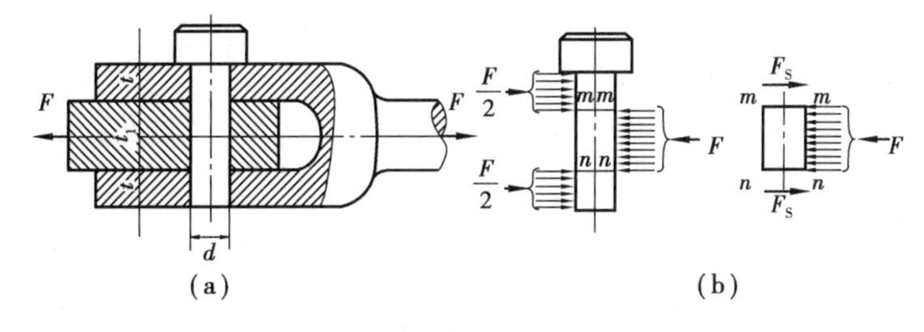

图 3.3

【解】 插销受力如图 3.3(b)所示。根据受力情况,插销中段相对于上、下两段,沿 $m—m$ 和 $n—n$ 两个面向左错动。所以有两个剪切面,称为双剪切。考虑受力的对称性,由平衡方程求出:

$$F_S = \frac{F}{2}$$

插销横截面上的切应力为：

$$\tau = \frac{F_S}{A} = \frac{15 \times 10^3\ \text{N}}{2 \times \frac{\pi}{4}(20 \times 10^{-3}\ \text{m})^2} = 23.9\ \text{MPa} < [\tau]$$

插销满足剪切强度要求。

【例题 3.2】 如图 3.4(a)所示冲床，最大冲压力 $F_{max} = 100$ kN，冲头的许用应力 $[\sigma] = 160$ MPa，冲剪钢板的极限应力 $\tau_b = 360$ MPa，计算冲头的最小直径及钢板厚度的最大值。

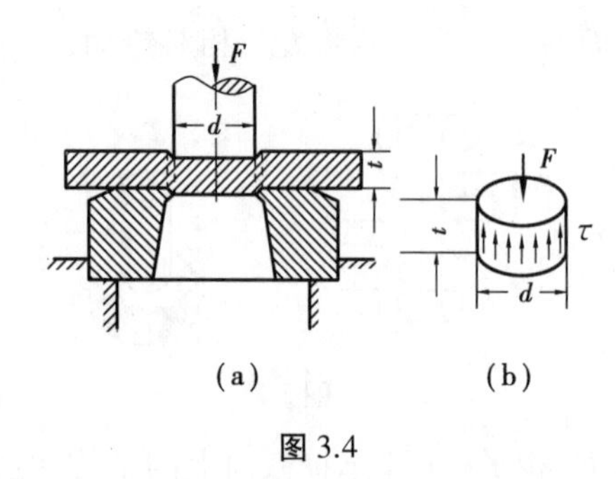

图 3.4

【解】 (1)按冲头压缩强度计算最小冲头直径 d

$$\sigma = \frac{F}{A} = \frac{4F}{\pi d^2} \leqslant [\sigma]$$

冲头的直径应满足：

$$d \geqslant \sqrt{\frac{4F}{\pi[\sigma]}} = \sqrt{\frac{4 \times 100 \times 10^3\ \text{N}}{3.14 \times 160 \times 10^6\ \text{Pa}}} = 0.028\ 2\ \text{m} = 28.2\ \text{mm}$$

(2)按钢板剪切强度计算钢板厚度 t

钢板的剪切面为一圆柱面，如图 3.4(b)所示，其面积大小为 $A = \pi dt$，剪切面上的切应力应满足：

$$\tau = \frac{F_S}{A} = \frac{F}{\pi dt} \geqslant \tau_b$$

钢板的厚度应为：

$$t \leqslant \frac{F}{\pi d \tau_b} = \frac{100 \times 10^3\ \text{N}}{3.14 \times 0.028\ 2\ \text{m} \times 360 \times 10^6\ \text{Pa}} = 3.14 \times 10^{-3}\ \text{m} = 3.14\ \text{mm}$$

所以，冲头最小直径是 28.2 mm，钢板的最大厚度为 3.14 mm。

3.3 挤压的实用计算

连接件和被连接件在外力作用下发生互相挤压，在相互接触面上存在挤压应力，这种挤压应力一旦超过材料的极限应力会引起构件表面的局部塑性变形，从而会引起连接处松动等问题，图 3.5 就是铆钉孔被压成长圆孔的情形。

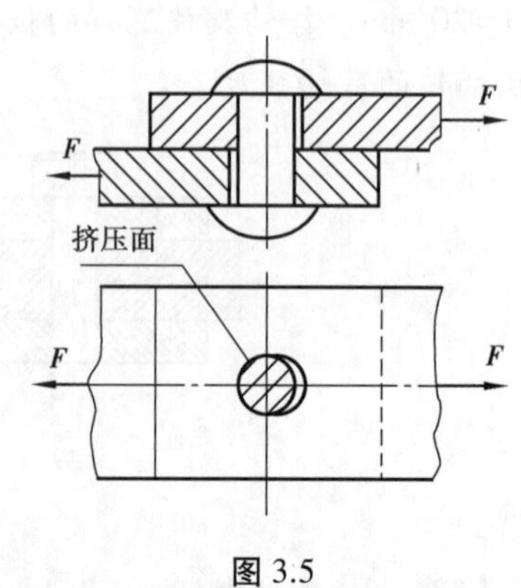

图 3.5

挤压面的压应力分布情况比较复杂，计算困难，人们从实际应用出发，在大量实验结果和一定的理论验证基础上，总结出对一般连接件挤压强度计算的实用方法。

挤压时，以 F_{bs} 表示挤压面上承受的挤压力，A_{bs} 表示挤压计算面积，其值等于实际挤压接触面在与挤压力作用方向相垂直的平面上的投影面积大小。名义挤压应力的计算公式为：

$$\sigma_{bs} = \frac{F_{bs}}{A_{bs}} \tag{3.3}$$

圆柱形连接件与连接孔壁间的挤压计算面积 A_{bs} 等于直径 d 与挤压长度 t 的乘积(见图 3.6),按式(3.3)计算所得名义挤压应力与最大理论挤压应力接近。如果挤压面是平面(如图 3.7 键与键槽间的接触面),挤压计算面积 A_{bs} 等于接触面积。

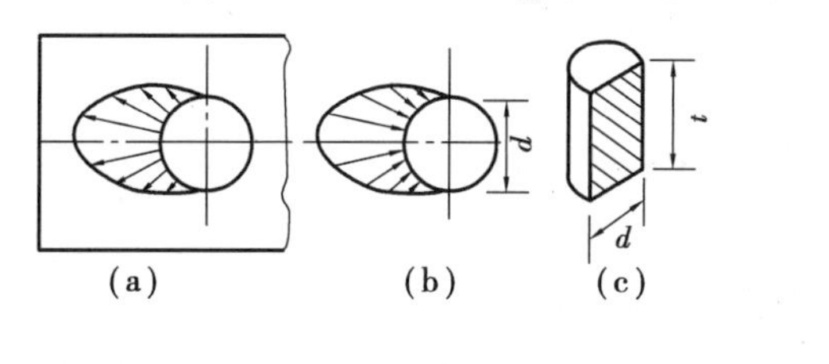

图 3.6

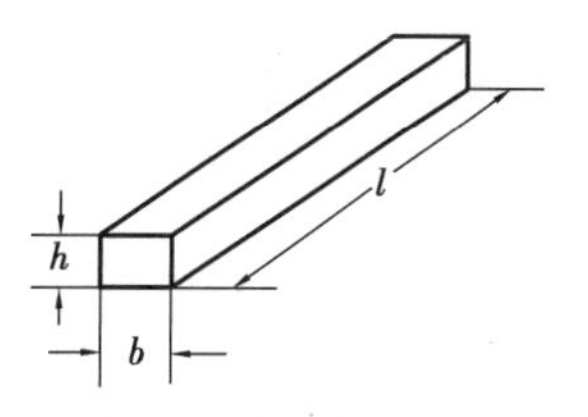

图 3.7

通过实验,并按名义挤压应力公式得到材料的极限挤压应力,从而确定许用挤压应力 $[\sigma_{bs}]$。挤压面的挤压强度条件为:

$$\sigma_{bs} = \frac{F_{bs}}{A_{bs}} \leqslant [\sigma_{bs}] \tag{3.4}$$

这里需注意的是:挤压应力是同时作用在连接件和被连接件上的,当两者材料不同时,应校核两者中许用挤压应力较低者。若没有直接实验结果,材料的许用挤压应力也可用材料的许用拉压应力替代,一般可取 $[\sigma_{bs}] = (1.7 \sim 2.0)[\sigma]$。

【例题 3.3】 截面为正方形的两木杆的榫接头如图 3.8 所示。已知木材的顺纹许用挤压应力 $[\sigma_{bs}]$ = 8 MPa,顺纹许用剪切应力 $[\tau]$ = 1 MPa,顺纹许用拉应力 $[\sigma_t]$ = 10 MPa。若 F=40 kN,作用于正方形形心,试设计榫接头尺寸 b,a 及 l。

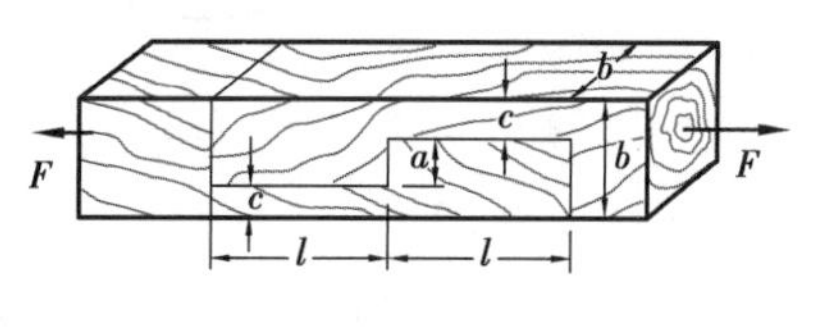

图 3.8

【解】 由顺纹挤压强度条件:

$$\sigma_{bs} = \frac{F_{bs}}{A_{bs}} = \frac{F_{bs}}{ba} \leqslant [\sigma_{bs}]$$

得:

$$ba \geqslant \frac{F}{[\sigma_{bs}]} = \frac{40 \times 10^3 \text{ N}}{8 \times 10^6 \text{ Pa}} = 50 \times 10^{-4} \text{ m}^2 \tag{a}$$

由顺纹剪切强度条件:

$$\tau = \frac{F_S}{A} = \frac{F}{bl} \leqslant [\tau]$$

得:

$$bl \geqslant \frac{F}{[\tau]} = \frac{40 \times 10^3 \text{ N}}{1.0 \times 10^6 \text{ Pa}} = 400 \times 10^{-4} \text{ m}^2 \tag{b}$$

由顺纹拉伸强度条件:

$$\sigma = \frac{F}{bc} = \frac{F}{b\left[\frac{1}{2}(b-a)\right]} \leqslant [\sigma_t]$$

得:

$$(b^2 - ba) \geqslant \frac{2F}{[\sigma_t]} = \frac{2 \times 40 \times 10^3 \text{ N}}{10 \times 10^6 \text{ Pa}} = 80 \times 10^{-4} \text{ m}^2 \qquad \text{(c)}$$

联立求解式(a),(b),(c),得:

$$b \geqslant 11.4 \times 10^{-2} \text{ m} = 114 \text{ mm}$$

$$l \geqslant 35.1 \times 10^{-2} \text{ m} = 351 \text{ mm}$$

$$a \geqslant 4.4 \times 10^{-2} \text{ m} = 44 \text{ mm}$$

【例题 3.4】 挖掘机减速器的轴上装有齿轮,齿轮与轴通过平键连接,已知键所受的力为 $F=12.1$ kN。平键的尺寸为:$b=28$ mm,$h=16$ mm,$l_2=70$ mm,圆头半径 $R=14$ mm,如图 3.9 所示。键的许用切应力$[\tau]=87$ MPa,轮毂的许用挤压应力取$[\sigma_{bs}]=100$ MPa,试校核键连接的强度。

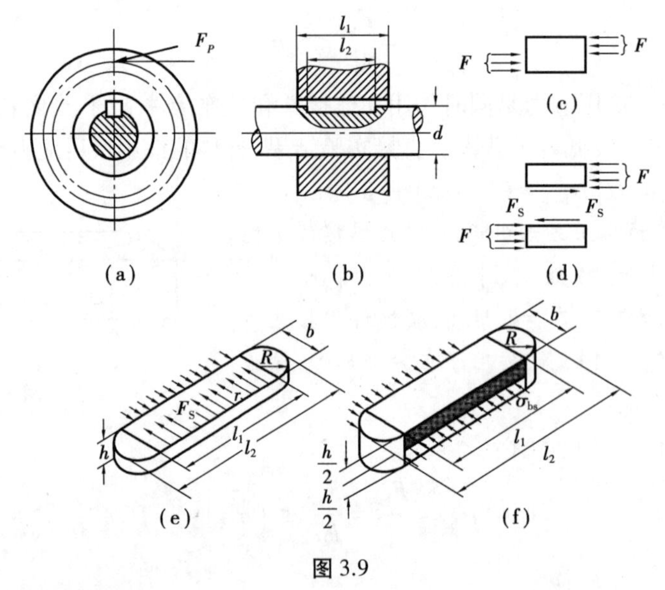

图 3.9

【解】 (1)校核剪切强度

键的受力情况如图 3.9(c)所示。由图 3.9(d)可知,此时剪切面上的剪力为:

$$F_S = F = 12.1 \text{ kN}$$

对于圆头平键,其圆头部分略去不计,如图 3.9(e)所示。则剪切面面积为:

$$A = b(l_2 - 2R)$$

$$= 28 \text{ mm} \times (70 \text{ mm} - 2 \times 14 \text{ mm}) = 11.76 \times 10^2 \text{ mm}^2$$

平键的工作切应力为:

$$\tau = \frac{F_S}{A} = \frac{12.1 \times 10^3 \text{ N}}{11.76 \times 10^{-4} \text{ m}^2}$$

$$= 10.3 \times 10^6 \text{ Pa} = 10.3 \text{ MPa} < [\tau] = 87 \text{ MPa}$$

满足剪切强度条件。

(2)校核挤压强度

与轴和键的材料相比,轮毂材料抵抗挤压的能力通常较弱。轮毂挤压面上的挤压力为F_{bs}=12.1 kN,挤压面的面积与键的挤压面相同,键与轮毂的接触高度为0.5h,如图3.9(f)所示。则挤压面面积为:

$$A_{bs} = \frac{h}{2} \cdot l_1 = \frac{16\ \text{mm}}{2} \times (70\ \text{mm} - 2 \times 14\ \text{mm})$$
$$= 336\ \text{mm}^2 = 3.36 \times 10^{-4}\ \text{m}^2$$

故轮毂的工作挤压应力为:

$$\sigma_{bs} = \frac{F_{bs}}{A_{bs}} = \frac{12.1 \times 10^3\ \text{N}}{3.36 \times 10^{-4}\ \text{m}^2}$$
$$= 36 \times 10^6\ \text{Pa} = 36\ \text{MPa} < [\sigma_{bs}] = 100\ \text{MPa}$$

也满足挤压强度条件。因此,此键安全。

【例题3.5】 如图3.10所示两块钢板用4个直径相同的钢铆钉连接一起。已知载荷F=80 kN,板宽b=80 mm,板厚δ=10 mm,铆钉d=16 mm,许用切应力$[\tau]$=100 MPa,许用挤压应力$[\sigma_{bs}]$=300 MPa,钢板的许用拉应力$[\sigma]$=160 MPa。试校核该钢板连接处的强度。

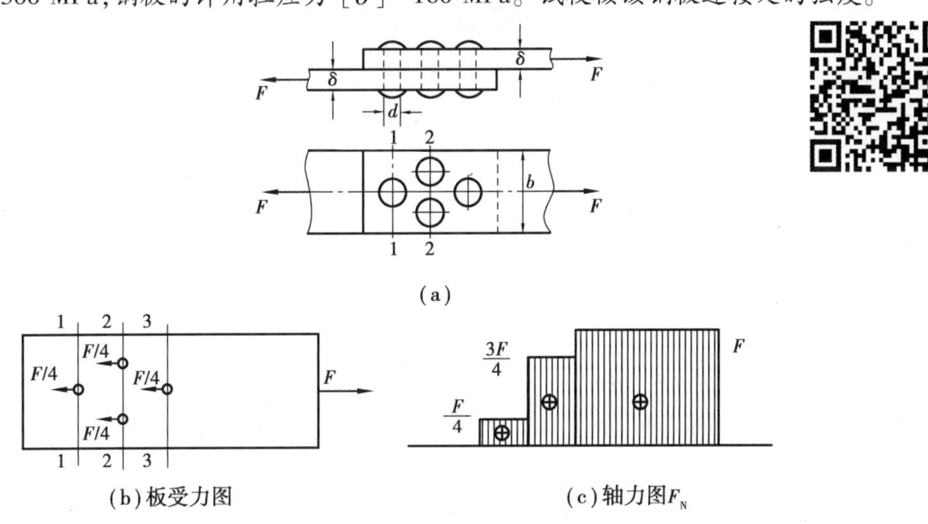

(a)

(b)板受力图

(c)轴力图F_N

图 3.10

【解】 由结构受力分析可知,该连接处属于超静定问题,即使各铆钉的材料、直径和板的孔径完全一致且分布对称,外力作用线通过铆钉群中心,各铆钉所受剪力也不一定完全相同。当存在装配误差、荷载偏移等问题时,在材料弹性范围内,各铆钉所受剪力大小会相差甚大。在处理工程问题时,只要能保证结构的安全性,在计算上则尽可能简化。对此类问题具体分析后发现,只有当所有的铆钉中的应力达到屈服极限时,结构才达到极限状态,如果铆钉剪力的平均值小于铆钉屈服时的剪力,结构仍是安全的。因而,铆钉上的剪力可以取:

$$F_S = \frac{F}{4} = \frac{80 \times 10^3\ \text{N}}{4} = 2 \times 10^4\ \text{N}$$

相应的切应力为:

$$\tau = \frac{F_S}{\frac{\pi d^2}{4}} = \frac{4 \times 2 \times 10^4\ \text{N}}{3.14 \times 0.016^2\ \text{m}^2} = 9.95 \times 10^7\ \text{Pa} = 99.5\ \text{MPa} < [\tau] = 100\ \text{MPa}$$

铆钉上所受的挤压力 F_{bs} 等于剪切面上的剪力 F_S,挤压应力为:

$$\sigma_{bs} = \frac{F_{bs}}{\delta d} = \frac{2 \times 10^4\ \text{N}}{0.010\ \text{m} \times 0.016\ \text{m}} = 1.25 \times 10^8\ \text{Pa} = 125\ \text{MPa} < [\sigma_{bs}] = 300\ \text{MPa}$$

板的受力如图 3.10(b)所示,用截面法求出板上各段轴力的变化,如图 3.10(c)所示。可以看出截面 3—3 的轴力最大,截面 2—2 由于开孔其截面积最小,因此,应对此两截面进行强度校核。

$$\sigma_3 = \frac{F_{N3}}{A_3} = \frac{F}{(b-d)\delta} = \frac{80 \times 10^3\ \text{N}}{(0.08\ \text{m} - 0.016\ \text{m}) \times 0.01\ \text{m}} = 125\ \text{MPa} < [\sigma]$$

$$\sigma_2 = \frac{F_{N2}}{A_2} = \frac{3F}{4(b-2d)\delta} = \frac{3 \times 80 \times 10^3\ \text{N}}{4 \times (0.08\ \text{m} - 2 \times 0.016\ \text{m}) \times 0.01\ \text{m}} = 125\ \text{MPa} < [\sigma]$$

铆钉和板的强度都符合要求。

本章小结

(1)连接件的破坏形式主要有剪切和挤压两种形式。

(2)剪切实用计算:$\tau = \frac{F_S}{A} \leqslant [\tau]$。

(3)挤压实用计算:$\sigma_{bs} = \frac{F_{bs}}{A_{bs}} \leqslant [\sigma_{bs}]$。

思考题

3.1 连接件的"实用计算"基于哪些假设?材料实验结果对"实用计算"的重要性是如何体现的?

3.2 试分析下图中木桁架榫舌和下弦杆的剪切面与挤压面。

3.3 铆接如图所示,当各铆钉材料相同而直径不同时,如何校核其强度?若铆钉直径相同但材料不同时,各铆钉的强度是否仍可用 $F_S = F/3$ 进行校核?

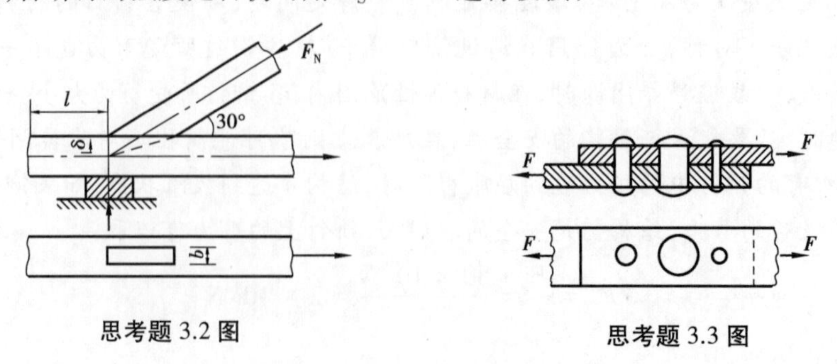

思考题 3.2 图　　思考题 3.3 图

3.4 挤压与轴向压缩有什么区别？什么情况下许用挤压应力比许用轴向压缩应力大？

习 题

3.1 如图所示为销钉连接。已知：连接件板厚$\delta = 8$ mm，轴向拉力$F = 15$ kN，销钉许用切应力$[\tau] = 20$ MPa，许用挤压应力$[\sigma_{bs}] = 70$ MPa。试求销钉的直径d。

3.2 如图所示，两块塑料板条用胶黏结，已知$F = 30$ kN，$b = 150$ mm，黏结面材料的许用切应力$[\tau] = 0.4$ MPa。试按黏结面的剪切强度求拼接板所必需的长度l。

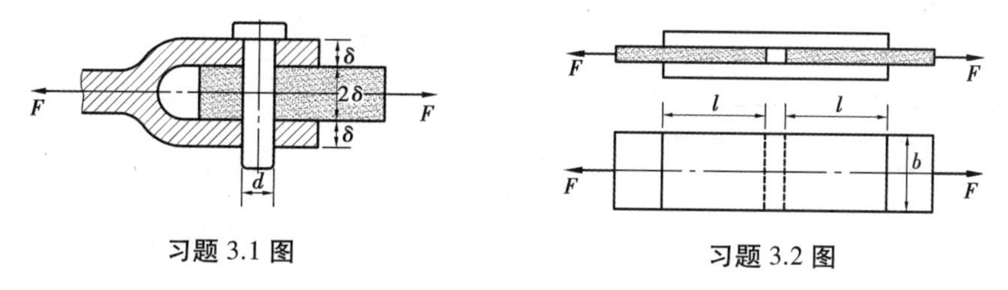

习题 3.1 图　　习题 3.2 图

3.3 如图所示，冲床的最大冲力为 400 kN，被剪钢板的剪切极限应力$\tau_b = 360$ MPa，冲头材料的$[\sigma] = 440$ MPa。试求在最大冲力作用下所能冲剪的圆孔的最小直径d_{min}和板的最大厚度t_{max}。

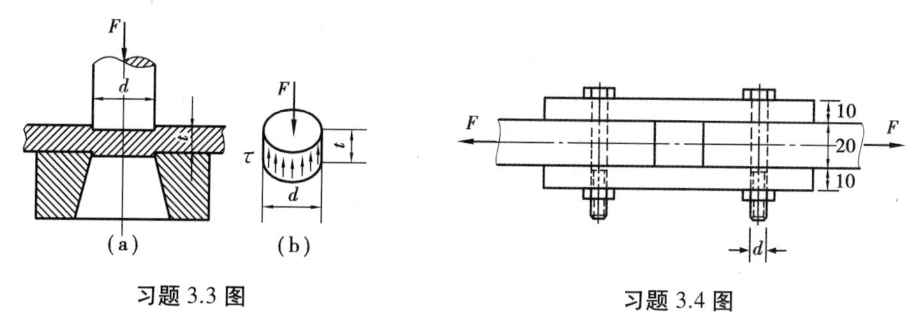

习题 3.3 图　　习题 3.4 图

3.4 如图所示为两板对接的螺栓接头。已知板的拉力$F = 40$ kN，螺栓的许用切应力$[\tau] = 130$ MPa，许用挤压应力$[\sigma_{bs}] = 300$ MPa。试求螺栓所需的直径d。

3.5 如图所示，螺钉受拉力F作用。已知材料的剪切许用应力$[\tau]$和拉伸许用应力$[\sigma]$之间的关系为：$[\tau] = 0.6[\sigma]$，试求螺钉直径d与钉头高度h的合理比值。

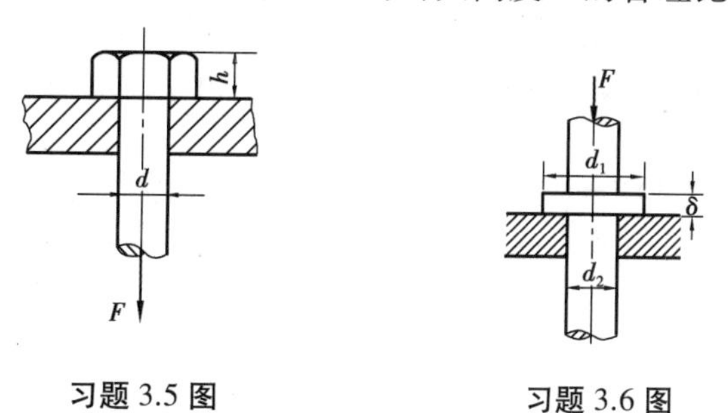

习题 3.5 图　　习题 3.6 图

3.6 一带肩杆件如图所示。已知$d_1 = 200$ mm，$d_2 = 100$ mm，$\delta = 35$ mm。杆件许用应力$[\sigma] = 160$ MPa，许用切应力$[\tau] = 100$ MPa，许用挤压应力$[\sigma_{bs}] = 320$ MPa。试求许可荷载$[F]$。

3.7 如图所示,正方形截面的混凝土柱,其横截面边长为 200 mm,其基底为边长 1 m 的正方形混凝土板。柱承受轴向压力 F=100 kN。设地基对混凝土板的支反力为均匀分布,混凝土许用切应力$[\tau]$=1.5 MPa。问混凝土的最小厚度 δ 为多少时,才不致柱穿过混凝土板?

3.8 图中键的长度 l = 30 mm, 键的许用切应力 $[\tau]$ = 80 MPa, 许用挤压应力 $[\sigma_{bs}]$ = 200 MPa, 试求许可荷载 $[F]$ 。

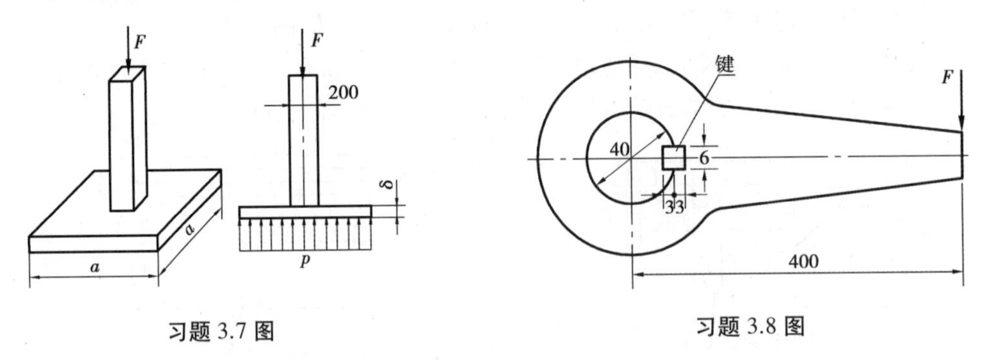

习题 3.7 图　　习题 3.8 图

3.9 如图所示凸缘联轴节传递的力偶矩为 M_e=200 N·m,凸缘之间用 4 个对称分布在D=80 mm 圆周上的螺栓连接,螺栓的内径 d=10 mm,螺栓材料的许用切应力$[\tau]$=60 MPa。试校核螺栓的剪切强度。

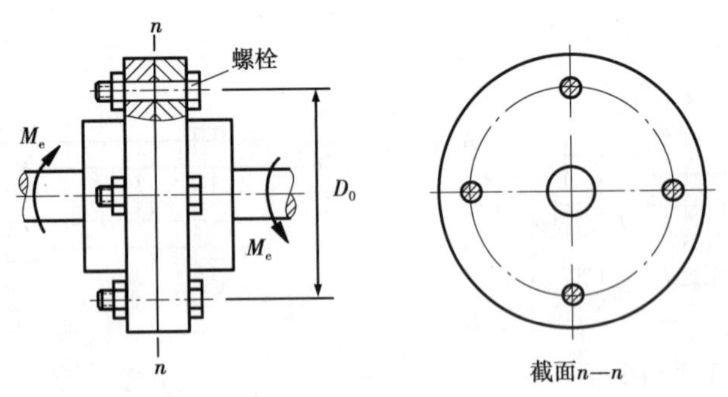

习题 3.9 图

3.10 如图所示,两根矩形截面木材用两块钢板连接在一起,受轴向载荷 F=45 kN 作用。已知截面宽度 b=250 mm,木材许用拉应力$[\sigma_t]$=6 MPa,许用挤压应力$[\sigma_{bs}]$=10 MPa,沿木材的顺纹方向许用切应力$[\tau]$=1 MPa,试确定接头的尺寸 l,δ,h。

3.11 对接铆接头受力如图所示,已知:F=80 kN,钢板厚 δ=10 mm,宽 b=150 mm,铆钉直径 d=17 mm,试求铆钉与钢板中的应力(铆钉切应力、铆钉挤压应力、板的正应力)。

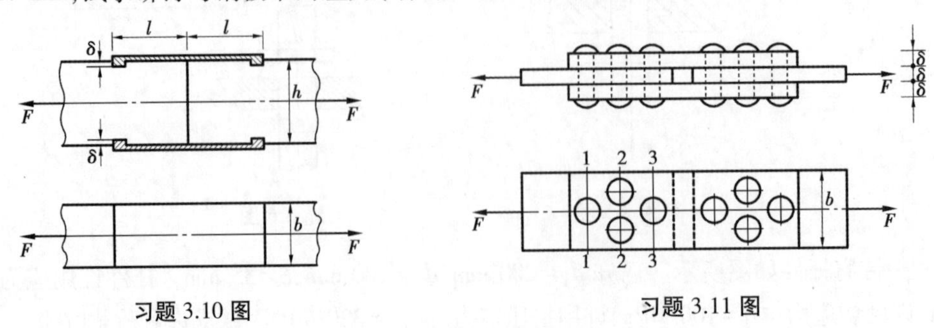

习题 3.10 图　　习题 3.11 图

3.12 两角钢用铆钉与钢板连接如图所示，拉力 $F=290$ kN，铆钉直径 $d=23$ mm，钢板和角钢的厚度 $\delta=12$ mm，铆钉许用切应力 $[\tau]=100$ MPa，许用挤压应力 $[\sigma_{bs}]=280$ MPa，试求需要的铆钉数 n。

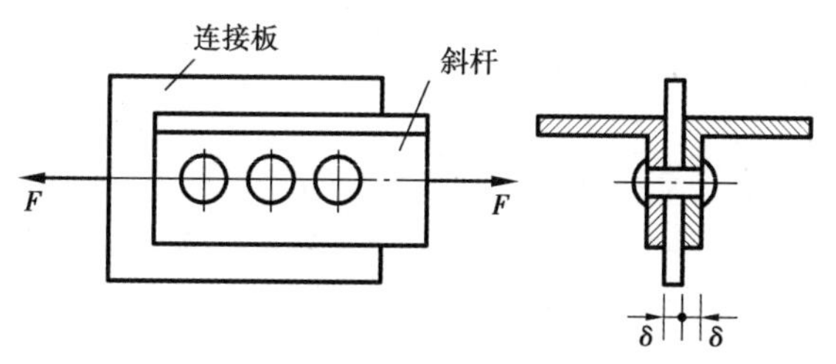

习题 3.12 图

3.13 如图所示，一悬臂梁与立柱用 A,B,C,D 共 4 个螺栓连接。已知螺栓对称分布在直径 $D=200$ mm 圆周上，螺栓直径 $d=8$ mm，许用切应力 $[\tau]=120$ MPa，$F=4$ kN，$l=0.5$ m。载荷 F 与立柱轴线平行，试校核 B,C 两螺栓的剪切强度。

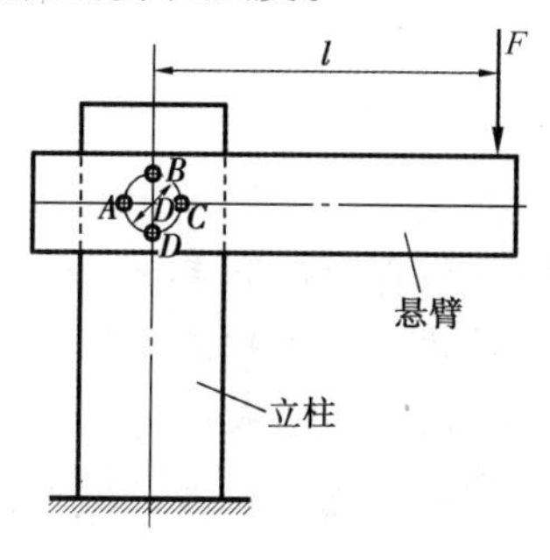

习题 3.13 图

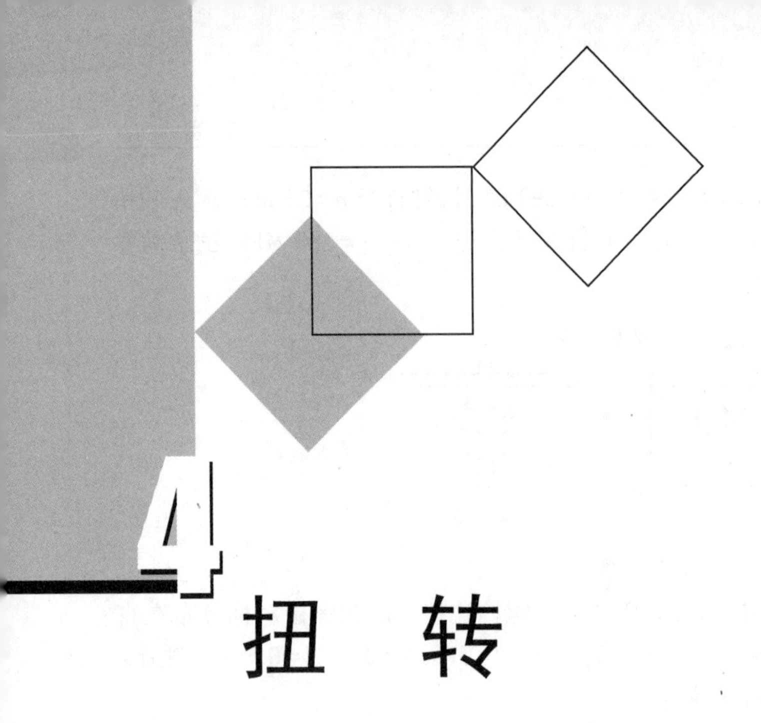

4 扭　转

本章导读：

- **基本要求**　掌握扭转的概念；掌握剪切胡克定律、切应力互等定理；掌握扭矩的计算及扭矩图的绘制；掌握圆轴扭转时应力和变形的计算；掌握扭转时的强度条件、刚度条件及其应用；了解非圆截面杆扭转时的应力和变形规律。
- **重点**　扭矩的计算及扭矩图的绘制；圆轴扭转时的应力和强度条件。
- **难点**　圆轴扭转时的超静定问题。

4.1　扭转的概念

工程中有一类等截面直杆，它所受的外力是作用在垂直杆轴线平面内的力偶，杆件发生扭转变形。单纯发生扭转的杆件不多，但以扭转为其主要变形的则不少，如汽车转向杆（见图4.1）、转动机构的传动轴（见图4.2）等。若这些构件的变形以扭转为主，其他变形为次要而可忽略不计，则可按扭转变形对其进行强度和刚度计算。

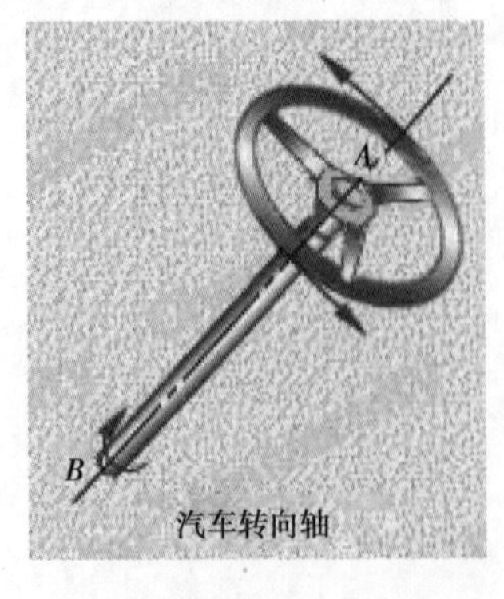

图4.1

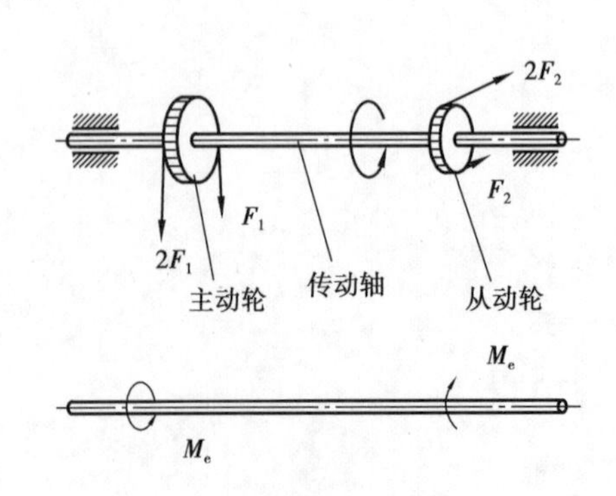

图4.2

工程中通常把以扭转变形为主要变形的直杆称为轴，其计算简图如图 4.3 所示。这类杆件的受力特点是杆件受到作用面垂直于杆轴线的外力偶作用，其变形特点是杆件的轴线保持不动，相邻横截面绕杆轴线发生相对转动。

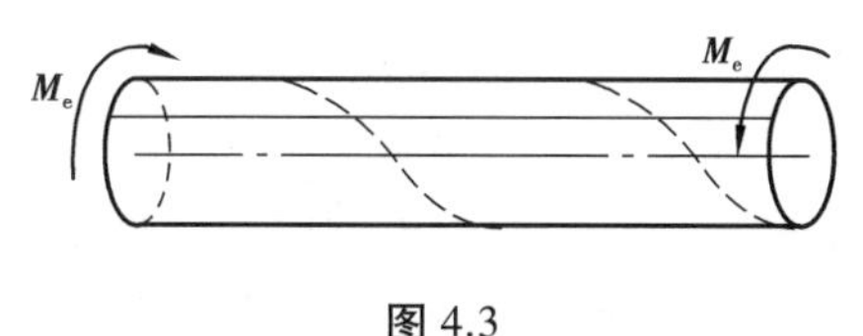

图 4.3

当发生扭转的杆件是等截面直圆杆时，杆件的物理性质和横截面几何形状的极对称性可用材料力学的方法求解。对于非圆截面杆，由于横截面不存在极对称性，其变形和横截面上的应力都比较复杂，就不能用材料力学的方法求解，而将在 4.7 节简单地介绍一些按弹性力学方法求解的结果。

4.2 圆轴扭转时的内力

4.2.1 传动轴的外力偶矩

工程中常见的传动轴（见图 4.2），通常已确定的是轴所传递的功率和其转速，因此可以根据所传递的功率和转速，求出使轴发生扭转的外力偶矩。

设一传动轴，其转速为每分钟 n 转，轴传递的功率由主动轮输入，然后通过从动轮分配出去，如图 4.4 所示。若轴上某一轮传递的功率为 P，当轴在稳定转动时，外力偶在 t 秒钟内所做的功等于其力偶矩 M_e 与轮在 t 秒钟内的转角 α（见图 4.5）的乘积。这里功率的单位为 kW，1 kW = 1 000 N · m/s。因此，外力偶每秒钟所做的功即功率 P 为：

$$P = \frac{M_e \alpha}{t} = \frac{M_e \times 2\pi n}{60} \times 10^{-3}$$

即得作用在该轮上的外力偶矩为：

$$M_e = \frac{P \times 60 \times 10^3}{2\pi n} = 9\ 550\,\frac{P}{n} \tag{4.1}$$

式中，P 为功率，kW；n 为轴的转速，r/min。

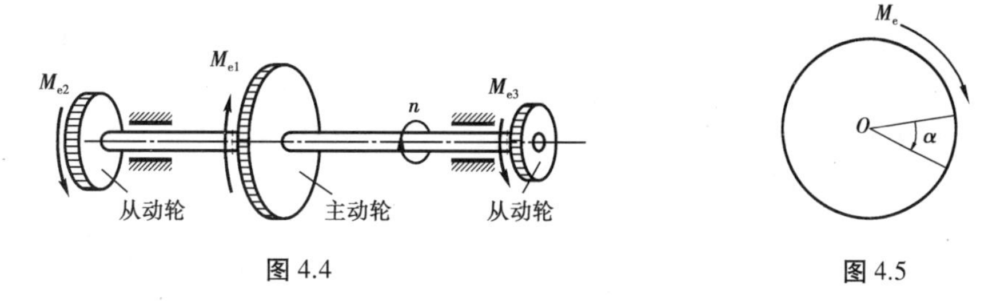

图 4.4

图 4.5

主动轮上外力偶的转向与轴的转动方向相同，而从动轮上外力偶的转向与轴的转动方向相反，如图 4.4 所示。

4.2.2 扭矩和扭矩图

轴在外力偶作用下,横截面上的内力可用截面法求出。

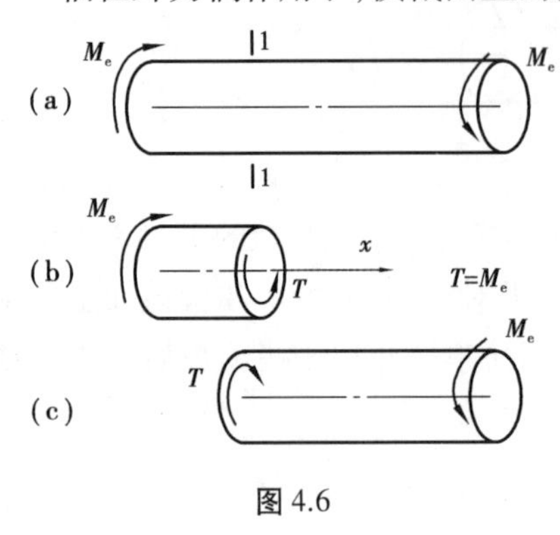

图 4.6

图 4.6(a)所示为一圆截面的受扭杆,用截面法求 1—1截面上的内力。假想用 1—1 截面将杆件截断分为左右两部分,若取左段为研究对象,如图 4.6(b)所示,根据左段的平衡条件可知,1—1 截面上的内力必定是一个作用在横截面平面内的力偶。该力偶矩用 T 表示。由平衡方程:

$$\sum M_x = 0, T - M_e = 0$$

得:

$$T = M_e$$

T 称为 1—1 截面上的**扭矩**,它是该截面上切向分布内力的合力偶矩。

如果取右段为研究对象,如图 4.6(c)所示,所得到的 1—1 截面上的扭矩 T,其值仍为 M_e,但转向与图 4.6(b)中所示相反。为了使两种情况下求得的同一截面上的扭矩正负号保持一致,对扭矩的符号做如下规定:按右手螺旋法则,将扭矩用矢量表示,若矢量的方向与截面的外法线方向一致时,扭矩为正;反之为负(见图 4.7)。按上述规定,图 4.6 中 1—1 横截面的扭矩应为正。

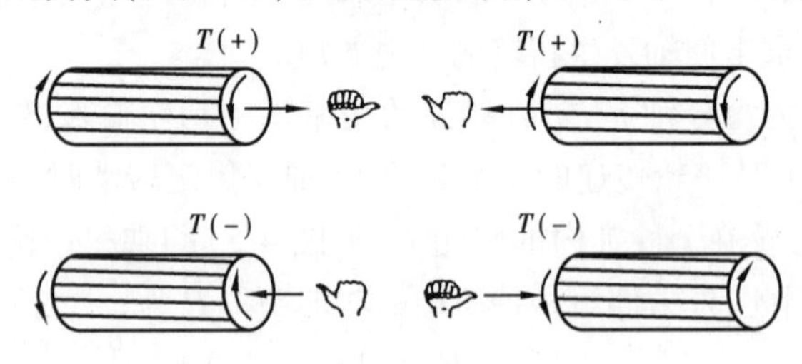

图 4.7

作用在轴上的外力偶矩往往有多个,因此不同轴段上横截面的扭矩也各不相同。为了表示沿轴线各截面上的扭矩的变化情况,可仿照作轴力图的方法绘制**扭矩图**。图中沿轴线方向的横坐标表示横截面的位置,与轴线方向垂直的纵坐标表示相应横截面上的扭矩值。习惯上将正值的扭矩画在坐标轴的上侧,负值的扭矩画在下侧。

【例题 4.1】 一传动轴转速 $n=300$ r/min,转向如图 4.8 所示。主动轮 A 输入的功率 $P_1=500$ kW,三个从动轮 B,C,D 输出的功率分别为:$P_2=150$ kW,$P_3=150$ kW,$P_4=200$ kW。试作轴的扭矩图。

【解】 (1)求外力偶矩

根据式(4.1)计算出各轮上的外力偶矩:

$$M_1 = 9\,550\frac{P_1}{n} = 9\,550 \times \frac{500}{300}\text{N} \cdot \text{m} = 15.9 \times 10^3\ \text{N} \cdot \text{m} = 15.9\ \text{kN} \cdot \text{m}$$

$$M_2 = M_3 = 9\,550 \times \frac{150}{300}\text{N} \cdot \text{m} = 4.78 \times 10^3\ \text{N} \cdot \text{m} = 4.78\ \text{kN} \cdot \text{m}$$

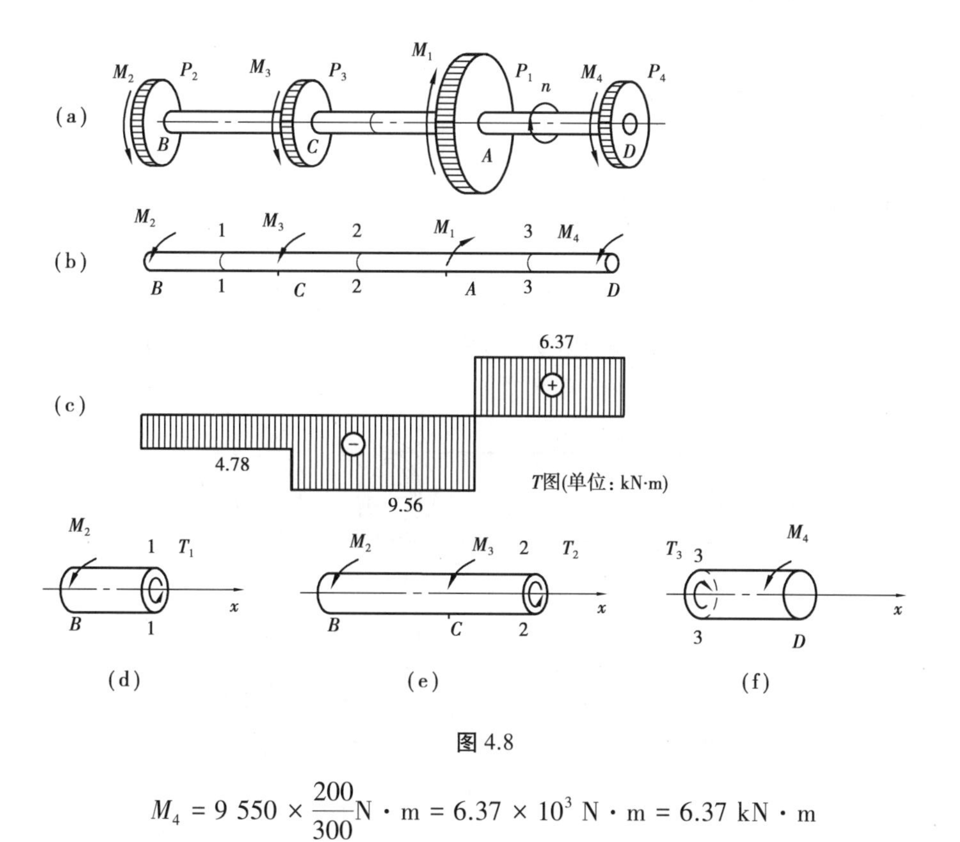

图 4.8

$$M_4 = 9\ 550 \times \frac{200}{300} \text{N} \cdot \text{m} = 6.37 \times 10^3\ \text{N} \cdot \text{m} = 6.37\ \text{kN} \cdot \text{m}$$

(2)计算各段轴上的扭矩

BC 段:沿 1—1 截面将轴截开,取左边分析,如图 4.8(d)所示,假设 T_1 为正值扭矩,则由平衡方程:

$$\sum M_x = 0, T_1 + M_2 = 0$$

得:
$$T_1 = - M_2 = - 4.78\ \text{kN} \cdot \text{m}$$

结果为负号,说明 T_1 的方向与假设相反。

AB 段:沿 2—2 截面将轴截开,取左边分析,如图 4.8(e)所示,假设 T_2 为正值扭矩,则由平衡方程:

$$\sum M_x = 0, T_2 + M_2 + M_3 = 0$$

得:
$$T_2 = - (M_2 + M_3) = - 9.56\ \text{kN} \cdot \text{m}(\text{负扭矩})$$

AD 段:沿 3—3 截面将轴截开,取右边分析,如图 4.8(f)所示,假设 T_3 为正值扭矩,则由平衡方程:

$$\sum M_x = 0, - T_3 + M_4 = 0$$

得:
$$T_3 = M_4 = 6.37\ \text{kN} \cdot \text{m}\ (\text{正扭矩})$$

(3)作扭矩图

根据以上计算结果即可作出扭矩图,如图 4.8(c)所示。从扭矩图可见,最大扭矩发生在 *AC* 段,且 $T_{max} = 9.56\ \text{kN} \cdot \text{m}$。

4.3 薄壁圆筒的扭转

4.3.1 薄壁圆筒扭转时的应力

当圆筒的壁厚 δ 远小于其平均半径 $r_0(\delta \leqslant r_0/10)$ 时，称为薄壁圆筒。如图 4.9(a) 所示，其两端承受产生扭转变形的外力偶矩 M_e，由截面法知，圆筒任一横截面上 $m—m$ 的内力是作用在该截面上的力偶，该内力偶矩称为扭矩，用 T 表示。

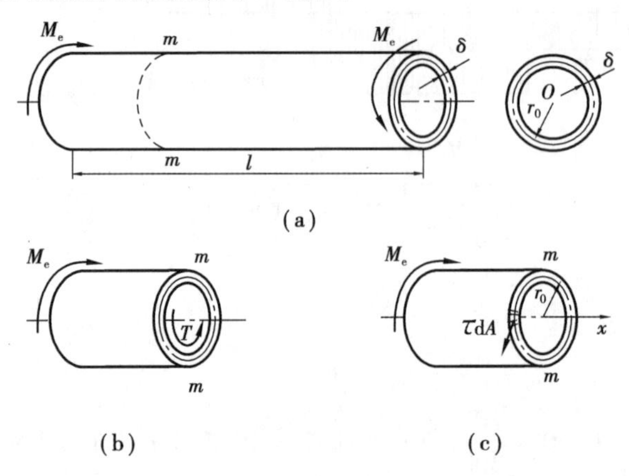

图 4.9

为了得到横截面上各点切应力的变化规律，要从分析薄壁圆筒扭转时的变形入手。为此，预先在圆筒的表面画上等间距的圆周线和纵向线，形成一系列大小相同的矩形网格，如图 4.10 所示。然后，在两端施加一对外力偶(其矩为 M_e)。在小变形的情况下，可以看到：各圆周线的形状、大小及其间距均不变，只是绕轴线作相对转动；各纵向线均倾斜了同一角度，所有矩形都变成平行四边形。于是可设想，薄壁圆筒扭转变形后，横截面保持为形状、大小均无改变的平面，相邻横截面只是绕轴线发生相对转动。因此，横截面上没有正应力，只有切应力，且各点切应力的方向必与圆周相切。圆筒两端截面之间相对转动的角位移，称为**相对扭转角**，用 φ 表示。圆筒表面上每个矩形的直角都改变了相同的角度 γ，这种直角改变量 γ 称为**切应变**。由于相邻圆周线间每个矩形的直角改变量相同，根据材料均匀连续性的假设可知，横截面上沿圆周各点处的切应力大小相等。至于切应力沿壁厚方向的变化规律，由于壁厚 δ 远小于其平均半径 r_0，可近似地认为沿壁厚方向切应力的大小不变。

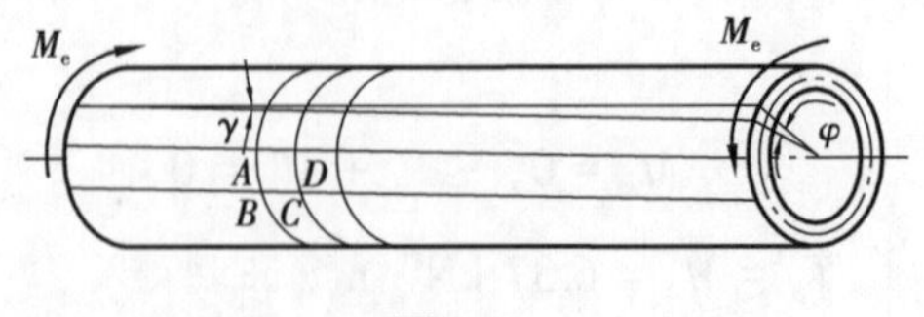

图 4.10

根据上述分析可知，薄壁圆筒扭转时，横截面上任一点的切应力 τ 都相等，其方向与圆周相切。由图 4.9(c) 所示横截面上内力与应力间的静力关系，得：

$$T = \int_A \tau \, \mathrm{d}A \cdot r$$

由于 τ 为常量,且对于薄壁圆筒 r 可以用其平均半径 r_0 代替,所以:

$$T = \int_A \tau \, \mathrm{d}A \cdot r = \tau \, r_0 \int_A \mathrm{d}A = \tau \, r_0 A \tag{4.2}$$

圆筒的横截面面积 $A = 2\pi r_0 \delta$, 代入式(4.2)得:

$$\tau = \frac{T}{2\pi r_0^2 \delta} \tag{4.3}$$

式(4.3)即薄壁圆筒扭转时横截面上的切应力计算公式。切应力的方向与扭矩 T 的转向一致。

由图 4.10 所示的几何关系,并注意小变形时 $\gamma \approx \tan \gamma$,可得:

$$\gamma = \frac{\varphi r}{l} \tag{4.4}$$

式中, r 为薄壁圆筒的外半径,可用平均半径 r_0 代替。若由实验测得扭转角 φ ,由式(4.4)即可求出切应变 γ。

4.3.2 切应力互等定理

用相邻的两个横截面、两个纵向截面及两个圆柱面,从圆筒中截取边长分别为 dx,dy,dz 一微小的正六面体,称为单元体,如图 4.11 所示。单元体左、右两个侧面是横截面的一部分,其上有等值、反向的切应力 τ。 这两个面上的切向内力为 $\tau \mathrm{d}z\mathrm{d}y$, 它们形成一个力偶,其矩为 $(\tau \mathrm{d}z\mathrm{d}y)\mathrm{d}x$。 要保持单元体的平衡,在上、下两个面上的切应力 τ' 必组成一等值、反向的力偶与其平衡。

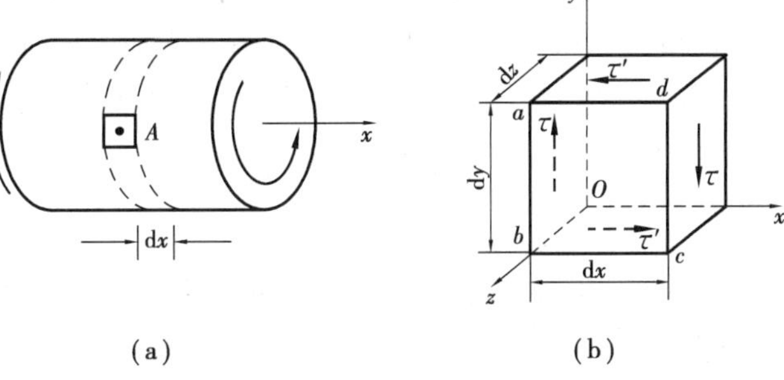

图 4.11

由:
$$\sum M_z = 0$$
即:
$$(\tau' \mathrm{d}x\mathrm{d}z)\mathrm{d}y - (\tau \mathrm{d}z\mathrm{d}y)\mathrm{d}x = 0$$
得:
$$\tau' = \tau \tag{4.5}$$

式(4.5)表明,两相互垂直平面上的切应力 τ 和 τ' 数值相等,且均指向或背离两平面的交线,称为**切应力互等定理**。图 4.11(b)所示的单元体的 4 个侧面只有切应力没有正应力,这种应力状态称为**纯剪切应力状态**。切应力互等定理虽然是根据纯剪切应力状态推导出来的,但进一步的研究表明,在单元体各平面上同时有正应力的情况下也适用。

4.3.3 剪切胡克定律

对由低碳钢等塑性材料制成的薄壁圆筒所作的扭转实验表明:当外力偶矩在某一范围之内时,扭转角 φ 和外力偶矩 M_e 成线性关系。利用式(4.3)和式(4.4)可得到切应力 τ 与切应变 γ 之间的关系,如图 4.12 所示,即:

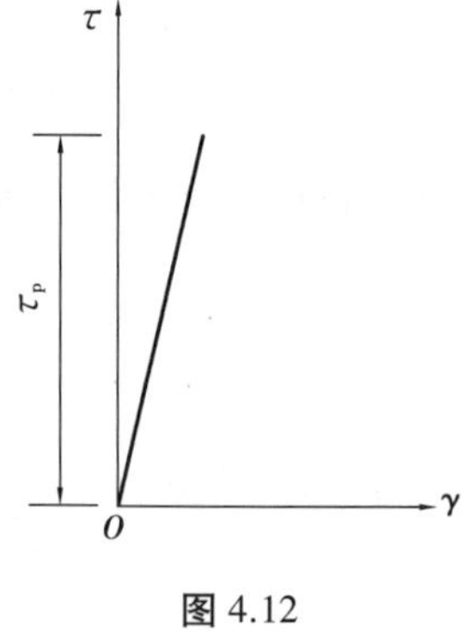

图 4.12

$$\tau = G\gamma \tag{4.6}$$

式(4.6)称为材料的**剪切胡克定律**。比例常数 G 称为材料的**切变模量**,其值随材料而异,其量纲与弹性模量 E 的量纲相同,常用单位为 GPa。

应当注意:剪切胡克定律式(4.6)只在切应力不超过材料的某一极限值时才是适用的,该极限值称为材料的剪切比例极限 τ_p(见图 4.12),把切应力不超过 τ_p 的这一范围称为线弹性范围。

4.4 等直圆杆扭转时的应力

4.4.1 横截面上的应力

与薄壁圆筒受扭时相似,在小变形的条件下,等直圆杆在扭转时横截面上也只有切应力。若要求得圆杆在扭转时横截面上的切应力计算公式,仍需要从研究变形入手,根据变形时的几何关系和物理关系求得切应力在横截面上的分布规律,然后通过静力学关系,求得横截面上切应力的计算公式。

1)几何方面

为了研究横截面上任一点切应力随点的位置变化的规律,在等直圆杆的表面画上一系列的圆周线和纵向线,如图 4.13 所示。当杆的两端施加一对大小相等、转向相反的外力偶 M_e 后,可以观察到:圆周线的形状、大小和间距均未改变,只是相邻圆周线绕轴线相对转动了一个角度;各纵向线则倾斜了同一角度 γ,圆杆表面上的所有矩形都变成了平行四边形。

根据这些现象,可作出如下平面假设:变形前为平面的横截面,变形后仍为平面,且如刚性平面般绕轴线转动。

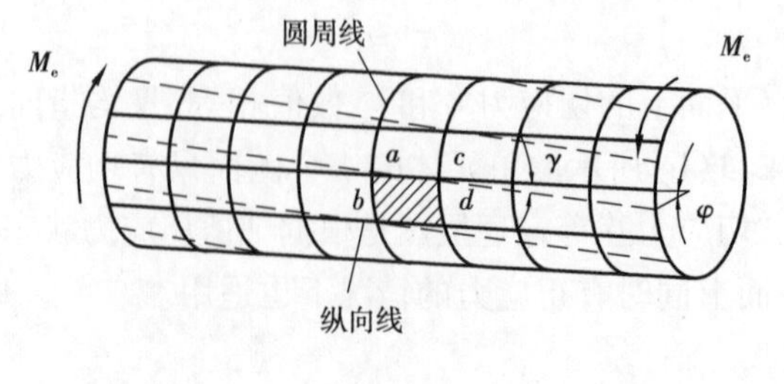

图 4.13

从图 4.13 所示的杆件中,截取长为 dx 的一段杆进行分析。由平面假设可知,杆段变形后的情况如图 4.14(a)所示,杆段左右两端截面绕轴线转过了一个角度 $\mathrm{d}\varphi$,因此横截面上的任一半径 $O'c$ 也转动了同一角度 $\mathrm{d}\varphi$。从微段中截取一楔形体 $OO'abdc$,如图 4.14(b)所示,图中实线和虚线分别表示变形前后的形状。

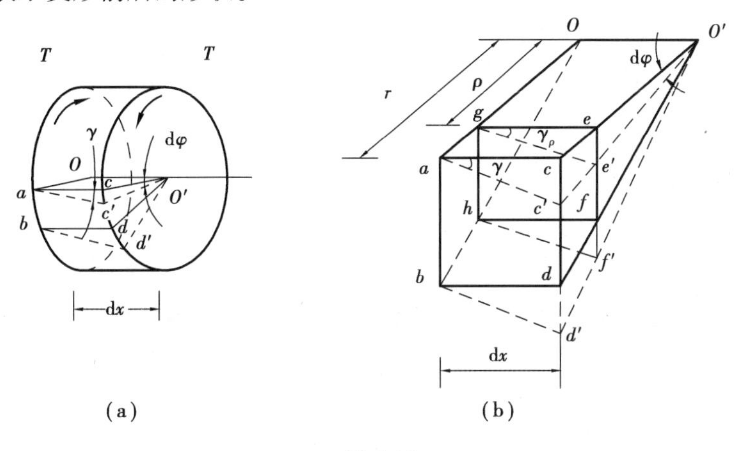

图 4.14

由图 4.14(a)可见,在圆杆表面的矩形 $abdc$ 变成了平行四边形,纵向线 ac 倾斜了一个角度 γ,也就是直角的改变量为 γ,γ 就是横截面圆周边上任一点 a 的切应变。在圆杆内部,距圆心为 ρ 处的矩形 $ghfe$ 也变成了平行四边形 $ghf'e'$,直角的改变量为 γ_ρ,即为横截面半径上任一点 g 处的切应变。由图 4.14(b)所示的几何关系可得:

$$\gamma_\rho \approx \tan\gamma_\rho = \frac{\overline{ee'}}{\overline{ge}} = \frac{\rho\mathrm{d}\varphi}{\mathrm{d}x}$$

即:

$$\gamma_\rho = \frac{\rho\mathrm{d}\varphi}{\mathrm{d}x} \tag{a}$$

式中,$\frac{\mathrm{d}\varphi}{\mathrm{d}x}$ 为**相对扭转角沿杆长的变化率**,对于给定的横截面是个常量。因此,在半径为 ρ 的同一圆周上各点的切应变 γ_ρ 相同,且与 ρ 成正比。

2)物理方面

由剪切胡克定律可知,在线弹性范围内,切应力与切应变成正比,即:

$$\tau = G\gamma \tag{b}$$

由式(a)和式(b)可得横截面上任一点处的切应力:

$$\tau_\rho = G\gamma_\rho = G\rho\frac{\mathrm{d}\varphi}{\mathrm{d}x} \tag{c}$$

由上式可知,在同一半径 ρ 的圆周上各点的切应力 τ_ρ 均相同,其值与 ρ 成正比。因为 γ_ρ 为垂直于半径平面内的切应变,所以切应力 τ_ρ 的方向垂直于半径,切应力沿任一半径的变化情况如图4.15所示。

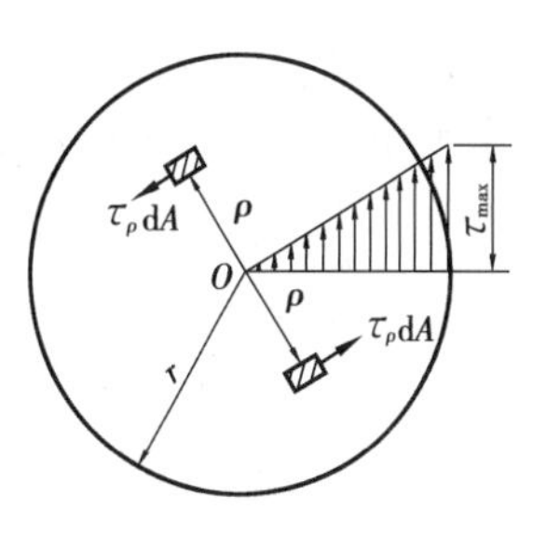

图 4.15

式(c)虽然确定了切应力的分布规律,但 $\frac{\mathrm{d}\varphi}{\mathrm{d}x}$ 是个待定参数,为

了确定该参数,还需要考虑静力学关系。

3)静力学方面

由于在横截面任一直径上距圆心等远的两点处的内力 $\tau_\rho \mathrm{d}A$ 等值而反向(见图 4.15),因此,整个横截面上的内力 $\tau_\rho \mathrm{d}A$ 的合力必等于零,并组成一个力偶,在横截面上形成扭矩 T。因为τ_ρ 的方向垂直于半径,故内力 $\tau_\rho \mathrm{d}A$ 对圆心的力矩为 $\rho\,\tau_\rho \mathrm{d}A$。由静力学中的合力矩原理可得:

$$\int_A \rho\,\tau_\rho \mathrm{d}A = T \tag{d}$$

将式(c)代入式(d),得:

$$G\frac{\mathrm{d}\varphi}{\mathrm{d}x}\int_A \rho^2 \mathrm{d}A = T \tag{e}$$

式中,积分 $\int_A \rho^2 \mathrm{d}A$ 只与横截面的几何特性有关,称为横截面的**极惯性矩**。令:

$$I_\mathrm{P} = \int_A \rho^2 \mathrm{d}A \tag{f}$$

其量纲为[长度]^4。将式(f)代入式(e),得:

$$\frac{\mathrm{d}\varphi}{\mathrm{d}x} = \frac{T}{GI_\mathrm{P}} \tag{4.7}$$

将其代入式(c),得:

$$\tau_\rho = \frac{T\rho}{I_\mathrm{P}} \tag{4.8}$$

式(4.8)即为等直圆杆扭转时横截面上任一点切应力的计算公式。

由式(4.8)可见,当 ρ 等于横截面的半径 r 时,即在横截面最外边缘处,切应力达到最大值 $\tau_{\max}$,其值为:

$$\tau_{\max} = \frac{Tr}{I_\mathrm{P}}$$

令 $W_\mathrm{P} = \dfrac{I_\mathrm{P}}{r}$,称为**抗扭截面系数**,其量纲为[长度]^3,则有:

$$\tau_{\max} = \frac{T}{W_\mathrm{P}} \tag{4.9}$$

推导切应力计算公式的主要根据为平面假设,且材料符合胡克定律。因此该公式仅适用在线弹性范围内的等直圆杆。

为了计算极惯性矩 I_P 和抗扭截面系数 W_P,在圆截面上距圆心为 ρ 处取厚度为 $\mathrm{d}\rho$ 的环形面积作为微面积,如图 4.16(a)所示。由式(f)可得圆截面的极惯性矩为:

$$I_\mathrm{P} = \int_A \rho^2 \mathrm{d}A = \int_0^{\frac{d}{2}} 2\pi\rho^3 \mathrm{d}\rho = \frac{\pi d^4}{32} \tag{4.10}$$

圆截面的抗扭截面系数为:

$$W_\mathrm{P} = \frac{I_\mathrm{P}}{r} = \frac{I_\mathrm{P}}{\frac{d}{2}} = \frac{\pi d^3}{16} \tag{4.11}$$

切应力公式也适用于空心圆截面杆。设空心圆截面的内、外径分别为 d 和 D，如图 4.16(b)所示，其比值 $\alpha=\dfrac{d}{D}$，则从式(f)可得空心圆截面的极惯性矩为：

$$I_P=\int_A \rho^2 dA=\int_{\frac{d}{2}}^{\frac{D}{2}} 2\pi\rho^3 d\rho=\frac{\pi}{32}(D^4-d^4)$$

$$=\frac{\pi D^4}{32}(1-\alpha^4) \tag{4.12}$$

其抗扭截面系数为：

$$W_P=\frac{I_P}{\frac{D}{2}}=\frac{\pi(D^4-d^4)}{16D}=\frac{\pi D^3}{16}(1-\alpha^4) \tag{4.13}$$

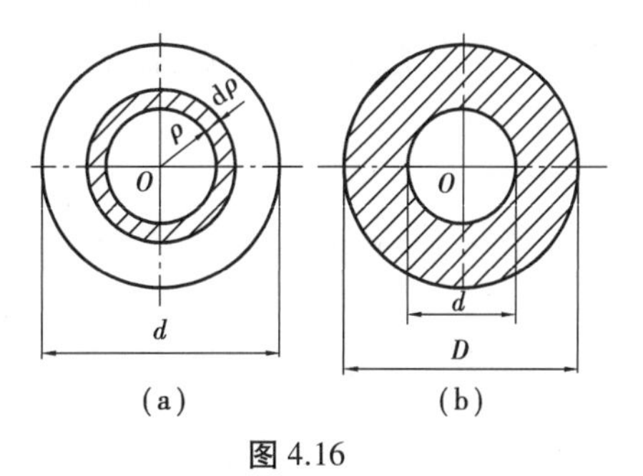

图 4.16

4.4.2 斜截面上的应力

图 4.17(a)所示单元体为纯剪切应力状态，由于单元体的前、后两面上无任何应力，故可改用平面图表示，如图 4.17(b)所示。现分析在单元体内垂直于前、后两平面的任一斜截面 ef 上的应力，斜截面的外法线 n 与 x 轴的夹角为 α，并规定从 x 轴至截面外法线逆时针转动时 α 角为正，反之为负。应用截面法，假想用 ef 截面将单元体截开，取 ebf 为研究对象，如图 4.17(c)所示，ef 面上的正应力为 σ_α，切应力为τ_α。设 ef 面的面积为 dA，则 eb 面和 bf 面的面积分别为 $dA\cos\alpha$ 和 $dA\sin\alpha$。选择 n 和 τ 为参考轴，如图 4.17(c)所示，写出平衡方程：

$$\sum F_n=0,\sigma_\alpha dA+(\tau\, dA\cos\alpha)\sin\alpha+(\tau' dA\sin\alpha)\cos\alpha=0$$

$$\sum F_\tau=0,\tau_\alpha dA-(\tau\, dA\cos\alpha)\cos\alpha+(\tau' dA\sin\alpha)\sin\alpha=0$$

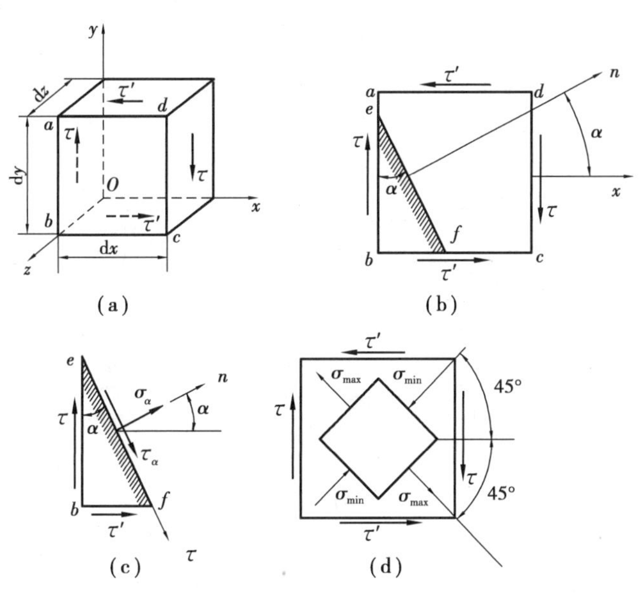

图 4.17

利用切应力互等定理公式，整理后得任一斜截面 ef 上的正应力和切应力的计算公式为：

$$\sigma_\alpha = -\tau \sin 2\alpha \tag{4.14}$$

$$\tau_\alpha = \tau \cos 2\alpha \tag{4.15}$$

由式(4.15)可知,单元体的4个侧面上($\alpha = 0°,90°,180°,270°$)的切应力绝对值最大,均等于τ。由式(4.14) 可知,在$\alpha = -45°$及$\alpha = 135°$的截面上有最大正应力$\sigma_{max} = \tau$, 亦即为最大拉应力:

$$\sigma_{t\,max} = \tau$$

在$\alpha = 45°$及$\alpha = -135°$的截面上有最小正应力$\sigma_{min} = -\tau$, 亦即为最大压应力:

$$\sigma_{c\,max} = \tau$$

最大应力的值及其所在截面方位如图4.17(d)所示。

4.4.3 强度条件

等直圆杆在扭转时,杆内各点均处于纯剪切应力状态。最大切应力发生在最大扭矩所在的横截面,即危险截面的周边上任一点处,其强度条件是横截面最大工作切应力τ_{max}不超过材料的许用切应力[τ], 即:

$$\tau_{max} = \frac{T_{max}}{W_P} \leqslant [\tau] \tag{4.16}$$

式(4.16)即**等直圆杆扭转时的强度条件**。根据该式可对空心或实心圆截面的轴进行强度计算,即强度校核、选择截面或计算许可荷载。

不同材料的许用切应力[τ]不相同,通常由扭转试验测得各种材料的扭转极限应力τ_u,并除以适当的安全因数n得到,即:

$$[\tau] = \frac{\tau_u}{n}$$

在圆轴的扭转试验中,塑性材料试件在外力偶作用下,先出现屈服,最后沿横截面被剪断,如图4.18所示;脆性材料试件变形很小无屈服现象,最后沿与轴线约45°方向的螺旋面断裂,如图4.19所示。

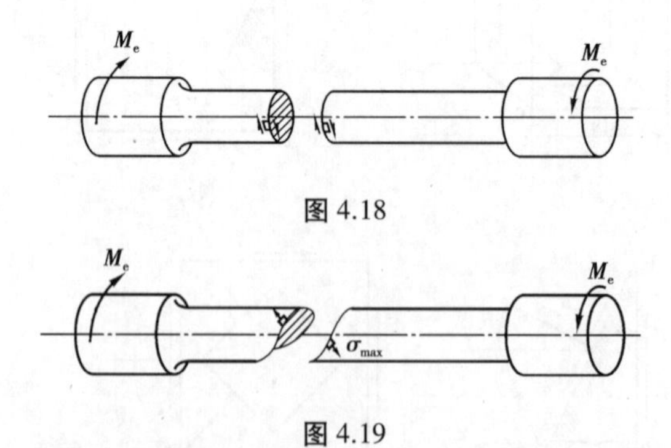

图4.18

图4.19

【例题4.2】 一直径为d=50 mm的传动轴,外力偶矩M_A=3.19 kN·m,M_B=1.43 kN·m,M_C=0.8 kN·m,M_D=0.96 kN·m,如图4.20所示。已知材料的许用切应力[τ]=80 MPa,试校核该轴的强度。

【解】 用截面法求得BA,AC,CD段的扭矩,并绘出扭矩图如图4.20(b)所示。

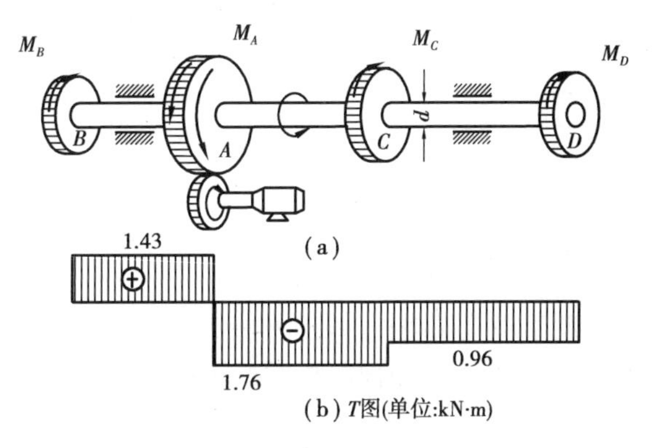

(b) T图(单位:kN·m)

图 4.20

由扭矩图可知,最大扭矩发生在 AC 段, $T_{max}=1.76\ kN\cdot m$。因为传动轴为等截面,所以最大切应力发生在 AC 段内各截面周边上各点。

$$\tau_{max}=\frac{T_{max}}{W_P}=\frac{1.76\times10^3 N\cdot m}{\frac{\pi}{16}(0.05\ m)^3}=71.7\times10^6 Pa=71.7\ MPa<[\tau]$$

因此,该轴满足强度条件。

【例题 4.3】 某传动轴,承受 $M_e=2.2\ kN\cdot m$ 的外力偶作用,轴材料的许用切应力$[\tau]=80\ MPa$,试分别按横截面为实心圆截面和横截面为 $\alpha=0.8$ 的空心圆截面确定轴的截面尺寸,并比较这两种情况下轴的重量。

【解】 ①横截面为实心圆轴,设横截面的直径为 d,由式(4.16)得:

$$W_P=\frac{\pi d^3}{16}\geqslant\frac{T}{[\tau]}=\frac{M_e}{[\tau]}$$

所以有: $$d\geqslant\sqrt[3]{\frac{16M_e}{\pi[\tau]}}=\sqrt[3]{\frac{16\times2.2\times10^3\ N\cdot m}{\pi\times80\times10^6\ Pa}}=51.9\times10^{-3}m=51.9\ mm$$

取 $d=52$ mm 。

②横截面为空心圆截面,设横截面的外径为 D,由式(4.16)得:

$$W_P=\frac{\pi D^3}{16}(1-\alpha^4)\geqslant\frac{T}{[\tau]}=\frac{M_e}{[\tau]}$$

所以有: $$D\geqslant\sqrt[3]{\frac{16M_e}{\pi(1-\alpha^4)[\tau]}}=\sqrt[3]{\frac{16\times2.2\times10^3\ N\cdot m}{\pi(1-0.8^4)\times80\times10^6 Pa}}=61.9\times10^{-3}m=61.9\ mm$$

取 $D=62$ mm, $d_1=50$ mm。

③由于两根轴的材料和长度相同,所以重量之比等于两者的横截面面积之比,于是有:

$$重量比=\frac{A_1}{A}=\frac{\frac{\pi}{4}(D^2-d_1{}^2)}{\frac{\pi}{4}d^2}=\frac{62^2-50^2}{52^2}=0.50$$

结果表明:在满足强度的条件下,空心圆轴的自重比实心圆轴的轻,即比较节省材料。当然,在设计轴时,还应全面考虑加工等因素,不能在任何情况下都采用空心圆轴。

4.5　圆杆扭转时的变形

4.5.1　扭转时的变形

等直圆杆的扭转变形,是用两个横截面绕杆轴转动的相对角位移即相对扭转角 φ 来度量的。由式(4.7)知,长度为 dx 的相邻两个横截面的相对扭转角为:

$$\mathrm{d}\varphi = \frac{T}{GI_{\mathrm{P}}}\mathrm{d}x$$

所以,相距为 l 的两横截面间的相对扭转角为:

$$\varphi = \int_l \mathrm{d}\varphi = \int_0^l \frac{T}{GI_{\mathrm{P}}}\mathrm{d}x$$

对于用同一材料制成的等截面圆杆,若长度为 l 的两横截面间的扭矩 T 为常量,则由上式得到两横截面间的相对扭转角为:

$$\varphi = \frac{Tl}{GI_{\mathrm{P}}} \tag{4.17}$$

φ 的单位为 rad。由式(4.17)可知,相对扭转角 φ 与 GI_{P} 成反比, GI_{P} 称为等直圆杆的**扭转刚度**。

由于杆在扭转时各个截面上的扭矩可能不相同,且杆的长度也各不相同,因此,在工程中,通常将扭转角沿杆长的变化率 $\frac{\mathrm{d}\varphi}{\mathrm{d}x}$ 作为扭转变形的指标。用 θ 来表示这一指标,称为**单位长度扭转角**。即:

$$\theta = \frac{\mathrm{d}\varphi}{\mathrm{d}x} = \frac{T}{GI_{\mathrm{P}}} \tag{4.18}$$

显然,以上计算公式都只适用于材料在线弹性范围内的等直圆杆。

【例题 4.4】　图 4.21 所示为钢制实心圆截面轴,已知:M_1 = 1 592 N · m,M_2 = 955 N · m,M_3 = 637 N · m,l_{AB} = 300 mm,l_{AC} = 500 mm,d = 70 mm,钢的切变模量 G = 80 GPa。试求横截面 C 相对于 B 的扭转角 φ_{BC}。

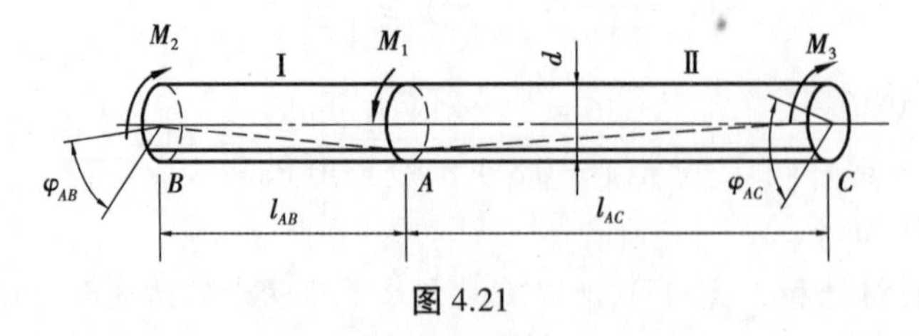

图 4.21

【解】　由截面法求得轴Ⅰ,Ⅱ两段内的扭矩分别为 T_1 = 955 N · m,T_2 = −637 N · m。

分别计算截面 B,C 相对于 A 截面的扭转角 φ_{AB},φ_{AC}。为此,假想截面 A 固定不动。由式(4.17)可得:

$$\varphi_{AB} = \frac{T_1 l_{AB}}{GI_{\mathrm{P}}} = \frac{(955\ \mathrm{N \cdot m})(300 \times 10^{-3}\mathrm{m})}{(80 \times 10^9\mathrm{Pa})\ \frac{\pi}{32}(70 \times 10^{-3}\mathrm{m})^4} = 1.52 \times 10^{-3}\mathrm{rad}$$

$$\varphi_{AC}=\frac{T_2 l_{AC}}{GI_P}=\frac{(637\ \text{N}\cdot\text{m})(500\times10^{-3}\text{m})}{(80\times10^9\text{Pa})\ \dfrac{\pi}{32}(70\times10^{-3}\text{m})^4}=1.69\times10^{-3}\text{rad}$$

由于假想 A 截面固定不动，故截面 B,C 相对于 A 截面的相对转动分别与扭转力偶矩 M_2，M_3 的转向相同。因此，截面 C 相对于 B 的扭转角 φ_{BC} 为：

$$\varphi_{BC}=\varphi_{AC}-\varphi_{AB}=1.7\times10^{-4}\text{rad}$$

其转向与扭转力偶 M_3 的转向相同。

4.5.2 刚度条件

等直圆杆扭转时，除满足强度条件外，有时还需要满足刚度条件。例如：机器的传动轴如果扭转角过大，将会使机器在运转时产生较大的振动；精密机床的轴如果变形过大，则将影响机床的加工精度等。刚度要求通常是限制其单位长度扭转角 θ 中的最大值 θ_{max} 不超过某一规定的允许值 $[\theta]$，即：

$$\theta_{max}=\frac{T_{max}}{GI_P}\leqslant[\theta] \tag{4.19}$$

式中，$[\theta]$ 称为**许可单位长度扭转角**，其单位为 rad/m，$[\theta]$ 的数值是由轴的工作条件和载荷等因素决定的。对于用于精密机器的轴，$[\theta]$ 在 0.25~0.5(°)/m，对于一般的传动轴，$[\theta]$ 在 0.5~1.0(°)/m。具体数值可由有关的机械设计手册查得。式(4.19)即为等直圆杆在扭转时的**刚度条件**。

在工程实际中，$[\theta]$ 的常用单位是(°)/m，故须先将 θ_{max} 的单位转换为(°)/m，再代入式(4.19)，可得：

$$\theta_{max}=\frac{T_{max}}{GI_P}\times\frac{180}{\pi}\leqslant[\theta] \tag{4.20}$$

根据式(4.19)、式(4.20)即可对实心或空心圆截面的等直杆进行扭转刚度计算，如选择截面、计算许可荷载或刚度校核。

【例题 4.5】 图 4.22 所示为阶梯形圆轴，AB 段的直径 $d_1=40$ mm，BD 段的直径 $d_2=70$ mm。外力偶分别为 $M_A=0.7$ kN·m，$M_C=1.1$ kN·m，$M_D=1.8$ kN·m。许用切应力 $[\tau]=60$ MPa，单位长度许用扭转角 $[\theta]=2$(°)/m，切变模量 $G=80$ GPa。试校核该轴的强度和刚度。

【解】 (1)画扭矩图

由截面法求得 AC,CD 两段内的扭矩分别为 $T_1=-0.7$ kN·m，$T_2=-1.8$ kN·m，扭矩图如图 4.22(b)所示。

(2)校核强度

虽然 CD 段内的扭矩 T_2 大于 AB 段内的扭矩 T_1，但 CD 段的直径 d_2 也大于 AB 段的直径 d_1，所以对两段轴均应进行强度校核。

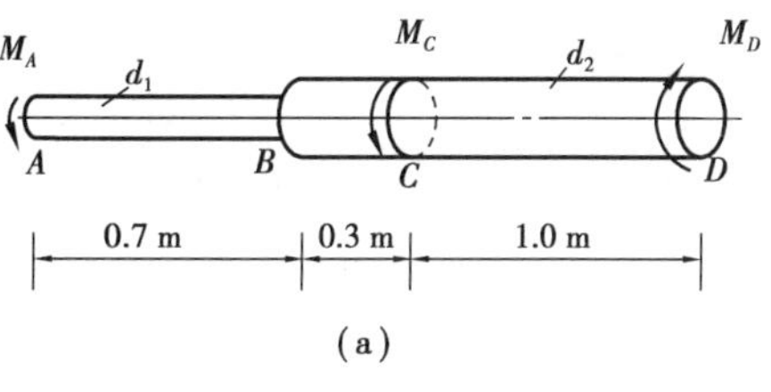

(a)

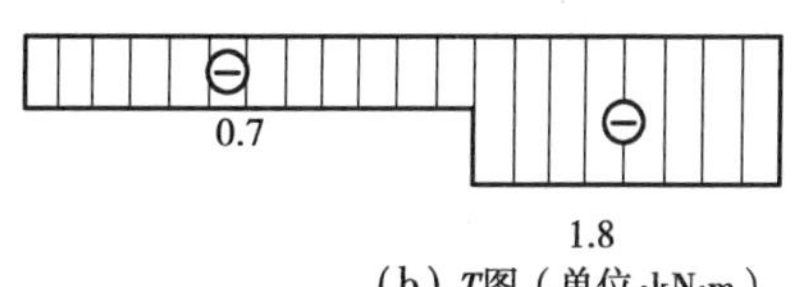

(b) T图（单位:kN·m）

图 4.22

AB 段内：

$$\tau_{1\max}=\frac{T_1}{W_{P1}}=\frac{0.7\times10^3\ \mathrm{N\cdot m}}{\dfrac{\pi(40\times10^{-3}\ \mathrm{m})^3}{16}}=55.7\times10^6\ \mathrm{Pa}=55.7\ \mathrm{MPa}<[\tau]$$

CD 段内：

$$\tau_{2\max}=\frac{T_2}{W_{P2}}=\frac{1.8\times10^3\ \mathrm{N\cdot m}}{\dfrac{\pi(70\times10^{-3}\mathrm{m})^3}{16}}=26.7\times10^6\ \mathrm{Pa}=26.7\ \mathrm{MPa}<[\tau]$$

故该轴是满足强度条件的。

(3)校核刚度

单位长度扭转角最大值发生在 AB 段内，即：

$$\theta_{1\max}=\frac{T_1}{GI_{P1}}=\frac{0.7\times10^3\ \mathrm{N\cdot m}}{(80\times10^9\ \mathrm{Pa})\times\dfrac{\pi(40\times10^{-3}\mathrm{m})^4}{32}}\times\frac{180}{\pi}=1.996(°)/\mathrm{m}<[\theta]$$

故该轴也满足刚度条件。

*4.6 扭转超静定问题

图 4.23(a)所示两端固定的等直杆 AB，在 C 截面处作用外力偶矩 M_e。支反力偶矩有 M_A、M_B 两个未知量，如图 4.23(b)所示，只有一个独立的平衡方程，利用一个平衡方程无法求解出支反力偶矩 M_A 和 M_B，这样的问题称为扭转超静定问题。与求解拉压超静定问题的方法相同，同样要综合考虑几何、物理、静力学三个方面。下面结合图 4.23(a)所示的例子来具体说明其解法。

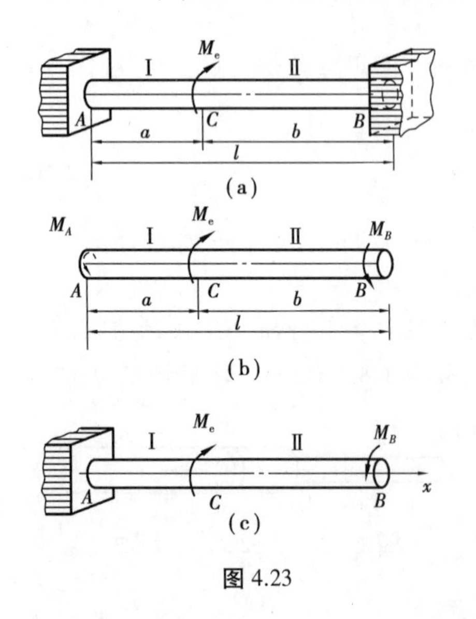

图 4.23

假想将 B 端的约束解除，代之以支反力偶矩 M_B。在 M_e 和 M_B 的共同作用下，B 端相对于 A 端的扭转角应为零。设杆的扭转刚度为 GI_P，则由式(4.17)可得：

$$\varphi_{AB}=-\frac{M_e a}{GI_P}+\frac{M_B(a+b)}{GI_P}=0$$

从而得到：$$M_B=\frac{a}{a+b}M_e=\frac{a}{l}M_e$$

求得支反力偶矩 M_B 后，固定端 A 的支反力偶就不难由平衡方程求得。

【例题 4.6】 图 4.24 所示等截面圆轴 AB，两端固定，在 C 和 D 截面处承受外力偶矩 M_e 作用，试绘其扭矩图。

【解】 设 A 端与 B 端的支反力偶矩分别为 M_A 与 M_B，如图 4.24(b)所示。由静力平衡方程得：

$$\sum M_x = 0, M_A - M_e + M_e - M_B = 0$$

$$M_A = M_B \qquad (a)$$

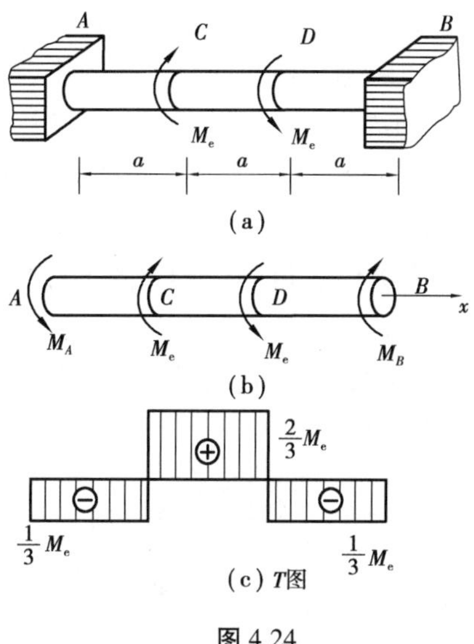

(a)

(b)

(c) T图

图 4.24

在式(a)中,包含两个未知力偶矩,故为一次超静定问题,需要建立一个补充方程。

根据两端的约束条件可知,横截面 A 和 B 为固定端,A 和 B 间的相对扭转角 φ_{AB} 应为零,所以,轴的变形协调条件为:

$$\varphi_{AB} = \varphi_{AC} + \varphi_{CD} + \varphi_{DB} = 0 \qquad (b)$$

由图(b)可知,AC,CD 与 DB 段的扭矩分别为:

$$T_1 = -M_A$$

$$T_2 = M_e - M_A$$

$$T_3 = -M_B$$

所以,AC 段、CD 段与 DB 段的相对扭转角分别为:

$$\varphi_{AC} = \frac{T_1 a}{GI_P} = -\frac{M_A a}{GI_P}$$

$$\varphi_{CD} = \frac{T_2 a}{GI_P} = \frac{(M_e - M_A)a}{GI_P}$$

$$\varphi_{DB} = \frac{T_3 a}{GI_P} = -\frac{M_B a}{GI_P}$$

将其代入式(b)可得补充方程为:

$$\frac{-M_A a}{GI_P} + \frac{(M_e - M_A)a}{GI_P} + \frac{-M_B a}{GI_P} = 0$$

即:

$$-2M_A + M_e - M_B = 0 \qquad (c)$$

联解式(a)与式(c),得:

$$M_A = M_B = \frac{M_e}{3}$$

根据以上结果绘制扭矩图如图 4.24(c)所示。

* 4.7 非圆截面杆的扭转

工程上常遇到一些非圆截面杆的扭转问题,如矩形、工字形、槽形等截面杆。试验表明:这些非圆截面杆扭转后,横截面不再保持为平面,而要发生翘曲。因此,根据平面假设建立起来的圆杆扭转公式,在非圆截面杆中不再适用。

非圆截面杆扭转时,若截面翘曲不受约束,如两端自由的直杆,受一对外力偶作用产生扭转时,则各截面翘曲程度相同。这时,杆的横截面上只有切应力而没有正应力,这种扭转称为**自由扭转**。若杆端存在约束或杆各横截面上扭矩不同,这时横截面的翘曲受到限制,各横截面翘曲程度不同,这时杆的横截面上不仅存在切应力,同时还存在正应力,这种扭转称为**约束扭转**。在实体截面杆中,自由约束扭转产生的正应力很小,在实际计算中可以忽略不计;对于薄壁杆件,约束扭转引起的正应力往往比较大,计算时不能忽略。本节仅简单介绍矩形截面杆、开口薄壁杆件和闭口薄壁杆件自由扭转时弹性力学解的结果。

4.7.1 矩形截面杆的自由扭转

矩形截面杆扭转时,变形情况如图4.25(a)所示。由于截面翘曲,无法用材料力学的方法分析。现介绍由弹性力学分析所得到的一些主要结果。

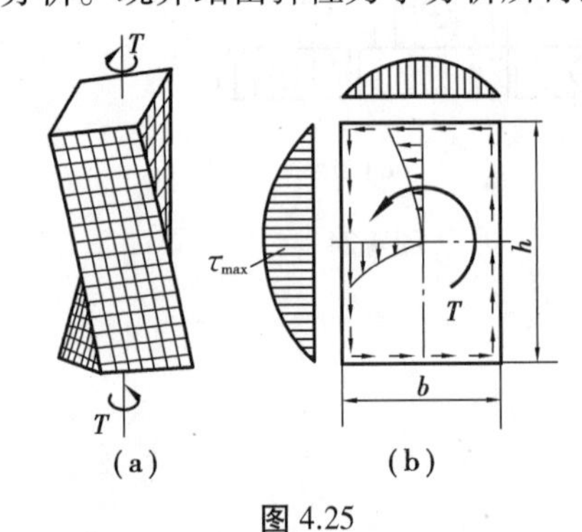

图4.25

①矩形截面杆扭转时,横截面上沿截面周边、对角线及对称轴上的切应力呈抛物线分布,如图4.25(b)所示。

②切应力和单位长度扭转角的计算公式为:

最大切应力 $$\tau_{max} = \frac{T}{W_T} \tag{4.21}$$

短边中点的切应力 $$\tau_1 = \gamma \tau_{max} \tag{4.22}$$

单位长度杆的扭转角 $$\theta = \frac{T}{GI_T} \tag{4.23}$$

式中,$W_T = \alpha b^3$,$I_T = \beta b^4$,分别称为**相当扭转截面系数**和**相当极惯性矩**,因数α,β和γ可从表4.1中查出,其值均随矩形截面的长、短边尺寸h和b的比值$m = h/b$而变化。

表4.1 矩形截面杆自由扭转的因数α,β和γ

$m = \frac{h}{b}$	1.0	1.2	1.5	2.0	2.5	3.0	4.0	6.0	8.0	10.0
α	0.208	0.263	0.346	0.493	0.645	0.801	1.150	1.789	2.456	3.12
β	0.140	0.190	0.294	0.457	0.622	0.790	1.123	1.789	2.456	3.12
γ	1.00	0.930	0.858	0.796	0.766	0.753	0.745	0.743	0.743	0.74

③对于狭长矩形截面($m = \frac{h}{b} = \frac{h}{\delta} \geqslant 10$),由表4.1可见:

$$\alpha = \beta \approx \frac{1}{3}m$$

于是有:

$$W_T = \frac{m}{3}\delta^3 = \frac{1}{3}h\delta^2 \tag{4.24}$$

$$I_T = \frac{m}{3}\delta^4 = \frac{1}{3}h\delta^3 \tag{4.25}$$

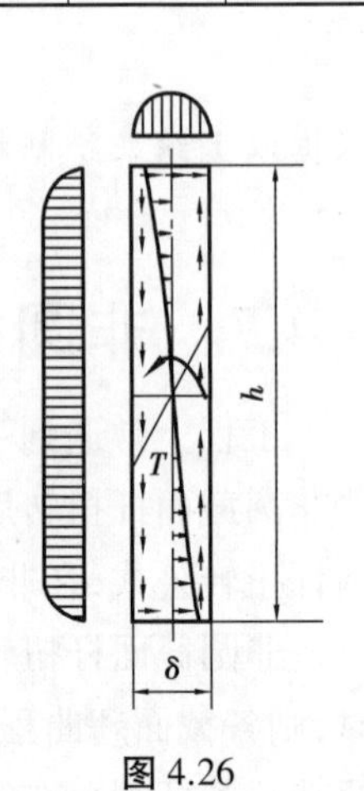

图4.26

截面上的切应力分布规律如图4.26所示。

最大切应力和单位长度杆的扭转角计算公式为:

$$\tau_{\max} = \frac{T}{W_{\mathrm{T}}} = \frac{3T}{h\delta^2} \tag{4.26}$$

$$\theta = \frac{T}{GI_{\mathrm{T}}} = \frac{3T}{Gh\delta^3} \tag{4.27}$$

【例题 4.7】 如图 4.27 所示,材料、横截面面积和长度 l 均相同的两根轴,受到相同的外力偶矩 M_e 作用。一根轴为圆形截面,直径为 d,另一根轴为高宽比 $h/b = 3/2$ 的矩形截面。试比较这两根轴的最大切应力与扭转角。

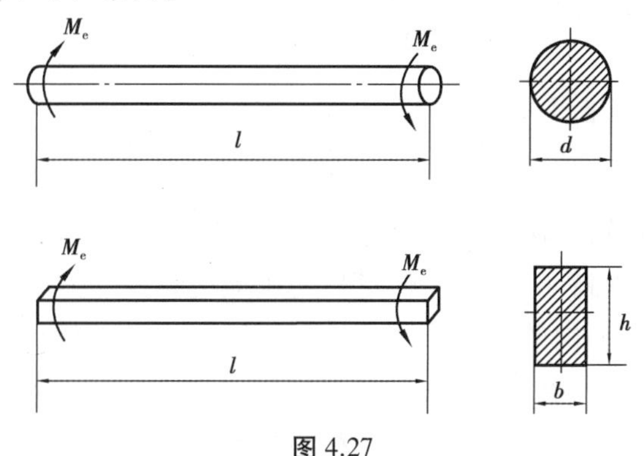

图 4.27

【解】 根据两根轴的横截面面积相等,得:

$$\frac{\pi d^2}{4} = bh = \frac{3}{2}b^2$$

于是得 $\dfrac{b}{d} = \sqrt{\dfrac{\pi}{6}}$,圆截面轴在外力偶作用下,其最大切应力与扭转角分别为:

$$\tau_{1\max} = \frac{16M_e}{\pi d^3}, \varphi_{1\max} = \frac{32M_e l}{G\pi d^4}$$

根据式(4.21)、式(4.23)和表 4.1,得矩形截面轴的最大切应力与扭转角分别为:

$$\tau_{2\max} = \frac{M_e}{\alpha b^3} = \frac{M_e}{0.346b^3}$$

$$\varphi_{2\max} = \frac{M_e l}{G\beta b^4} = \frac{M_e l}{0.294Gb^4}$$

于是得:

$$\frac{\tau_{1\max}}{\tau_{2\max}} = \frac{16 \times 0.346}{\pi} \times \left(\sqrt{\frac{\pi}{6}}\right)^3 = 0.669$$

$$\frac{\varphi_{1\max}}{\varphi_{2\max}} = \frac{32 \times 0.294}{\pi} \times \left(\sqrt{\frac{\pi}{6}}\right)^4 = 0.821$$

由以上结果可知,从轴的扭转强度和扭转刚度考虑,圆形截面比矩形截面好。

4.7.2 开口薄壁截面杆的自由扭转

在土建工程中常采用一些薄壁杆件。若薄壁杆件横截面的壁厚中线是一条不闭合的折线或曲线，这种杆件称为开口薄壁截面杆，如图 4.28 所示。这类截面的杆件在外力作用下常会发生扭转变形，下面仅介绍杆件在自由扭转时应力和变形的近似计算。

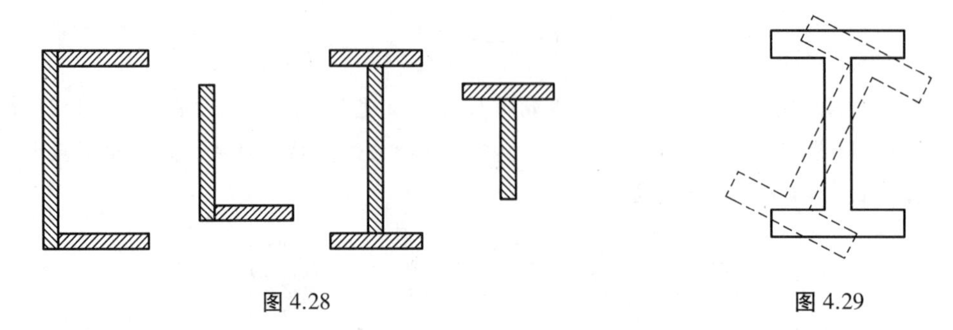

图 4.28

图 4.29

开口薄壁杆的横截面可看成是由若干个狭长的矩形截面组成的组合截面。根据杆在自由扭转时横截面的变形情况，可做出如下假设：杆扭转后，横截面虽然翘曲，但横截面的周边形状在其变形前平面上的投影保持不变，这一假设称为刚周边假设。如图 4.29 所示的工字形截面杆扭转后，其横截面在原平面内的投影仍为工字形。由此可知，在杆扭转后，组合截面的各组成部分所转动的单位长度扭转角 θ_i 与整个截面的单位长度扭转角 θ 相同。即：

$$\theta = \theta_1 = \theta_2 = \cdots = \theta_n \tag{a}$$

由式(4.23)可得：

$$\theta = \frac{T}{GI_{\mathrm{T}}}, \theta_i = \frac{T_i}{GI_{\mathrm{T}i}} \tag{b}$$

式中，T 和 I_{T} 为横截面上的总扭矩和相当极惯性矩，T_i 和 $I_{\mathrm{T}i}$ 为每个狭长矩形截面上的扭矩和相当极惯性矩。

将式(b)代入式(a)，得：

$$T_i = \frac{I_{\mathrm{T}i}}{I_{\mathrm{T}}} T \tag{c}$$

由静力学的力矩合成定理可知，横截面上的总扭矩等于各狭长矩形截面上的扭矩之和，即：

$$T = T_1 + T_2 + \cdots + T_n = \sum_{i=1}^{n} T_i \tag{d}$$

将式(c)代入式(d)，即可得整个截面的相当极惯性矩为：

$$I_{\mathrm{T}} = \sum_{i=1}^{n} I_{\mathrm{T}i} \tag{e}$$

对于开口薄壁截面，当其每一组成部分 i 的狭长矩形厚度 δ_i 与宽度 h_i 之比很小时，就可利用式(4.25)将式(e)改写为：

$$I_{\mathrm{T}} = \sum_{i=1}^{n} I_{\mathrm{T}i} = \frac{1}{3} \sum_{i=1}^{n} h_i \delta_i^{3} \tag{f}$$

将式(f)代入式(b)，可求出横截面或每个狭长矩形截面的单位长度杆的扭转角：

$$\theta = \theta_i = \frac{T}{\dfrac{G}{3} \sum\limits_{i=1}^{n} h_i \delta_i^3} \tag{4.28}$$

由式(4.21)、式(c)、式(f)可求出每个狭长矩形截面上的最大切应力为：

$$\tau_{i\max}=\frac{T_i}{W_{Ti}}=\frac{T}{I_T}\cdot\frac{I_{Ti}}{W_{Ti}}=\frac{T}{\frac{1}{3}\sum_{i=1}^{n}h_i\delta_i^3}\delta_i \tag{4.29}$$

由此可见,横截面上的最大切应力发生在厚度为 δ_{max} 的狭长矩形的长边处,其值为:

$$\tau_{max}=\frac{T}{\frac{1}{3}\sum_{i=1}^{n}h_i\delta_i^3}\delta_{max} \tag{4.30}$$

4.7.3 闭口薄壁截面杆的自由扭转

工程中有一类薄壁截面的壁厚中线是一条封闭的折线或曲线,这类截面称为闭口薄壁截面,如环形薄壁截面和箱形薄壁截面。在桥梁中常采用箱形截面梁,在外力作用下也可能出现扭转变形。本节只讨论这类杆件在自由扭转时的应力。

设一横截面为任意形状、变厚度的闭口薄壁截面等直杆,在两自由端承受一对扭转外力偶作用,如图 4.30(a)所示。由于杆件横截面上的内力为扭矩,因此,其横截面上只有切应力。又因是闭口薄壁截面,故可假设切应力沿壁厚无变化,且其方向与壁厚的中线相切,如图 4.30(b)所示。在杆的壁厚远小于横截面尺寸时,由假设所引起的误差在工程计算中是允许的。

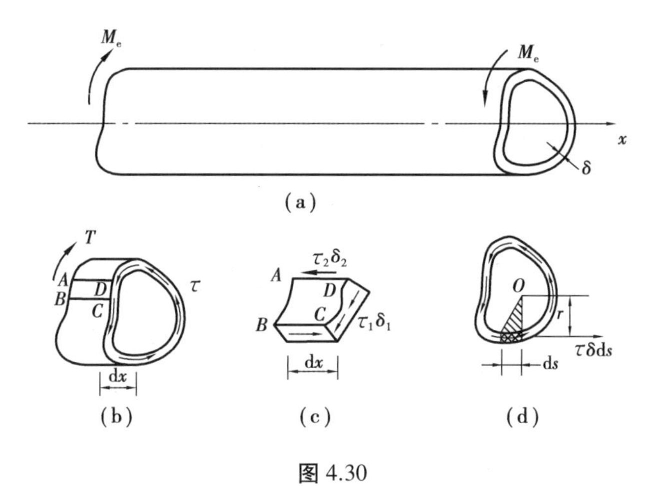

图 4.30

取长为 dx 的杆段,用两个与壁厚中线正交的纵截面从杆壁中取出小块 ABCD,如图 4.30(c)所示。设横截面上 C 和 D 两点的切应力分别为 τ_1 和 τ_2,而壁厚分别为 δ_1 和 δ_2。根据切应力互等定理,在上、下两纵截面上应分别有切应力 τ_1 和 τ_2,如图 4.30(c)所示。由平衡方程:

$$\sum F_x=0,\tau_1\delta_1\mathrm{d}x=\tau_2\delta_2\mathrm{d}x$$

可得:

$$\tau_1\delta_1=\tau_2\delta_2 \tag{a}$$

由于所取的两纵截面是任意选择的,故上式表明,横截面沿其周边任一点处的切应力 τ 与该点处的壁厚 δ 之乘积为一个常数,即:

$$\tau\delta=常数 \tag{b}$$

为找出横截面上的切应力τ与扭矩T之间的关系,沿壁厚中线取出长为ds的一段,在该段上的内力元素为$\tau\delta ds$,如图4.30(d)所示,其方向与壁厚中线相切。其对横截面平面内任一点O的矩为:

$$dT=(\tau\delta ds)r$$

式中,r是从矩心O到内力元素$\tau\delta ds$作用线的垂直距离。由力矩合成原理可知,截面上扭矩dT应为沿壁厚中线全长S的积分。注意到式(b),即得:

$$T=\int_S dT=\int_S \tau\delta r ds=\tau\delta\int_S r ds$$

由图4.30(d)可知,$r ds$为图中阴影线三角形面积的2倍,故其沿壁厚中线全长S的积分应是该中线所围面积A_0的2倍。于是可得:

$$T=\tau\delta\cdot 2A_0$$

或

$$\tau=\frac{T}{2\delta A_0} \tag{4.31}$$

式(4.31)即为闭合薄壁截面等直杆在自由扭转时横截面上任一点处切应力的计算公式。式(4.31)与式(4.3)在形式上相同,但在应用上则具有普遍性。

由式(b)可知,在壁厚δ最薄处横截面上的切应力τ为最大。于是由式(4.31)可得杆横截面上的最大切应力为:

$$\tau_{max}=\frac{T}{2A_0\delta_{min}} \tag{4.32}$$

式中,δ_{min}为薄壁截面的最小壁厚。

【例题4.8】 图4.31中(a)、(b)为相同材料和相同截面的两正方形薄壁截面杆的横截面图,其中图(b)表示沿杆纵向切开一缝。两杆受相同外力偶矩M_e作用,已知$b=50$ mm和$\delta=2$ mm。试求两杆的最大切应力之比。

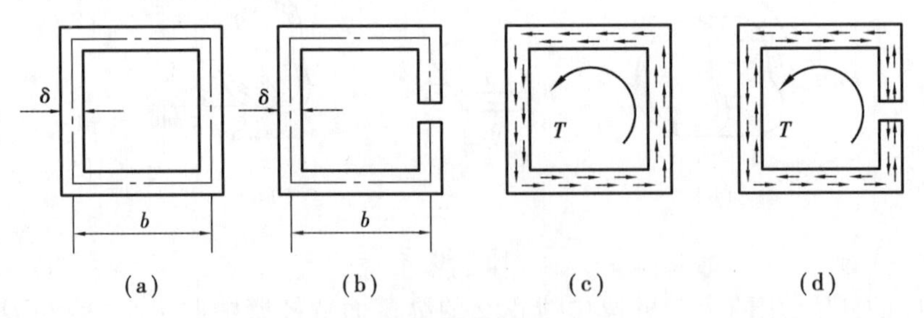

图4.31

【解】 图(a)为闭口薄壁截面杆,其切应力分布规律如图(c)所示,最大切应力按式(4.32)计算,其值为:

$$\tau_{1\max}=\frac{T}{2A_0\delta_{min}}=\frac{M_e}{2\times b^2\times\delta}=\frac{M_e}{2b^2\delta}$$

图(b)为开口薄壁截面杆,其切应力分布规律如图(d)所示,最大切应力按式(4.30)计算,其值为:

$$\tau_{2\max} = \frac{T}{\frac{1}{3}\sum_{i=1}^{n} h_i \delta_i^3}\delta_{\max} = \frac{M_e \delta}{\frac{1}{3} \times 4 \times b\delta^3} = \frac{3M_e \delta}{4b\delta^2}$$

因此得：

$$\frac{\tau_{2\max}}{\tau_{1\max}} = \frac{3b}{2\delta} = \frac{3 \times 50 \text{ mm}}{2 \times 2 \text{ mm}} = 37.5$$

结果表明，相同截面在相同外力偶作用下，开口截面上的最大切应力是闭口截面上最大切应力的 37.5 倍。

本章小结

(1)工程中常见的传动轴，需要根据所传递的功率和转速，求出使轴发生扭转的外力偶矩。

$$M_e = 9\ 550 \frac{P}{n}$$

(2)薄壁圆筒扭转时横截面上的切应力为：

$$\tau = \frac{T}{2\pi r_0^2 \delta}$$

(3)切应力互等定理：在相互垂直的一对平面上，切应力同时存在，大小相等，且都垂直于两个平面的交线，方向均指向或背离两平面的交线。

(4)剪切胡克定律：当切应力不超过材料的剪切比例极限时，切应力与切应变成正比，即：

$$\tau = G\gamma$$

(5)圆轴扭转横截面上任一点切应力的计算公式为：

$$\tau_\rho = \frac{T\rho}{I_P}$$

(6)等直圆杆在扭转时，其强度条件是横截面上的最大工作切应力 $\tau_{\max}$ 不超过材料的许用切应力 $[\tau]$，即：

$$\tau_{\max} = \frac{T_{\max}}{W_P} \leqslant [\tau]$$

(7)圆轴扭转时两横截面间的相对扭转角为：

$$\varphi = \frac{Tl}{GI_P}$$

(8)刚度要求通常是限制其单位长度扭转角 θ 中的最大值 $\theta_{\max}$ 不超过某一规定的允许值 $[\theta]$。对于等截面直杆，即：

$$\theta_{\max} = \frac{T_{\max}}{GI_P} \leqslant [\theta]$$

(9)试验表明，一些非圆截面杆如矩形、工字形、槽形等截面杆扭转后，横截面不再保持为平面，而要发生翘曲。因此，根据平面假设建立起来的圆杆扭转公式，在非圆截面杆中不再适用，需要根据弹性力学分析得到其应力和变形的计算公式。

思考题

4.1 外力偶矩和扭矩的区别与联系是什么?

4.2 薄壁圆筒扭转时,如果在其横截面及径向截面上有正应力,试问取出的分离体能否平衡?

4.3 如图所示为一单元体,已知右侧面上有与 y 方向成 θ 角的切应力 τ,试根据切应力互等定理,画出其他面上的切应力。

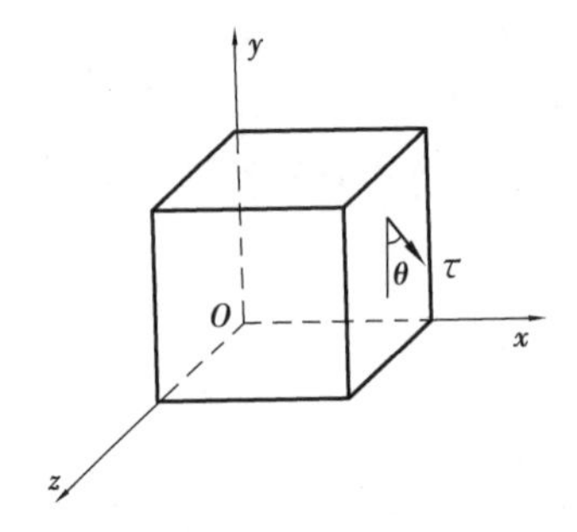

思考题 4.3 图

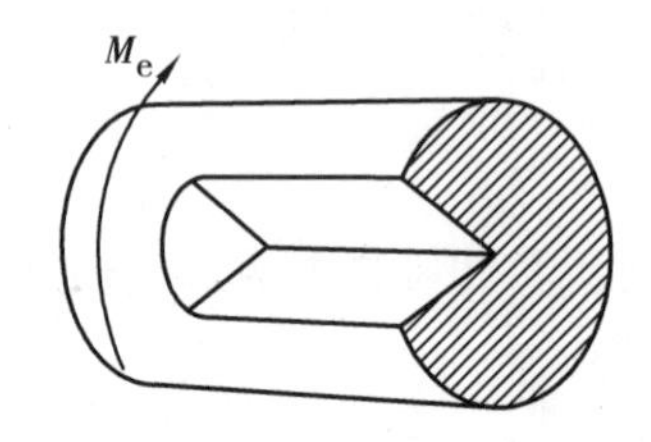

思考题 4.4 图

4.4 试绘出图示中圆轴的横截面及径向截面上的切应力变化情况。

4.5 试绘出图示截面上切应力的分布图,其中 T 为截面的扭矩。

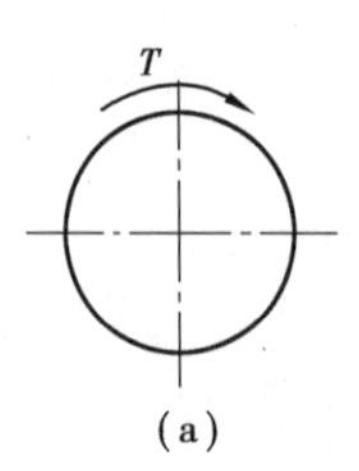

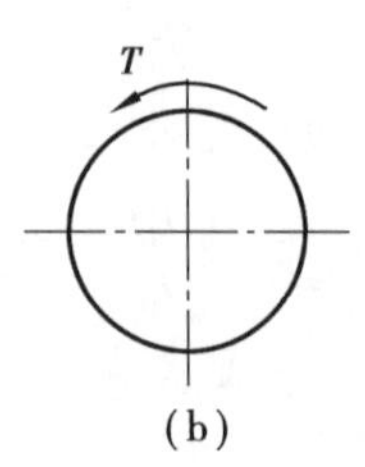

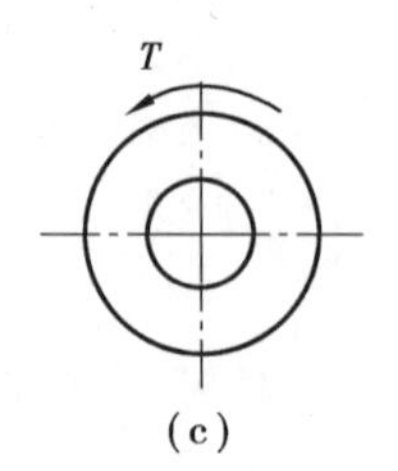

思考题 4.5 图

4.6 由实心圆杆 1 及空心圆杆 2 组成的受扭圆轴如图所示。假设在扭转过程中两杆无相对滑动,根据下述两种情况,分别绘出横截面上切应力沿水平直径的变化情况。

(1)两杆材料相同,即 $G_1 = G_2$;

(2)两杆材料不同,$G_1 = 2G_2$。

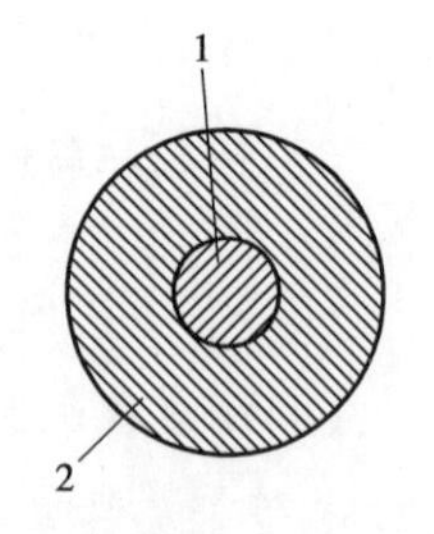

思考题 4.6 图

4.7 长为 l、直径为 d 的两根由不同材料制成的圆轴,在其两端作用相同的扭转力偶矩 M_e,试问:

(1)最大切应力 τ_{max} 是否相同?为什么?

(2)相对扭转角 φ 是否相同?为什么?

4.8 长度相同、壁厚均为 $\delta = \dfrac{d_0}{20}$ 的三根薄壁截面杆的横截面如图所示。若三杆的两端都受到相同的外力偶矩 M_e 作用,且杆在弹性范围内工作,试问横截面上的切应力哪个大?哪个小?

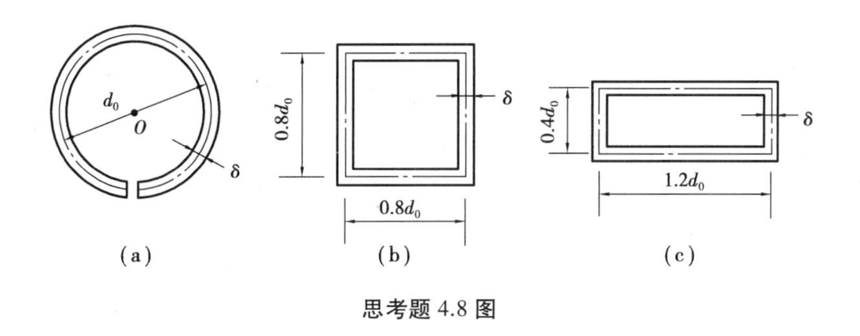

思考题 4.8 图

习 题

4.1 试作图示中各轴的扭矩图,并指出其最大值。

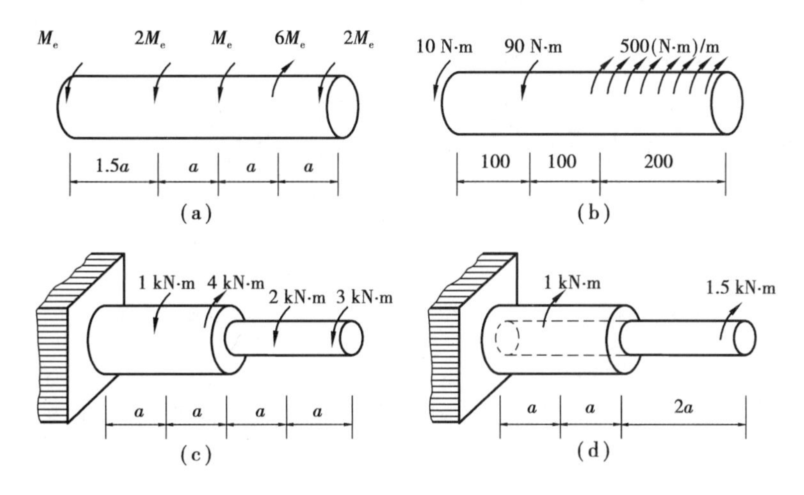

习题 4.1 图

4.2 如图所示,传动轴作 300 r/min 的匀速转动,轴上的主动轮 A 输入的功率为 P_A = 70 kW,从动轮 B,C,D,E 输出的功率分别为 P_B = 20 kW,P_C = 10 kW,P_D = 25 kW,P_E = 15 kW,试作出轴的扭矩图。

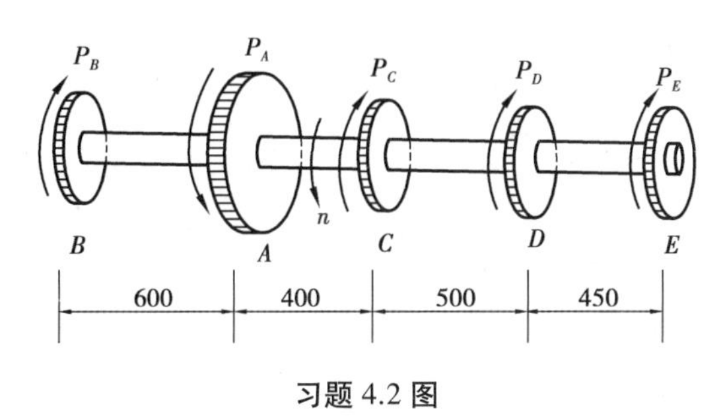

习题 4.2 图

4.3 如图所示传动轴转速 n = 500 r/min,A 为主动轮,输入功率 P_A = 70 kW,B,C,D 为从动轮,输出功率为 P_B = 10 kW,$P_C = P_D$ = 30 kW。试求:

(1)轴内的最大扭矩;

(2)若将 A 轮与 C 轮的位置对调,试分析对轴的受力是否有利。

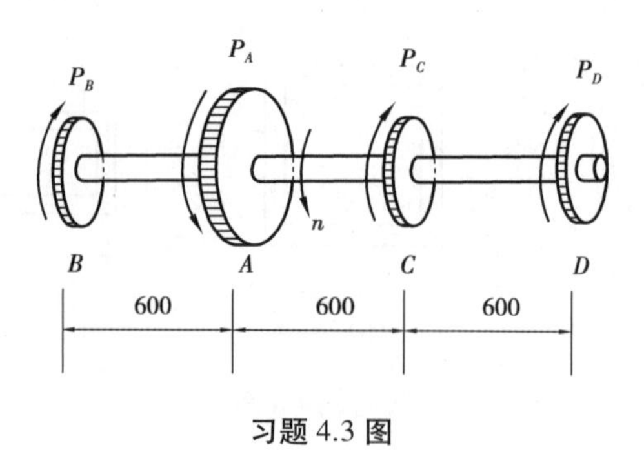

习题 4.3 图

4.4　图示空心圆轴外径为 25 mm，内径为 20 mm，承受如图所示外力偶作用，试求该轴的最大切应力值。其中 A，B 两点的光滑支撑不产生阻力扭矩。

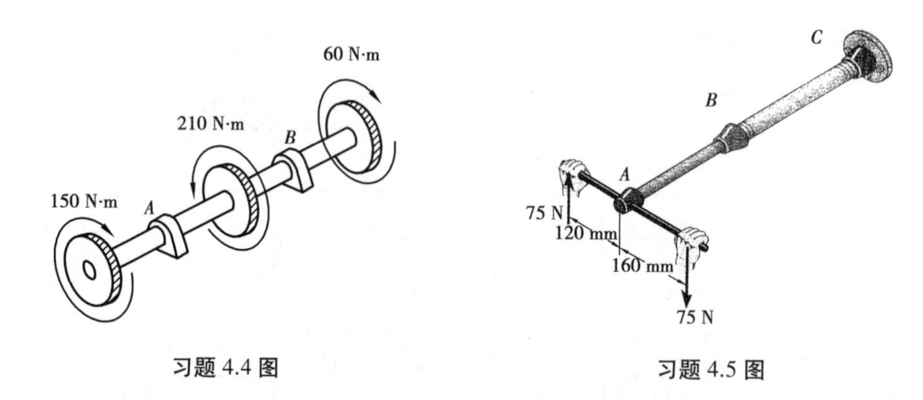

习题 4.4 图　　　　习题 4.5 图

4.5　两电镀钢管通过一过渡连接器连接于 B 点。细管外径为 15 mm，内径为 13 mm；粗管外径为 20 mm，内径为 17 mm。若管的 C 端固定于墙上，试求在题图所示手柄力的作用下，每段管内的最大切应力值。

4.6　如图所示圆轴 AC，AB 段为实心，直径为 50 mm；BC 段为空心，外径为 50 mm，内径为 35 mm。要使杆的总扭转角为 0.12°，试确定 BC 段的长度 a。设切变模量为 $G=80$ GPa。

4.7　如图所示实心圆轴承受均匀分布的外力偶矩 m 作用。设轴的切变模量为 G，求自由端的扭转角(用 m,l,G,d 表示)。

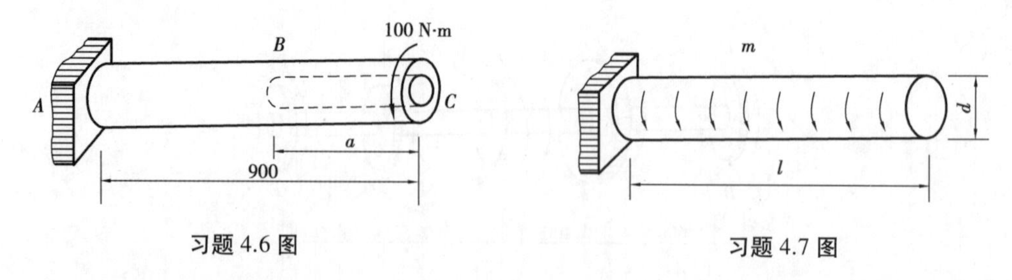

习题 4.6 图　　　　习题 4.7 图

4.8　如图所示为钻探机的钻杆。已知：外径 $D=60$ mm，内径 $d=50$ mm，功率 $P=10$ kW，转速 $n=180$ r/min，钻杆入土深度 $l=40$ m，材料的切变模量 $G=80$ GPa，许用切应力 $[\tau]=40$ MPa。假设土壤对钻杆的阻力是沿长度均匀分布的，试求：

(1)单位长度上土壤对钻杆的阻力矩 m；

(2)作钻杆的扭矩图，并进行强度校核；

(3)两端截面的相对扭转角。

4.9 如图所示为一实心圆杆,直径 $d=100$ mm,受外力偶矩 M_1 和 M_2 作用,若杆的许用切应力$[\tau]=80$ MPa,单位长度的许用扭转角$[\theta]=0.014$ rad/m,已知切变模量 $G=80$ GPa,求 M_1 和 M_2 的值。

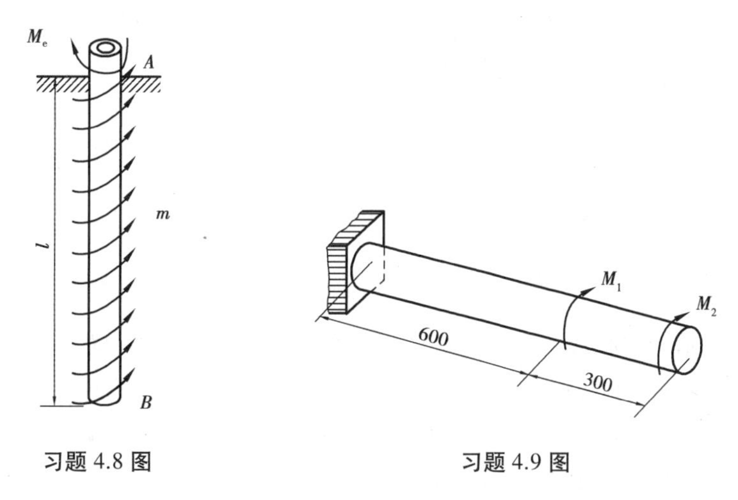

习题 4.8 图　　　　习题 4.9 图

4.10 如图所示为一阶梯形圆轴。AE 段空心,外径 $D=140$ mm,内径$d=100$ mm;BC 段实心,直径 $d=100$ mm。已知 $M_A=18$ kN·m,$M_B=32$ kN·m,$M_C=14$ kN·m;许用切应力$[\tau]=80$ MPa,许用单位长度扭转角$[\theta]=1.2(°)/\text{m}$,切变模量 $G=80$ GPa。试校核圆轴的强度和刚度。

4.11 长度相等的两根受扭圆轴,一根为实心圆轴,直径为 d,另一根为空心圆轴,外径为 D,内径为 d_0,且$\dfrac{d_0}{D}=0.8$,两者材料相同,受力也相同,试分别求两者的最大切应力和单位长度扭转角相等时的重量比。

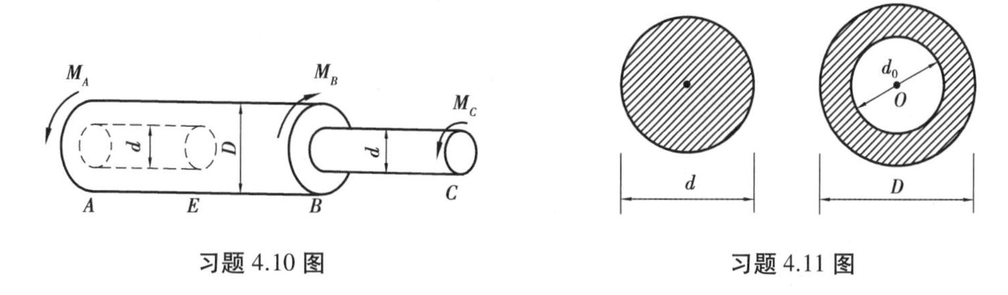

习题 4.10 图　　　　习题 4.11 图

4.12 如图所示钢空心轴长 2 m,外径为 40 mm。当转速为 764 r/min 时,该轴从发动机 E 向电动机 G 的输出功率为 32 kW,若轴的许用切应力$[\tau]=140$ MPa,并且要求扭转角不大于 0.05 rad,试求其最小壁厚。已知切变模量 $G=75$ GPa。

4.13 钢空心轴转速为 125 rad/s,传输功率如图所示。若轴的内外径比值 $\alpha=\dfrac{d}{D}=0.6$,已知材料的许用切应力$[\tau]=150$ MPa,单位长度许用扭转角$[\theta]=2(°)/\text{m}$,试求内径和外径的值。B,G 处的径向轴承为光滑支撑。(已知切变模量 $G=80$ GPa)

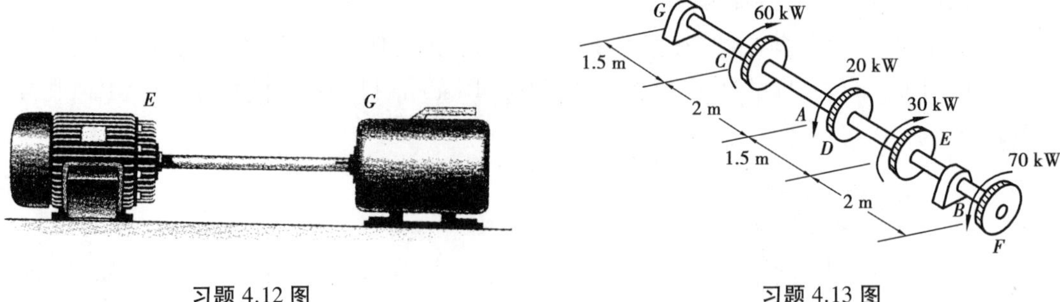

习题 4.12 图　　　　习题 4.13 图

4.14　如图所示，一两端固定的阶梯圆轴 AB，在 C 截面处受一外力偶矩 M 作用，试求若使两端约束力偶矩相等时，$\frac{a}{l}$ 的表达式。

4.15　如图所示一空心管 A 套在实心圆杆 B 的一端，两杆在同一横截面处有一直径相同的贯穿孔，但两杆上孔的中心线构成一个 β 角。现在 B 杆上施加一外力偶使其扭转，以使两孔对准，并插入一销钉，然后将外力偶除去。已知 A，B 两杆材料相同，切变模量为 G，极惯性矩分别为 I_{PA} 和 I_{PB}，试求作用在 A，B 两杆上的扭矩。

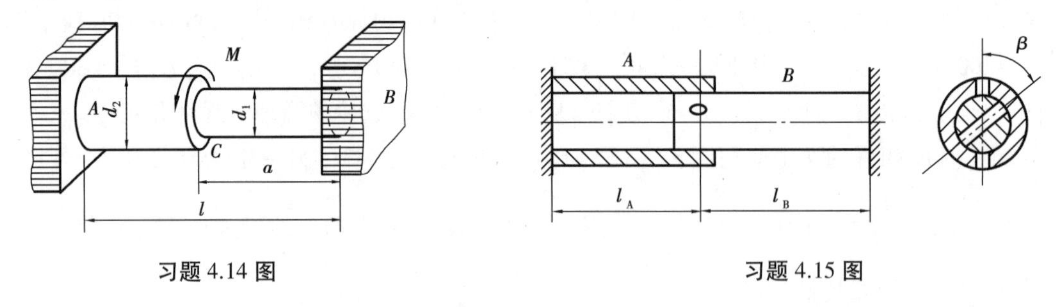

习题 4.14 图　　　　习题 4.15 图

4.16　如图所示为一根两端固定的圆轴，已知：直径 d=80 mm，外力偶矩 M=10 kN · m，许用切应力$[\tau]$=60 MPa。试校核该轴的强度。

4.17　如图所示为矩形截面钢杆，已知外力偶矩 M = 3 kN · m，材料的切变模量 G = 80 GPa。求：

(1)杆内最大切应力的大小、方向、位置；

(2)杆单位长度的最大扭转角。

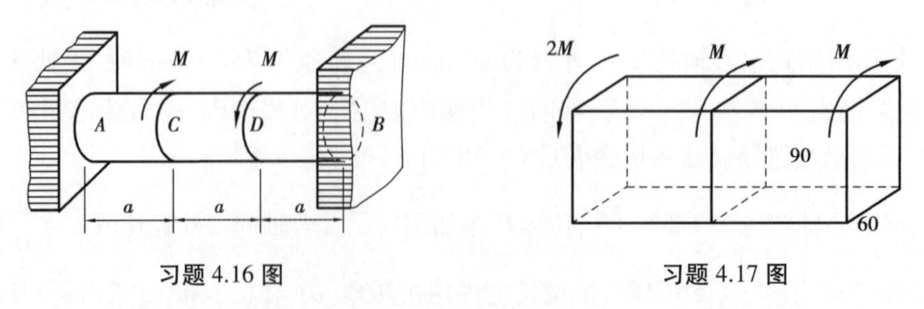

习题 4.16 图　　　　习题 4.17 图

4.18　如图所示为工字形薄壁截面杆的横截面，该杆长 l=2 m，两端受 0.2 kN · m 的力偶矩作用，材料的切变模量 G=80 GPa，求此杆的最大切应力及单位长度的扭转角。

4.19 如图所示为薄壁杆的两种不同形状的横截面,其壁厚及管壁中线的周长均相同,两杆的长度和材料也相同。当在两端承受相同的一对扭转外力偶矩时,试求:

(1)最大切应力之比;

(2)相对扭转角之比。

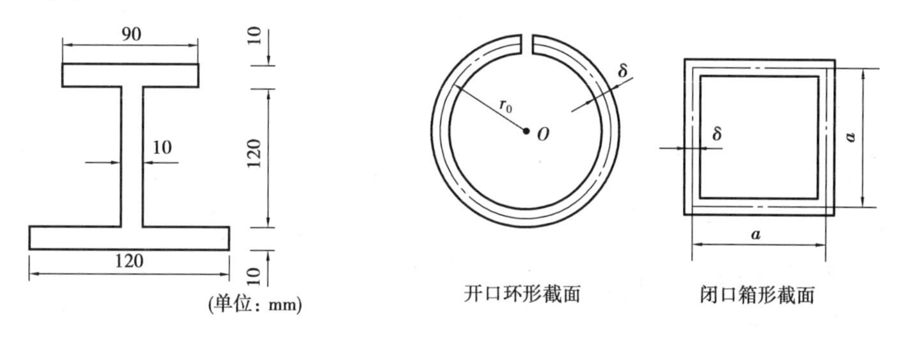

习题 4.18 图

习题 4.19 图

5 弯曲内力

本章导读：

- **基本要求**　掌握平面弯曲的基本概念；掌握用截面法求构件弯曲内力；掌握利用剪力方程和弯矩方程绘制剪力图和弯矩图；掌握利用荷载集度、剪力和弯矩之间的微分关系绘制剪力图和弯矩图；掌握利用叠加原理绘制剪力图和弯矩图。
- **重点**　平面弯曲的概念；剪力图和弯矩图的绘制。
- **难点**　荷载集度、剪力和弯矩之间的微分关系及其应用。

5.1　梁的平面弯曲的概念及梁的计算简图

5.1.1　平面弯曲的概念

当杆件受到垂直于轴线的外力或受到位于轴线所在平面的力偶作用时，杆件的轴线会变弯，此类变形称为**弯曲**。以弯曲为主要变形形式的杆件称为**梁**。例如，房屋建筑中的楼板梁、桥梁中的纵梁等，如图 5.1 所示。

工程中常见的梁的横截面一般都具有对称轴，如矩形截面、工字形截面、T 形截面等，若梁上所有外力（包括外力偶）均作用在包含该梁对称轴的纵向平面内（该平面称为纵向对称面），则梁变形之后的轴线必定为在该纵向对称面内的平面曲线，这种弯曲称为**对称弯曲**。若梁不具有纵向对称平面，或者梁虽有纵向对称平面但外力不作用在纵向对称面内，则梁将发生非对称弯曲。对称弯曲和特定条件下的非对称弯曲（见第 6 章第 2 节）时，梁变形后的轴线与外力所在平面相重合或平行，这种弯曲称为**平面弯曲**。本教材仅讨论梁在平面弯曲时的应力和变形计算。

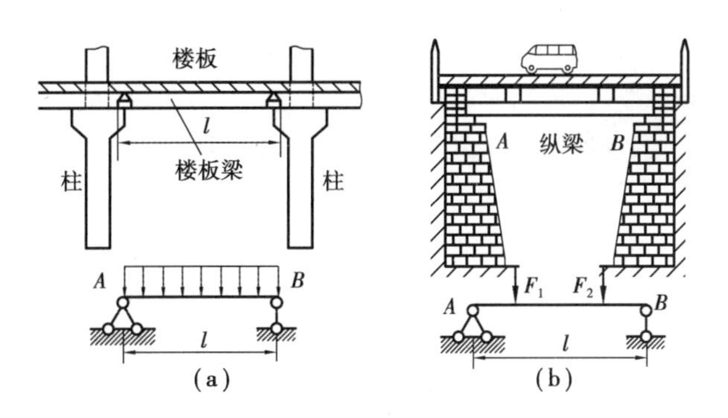

图 5.1

5.1.2 梁的计算简图

根据具体情况区分主次因素,把梁的几何形状、荷载、支承作合理简化后,所作出的供分析和计算使用的图形,称为梁的计算简图。在计算简图中,把梁简化为一条轴线(用梁的轴线来代替梁的实体),把荷载简化为集中力、集中力偶、分布力和分布力偶,把支承简化为固定端、固定铰支座和活动铰支座。

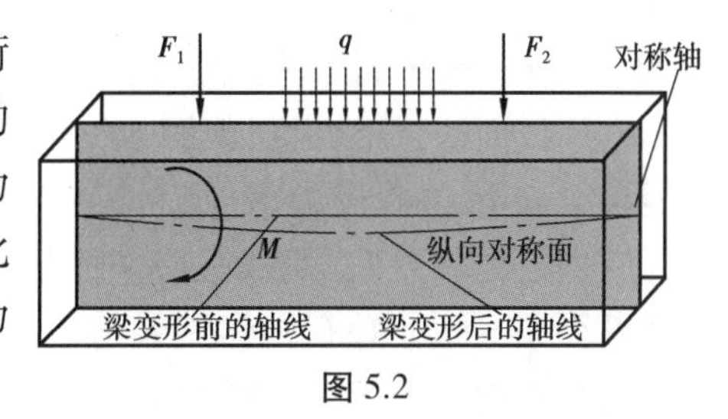

图 5.2

1)固定端

固定端的简化形式如图 5.3(a)所示,梁端在支座处既不能转动,又不能沿任意方向移动,因此固定端对梁有 3 个约束,相应地就有 3 个约束反力,即水平支反力 F_{Rx}、铅垂支反力 F_{Ry} 和约束反力偶 M。

2)固定铰支座

固定铰支座的简化形式如图 5.3(b)所示,梁在支座处可以转动,但不能移动。因此固定铰支座对梁有 2 个约束,相应地就有 2 个约束反力,即水平支反力 F_{Rx} 和铅垂支反力 F_{Ry}。

3)活动铰支座

活动铰支座的简化形式如图 5.3(c)所示,这种支座只限制梁在支座处沿垂直于支承面方向的移动。因此活动铰支座对梁在支座处的端截面仅有 1 个约束,相应地只有 1 个约束反力,即垂直于支承面的支反力 F_R。

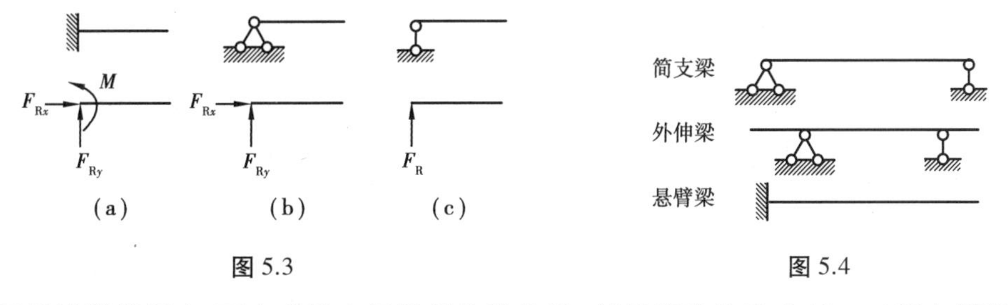

图 5.3　　图 5.4

在梁的计算简图中,两个支承之间的部分称为跨,其长度称为**跨度长**。工程上根据支承条件的不同,把单跨静定梁分为简支梁、外伸梁和悬臂梁 3 种,如图 5.4 所示。

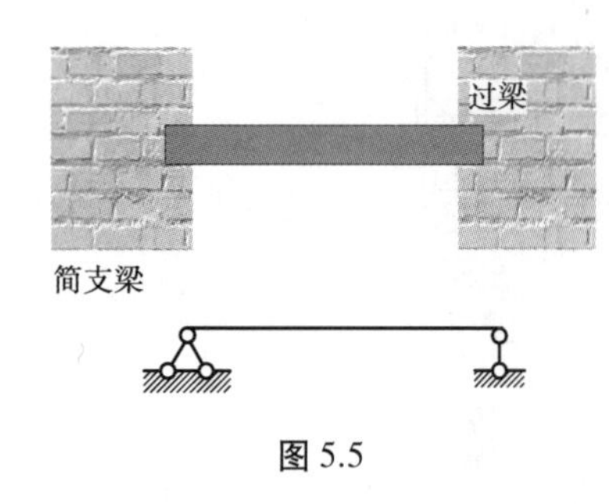

图 5.5

在将工程的梁简化为计算简图时，要根据实际情况具体分析。如图 5.5 所示插入砖墙内的过梁，虽然两端支承外形看似固定端，但由于插入端较短，不能完全限制墙内部分梁的转动，所以只能简化为铰支座；当梁有可能发生水平位移时，其一端与砖墙接触后，砖墙就限制了梁的水平移动。因此两个铰支座中的一个简化为固定铰，另一个简化为活动铰，于是过梁简化为简支梁。

5.2 梁的内力及其求法

当已知作用在梁上的全部外力（包括荷载和支反力）时，就可以利用截面法求出梁的内力。设简支梁 AB 受集中力 F 作用，如图 5.6 所示，约束反力分别为 F_A 和 F_B。计算距离左端支座距离为 x 处 $m—m$ 截面上的内力。

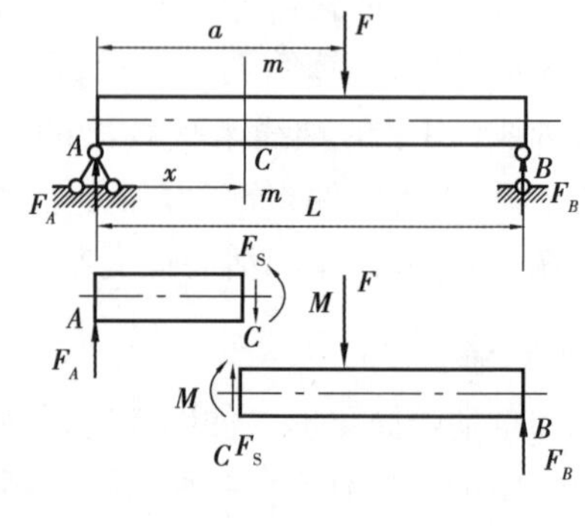

图 5.6

利用截面法，将梁沿横截面 $m—m$ 假想地截为两段，取左段梁分析，并作受力图，研究其平衡问题。左段梁上作用有向上的外力 F_A，为满足沿 y 轴方向力的平衡条件，在横截面 $m—m$ 上必有一作用线与 F_A 平行而指向相反的内力。设内力为 F_S，则由平衡方程：

$$\sum F_y = 0 \quad 即 \quad F_A - F_S = 0$$

可得：

$$F_S = F_A$$

F_S 称为**剪力**。由于外力 F_A 和剪力 F_S 组成一力偶，根据左段梁的平衡可知，横截面上必有一与其相平衡的内力偶。设内力偶矩为 M，则由平衡方程：

$$\sum M_C = 0$$

即

$$M - F_A x = 0$$

可得：

$$M = F_A x$$

矩心 C 为横截面 $m—m$ 的形心。内力偶矩 M 称为**弯矩**。

$m—m$ 面上的内力也可通过右段梁的平衡条件求得，根据作用与反作用原理，其结果与通过左段梁求得的值完全相同，但方向相反。

为使左右两段梁上算得的同一横截面 $m—m$ 上的剪力和弯矩结果一致，对内力符号作如下规定（见图 5.7）：

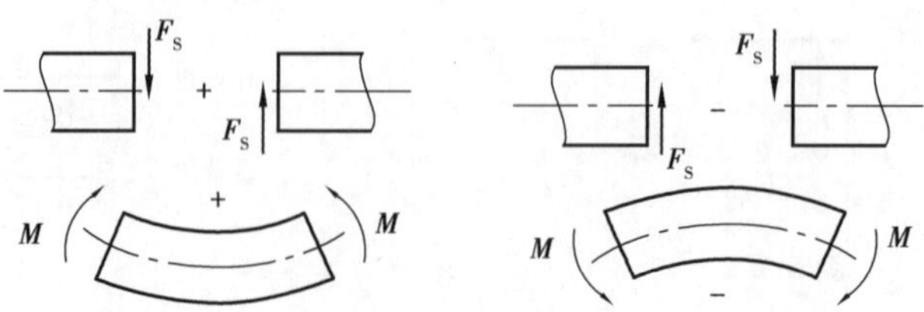

图 5.7

①剪力符号:当截面上的剪力使考虑的隔离体有顺时针方向转动趋势时为正,反之为负。

②弯矩符号:当截面上的弯矩使考虑的隔离体下边受拉,上边受压时为正,反之为负。

【例题 5.1】 如图 5.8 所示简支梁受均布荷载作用,试求距离左端长度为 a 的 m—m 截面上的内力。已知 $q=1$ kN/m,梁长度 $L=5$ m,$a=2$ m。

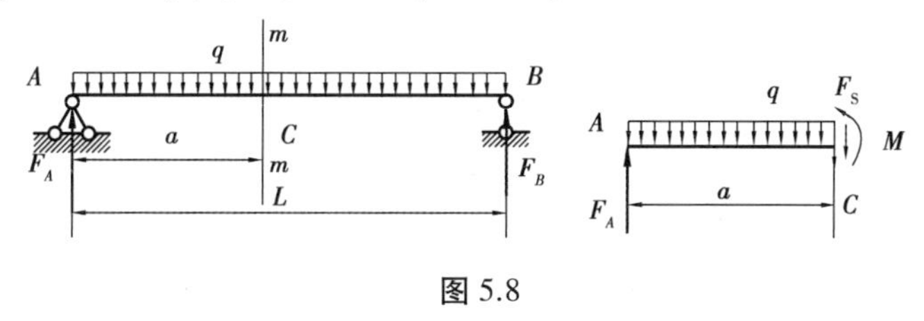

图 5.8

【解】 (1)求支座反力

考虑整个梁的平衡:

由
$$\sum M_A = 0, ql \times \frac{l}{2} - F_B \times l = 0$$

得:
$$F_B = \frac{ql}{2} = \frac{1\ \text{kN/m} \times 5\ \text{m}}{2} = 2.5\ \text{kN}$$

由
$$\sum M_B = 0, ql \times \frac{l}{2} - F_A \times l = 0$$

得:
$$F_A = \frac{ql}{2} = \frac{1\ \text{kN/m} \times 5\ \text{m}}{2} = 2.5\ \text{kN}$$

(2)求截面上的内力

在截面 m—m 处将梁截开,取左半段为研究对象,在左半段上标明未知内力 F_{S1} 和 M_1,内力的方向均按规定的正方向标出。考虑左半段的平衡:

由
$$\sum F_y = 0, F_A - qa - F_S = 0$$

得:
$$F_S = \frac{ql}{2} - qa = \frac{1\ \text{kN/m} \times 5\ \text{m}}{2} - 1\ \text{kN/m} \times 2\ \text{m} = 0.5\ \text{kN}$$

由
$$\sum M_C = 0, F_A a - \frac{1}{2}qa^2 - M = 0$$

得:
$$M = \frac{ql}{2}a - \frac{1}{2}qa^2 = \frac{1\ \text{kN/m} \times 5\ \text{m}}{2} \times 2\ \text{m} - \frac{1\ \text{kN/m} \times 2\ \text{m} \times 2\ \text{m}}{2} = 3\ \text{kN} \cdot \text{m}$$

本题中求得的 F_S 和 M 均为正值,表示截面 m—m 上内力的实际方向与假设方向一致,按照内力的符号规定,它们都是正值。若某题中求得的剪力或弯矩为负,则表示截面上剪力或弯矩的实际方向与假设方向相反,按照内力的符号规定,它们都是负值。

【例题 5.2】 如图 5.9 所示外伸梁受集中力 F 作用,求距离左端长度分别为 a,b 的 C 截面和 D 截面上的内力。

【解】 (1)求支座反力

由
$$\sum M_A = 0, F \times l + F_B \times l - F \times 2l = 0$$

得:
$$F_B = F$$

由
$$\sum M_B = 0, F \times 2l - F_A \times l - F \times l = 0$$

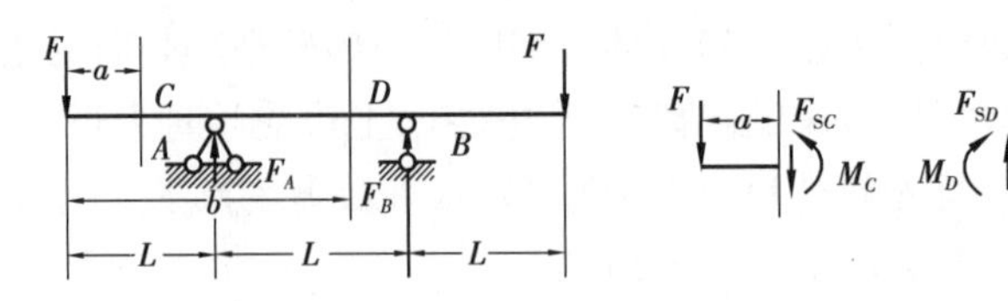

图 5.9

得：
$$F_A = F$$

(2)求截面 C 上的内力

在截面 C 处将梁截开，取左半段为研究对象，在左半段上标明未知内力 F_{SC} 和 M_C，内力的方向均按规定的正方向标出。考虑左半段的平衡：

由
$$\sum F_y = 0,\ -F - F_{SC} = 0$$
得：
$$F_{SC} = -F$$
由
$$\sum M_C = 0, Fa + M_C = 0$$
得：
$$M_C = -Fa$$

(3)求截面 D 上的内力

在截面 D 处将梁截开，取右半段为研究对象，在右半段上标明未知内力 F_{SD} 和 M_D，内力的方向均按规定的正方向标出。考虑右半段的平衡：

由
$$\sum F_y = 0, F_{SD} + F_B - F = 0$$
得：
$$F_{SD} = 0$$
由
$$\sum M_D = 0, M_D + F(3L - b) - F_B(2L - b) = 0$$
得：
$$M_D = -F(3L - b) + F(2L - b) = -FL$$

从上述例题的计算可以看出，为了简化计算，应用截面法求某一横截面上的内力时，可直接从横截面任一侧梁上的外力来求得该截面上的剪力和弯矩，即：

①梁的任一横截面上的剪力在数值上等于该截面任一侧(左侧或右侧)所有竖向外力的代数和。其中，使得考虑的隔离体有顺时针方向转动趋势的外力引起正值剪力，反之则引起负值剪力。

②梁的任一横截面上的弯矩在数值上等于该截面任一侧(左侧或右侧)所有外力(包括外力偶)对该截面形心的力矩的代数和。其中，使得考虑的隔离体下侧受拉的外力将引起正值弯矩，反之则引起负值弯矩。

利用上述结论，只要梁上外力已知，任一横截面上的内力均可根据梁上的外力直接写出。

5.3 剪力方程和弯矩方程 · 剪力图和弯矩图

一般来说，梁横截面上的剪力和弯矩随截面位置不同而变化，用沿梁轴线的坐标 x 表示梁横截面的位置，则梁各横截面上的剪力和弯矩可以分别表示为坐标 x 的函数。即：

$$F_S = F_S(x)$$
$$M = M(x)$$

上述关系式表示剪力和弯矩沿梁轴线变化的情况，分别称为梁的**剪力方程**和**弯矩方程**。与绘制轴力图和扭矩图相似,我们也可以用图线来表示梁的各个横截面上的剪力 F_S 和弯矩 M 沿着梁轴线的变化情况,这种图线分别称为**剪力图**和**弯矩图**。绘图时,将正值的剪力画在基准线的上侧,正值的弯矩画在基准线的下侧(即梁的受拉侧)。

作梁的内力图的基本方法是首先列出剪力方程和弯矩方程,然后根据方程绘出剪力图和弯矩图,下面通过例题说明。

【例题 5.3】 如图 5.10 所示悬臂梁,在自由端受集中荷载 F 作用,试作此悬臂梁的剪力图和弯矩图。

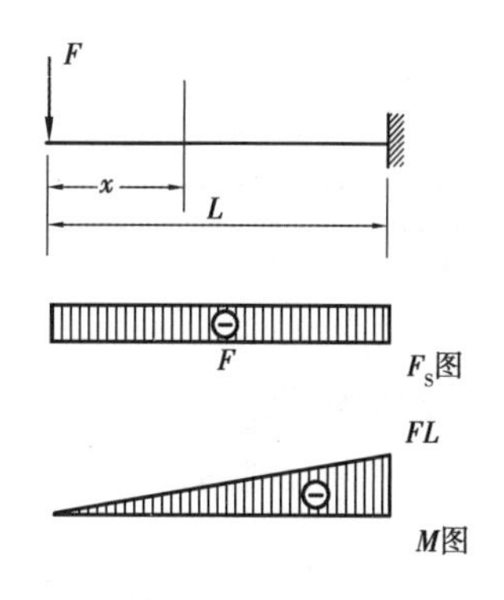

图 5.10

【解】 将坐标原点取在梁的左端点,取距左端 x 的任意横截面,考虑截面的左侧梁段,求出该截面上的剪力和弯矩即可列出梁的剪力方程和弯矩方程:

$$F_S(x) = -F \quad (0 < x < L) \tag{a}$$

$$M(x) = -Fx \quad (0 \leqslant x < L) \tag{b}$$

由式(a)可知,剪力图在 $0<x<L$ 范围内为一水平直线,因此,只需确定线上的任意一点,即可绘出剪力图。

由式(b)可知,弯矩图在 $0 \leqslant x<L$ 范围内为斜直线,只需确定线上两点(通常选择两个端点:$x = 0, M = 0$; $x = L, M = -Fl$),即可绘出弯矩图。由图可见,在固定端左侧的横截面上的弯矩值为最大弯矩值,$|M_{\max}| = FL$。

应该指出:这里 $x=L$ 实际上是指 x 略小于 L 处的横截面,因为在 $x=L$ 截面处,M 为不定值,以后类似情况也作相同理解。

【例题 5.4】 如图 5.11 所示简支梁,在全梁上受集度为 q 的均布荷载作用,试作梁的剪力图和弯矩图。

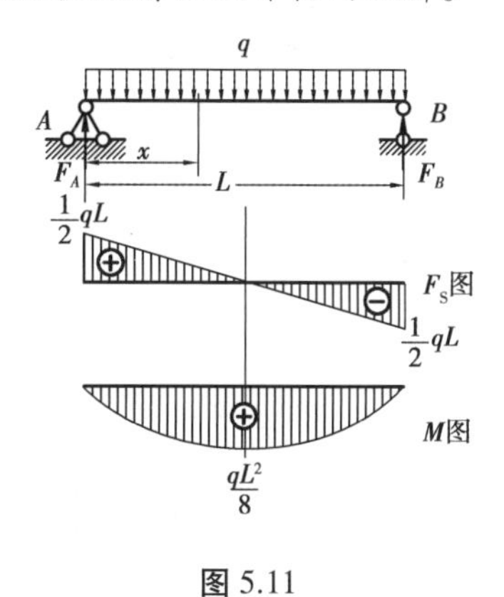

图 5.11

【解】 (1)求支座反力

由平衡方程 $\sum M_B = 0$ 和 $\sum M_A = 0$, 求得 A,B 处的支座反力分别为:

$$F_A = F_B = \frac{1}{2}qL$$

方向如图 5.11 所示。

(2)确定剪力方程和弯矩方程

取坐标为 x 的截面,考察左段梁,列出剪力方程和弯矩方程分别为:

$$F_S(x) = F_A - qx = \frac{1}{2}qL - qx \quad (0 < x < L)$$

$$M(x) = F_A x - \frac{1}{2}qx^2 = \frac{1}{2}qLx - \frac{1}{2}qx^2 (0 \leqslant x \leqslant L)$$

由剪力方程可知,剪力图在 $0<x<L$ 范围内为斜直线,只需确定线上两点(通常选择两个端点:$x = 0, F_S = \frac{1}{2}qL$; $x = L, F_S = -\frac{1}{2}qL$),即可绘出剪力图。

由弯矩方程可知,弯矩图在 $0 \leqslant x \leqslant L$ 范围内为二次曲线,至少需要确定其上的 3 个点(例如：$x=0,M=0;x=L,M=0$；由 $\dfrac{\mathrm{d}M(x)}{\mathrm{d}x}=0$，$x=\dfrac{L}{2}$ 处，$M=\dfrac{1}{8}qL^2$），才可绘出弯矩图。

由图可见：在两支座内侧横截面上的剪力值最大，$|F_{S\max}|=\dfrac{1}{2}qL$；在梁跨中点横截面上的弯矩值最大，$M_{\max}=\dfrac{1}{8}qL^2$。

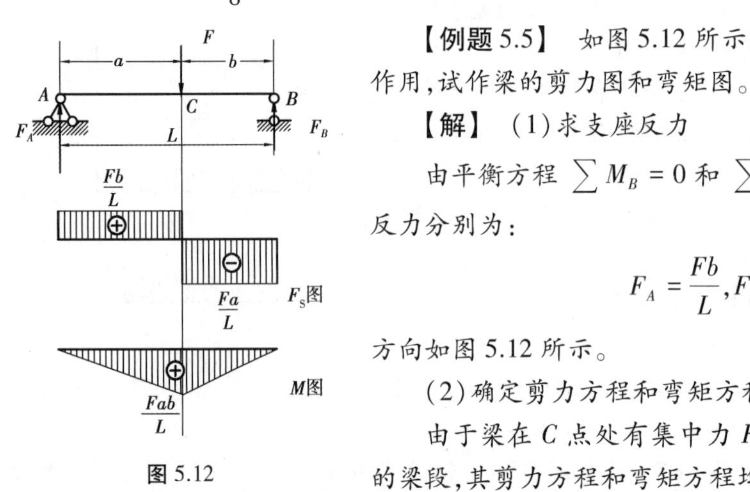

图 5.12

【例题 5.5】 如图 5.12 所示简支梁，在 C 处受一集中力 F 作用，试作梁的剪力图和弯矩图。

【解】 (1)求支座反力

由平衡方程 $\sum M_B=0$ 和 $\sum M_A=0$，求得 A,B 处的支座反力分别为：

$$F_A=\frac{Fb}{L},F_B=\frac{Fa}{L}$$

方向如图 5.12 所示。

(2)确定剪力方程和弯矩方程

由于梁在 C 点处有集中力 F 的作用，显然在集中力两侧的梁段，其剪力方程和弯矩方程均不相同，因此需将梁分为 AC 和 CB 两段，分别写出剪力方程和弯矩方程。

对于 AC 段，列出剪力方程和弯矩方程分别为：

$$F_{S1}(x)=\frac{Fb}{L}(0<x<a) \tag{a}$$

$$M_1(x)=\frac{Fb}{L}x(0\leqslant x\leqslant a) \tag{b}$$

对于 CB 段，列出剪力方程和弯矩方程分别为：

$$F_{S2}(x)=-\frac{Fa}{L}(a<x<L) \tag{c}$$

$$M_2(x)=\frac{Fa}{L}(L-x)(a\leqslant x\leqslant L) \tag{d}$$

由式(a)、式(c)可知，左右两段梁各为一条平行于基准线的直线；由式(b)、式(d)可知，左右两段梁各为一斜直线。根据这些方程绘出的剪力图和弯矩图如图 5.12 所示。

由图可见：当 $b>a$ 时，AC 段梁任一横截面上的剪力最大，$F_{S\max}=\dfrac{Fb}{L}$；在集中力作用处横截面上的弯矩值最大，$M_{\max}=\dfrac{Fab}{L}$。在集中力作用处左、右两侧截面上的剪力值有突变，突变值的大小等于集中力的大小；在集中力作用处，弯矩图有一折角。

【例题 5.6】 如图 5.13 所示的简支梁在 C 点处受矩为 M_e 的集中力偶作用。试作梁的剪力图和弯矩图。

【解】 (1)计算支座反力

由平衡方程 $\sum M_B=0$ 和 $\sum M_A=0$，如图(a)所示分别求得支反力为：

$$F_A=\frac{M_e}{l},F_B=\frac{M_e}{l}$$

(2)列剪力方程、弯矩方程

由于简支梁上仅有一力偶作用，故全梁只有一个剪力方程，而 AC 和 CB 两段梁的弯矩方程则不同。剪力和弯矩方程分别为：

$$F_S(x)=F_A=\frac{M_e}{l}(0<x<l) \qquad \text{(a)}$$

AC 段：

$$M(x)=F_Ax=\frac{M_e}{l}x(0\leqslant x<a) \qquad \text{(b)}$$

CB 段：

$$M(x)=F_Ax-M_e=-\frac{M_e}{l}(l-x)(a<x\leqslant l) \qquad \text{(c)}$$

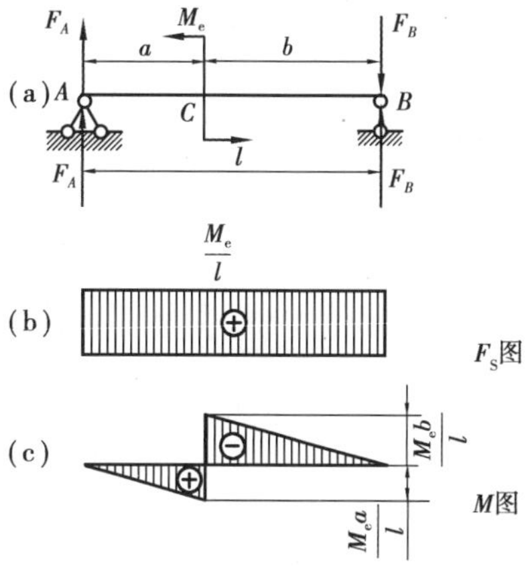

图 5.13

(3)作剪力图、弯矩图

由式(a)可知，整个梁的剪力图是一平行于轴线的直线。由式(b)、式(c)可知，左、右两梁段的弯矩图各为一斜直线。根据各方程的适用范围，就可分别绘出梁的剪力图和弯矩图，如图5.13(b)、图5.13(c)所示。在集中力偶作用处左、右两侧截面上的弯矩值有突变。若 $b>a$，则最大弯矩发生在集中力偶作用处的右侧横截面上，$M_{\max}=\frac{M_eb}{l}$（负值）。

由上述例题，可归纳出以下规律：

①分段　在梁上外力不连续处，即在集中力、集中力偶作用处和分布荷载开始或结束处，梁的弯矩方程和弯矩图应该分段；对于剪力方程和剪力图，除去集中力偶作用处以外，也应该分段。

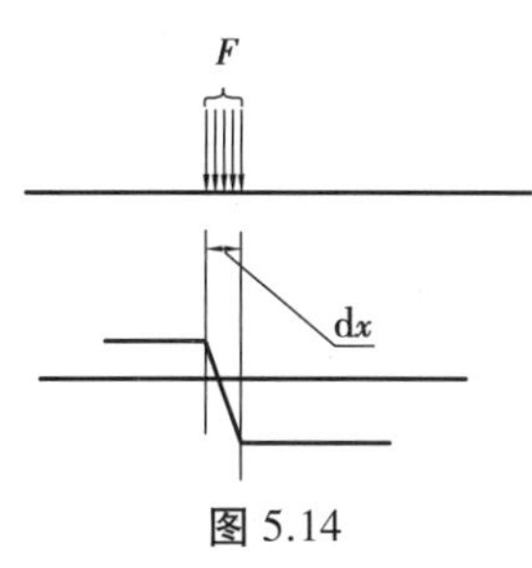

图 5.14

②突变　梁上集中力作用处，在剪力图上此处有一突变，突变值的大小等于集中力的大小，而在弯矩图上此处有一个折角。梁上集中力偶作用处，在弯矩图上此处有一突变，突变值的大小等于集中力偶的大小，但剪力图上相应处无变化。剪力图和弯矩图在集中力或集中力偶作用处的突变，从表面上看此处似无定值，但事实并非如此。实际上，集中力是作用在很短的一段梁（如图5.14所示，长度为 dx）上的分布力的简化，若将分布力看作是在长为 dx 范围内均匀分布的，则在该段梁上实际的剪力图是按直线规律连续变化的。同理，集中力偶实际上也是一种简化结果，若按实际情况分布，绘出的弯矩图也是连续变化的。

③极值　全梁的最大剪力和最大弯矩可能发生在全梁或各段梁的边界截面或极值点的截面处，通常极值弯矩发生在剪力为0（$F_S=0$）处、集中力作用处或集中力偶两侧。

5.4　剪力、弯矩与分布荷载集度的微分关系

假设图5.15所示的梁上作用有任意分布荷载，以梁的左端为坐标原点，x 轴向右为正。分布荷载 $q=q(x)$ 是 x 的连续函数，并规定向上（与 y 轴方向一致）为正。用坐标为 x 和 $x+\mathrm{d}x$ 的两相邻横截面假想从梁中截取出长为 dx 的微段，并将其放大。设坐标为 x 处横截面上的剪力

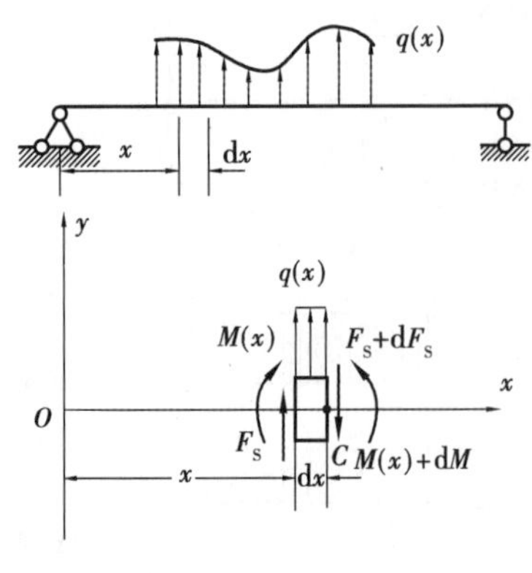

图 5.15

和弯矩分别为 $F_S(x)$ 和 $M(x)$，则在坐标为 $x+dx$ 的截面上，剪力和弯矩将分别为 $F_S(x)+dF_S(x)$ 和 $M(x)+dM(x)$，该处的荷载集度为 $q(x)$，由于 dx 很微小，可不考虑 $q(x)$ 沿 dx 的变化而看成是均匀分布的。假设该微段内无集中力和集中力偶作用。

由于梁处于平衡状态，因此截出的 dx 微段亦应处于平衡状态。因此有：

$$\sum F_y = 0, F_S(x) - [F_S(x) + dF_S(x)] + q(x)dx = 0$$

经整理得

$$\frac{dF_S(x)}{dx} = q(x) \tag{5.1}$$

即剪力对 x 的导数等于梁上相应位置分布荷载的集度。

$$\sum M_C = 0, -M(x) + [M(x) + dM(x)] - F_S(x)dx - \frac{1}{2}q(x)dx^2 = 0$$

式中，矩心 C 为横截面的形心，略去上面第二式中的二阶微量 $\frac{1}{2}q(x)dx^2$，整理后可得：

$$\frac{dM(x)}{dx} = F_S(x) \tag{5.2}$$

即弯矩对 x 的导数等于梁上相应截面上的剪力。

由式(5.1)、式(5.2)又可得：

$$\frac{d^2M(x)}{dx^2} = q(x) \tag{5.3}$$

即弯矩对 x 的二次导数等于梁上相应位置分布荷载的集度。

上述式(5.1)—式(5.3)就是荷载集度 $q(x)$，剪力 $F_S(x)$ 和弯矩 $M(x)$ 之间的微分关系。其几何意义在于：剪力图上某点处的切线斜率等于该点处荷载集度的大小；弯矩图上某点处的切线斜率等于该点处剪力的大小；弯矩图上某点处切线的斜率变化率等于该点处荷载集度的大小。此外，还可根据式(5.3)由荷载集度的正负判定弯矩曲线的凹凸性。

应用这些关系，以及有关剪力图和弯矩图的规律，可检验所作剪力图和弯矩图的正确性，或直接作剪力图和弯矩图。现将应用这些关系得到的剪力图和弯矩图的一些特征归纳如下：

①若某段梁上无分布荷载，即 $q(x)=0$，则该段梁的剪力 $F_S(x)$ 为常量，剪力图为平行于 x 轴的直线；而弯矩 $M(x)$ 为 x 的一次函数，弯矩图为斜直线。

②若某段梁上的分布荷载 $q(x)=q$（常量），则该段梁的剪力 $F_S(x)$ 为 x 的一次函数，剪力图为斜直线；而 $M(x)$ 为 x 的二次函数，弯矩图为抛物线。在本书规定的 M—x 坐标中，当 $q>0$（q 向上）时，弯矩图为向上凸的曲线；当 $q<0$（q 向下）时，弯矩图为向下凸的曲线。此外若某截面的剪力 $F_S(x)=0$，则 $\frac{dM(x)}{dx}=0$，该截面的弯矩为极值。

③若某截面有集中力作用，则在该截面的左、右两侧，剪力 F_S 发生突然变化，突变的数值与集中力相同，在该截面处弯矩图连续，但有一折角。

④若某截面有集中力偶作用，则在该截面的左、右两侧，弯矩 M 发生突然变化，突变的数值

与集中力偶相同，而剪力图连续且无变化。

应该指出：上述关系应按本书的坐标系和正负规定才是正确的。荷载集度、剪力与弯矩之间的关系以及剪力图、弯矩图的特征汇总整理见表 5.1。

表 5.1　几种荷载作用下剪力图与弯矩图的特征

一般梁上的外力的情况	向下的均布荷载 q	无荷载	集中力 F C	集中力偶 M_c C
剪力图上的特征	向下方倾斜的直线 ⊕ 或 ⊖	水平直线，一般为 ⊕ 或 ⊖	在 C 处有突变 C F	在 C 处无变化 C
弯矩图上的特征	下凸的二次抛物线 或	一般为斜直线 或	在 C 处有尖角 或 或	在 C 处有突变 C M_c
最大弯矩所在截面的可能位置	在 $F_S=0$ 的截面		在剪力突变的截面	在紧靠 C 点的某一侧的截面

利用荷载集度、剪力与弯矩之间的微分关系绘制剪力图和弯矩图，可不必写出剪力方程和弯矩方程，从而使作图过程简化。这种作图方法也称为简易法，其步骤如下：

①求支座反力；

②分段确定剪力图和弯矩图的形状；

③求控制截面内力，根据微分关系绘剪力图和弯矩图；

④确定 $|F_S|_{max}$ 和 $|M|_{max}$。

下面通过例题说明剪力图和弯矩图的简易画法。

【例题 5.7】　如图 5.16 所示为一外伸梁，试作其剪力图和弯矩图。

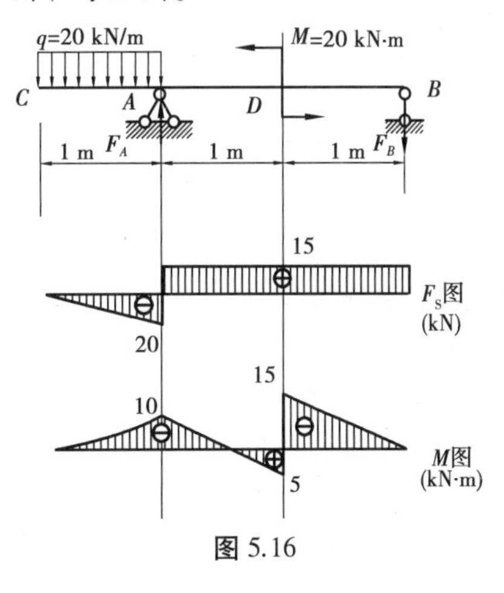

图 5.16

【解】　①由平衡方程 $\sum M_B=0$ 和 $\sum M_A=0$，求得 A，B 处的支座反力分别为：

$$F_A=35\ \text{kN}\ ,F_B=15\ \text{kN}$$

方向如图 5.16 所示。

②作剪力图和弯矩图的基准线，根据梁的受力状况，将剪力图分为 CA 和 AB 两段，弯矩图分为 CA，AD 和 DB 三段。其中 CA 段受均布荷载作用，其剪力图为一条斜直线，可由 CA 段端点处的剪力值确定；弯矩图为二次曲线，由三点确定，其中两点为 AC 段端点，第三点取 CA 段中剪力为零的点（弯矩极值点），如果没有剪力为零的点，则取 CA 段中点的弯矩。AD 和 DB 段均为自由段，其剪力图为常量；弯矩图为斜直线，在集中力偶作用处，弯矩图有突变，要分别计算集中力偶作用处的左、右两侧横截面上的弯矩。各段梁的关键点处的剪力值和弯矩值列于表 5.2。

由图可见：$|M_{max}|=15\ \text{kN}\cdot\text{m}$，发生在 D 截面右侧。

表 5.2　例题 5.7 中各段梁关键点处的剪力值和弯矩值

截　面	C^+	A^-	A^+	D^-	D^+	B^-
剪力 F_S/kN	0	−20	15	15	15	15
弯矩 M/(kN·m)	0	−10	−10	5	−15	0

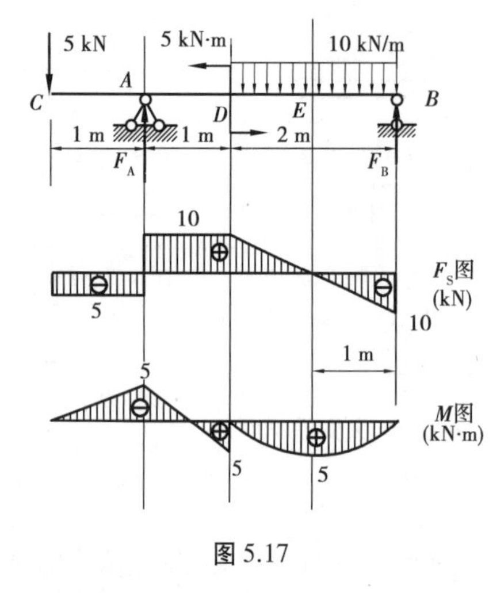

图 5.17

【例题 5.8】　如图 5.17 所示为一外伸梁，试作其剪力图和弯矩图。

【解】　①由平衡方程 $\sum M_B = 0$ 和 $\sum M_A = 0$，求得 A,B 处的支座反力分别为：

$$F_A = 15\ \text{kN}, F_B = 10\ \text{kN}$$

方向如图 5.17 所示。

②作剪力图和弯矩图的基准线，根据梁的受力状况，将剪力图和弯矩图分为 CA,AD 和 DB 三段。其中 CA 和 AD 段均为自由段，其剪力为常量，弯矩图为一斜直线，在集中力 F_A 作用处，剪力图有突变，要分别计算集中力作用处左、右两侧横截面上的剪力，弯矩图有一折角；在集中力有作用处，弯矩图有突变，要分别计算集中力偶作用处左右两侧横截面上的弯矩。DB 段受均布荷载作用，其剪力图为一条斜直线，由 DB 段两端点确定，弯矩图为二次曲线，由三点确定，其中两点为 DB 段端点，第三点取 DB 段中剪力为零的点，即弯矩的极值点。各段梁的关键点处的剪力值和弯矩值列于表 5.3。

由图可见，弯矩有三个极值点，其中 $|M_{\max}| = 5\ \text{kN·m}$。

表 5.3　例题 5.8 中各段梁的关键点处的剪力值和弯矩值

截　面	C^+	A^-	A^+	D^-	D^+	E	B^-
剪力 F_S/kN	−5	−5	10	10	10	0	−10
弯矩 M/(kN·m)	0	−5	−5	5	0	5	0

【例题 5.9】　如图 5.18 所示为一外伸梁，试作其剪力图和弯矩图。

【解】　①由平衡方程 $\sum M_B = 0$ 和 $\sum M_A = 0$，求得 A,B 处的支座反力分别为：

$$F_A = 7\ \text{kN}, F_B = 29\ \text{kN}$$

方向如图 5.18 所示。

②作剪力图和弯矩图的基准线，根据梁的受力状况，将剪力图和弯矩图分为 CA,AB 和 BD 三段。其中 CA 和 BD 段均为自由段，其剪力为常量，弯矩图为直线；AB 段受均布荷载作用，其剪力图为一条斜直线，由 AB 段两端点确定，弯矩图为二次曲线，由三点确定，其中两点为 AB 段端点，第三点取 AB 段中剪力为零的点，即弯矩的极值点。各段的梁的关键点处的剪力值和弯矩值列于表 5.4。

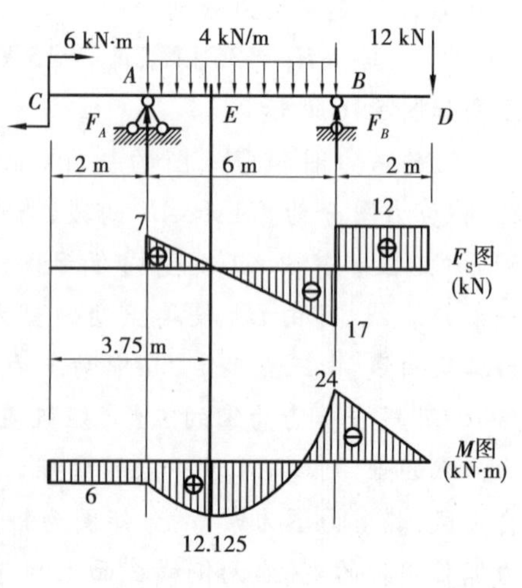

图 5.18

由图可见,弯矩有三个极值点,$|M_{max}| = 24\ kN \cdot m$。

表 5.4 例题 5.9 中各段梁的关键点处的剪力值和弯矩值

截 面	C^+	A^-	A^+	E	B^-	B^+	D^-
剪力 F_S/kN	0	0	7	0	-17	12	0
弯矩 M/(kN·m)	6	6	6	12.125	-24	-24	0

【例题 5.10】 如图 5.19 所示为一外伸梁,试作其剪力图和弯矩图。

【解】 ①由平衡方程 $\sum M_C = 0$ 和 $\sum M_B = 0$,求得 B,C 处的支座反力分别为:

$$F_B = 18\ kN, F_C = 6\ kN$$

方向如图 5.19 所示。

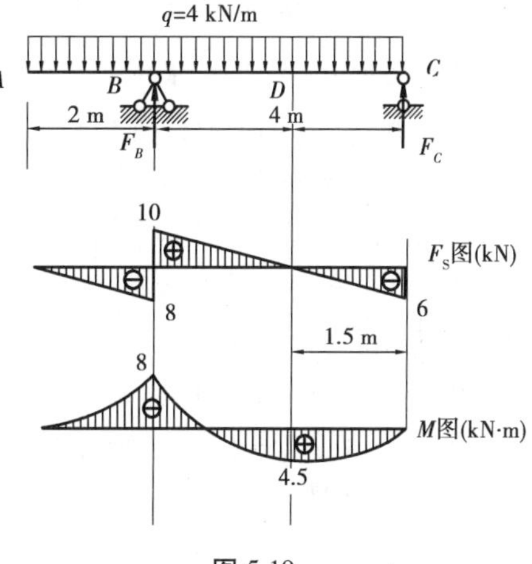

图 5.19

②作剪力图和弯矩图的基准线,根据梁的受力状况,将剪力图和弯矩图分为 AB 和 BC 两段。两段均受均布荷载作用,其剪力图为一条斜直线,各由两点确定,在集中力 F_B 作用处,剪力图有突变,要分别计算集中力作用处左、右两侧横截面上的剪力;弯矩图为二次曲线,由三点确定。其中 AB 段中的两点为梁段端点 A,B,第三点取 AB 段中点;BC 段中的两点为梁段端点 B,C,第三点取 BC 段中剪力为零的点,即弯矩的极值点。集中力 F_B 作用处,弯矩图有一折角。各段梁的关键点处的剪力值和弯矩值列于表 5.5。

由图可见,弯矩有两个极值点,$|M_{max}| = 8\ kN \cdot m$。

表 5.5 例题 5.10 中各段梁的关键点处的剪力值和弯矩值

截 面	A^+	B^-	B^+	D	C^-
剪力 F_S/kN	0	-8	10	0	-6
弯矩 M/(kN·m)	0	-8	-8	4.5	0

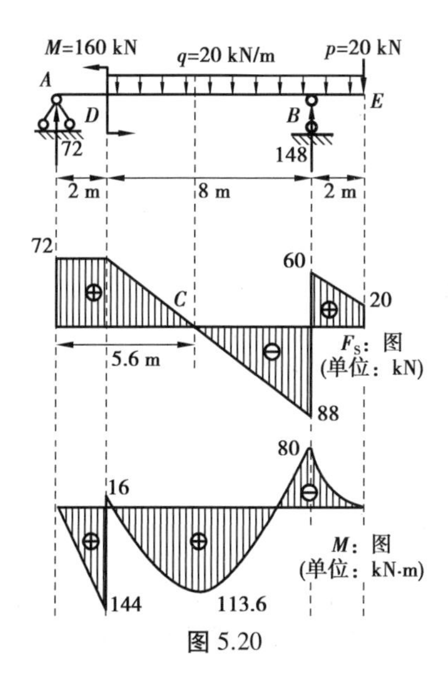

图 5.20

【例题 5.11】 如图 5.20 所示为一外伸梁,试作其剪力图和弯矩图。

【解】 ①由平衡方程 $\sum M_A = 0$ 和 $\sum M_B = 0$,求得 A,B 处的支座反力为:$F_A = 72$ kN 和 $F_B = 148$ kN,方向如图 5.20所示。

②作剪力图和弯矩图的基准线,根据梁的受力状态,将剪力图和弯矩图分为 AD、DB 和 BE 这 3 段。AD 段为自由段,其剪力为常数,弯矩图为直线;DB 和 BE 两段受均布载荷作用,其剪力图为斜直线,由杆段的两端点确定,弯矩图为二次曲线,由三点确定。DE 段的两点为梁段的端点 D^+和 B,第 3 点取剪力为零的点,即弯矩的极值点。集中力作用处,剪力图有突变;集中力偶作用处,弯矩图有突变。各段梁的关键点处的剪力值和弯矩值列于表 5.6。

表 5.6　例题 5.11 中各段梁关键点的剪力值和弯矩值

截　面	A^+	$D-$	D^+	C	B_-	B^+	E
剪力 F_S/kN	72	72	72	0	−88	60	20
弯矩 M/(kN·m)	0	144	−16	113.6	80	80	0

5.5　用叠加原理作弯矩图

在小变形的情况下,求出的梁的支反力、剪力和弯矩等结果,均与梁上的荷载成线性关系。在这种情况下,当梁上有几项荷载共同作用时,由每一项荷载所引起的梁的支反力、剪力和弯矩将不受其他荷载的影响。这样,某一横截面上的内力(F_S,M)就等于梁上各项荷载单独作用下同一横截面上内力(F_S,M)的代数和。这是一个普遍原理,即叠加原理:当所求的参数(内力、应力或位移)与梁上荷载为线性关系时,由几个荷载共同作用时所引起的某一参数,等于每个荷载单独作用时所引起的该参数值的叠加。

由于在常见荷载的作用下,梁的剪力图一般比较简单,所以通常不用叠加原理作图。而有时用叠加原理作弯矩图就比较方便,下面通过例题加以说明。梁在简单荷载作用下的弯矩图可参见本书附录Ⅲ。

【例题 5.12】　如图 5.21 所示,一简支梁受均布荷载 q 作用,并在跨中受集中荷载 F 作用,试用叠加法作其弯矩图。

【解】　梁上作用有两种荷载,即集中力 F 和均布荷载 q,可把梁分别看作集中力 F 和均布荷载 q 单独作用,画出每个单一荷载作用下梁的弯矩图如图 5.20 所示,将同一横截面处的弯矩代数相加,即获得梁的弯矩图,其 $|M_{max}|=\dfrac{Fa}{2}+\dfrac{qa^2}{2}$。

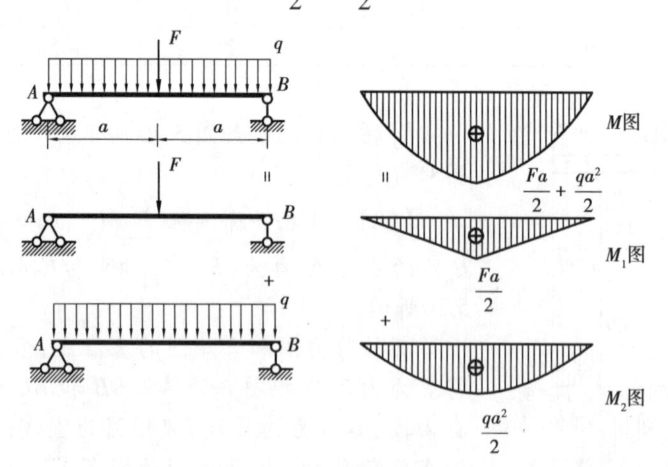

图 5.21

【例题 5.13】　如图 5.22 所示,简支梁在跨中同时受集中荷载 F 和矩为 FL 的集中力偶作用,试用叠加法作其弯矩图。

【解】　梁上作用有两种荷载,即集中力 F 和集中力偶 FL,可把梁看作集中力 F 和集中力偶 FL 单独作用,画出每个单一荷载作用下的弯矩图如图 5.22 所示,将同一横截面处的弯矩值

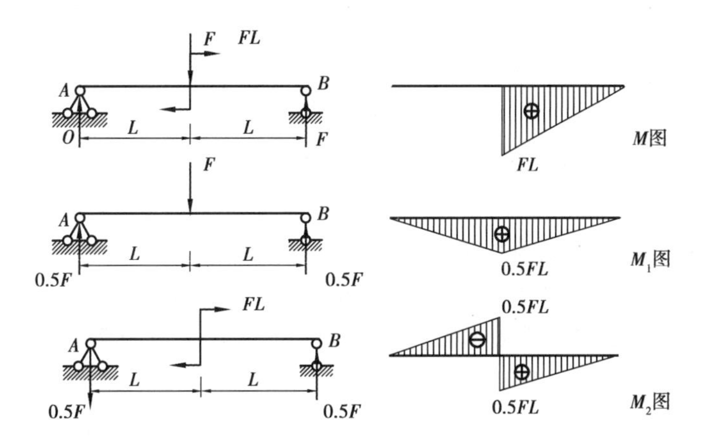

图 5.22

代数相加,即获得梁的弯矩图,其 $|M_{max}| = FL$。

【例题 5.14】 烟囱底部定向爆破后倾倒,在倒地过程中,将在何处截面弯折断裂?

在倒地过程中烟囱可简化为如图 5.23 所示的下端为铰的杆件。

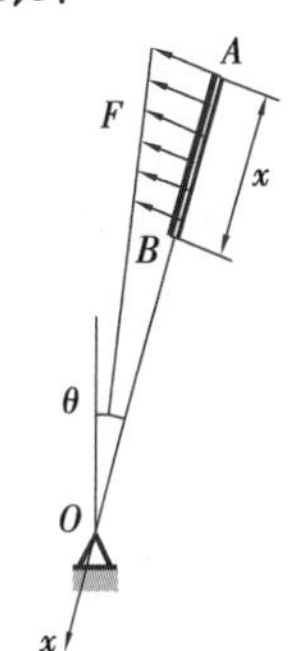

图 5.23

【解】 以 A 为原点,沿杆建立坐标系。

设杆件单位长度重量为 q ,为求出杆件在此刻的角加速度,由动静法对 O 点取矩。

$$\sum m_O = J_O a - \frac{1}{2}qL^2\sin\theta = 0$$

$$J_O = \frac{1}{3}\cdot\frac{qL}{g}\cdot L^2, a = \frac{3g}{2L}\sin\theta$$

截取 AB 区段。考虑该区段内杆件切向惯性力对 B 截面的矩。

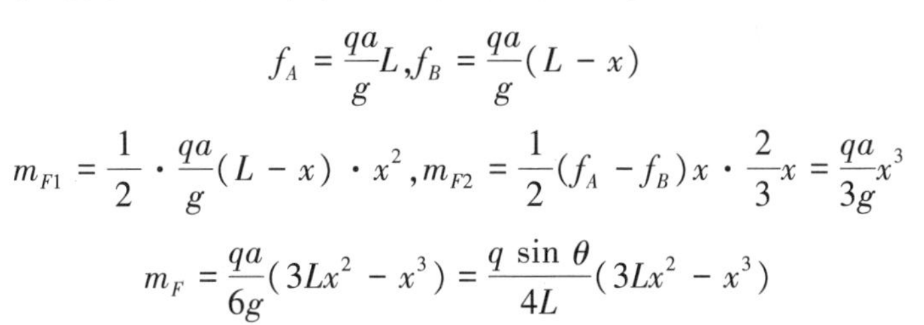

$$f_A = \frac{qa}{g}L, f_B = \frac{qa}{g}(L - x)$$

$$m_{F1} = \frac{1}{2}\cdot\frac{qa}{g}(L - x)\cdot x^2, m_{F2} = \frac{1}{2}(f_A - f_B)x\cdot\frac{2}{3}x = \frac{qa}{3g}x^3$$

$$m_F = \frac{qa}{6g}(3Lx^2 - x^3) = \frac{q\sin\theta}{4L}(3Lx^2 - x^3)$$

B 截面的弯矩:

$$M(x) = -\frac{1}{2}qx^2\sin\theta + \frac{q\sin\theta}{4L}(3Lx^2 - x^3) = \frac{q\sin\theta}{4L}(Lx^2 - x^3)$$

杆件将在具有最大弯矩的截面断裂:

$$\frac{\mathrm{d}}{\mathrm{d}x}M(x) = \frac{q\sin\theta}{4L}(2Lx - 3x^2) = 0$$

$$x = \frac{2}{3}L$$

所以,烟囱将在 $\frac{2}{3}L$ 处截面弯折断裂。

本章小结

(1)平面弯曲的概念:若梁上所有外力(包括外力偶)均作用在纵向平面内,则梁变形之后的轴线必定为在该梁纵向对称面内的平面曲线,称为平面弯曲。

(2)单跨静定梁的基本形式:简支梁、外伸梁和悬臂梁。

(3)梁的内力:剪力和弯矩。一般来说,梁横截面上的剪力和弯矩随截面位置不同而变化,用沿梁轴线的坐标 x 表示梁横截面的位置,则梁各横截面上的剪力和弯矩可以分别表示为坐标 x 的函数,即剪力方程 $F_S=F_S(x)$ 和弯矩方程 $M=M(x)$。由剪力方程和弯矩方程,可绘制剪力图和弯矩图。

(4)荷载集度 q,剪力 F_S 和弯矩 M 之间存在以下关系:

$$\frac{\mathrm{d}F_S(x)}{\mathrm{d}x}=q(x),\frac{\mathrm{d}M(x)}{\mathrm{d}x}=F_S(x),\frac{\mathrm{d}^2M(x)}{\mathrm{d}x^2}=q(x)$$

由上述关系,结合剪力图和弯矩图的特征,可用简易法绘制剪力图和弯矩图。

(5)叠加原理:当所求的参数(内力、应力或位移)与梁上荷载为线性关系时,由几个荷载共同作用时所引起的某一参数,等于每个荷载单独作用时所引起的该参数值的叠加。利用叠加原理,有时可以方便地绘制弯矩图。

思考题

5.1　什么是纯弯曲？什么是平面弯曲？平面弯曲时的荷载要满足什么条件？

5.2　在写剪力方程和弯矩方程时在何处需要分段？

5.3　在集中力、集中力偶作用面的两侧,内力有何变化？

5.4　试问荷载集度、剪力和弯矩之间的微分关系,即式(5.1)—式(5.3)的应用条件是什么？在集中力和集中力偶作用处,此关系能否适用？

5.5　(1)在图(a)所示梁中,AC 段和 CB 段剪力图图线的斜率是否相同？为什么？

(2)在图(b)所示梁的集中力偶作用处,左、右两段弯矩图图线的切线斜率是否相同？

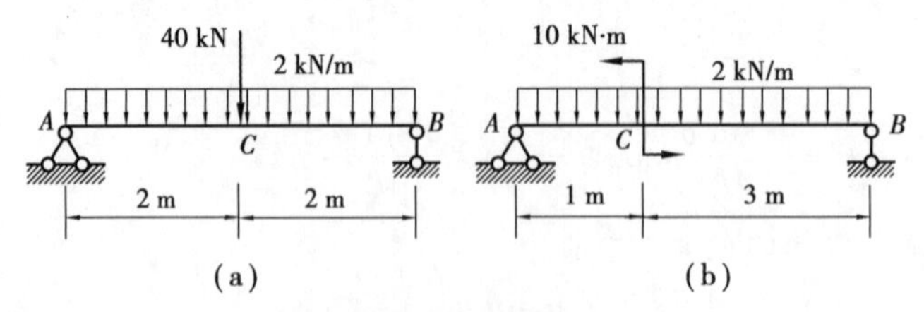

思考题 5.5 图

5.6　长 l 的梁用绳向上吊起,如图所示。钢绳绑扎处离梁端部的距离为 x。试分析梁内由自重引起的最大弯矩 $|M|_{max}$ 为最小时的 x 值与 l 的关系。

5.7　多跨静定梁受载情况如图所示。设 $|M_A|$、$|F_{SA}|$ 分别表示截面 A 处弯矩和剪力的绝对值,试问其值与 a,l 值的关系。

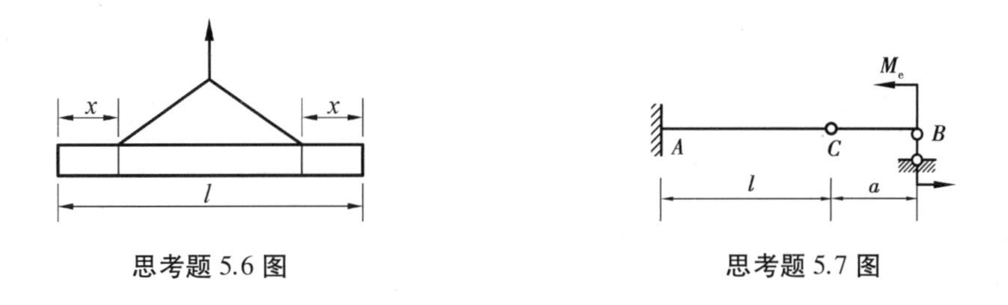

思考题 5.6 图　　　思考题 5.7 图

习　题

5.1　试求如图所示各梁中指定截面上的剪力和弯矩。

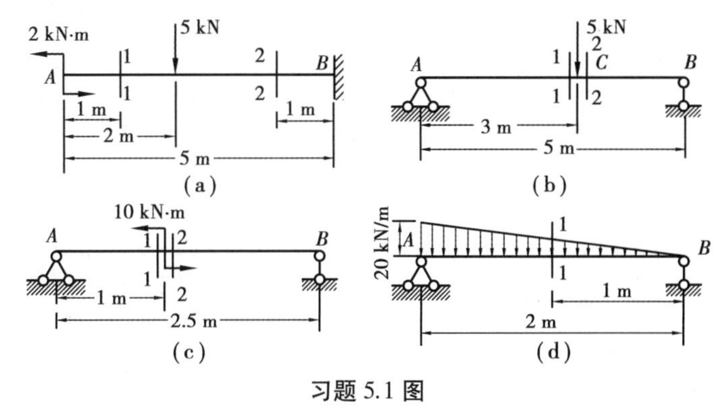

习题 5.1 图

5.2　写出如图所示各梁的剪力方程和弯矩方程,并作剪力图和弯矩图。

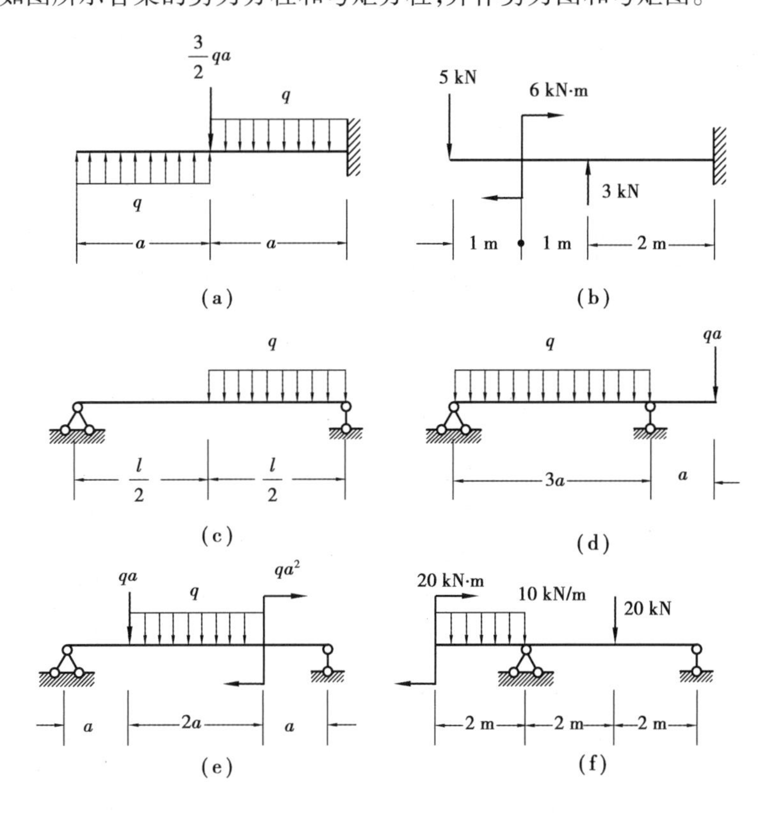

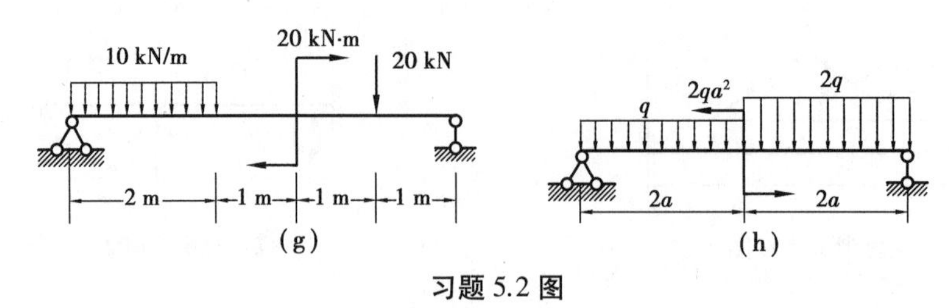

习题 5.2 图

5.3 试利用荷载集度、剪力和弯矩间的微分关系作下列各梁的剪力图和弯矩图。

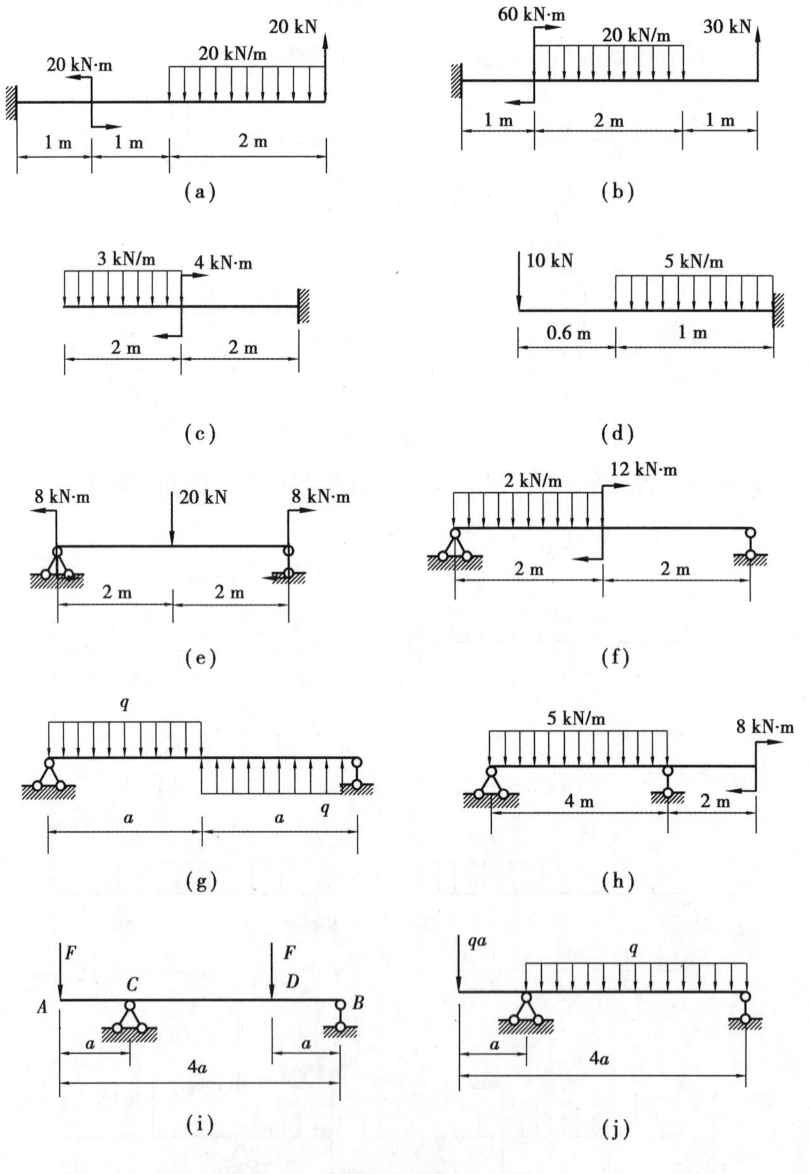

习题 5.3 图

5.4 已知简支梁的剪力图如图所示。试作梁的弯矩图和荷载图。已知梁上没有集中力偶作用。

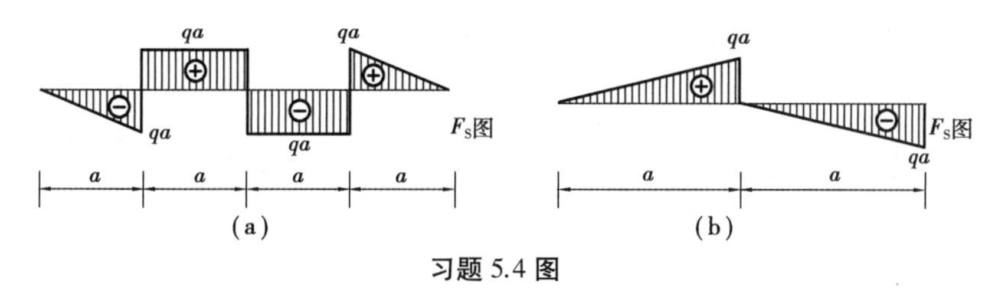

习题 5.4 图

5.5　根据弯矩、剪力和荷载集度间的关系，改正如图所示的剪力图和弯矩图中的错误。

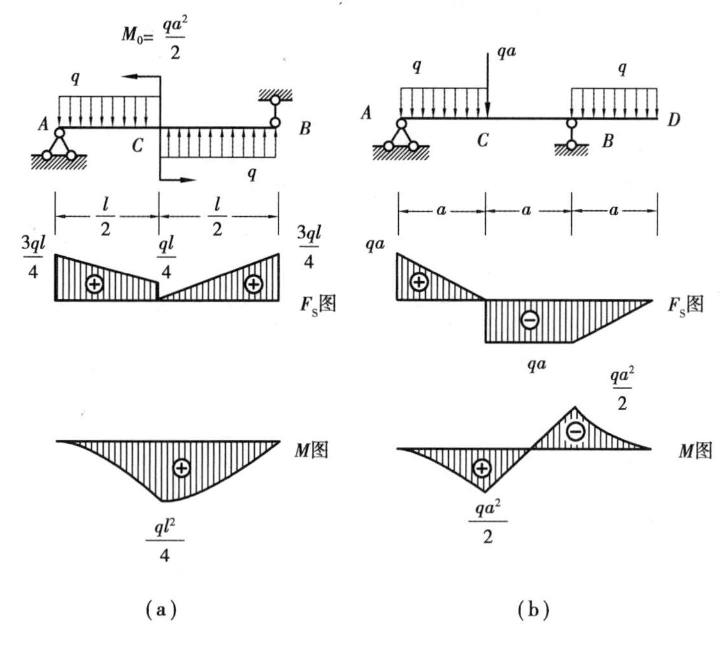

习题 5.5 图

5.6　试用叠加法作如图所示各梁的弯矩图。

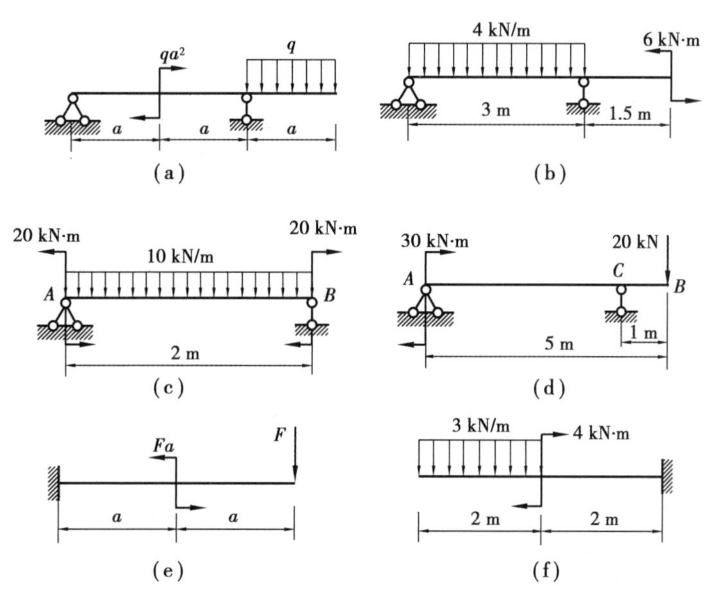

习题 5.6 图

5.7　试作如图所示各梁的剪力图、弯矩图。

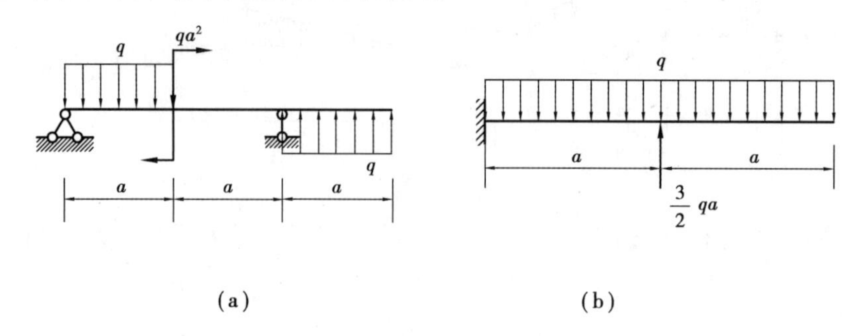

习题 5.7 图

5.8　如图所示,分布长度为 l 的均布载荷 q 可以沿外伸梁移动。当距离 A 端为 x 的截面 C 与支座截面 B 上的弯矩绝对值相等时,x 值应为多少? 求 B,C 截面上的弯矩值。

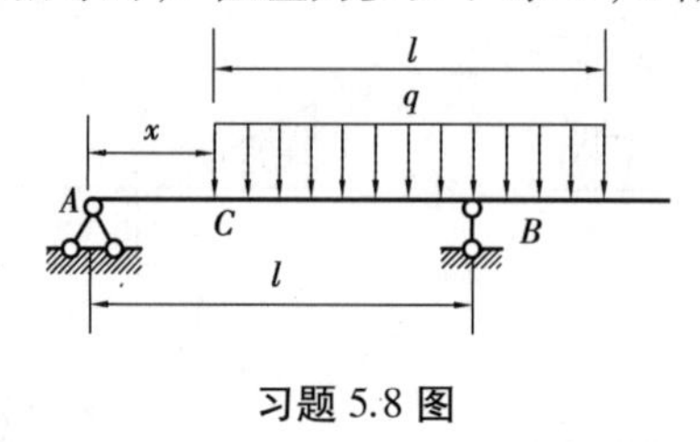

习题 5.8 图

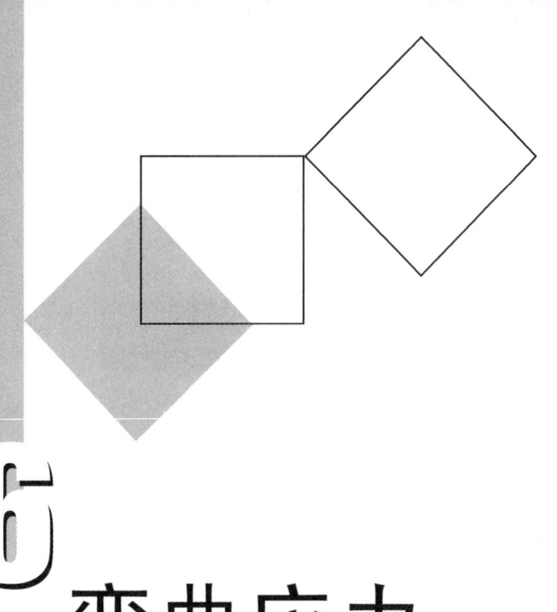

6 弯曲应力

本章导读：

- **基本要求** 掌握梁弯曲时横截面上正应力分布规律和计算；掌握常用截面梁（矩形、圆形、圆环形、工字形等）横截面上切应力的分布规律和计算；掌握弯曲正应力和切应力的强度条件及应用；了解提高弯曲强度的若干措施；了解弯曲中心的概念。
- **重点** 梁弯曲时横截面上正应力分布规律和计算；弯曲正应力和切应力的强度条件及应用。
- **难点** 弯曲正应力和切应力的推导。

6.1 梁横截面上的正应力

通常梁的横截面上有剪力 F_S 和弯矩 M。剪力 F_S 是横截面上切向分布内力的合力，弯矩 M 是横截面上法向分布内力的合力偶矩。因此，在梁的横截面上既有正应力又有切应力。

6.1.1 纯弯曲时的正应力

如图 6.1 所示的简支梁 AB，荷载作用在梁的纵向对称面内，梁的弯曲为平面弯曲。AC 和 DB 梁段的各横截面上，剪力和弯矩同时存在，这种弯曲称为**横力弯曲**；而在 CD 梁段内，横截面上则只有弯矩而没有剪力，这种弯曲称为**纯弯曲**。纯弯曲时，由于剪力 $F_S=0$，因此横截面上切应力 $\tau=0$，仅有正应力 σ。下面先分析纯弯曲时梁的正应力。

推导梁横截面上的正应力计算公式，要综合考虑几何、物理和静力学三个方面因素。

为了分析梁的变形几何关系，在做梁纯弯曲试验时，先在梁的侧面画上与轴线平行的纵向线和与纵向线垂直的横向线，分别表示变形前梁的纵向纤维和梁的横截面，如图 6.2(a)所示。

在梁的纵向对称平面内施加一对外力偶,使梁产生纯弯曲变形,如图 6.2(b)所示。可以观察到以下现象:

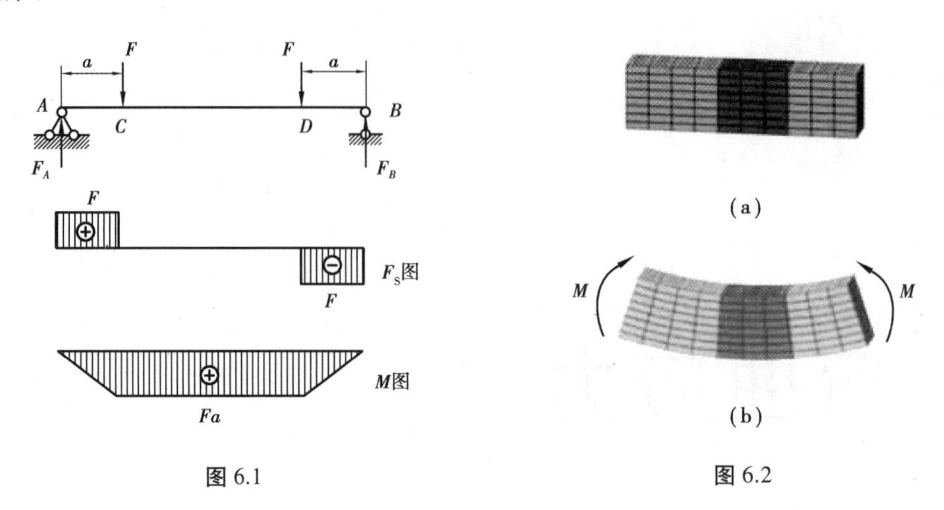

图 6.1　　图 6.2

①梁上的纵向线(包括轴线)都弯曲成平行的弧线,靠近梁上部的纵向线缩短,而靠近梁下部的纵向线伸长。

②梁上的横向线仍为直线,各横向线间发生相对转动,不再相互平行,但仍与梁弯曲后的纵向弧线正交。

根据上述实验现象,可作如下分析:

根据现象②,可知梁在受力弯曲后,其原来的横截面仍为平面,并绕垂直于纵向对称面的某一轴旋转,且仍垂直于梁变形后的轴线,此推断称为**平面假设**。

根据现象①,若设想梁是由无数纵向纤维所组成,由于靠上部纤维缩短,靠下部纤维伸长,则由变形的连续性可知,中间必有一层纤维既不伸长也不缩短,这一纤维层称为**中性层**。中性层与梁横截面的交线称为**中性轴**,如图 6.3 所示。

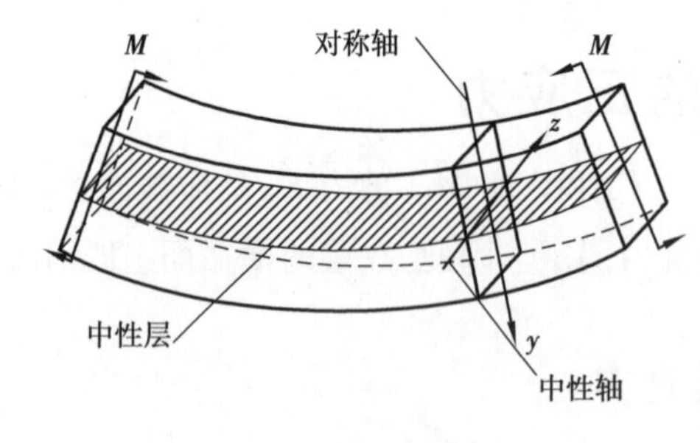

图 6.3

若假设各纵向纤维间无相互挤压,则各纵向纤维只产生拉伸或压缩变形,则梁的纵向纤维处于单向受力状态。

1)几何关系

为进一步研究与正应力有关的梁的纵向纤维的变形规律,如图 6.4 所示,用两个横截面从梁中截取出长为 dx 的一个微段作为研究对象。取横截面的竖向对称轴为 y 轴,中性轴为 z 轴。梁变形后距中性层为 y 处的纵向线$\overline{ab}$变为曲线$\widehat{ab}$,假设变形后两横截面间相对转过的角度为

$d\theta$，中性层$\widehat{O_1O_2}$的曲率半径为ρ，则纵向线$\overline{ab}$的伸长量为：

$$(\rho + y)\mathrm{d}\theta - \mathrm{d}x = (\rho + y)\mathrm{d}\theta - \rho\mathrm{d}\theta = y\mathrm{d}\theta$$

而其线应变为：

$$\varepsilon = \frac{(\rho + y)\mathrm{d}\theta - \mathrm{d}x}{\rho\mathrm{d}\theta} = \frac{(\rho + y)\mathrm{d}\theta - \rho\mathrm{d}\theta}{\rho\mathrm{d}\theta} = \frac{y}{\rho} \tag{6.1}$$

由于与中性层等距离的各纵向纤维变形相同，所以，线应变 ε 即为横截面上坐标为 y 的所有各点处的纵向纤维的线应变。

2) 物理关系

不考虑梁纵向纤维间的相互挤压，则认为横截面上各点处的纵向线段均处于单向受力状态，当横截面上的正应力不超过材料的比例极限 σ_p，且材料的拉伸和压缩弹性模量相同时，由单向应力状态下的胡克定律，可得到横截面上坐标为 y 处各点的正应力为：

$$\sigma = E\varepsilon = \frac{E}{\rho}y \tag{6.2}$$

该式表明：横截面上各点的正应力 σ 与点的坐标 y 成正比，即弯曲正应力沿截面高度按线性规律分布，距离中性轴等远各点处的正应力均相等。如图 6.5 所示，中性轴上各点的正应力均为零，中性轴上部横截面的各点均为压应力，而下部各点则均为拉应力，距中性轴最远的上、下边缘处的正应力最大。

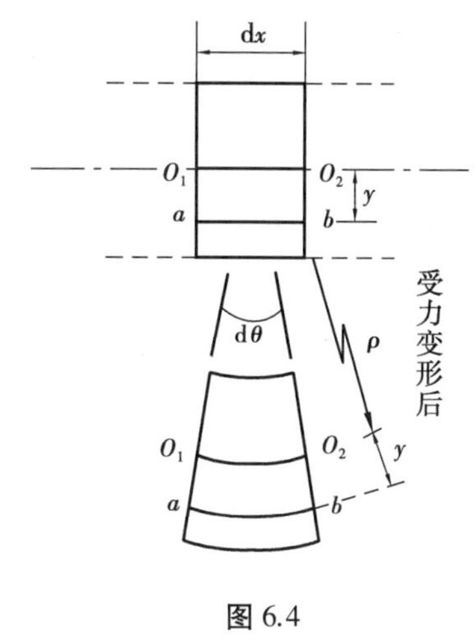

图 6.4

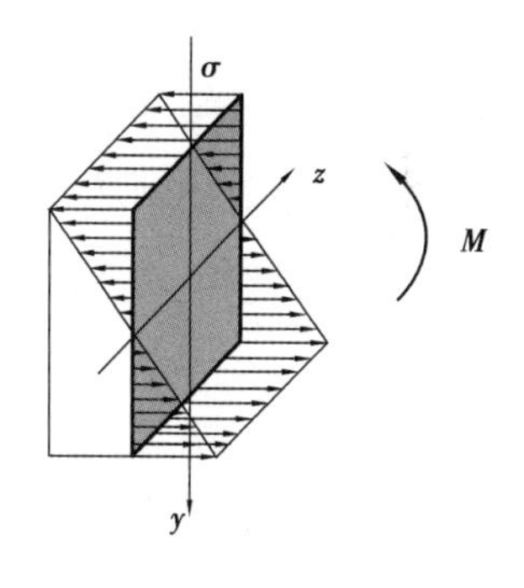

图 6.5

3) 静力学关系

式(6.2)只是横截面上正应力的分布规律，由于中性层的曲率 $1/\rho$ 和中性轴的位置均未确定，所以横截面上弯曲正应力的大小未知，下面将通过研究横截面上分布内力与总内力间的关系来确定。

如图 6.6 所示，在梁的横截面上取形心坐标为(y,z)的微面积 dA，在此微面积上的法向内力可认为是均匀分布的，其集度为正应力 σ，法向内力为 σdA，整个横截面上的法向内力可简化为三个内力分量，即平行于 x 轴的轴力 F_N、对 y 轴的力矩 M_y 和对 z 轴的力矩 M_z，分别为：

$$F_N = \int_A \sigma \mathrm{d}A$$

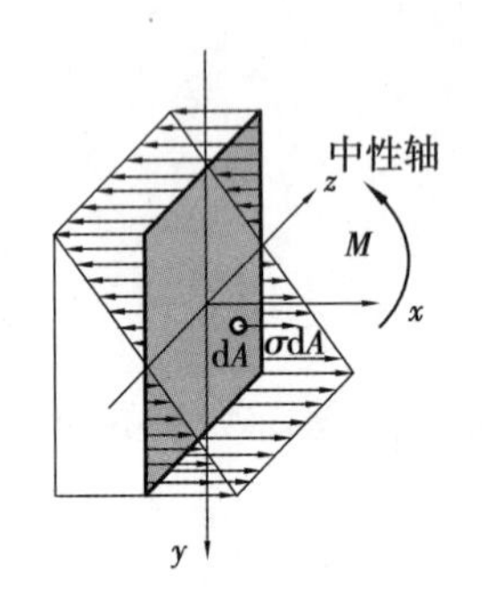

图 6.6

$$M_y = \int_A z\sigma \mathrm{d}A$$

$$M_z = \int_A y\sigma \mathrm{d}A$$

在纯弯情况下，横截面上的轴力 F_N 和对 y 轴的力矩 M_y 皆为零，对 z 轴的力矩 M_z 等于横截面上的弯矩。

由 $F_N=0$，有：

$$F_N = \int_A \sigma \mathrm{d}A = 0$$

将物理关系(6.2)代入可得：

$$\int_A \frac{E}{\rho} y\mathrm{d}A = \frac{E}{\rho}\int_A y\mathrm{d}A = 0$$

由于弯曲时 $\dfrac{E}{\rho} \neq 0$，因此：

$$\int_A y\mathrm{d}A = S_z = 0$$

$S_z = 0$ 表明中性轴 z 通过截面形心（见附录Ⅰ）。

由 $\sum M_y = 0$，将物理关系(6.2)代入可得：

$$\sum M_y = \int_A z\sigma \mathrm{d}A = \int_A \frac{E}{\rho} yz\mathrm{d}A = \frac{E}{\rho}\int_A yz\mathrm{d}A = 0$$

则

$$\int_A yz\mathrm{d}A = I_{yz} = 0$$

$I_{yz} = 0$ 说明 y,z 轴为主轴，从而可知中性轴 z 为横截面的形心主轴。由附录的截面几何性质可知，截面对称轴是主轴之一，具有纵向对称面的梁弯曲时的中性轴与截面对称轴在形心处正交。

由 $\sum M_z = M$，将物理关系(6.2)代入可得：

$$\sum M_z = \int_A y\sigma \mathrm{d}A = \int_A \frac{E}{\rho} y^2\mathrm{d}A = \frac{E}{\rho}\int_A y^2\mathrm{d}A = M$$

式中，$\int_A y^2\mathrm{d}A = I_z$ 为横截面对中性轴的惯性矩，经整理后得中性层的曲率为：

$$\frac{1}{\rho} = \frac{M}{EI_z} \tag{6.3}$$

式中，EI_z 称为梁的弯曲刚度。EI_z 越大，$\dfrac{1}{\rho}$ 就越小，梁的弯曲变形就越小。

将式(6.3)代入式(6.2)，即可得到纯弯曲时梁的横截面上的正应力计算公式：

$$\sigma = \frac{My}{I_z} \tag{6.4}$$

式中，M 为横截面上的弯矩，I_z 为横截面对中性轴 z 的惯性矩，y 为所求应力点的纵坐标。

正应力 σ 的正负号与弯矩 M 和坐标 y 的正负号有关。实际计算中，可根据梁变形的情况来判断，当横截面上的弯矩为正时，梁下侧受拉，上侧受压，截面中性轴以下为拉应力区，中性轴以上为压应力区，正应力符号分别取正和负。当横截面上的弯矩为负时，正应力符号相反。

由式(6.4)可知,横截面上距中性轴最远的各点处,正应力值最大。横截面上的最大正应力为:

$$\sigma_{\max} = \frac{My_{\max}}{I_z} \tag{6.5}$$

令:

$$W_z = \frac{I_z}{y_{\max}} \tag{6.6}$$

则横截面上最大弯曲正应力可以表达为:

$$\sigma_{\max} = \frac{M}{W_z} \tag{6.7}$$

式中,W_z 称为**弯曲截面系数**。它与梁横截面的形状和尺寸有关,量纲为[长度]^3。

如图 6.7(a)所示的矩形截面

$$W_z = \frac{I_z}{y_{\max}} = \frac{\frac{bh^3}{12}}{\frac{h}{2}} = \frac{bh^2}{6}$$

如图 6.7(b)所示的圆截面

$$W_z = \frac{I_z}{y_{\max}} = \frac{\frac{\pi d^4}{64}}{\frac{d}{2}} = \frac{\pi d^3}{32}$$

如图 6.7(c)所示的圆环截面

$$W_z = \frac{I_z}{y_{\max}} = \frac{\frac{\pi D^4}{64}(1 - \alpha^4)}{\frac{D}{2}} = \frac{\pi D^3}{32}(1 - \alpha^4)$$

式中,$\alpha = \frac{d}{D}$。

至于各种型钢的弯曲截面系数,可从附录Ⅱ的型钢表中查到。

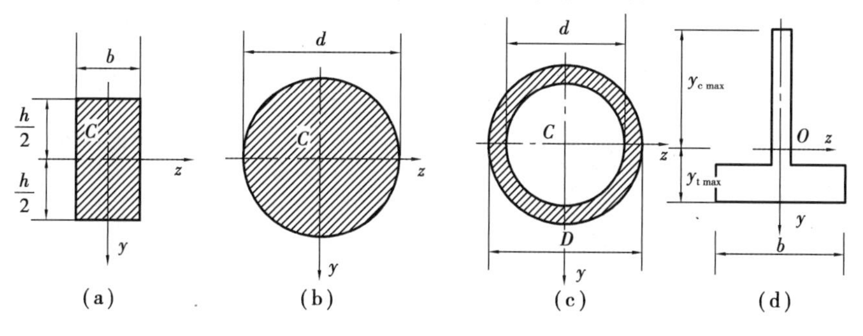

图 6.7

对于中性轴为对称轴的横截面,例如图 6.7 中的矩形、圆形和圆环等截面,其最大拉应力和最大压应力数值相等,可按式(6.7)计算;对于中性轴是非对称轴的横截面,如 T 形截面,则其最大拉应力和最大压应力的数值不相等,应以横截面上受拉和受压部位距中性轴最远的距离 $y_{t\max}$ 和 $y_{c\max}$ 分别代入式(6.4)来计算。

6.1.2 纯弯曲理论的推广

横力弯曲时,梁的横截面上不仅有正应力,而且有切应力。加载后,梁的横截面将发生翘曲,不再保持为平面。进一步的分析表明,当梁的跨长 l 与截面高度 h 之比 $l/h > 5$ 时,切应力的存在对正应力和弯曲变形的影响很小,用纯弯曲时梁横截面上的正应力计算公式计算的应力,与梁内真实的应力相比误差很小,能够满足工程问题精度的要求,且跨高比 l/h 越大,误差越小(参见第 11 章例题 11.3)。因此,横力弯曲时,横截面上的正应力仍可以用式(6.4)计算,但式(6.4)中的弯矩 M 应用相应横截面上的弯矩 $M(x)$ 代替,即:

$$\sigma = \frac{M(x)y}{I_z} \tag{6.8}$$

【例题 6.1】 如图 6.8 所示,长为 l 的矩形截面梁,在自由端作用一集中力 F,已知 h=0. 18 m, b=0.12 m,y=0.06 m,a=2 m,F=1.5 kN,求 C 截面上 K 点的正应力。

【解】 先求出 C 截面上弯矩:

$$M_C = -Fa = -1.5 \times 10^3\ \text{N} \times 2\ \text{m} = -3 \times 10^3\ \text{N} \cdot \text{m}$$

截面对中性轴的惯性矩:

$$I_z = \frac{bh^3}{12} = \frac{0.12\ \text{m} \times 0.18^3\ \text{m}^3}{12} = 0.583 \times 10^{-4}\ \text{m}^4$$

将 M_C,I_z,y 代入正应力计算公式(6.8),则有:

$$\sigma_K = \frac{M_C}{I_z}y = \frac{-3 \times 10^3\ \text{N} \cdot \text{m}}{0.583 \times 10^{-4}\ \text{m}^4} \times (-0.06\ \text{m}) = 3.09\ \text{MPa}$$

K 点的正应力为正值,表明其为拉应力。

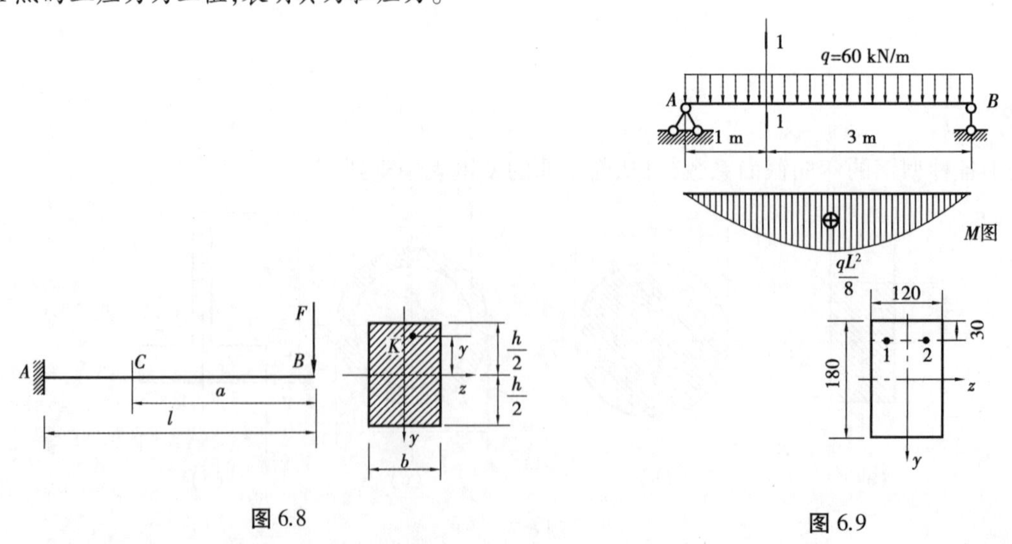

图 6.8　　图 6.9

【例题 6.2】 受均布荷载作用的简支梁如图 6.9 所示,求:(1)1—1 截面上 1,2 两点的正应力;(2)全梁的最大正应力。

【解】　作弯矩图,得 1—1 截面和跨中截面弯矩:

$$M_1 = \left(\frac{qLx}{2} - \frac{qx^2}{2}\right)_{x=1} = 90\ \text{kN}\cdot\text{m}$$

$$M_{\max} = \frac{qL^2}{8} = 60\ \text{kN/m} \times \frac{4^2\ \text{m}^2}{8} = 120\ \text{kN}\cdot\text{m}$$

计算截面对中性轴的惯性矩和弯曲截面系数:

$$I_z = \frac{bh^3}{12} = \frac{120\ \text{mm} \times 180^3\ \text{mm}^3}{12} \times 10^{-12} = 5.832 \times 10^{-5}\ \text{m}^4$$

$$W_z = \frac{I_z}{h/2} = 6.48 \times 10^{-4}\ \text{m}^3$$

截面上 1,2 两点到中性轴的距离相等,且同处于受压侧,压应力按照式(6.8)计算:

$$\sigma_1 = \sigma_2 = \frac{M_1 y}{I_z} = \frac{90 \times 10^3\ \text{N}\cdot\text{m} \times (-0.06\ \text{m})}{5.832 \times 10^{-5}\ \text{m}^4} = -92.6\ \text{MPa}$$

弯矩最大的截面在跨中,所以全梁的最大正应力发生在跨中截面的上下边缘,按式(6.7)计算:

$$\sigma_{\max} = \frac{M_{\max}}{W_z} = \frac{120 \times 10^3\ \text{N}\cdot\text{m}}{6.48 \times 10^{-4}\ \text{m}^3} = 185.2\ \text{MPa}$$

6.2　梁横截面上的切应力

6.2.1　矩形截面梁的弯曲切应力

横力弯曲情况下,梁的横截面上存在切应力,其分布规律与截面的形状有关。关于矩形截面上切应力的分布规律,可作如下假设:

①截面上任意一点的切应力均与侧边平行且与剪力同向;

②横截面上距中性轴等远各点处的切应力大小相等。

由弹性力学的进一步研究可知,对于一般高度大于宽度的矩形截面梁,上述假设是足够准确的。

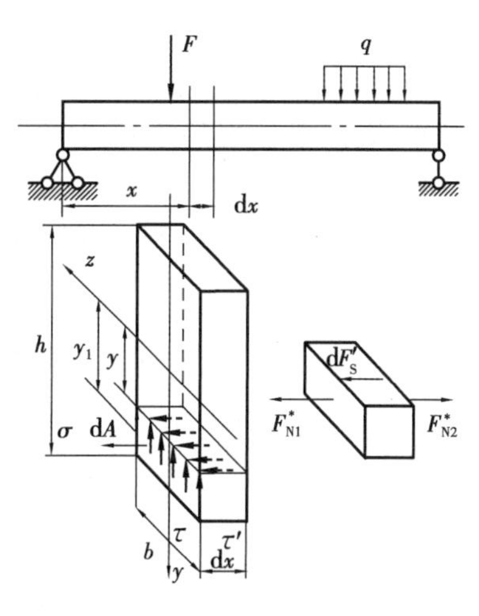

图 6.10

如图 6.10 所示承受任意荷载的矩形截面梁,截面高度为 h,宽度为 b。从梁上截取长为 dx 的微段,设该微段左、右截面上的弯矩分别为 M 及 M+dM,剪力均为 F_S。在距中性层为 y 处用一水平截面将该微段截开,取截面以下部分进行研究。在这个隔离体上,左、右竖直侧面上有正应力 σ_1,σ_2 和切应力τ;由切应力互等定理,顶面上一定存在切应力τ',且 $\tau' = \tau$ 。

考虑隔离体在 x 方向的平衡(因只需列 $\sum F_x = 0$,隔离体上未画竖向力),F^*_{N1}和 F^*_{N2}分别为左、右侧面上法向内力的总和, dF'_S 为顶面上切向内力的总和。

$$F_{N1}^{*} = \int_{A^{*}} \sigma_1 dA = \frac{M}{I_z}\int_{A^{*}} y_1 dA = \frac{M}{I_z}S_z^{*} \tag{a}$$

式中,A^* 为横截面上距中性轴坐标为 y 的横线以外侧的面积,如图 6.10 所示。$S_z^* = \int_{A^*} y_1 dA$ 是 A^* 部分的面积对矩形截面中性轴 z 的静矩。

同理可得:

$$F_{N2}^{*} = \frac{M + dM}{I_z}S_z^{*} \tag{b}$$

由于微段梁的长度很小,隔离体顶面上的切应力可认为是均匀分布的,因此:

$$dF_S' = \tau'(b dx) \tag{c}$$

由平衡条件 $\sum F_x = 0$ 得:

$$F_{N2}^{*} - F_{N1}^{*} - dF_S' = 0 \tag{d}$$

将式(a)、式(b)和式(c)代入式(d),得:

$$\frac{M + dM}{I_z}S_z^{*} - \frac{M}{I_z}S_z^{*} - \tau' b dx = 0 \tag{e}$$

经整理后得:

$$\tau' = \frac{dM}{dx}\frac{S_z^{*}}{I_z b} \tag{f}$$

根据梁内力间的微分关系 $\frac{dM}{dx} = F_S$,可得:

$$\tau' = \frac{F_S S_z^{*}}{I_z b} \tag{g}$$

由切应力互等定理$\tau' = \tau$,可以推导出矩形截面上距中性轴为 y 处任一点的切应力计算公式为:

$$\tau = \frac{F_S S_z^{*}}{I_z b} \tag{6.9}$$

式中,F_S 为横截面上的剪力,I_z 为横截面 A 对中性轴 z 的惯性矩,b 为横截面上所求切应力点处截面的宽度(即矩形的宽度),S_z^* 为横截面上距中性轴坐标为 y 的横线以外部分的面积 A^* 对中性轴的静矩。

如图 6.11 所示,面积 A^* 对中性轴 z 的静矩为:

$$S_z^{*} = y_c^{*} A^{*} = \frac{\frac{h}{2} + y}{2} b\left(\frac{h}{2} - y\right) = \frac{b}{2}\left(\frac{h^2}{4} - y^2\right)$$

将此式代入切应力式(6.9),可得矩形截面切应力计算公式的表达式为:

$$\tau_{矩} = \frac{F_S}{2I_z}\left(\frac{h^2}{4} - y^2\right) \tag{6.10}$$

此式表明,切应力τ沿截面高度按抛物线规律变化,如图 6.11 所示。当 $y = \pm\frac{h}{2}$时,$\tau = 0$,即上、下边缘处切应力为零;当 $y = 0$ 时,$\tau = \tau_{max}$,即中性轴上各点处切应力最大。

$$\tau_{max} = \frac{F_S}{2 \times \frac{bh^3}{12}} \times \frac{h^2}{4} = \frac{3}{2}\frac{F_S}{bh} = \frac{3}{2}\frac{F_S}{A} \tag{6.11}$$

矩形截面梁横截面上的最大弯曲切应力为其平均切应力的 1.5 倍。

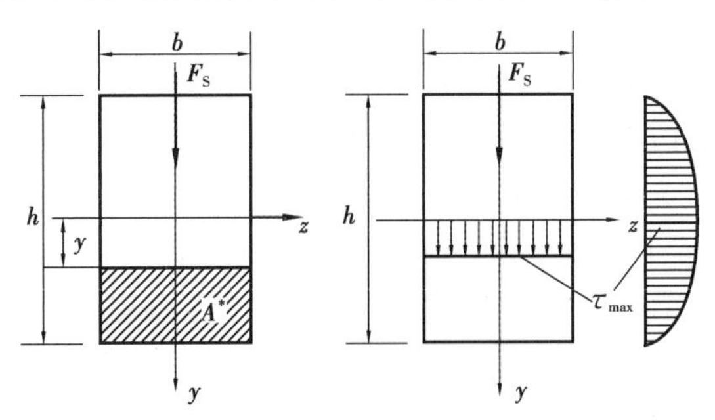

图 6.11

6.2.2 其他形式截面梁的弯曲切应力

1) 工字形截面梁

工字形截面由上、下翼缘和中间腹板组成。工字形是比较合理的截面形状,翼缘主要承担截面上的弯矩,腹板主要承担截面上的剪力。腹板的截面积与矩形一样,两侧边平行,且高度远大于宽度,因此矩形截面的切应力分布规律假设仍适用于腹板,即腹板上切应力仍然用矩形截面梁弯曲切应力计算公式:

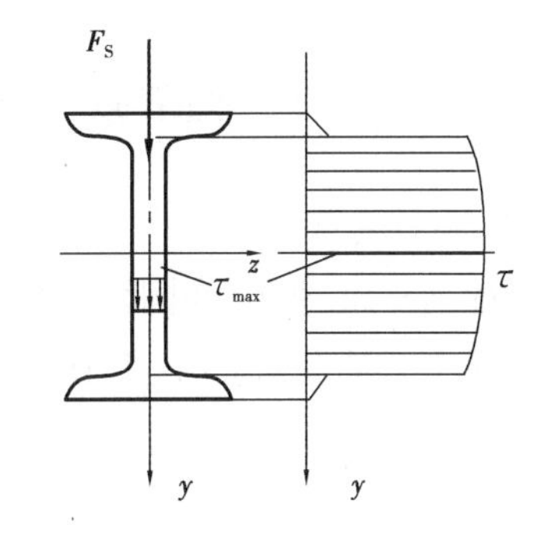

图 6.12

$$\tau = \frac{F_S S_z^*}{I_z d} \tag{6.12}$$

式中,F_S 为横截面上的剪力,I_z 为工字形截面对中性轴的惯性矩,d 为腹板的宽度,S_z^* 为横截面上距中性轴为 y 的横线以外部分的面积对中性轴的静矩。

如图 6.12 所示,切应力沿截面高度按抛物线规律变化,最大切应力在截面的中性轴上,其值为:

$$\tau_{max} = \frac{F_S S_{zmax}^*}{I_z d} \tag{6.13}$$

式中,S_{zmax}^* 为中性轴一侧截面面积对中性轴的静矩。对于轧制的工字钢,式中的 $\frac{I_z}{S_{zmax}^*}$,d 可以从型钢表中查得。

翼缘上的切应力的情况比较复杂,既有平行于 y 轴的切应力分量(竖向分量),也有与翼缘长边平行的切应力分量(水平分量)。当翼缘的厚度很小时,竖向切应力很小,一般不予考虑。

翼缘上的水平切应力可认为沿翼缘厚度是均匀分布的,其计算公式的推导和表达式仍与矩形截面的切应力相同,即:

$$\tau = \frac{F_S S_z^*}{I_z \delta} \tag{6.14}$$

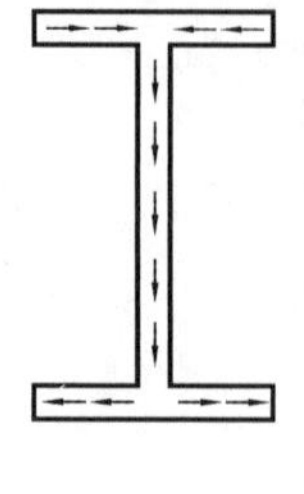
图 6.13

式中，F_S 为横截面上的剪力，S_z^* 为所求应力点到翼缘边缘间的面积对中性轴的静矩，I_z 为横截面对中性轴的惯性矩，δ 为翼缘的厚度。

可以证明：在整个工字形截面上切应力的方向可用图 6.13 表示。从图中表示切应力方向的小箭头来看，它们好像两股沿截面流动的水流，从上（或下）翼缘的两端开始，共同向中间流动，到腹板处汇合成一股，沿着腹板向下（或上），到下（或上）翼缘处再分为两股向两侧流动。对所有的开口薄壁截面梁，其横截面上切应力的方向都有这个特点，这种现象称为切应力流。掌握了切应力流的特性，则不难由剪力的方向确定薄壁杆横截面上切应力的方向。

2）圆形截面梁

在圆形截面上，任一平行于中性轴的横线两端处，切应力的方向必切于圆周。因此，横线上各点切应力方向是变化的。但在中性轴上各点切应力均匀分布，如图 6.14 所示。其方向平行于剪力 F_S，为横截面上的最大切应力，其值为：

$$\tau_{max} = \frac{4}{3} \cdot \frac{F_S}{A} \tag{6.15}$$

式中，$A = \frac{\pi}{4}d^2$。圆截面的最大切应力为其平均切应力的 $\frac{4}{3}$ 倍。

3）圆环形截面梁

如图 6.15 所示，在圆环形截面上，中性轴上各点切应力均匀分布，其方向平行于剪力 F_S，为横截面上的最大切应力，其值为：

$$\tau_{max} = 2.0\frac{F_S}{A} \tag{6.16}$$

式中，$A = \frac{\pi}{4}(D^2 - d^2)$。圆环形截面的最大切应力为其平均切应力的 2 倍。

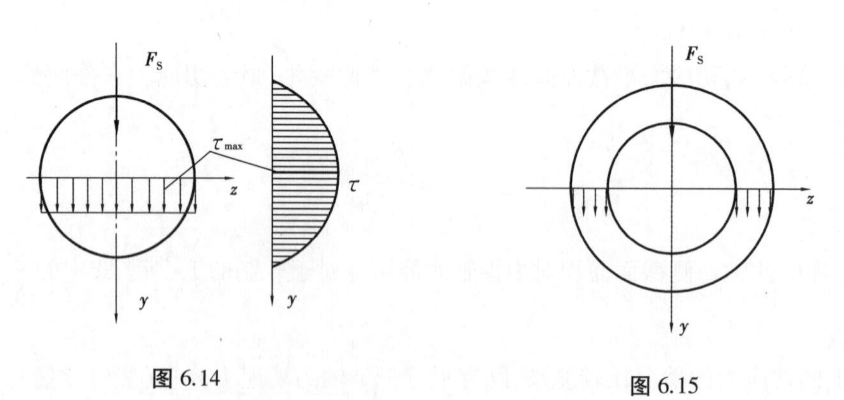

图 6.14　　图 6.15

【例题 6.3】 一矩形截面的简支梁如图 6.16 所示。已知：$l=3$ m，$h=160$ mm，$b=100$ mm，$y=40$ mm，$F=3$ kN，求 $m—m$ 截面上 K 点的切应力。

【解】 先求出 $m—m$ 截面上的剪力为 3 kN，截面对中性轴的惯性矩为：

$$I_z = \frac{bh^3}{12} = \frac{0.1\ \text{m} \times 0.16^3\ \text{m}^3}{12} = 0.341 \times 10^{-4}\ \text{m}^4$$

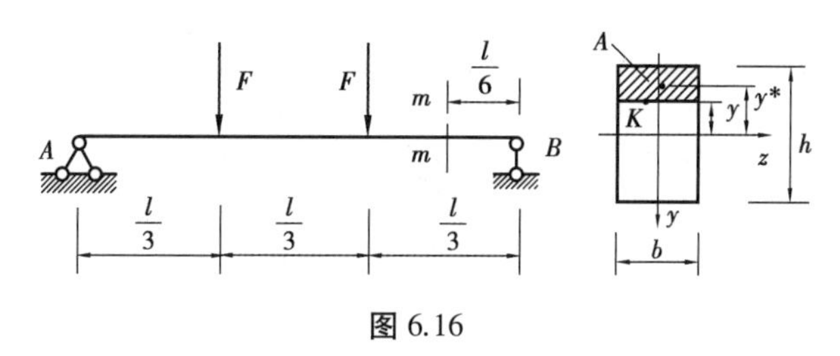

图 6.16

面积 A^* 对中性轴的静矩为：

$$S_z^* = A^* y^* = 0.1 \text{ m} \times 0.04 \text{ m} \times 0.06 \text{ m} = 0.24 \times 10^{-3} \text{ m}^3$$

则 K 点的切应力为：

$$\tau = \frac{F_S S_z^*}{I_z b} = \frac{3 \times 10^3 \text{ N} \times 0.24 \times 10^{-3} \text{ m}^3}{0.341 \times 10^{-4} \text{ m}^4 \times 0.1 \text{ m}} = 0.21 \times 10^6 \text{ Pa} = 0.21 \text{ MPa}$$

6.2.3 弯曲中心

横力弯曲时，梁的横截面上不仅有正应力还有切应力。对于具有双向对称轴截面的梁，如矩形截面、工字形截面，当外力作用在形心主惯性平面内时，横截面上剪力的合力通过形心，梁就发生平面弯曲。对于图 6.17(a)所示的槽形截面梁，当横向外力 F 作用在形心主惯性平面 yoz 内时，横截面上的剪应力流如图 6.17(c)所示，因此上、下翼缘上的剪力为 F_{S2}，腹板上的剪力为 F_{S1}，如图 6.17(d)所示。故横截面上剪力的合力的作用线必然位于腹板外侧某一特定位置 A 点，如图 6.17(e)所示，剪力的合力作用线不通过截面形心，此时，梁不仅发生弯曲变形，还将产生扭转变形，如图 6.17(a) 所示。

只有当横向力作用在通过某一特定点，如图 6.17(b)中的 A 点的纵向平面内时，才只产生弯曲而不产生扭转。这一特定点称为**弯曲中心**，简称弯心。弯曲中心的位置取决于截面的形状和尺寸。表 6.1 给出了几种常见截面的弯曲中心位置。

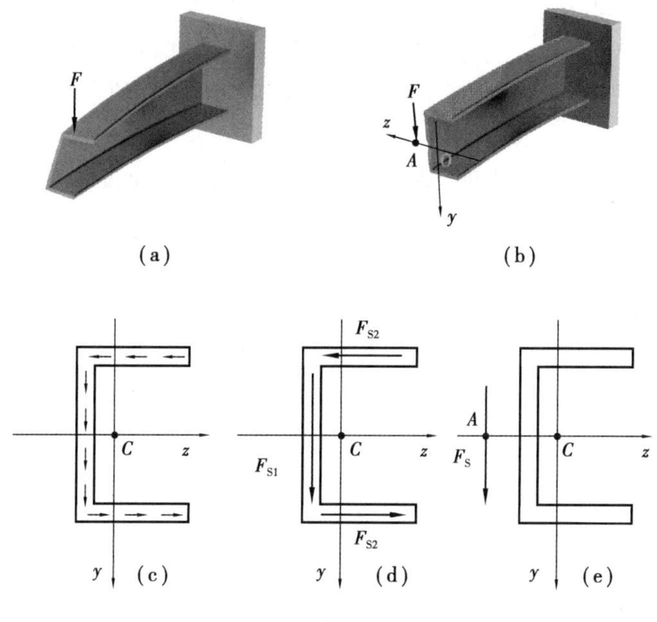

图 6.17

表 6.1 几种常见截面的弯曲中心位置

截面形状	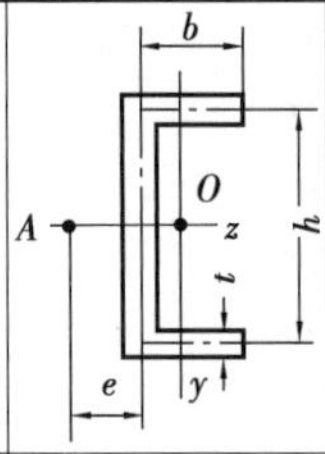	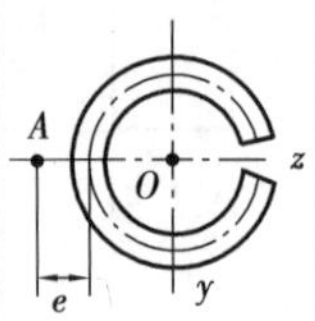	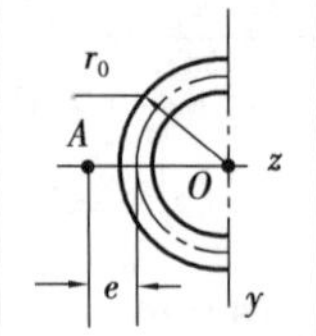	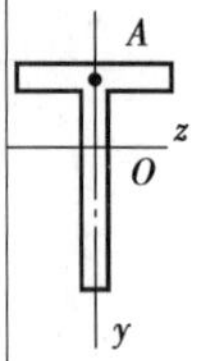 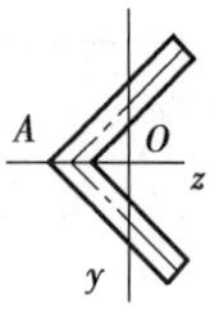 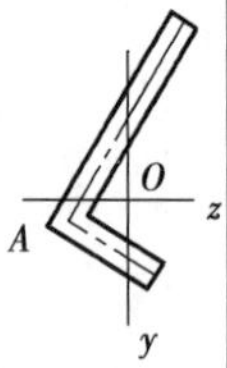	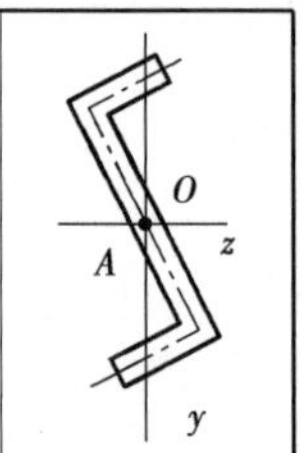
弯曲中心 A 的位置	$e=\dfrac{b^2h^2t}{4I_z}$	$e=r_0$	$e=\left(\dfrac{4}{x}-1\right)r_0$	在两个狭长矩形中线的交点	与形心重合

从表 6.1 中可知：具有两个对称轴的截面，弯曲中心与截面形心重合；开口圆环截面，弯曲中心在圆外对称轴上；具有两个狭窄矩形的截面，弯曲中心位于狭窄矩形中线的交点。

对于非对称截面梁的弯曲，若横向力通过弯心，并作用在与形心主惯性平面（即梁的轴线与其横截面的形心主惯性轴所构成的平面）平行的平面内，则梁发生平面弯曲。若外力偶作用在与形心主惯性平面平行的平面内，则梁也发生平面弯曲。

6.3 梁的正应力和切应力强度条件

梁的最大正应力发生在最大弯矩所在横截面上距中性轴最远的各点处，而该处的切应力为零或与该点处的正应力相比很小，此外纵截面上由横向力引起的挤压应力可忽略不计，因此可将横截面上最大正应力所在各点处的应力状态看作单向应力状态，可按单向应力状态下的强度条件的形式建立正应力强度条件。

梁的最大切应力一般是在最大剪力所在横截面的中性轴各点处，这些点处的正应力为零，在略去纵截面上的挤压应力后，最大切应力所在点处为纯剪切应力状态。因此，可按纯剪切状态下的强度条件的形式建立切应力强度条件。

在梁横截面上的其他各点处既有正应力，又有切应力，这时不能分别按照正应力和切应力强度条件进行强度计算，而必须同时考虑正应力和切应力对强度的影响，对于这些点的强度计算，将在第 8 章讨论。

根据强度条件可以解决三类强度问题，即强度校核、截面设计和许可荷载计算。

6.3.1 梁的正应力强度条件

为保证梁的安全，梁的最大正应力点应满足强度条件：

$$\sigma_{\max} \leqslant [\sigma] \tag{6.17}$$

式中，$[\sigma]$ 为材料的许用应力。对于等截面直梁，若材料的许用拉应力与许用压应力相等，则最大弯矩的所在面为危险截面，危险截面上距中性轴最远的点为危险点。此时强度条件可表达为：

$$\sigma_{\max} = \frac{M_{\max}}{W_z} \leqslant [\sigma] \tag{6.18}$$

对于用铸铁等脆性材料制成的梁，由于材料的许用拉应力与许用压应力不同，而梁截面的中性轴也可能不是对称轴,因此需要对最大工作拉应力和最大工作压应力分别进行强度计算。

6.3.2 梁的切应力强度条件

对于某些特殊情形的梁,例如梁的跨度较小或梁上荷载靠近支座时,或是焊接或铆接的壁薄截面梁,或梁的材料沿某一方向的抗剪能力较差(木梁的顺纹方向,胶合梁的胶合层)等,还需进行切应力强度计算。等截面直梁的 $\tau_{\max}$ 一般发生在 $|F_S|_{\max}$ 截面的中性轴上,此处弯曲正应力 $\sigma=0$,中性轴上的点处于纯剪切应力状态,其强度条件为:

$$\tau_{\max}=\frac{F_{S\max}S_{z\max}^{*}}{I_z b}\leqslant[\tau] \tag{6.19}$$

式中,$[\tau]$ 为材料的许用切应力。

【例题 6.4】 一矩形截面梁如图 6.18 所示。已知:$F=10$ kN,$a=1.2$ m,$[\sigma]=10$ MPa,$h/b=2$,试选梁的截面尺寸。

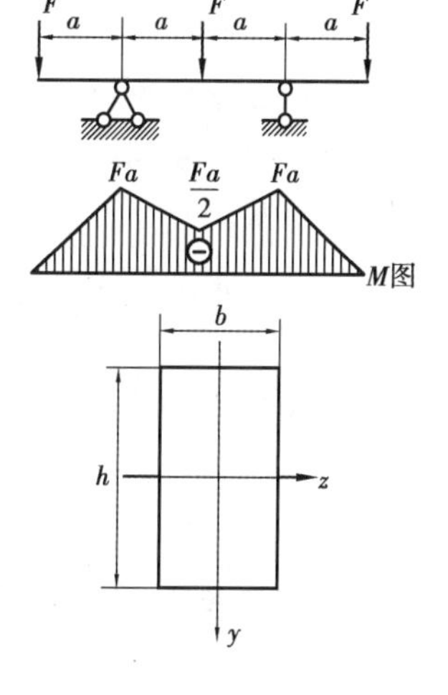

图 6.18

【解】 根据所作的弯矩图,最大弯矩发生在支座截面处。$|M_{\max}|=Fa=12$ kN·m

根据正应力强度条件(6.18):

$$\frac{M_{\max}}{W_z}\leqslant[\sigma]$$

得: $$W_z\geqslant\frac{M_{\max}}{[\sigma]}=\frac{12\times10^3\ \text{N}\cdot\text{m}}{10\times10^6\ \text{Pa}}=1\ 200\times10^{-6}\ \text{m}^3$$

由 $$W_z=\frac{bh^2}{6}=\frac{2}{3}b^3\geqslant1\ 200\times10^{-6}\ \text{m}^3$$

解得: $b\geqslant12.2$ cm,$h\geqslant24.4$ cm

为了施工方便,可取截面 $b=12.5$ cm,$h=25$ cm。

【例题 6.5】 一倒 T 形截面的外伸梁如图 6.19(a)所示。已知:$l=600$ mm,$a=110$ mm,$b=30$ mm,$c=80$ mm,$F_1=24$ kN,$F_2=9$ kN,材料的许用拉应力$[\sigma_t]=30$ MPa,许用压应力$[\sigma_c]=90$ MPa,试校核梁的强度。

【解】 (1)画弯矩图

根据平衡方程求得:$F_A=9$ kN,$F_B=24$ kN 弯矩图如图 6.19 所示。

(2)确定截面形心 C 的位置

$$y_2=\frac{0.11\ \text{m}\times0.03\ \text{m}\times0.015\ \text{m}+0.03\ \text{m}\times0.08\ \text{m}\times0.07\ \text{m}}{0.11\ \text{m}\times0.03\ \text{m}+0.03\ \text{m}\times0.08\ \text{m}}=0.038\ \text{m}$$

$$y_1=0.11\ \text{m}-0.038\ \text{m}=0.072\ \text{m}$$

(3)截面对中性轴的惯性矩

$$I_z=\left[\frac{0.11\ \text{m}\times(0.03\ \text{m})^3}{12}+0.11\ \text{m}\times0.03\ \text{m}\times(0.023\ \text{m})^2\right]+$$

$$\left[\frac{0.03\ \text{m}\times(0.08\ \text{m})^3}{12}+0.03\ \text{m}\times0.08\ \text{m}\times(0.032\ \text{m})^2\right]=0.573\times10^{-5}\text{m}^4$$

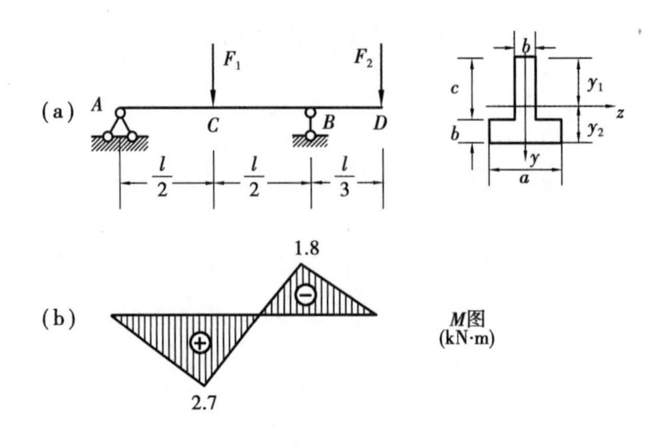

图 6.19

(4)强度校核

因材料的抗拉与抗压强度不同,而且截面关于中性轴不对称,所以需对最大拉应力与最大压应力分别进行校核。

①校核最大拉应力。由于截面对中性轴不对称,而正、负弯矩又都存在,因此,最大拉应力不一定发生在弯矩绝对值最大的截面上。须对最大正弯矩和最大负弯矩两个截面上的拉应力分别进行分析比较。在最大正弯矩的 C 截面上,最大拉应力发生在截面的下边缘,其值为:

$$\sigma_{\mathrm{t\,max}}=\frac{M_C}{I_z}y_2=\frac{2.7\times10^3\ \mathrm{N\cdot m}\times0.038\ \mathrm{m}}{0.573\times10^{-5}\ \mathrm{m}^4}=17.91\times10^6\ \mathrm{Pa}=17.91\ \mathrm{MPa}<[\sigma_{\mathrm{t}}]$$

在最大负弯矩的 B 截面上,最大拉应力发生在截面的上边缘,其值为:

$$\sigma_{\mathrm{t\,max}}=\frac{M_B}{I_z}y_1=\frac{1.8\times10^3\ \mathrm{N\cdot m}\times0.072\ \mathrm{m}}{0.573\times10^{-5}\ \mathrm{m}^4}=22.6\times10^6\ \mathrm{Pa}=22.6\ \mathrm{MPa}<[\sigma_{\mathrm{t}}]$$

②校核最大压应力。首先确定最大压应力发生在哪里。与分析最大拉应力一样,要比较 C,B 两个截面。C 截面上最大压应力发生在上边缘,B 截面上的最大压应力发生在下边缘。因 M_C 和 y_1 分别大于 M_B 与 y_2,所以最大压应力应发生在 C 截面上,即:

$$\sigma_{\mathrm{c\,max}}=\frac{M_C}{I_z}y_1=\frac{2.7\times10^3\ \mathrm{N\cdot m}\times0.072\ \mathrm{m}}{0.573\times10^{-5}\ \mathrm{m}^4}=33.9\times10^6\ \mathrm{Pa}=33.9\ \mathrm{MPa}<[\sigma_{\mathrm{c}}]$$

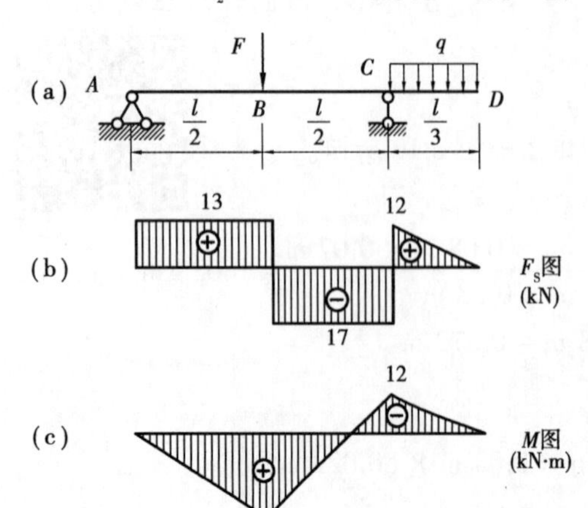

图 6.20

由以上分析知该梁满足强度要求。

【例题 6.6】 一外伸工字形钢梁如图 6.20(a)所示。工字钢的型号为 22a,已知:$l=6$ m,$F=30$ kN,$q=6$ kN/m,材料的许用应力 $[\sigma]=170$ MPa,$[\tau]=100$ MPa,试校核梁的强度。

【解】 (1)校核最大正应力

弯矩图如图 6.20(c)所示,最大正应力发生在最大弯矩的截面上。查型钢表可知:

$$W_z=309\ \mathrm{cm}^3=0.309\times10^{-3}\ \mathrm{m}^3$$

则最大正应力为:

$$\sigma_{\max}=\frac{M_{\max}}{W_z}=\frac{39\times10^3\ \text{N}\cdot\text{m}}{0.309\times10^{-3}\ \text{m}^3}=126\times10^6\ \text{Pa}=126\ \text{MPa}<[\sigma]$$

(2)校核最大切应力

剪力图如图 6.20(b)所示,最大切应力应发生在最大剪力的截面上。查型钢表可知:

$$\frac{I_z}{S_{z\max}^*}=18.9\ \text{cm}=0.189\ \text{m}$$

$$d=7.5\ \text{mm}=0.007\ 5\ \text{m}$$

则最大切应力为:

$$\tau_{\max}=\frac{F_{\text{S}\max}S_{z\max}^*}{I_zd}=\frac{17\times10^3\ \text{N}}{0.189\ \text{m}\times0.007\ 5\ \text{m}}=12\times10^6\ \text{Pa}=12\ \text{MPa}<[\tau]$$

所以此梁安全。

【例题 6.7】 图 6.21(a)所示为一起重设备简图。已知起重量 $F=30$ kN,跨长 $l=5$ m。AB 梁是由 20a 号的工字钢组成,其许用应力$[\sigma]=170$ MPa,$[\tau]=100$ MPa。试校核梁的强度。

(a)

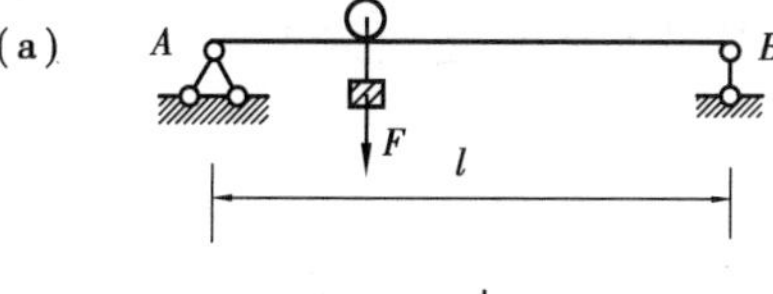

(b)

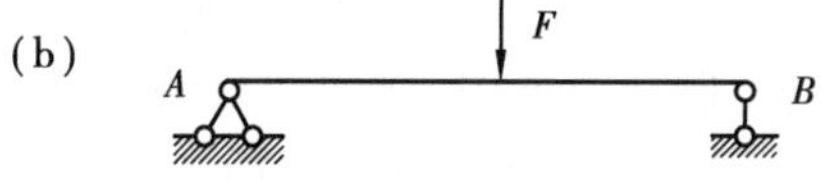

(c)

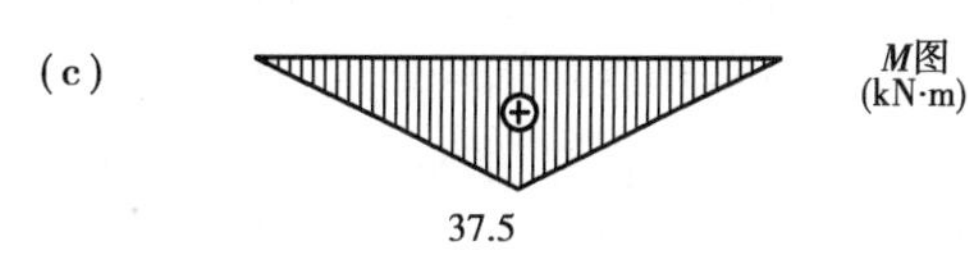

(d)

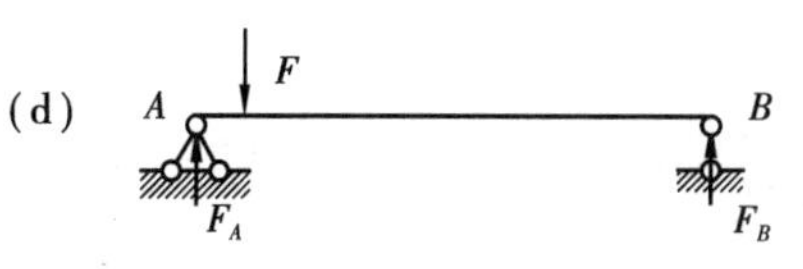

(e)

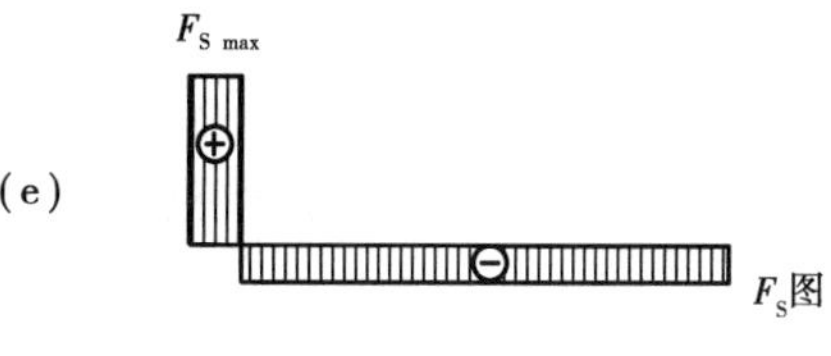

图 6.21

【解】 (1)校核最大正应力

在荷载处于跨中最不利位置时,梁的弯矩图如图 6.21(c)所示。最大弯矩值 $M_{\max}=37.5$ kN · m。

由型钢规格表查得 20a 号工字钢的 W_z 为:

$$W_z=237\ \text{cm}^3=237\times10^{-6}\ \text{m}^3$$

则梁的最大正应力为:

$$\sigma_{\max}=\frac{M_{\max}}{W_z}=\frac{37.5\times10^3\ \text{N}\cdot\text{m}}{237\times10^{-6}\ \text{m}^3}=158\ \text{MPa}<[\sigma]$$

(2)校核最大切应力

校核切应力时的最不利位置为荷载 F 紧靠支座 A(或 B),如图 6.21(d)所示,相应的剪力图如图 6.21(e)所示。

利用型钢表查得 20a 号工字钢的有关数据:

$$\frac{I_z}{S_{z\max}^*}=17.2\ \text{cm}$$

$$d=7\ \text{mm}$$

于是梁的最大切应力为:

$$\tau_{\max}=\frac{F_{\text{S}\max}S_{z\max}^*}{I_zd}=$$

$$\frac{30\times10^3\ \text{N}}{17.2\times10^{-2}\ \text{m}\times7\times10^{-3}\ \text{m}}=$$

$$24.9 \times 10^6\ \text{Pa} = 24.9\ \text{MPa} < [\tau]$$

梁的正应力和切应力均能满足强度条件,所以梁是安全的。

6.4 梁的合理设计

按强度要求设计梁时,主要依据的是梁的正应力强度条件:

$$\sigma_{max} = \frac{M_{max}}{W_z} \leqslant [\sigma]$$

从这个条件看出:降低最大弯矩和提高梁的弯曲截面系数,可降低梁的最大正应力,从而提高梁的承载能力,使梁的设计更为合理。下面讨论工程中经常采用的几种措施。

6.4.1 选择合理截面形状

由 $M_{max} \leqslant [\sigma]W_z$ 知,梁可能承受的最大弯矩与弯曲截面系数成正比,W_z 越大越有利,而 W_z 又与截面面积和形状有关,因此应选择 W_z/A 较大的截面。由于在一般截面中,W_z 与其高度的平方成正比,因此尽可能使横截面面积分布在距中性轴较远的地方。

在讨论横截面的合理形状时,还应考虑材料的特性。对于抗拉和抗压强度相等的材料制成的梁,宜采用对中性轴对称的截面,如工字形、矩形和圆形等。而这些截面的合理程度并不相同,如工字形比矩形合理,矩形比圆形合理等。对于抗压强度和抗拉强度不相等的梁,则宜采用对中性轴不对称的截面形状,如T形、U形截面等。

6.4.2 合理配置梁的荷载和支座

梁的弯矩与荷载的作用位置和梁的支承方式有关,适当调整荷载或支座的位置,可以降低梁的最大弯矩 M_{max} 的数值。如图6.22所示,简支梁在跨中承受集中荷载 F 时,梁的最大弯矩为 $M_{max}=0.25Fl$,若使集中荷载通过辅梁再作用到梁上,则梁的最大弯矩就下降为 $M_{max}=0.125Fl$。

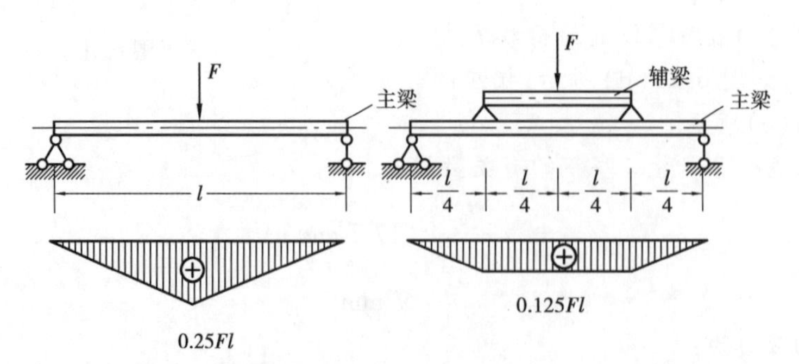

图6.22

同理,合理设计支座位置,也可降低梁的最大弯矩。如图6.23所示简支梁受均布荷载 q 作用,最大弯矩为 $M_{max} = 0.125ql^2$,若将两端的支座同时向中间移动 $0.2l$,则最大弯矩减小为

$M_{max} = 0.025ql^2$。

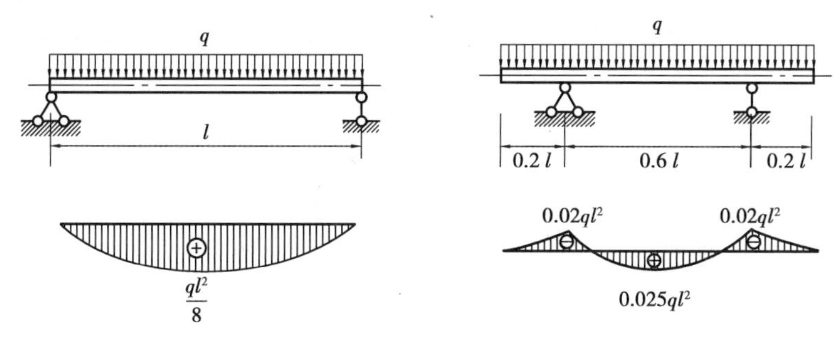

图 6.23

又如，双杠（图 6.24(a)）是体操运动的常用器械，如果只考虑运动员作用在双杠上竖直向下的力，则可建立如图 6.24(b)所示的横杆为外伸梁的力学模型，载荷 F 可以在整个梁段上移动。当合理地布置支柱位置，取 $a=\frac{l}{6}$时，载荷分别加载在梁跨中段的中点和外伸段的端点时，则在两种加载方式下梁上最大弯矩的绝对值相等，可以使得梁上产生的弯矩数值最小。请读者自己思考这是什么道理。

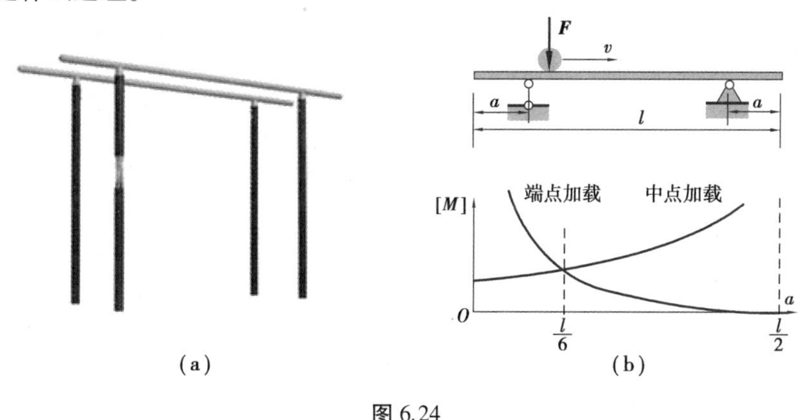

图 6.24

6.4.3 变截面梁

横力弯曲时，弯矩是沿梁轴变化的，因此在按最大弯矩设计的等截面梁中，除最大弯矩所在的截面外，其余截面材料的强度均未得到充分利用。为了节省材料，减轻梁的重量，可根据弯矩的变化情况，将梁设计成变截面梁。若梁的每一横截面上的最大正应力均等于材料的许用应力 $\sigma_{max}=\frac{M(x)}{W(x)}=[\sigma]$，这种梁称为**等强度梁**。

在工程实践中，由于构造和加工的关系，很难做到理论上的等强度梁，但在很多情况下，可利用等强度梁的概念，设计成近似等强度梁的变截面梁。如：阳台或雨篷等的悬臂梁常采用如图 6.25 所示形式；对于跨中弯矩大，两边弯矩逐渐减小的简支梁，常采用图 6.26 所示上下加盖板的梁。

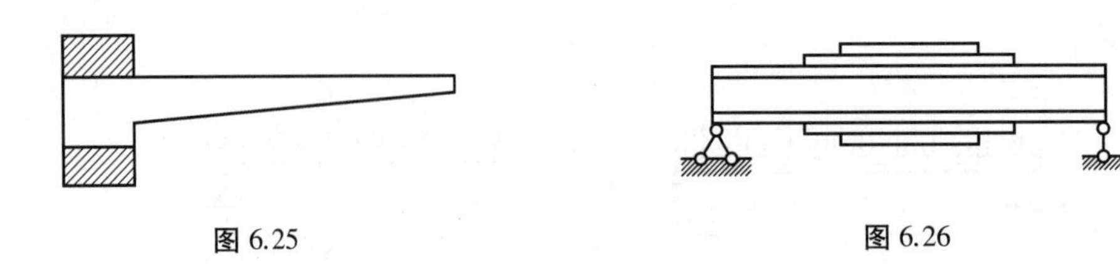

图 6.25　　图 6.26

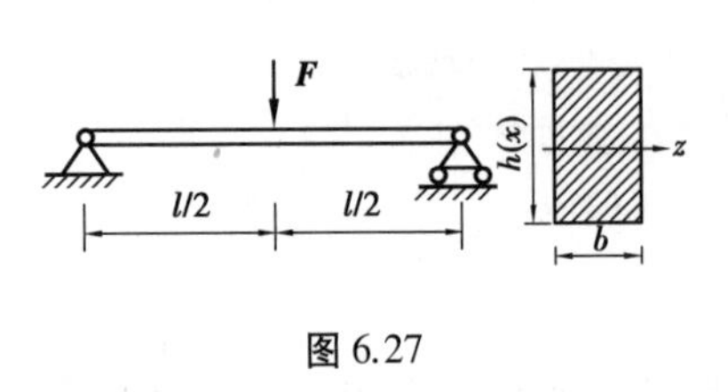

图 6.27

工程实践中还有不少等强度梁的应用实例。以跨中受集中荷载作用下的矩形变截面简支梁为例,如图 6.27 所示,假如梁截面的宽度 b 保持不变,而其截面高度 $h(x)$ 随截面位置 x 变化,则梁上每一横截面上最大正应力应满足强度条件:

$$\sigma_{\max} = \frac{M(x)}{W(x)} = \frac{M(x)}{\frac{1}{6}bh^2(x)} = \frac{6M(x)}{bh^2(x)} \leqslant [\sigma]$$

得:

$$h(x) \geqslant \sqrt{\frac{6M(x)}{b[\sigma]}}$$

除满足正应力强度条件外,还要考虑切应力强度,应按切应力强度条件确定截面的最小高度:

$$\tau_{\max} = \frac{3}{2}\frac{F_{\mathrm{s\,max}}}{A} = \frac{3}{2}\frac{F_{\mathrm{s\,max}}}{bh_{\min}} = [\tau]$$

得:

$$h_{\min} = \frac{3}{2}\frac{F_{\mathrm{s\,max}}}{b[\tau]}$$

图 6.28 为等宽梁的截面高度变化示意图。

等强度梁除了截面等宽变厚度外,还可以采用等厚变宽度的截面方式,设矩形截面厚度为 h,其宽度 $b(x)$ 随截面位置变化,按正应力强度条件则得:

$$\sigma_{\max} = \frac{M(x)}{W(x)} = \frac{M(x)}{\frac{1}{6}h^2b(x)} = \frac{6M(x)}{h^2b(x)} \leqslant [\sigma] \tag{6.20}$$

即有:

$$b(x) \geqslant \frac{6M(x)}{h^2[\sigma]}$$

但在最大剪力所在截面,须按切应力强度条件确定截面的最小宽度:

$$\tau_{\max} = \frac{3}{2}\frac{F_{\mathrm{s\,max}}}{A} = \frac{3}{2}\frac{F_{\mathrm{s\,max}}}{hb_{\min}} = [\tau]$$

得:

$$b_{\min} = \frac{3}{2}\frac{F_{\mathrm{s\,max}}}{h[\tau]}$$

图 6.29 为等厚梁的截面宽度变化示意图。

显然,这种等厚变宽度的等强度梁因宽度变化占用较大面积并不适合众多应用场合,工程中通常利用叠合梁近似均分承担弯矩的特性,可将等厚变宽度梁变换为等厚叠合梁来替代,其原理如下:

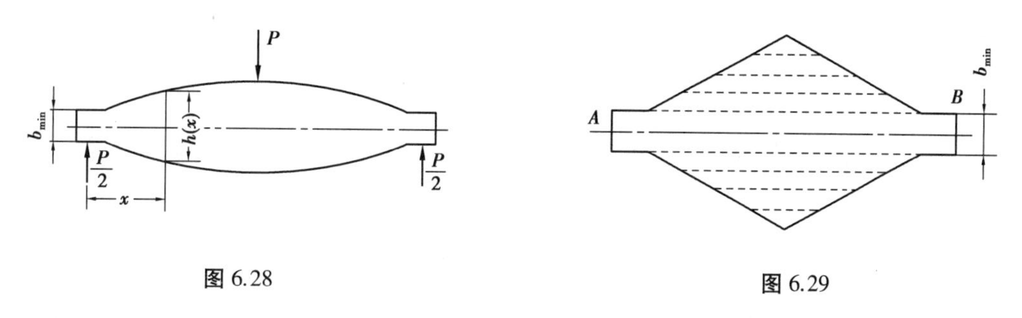

图 6.28　　　图 6.29

首先我们研究由 n 片等厚同宽薄片叠合组成的梁，忽略每片间的磨擦力且各片变形过程中相互之间保持密切接触，则近似地认为相同截面每一薄片上承担的弯矩 $M_i(x)$ 等于该截面总弯矩 $M(x)$ 的 n 分之一，则任一位置各薄片的最大正应力满足强度条件：

$$\sigma_{i\max} = \frac{M_i(x)}{W_{zi}} = \frac{\frac{1}{n}M(x)}{\frac{1}{6}b_{\min}h^2} = \frac{6M(x)}{nb_{\min}h^2} \leqslant [\sigma] \tag{6.21}$$

比较式(6.20)与式(6.21)两式，只需叠合梁每一截面的层数 n 满足条件 $n \geqslant \frac{b(x)}{b_{\min}}$，则可解决等厚变宽度等强度梁的宽度过大带来的面积占用问题。如图 6.30 所示，车辆上应用的叠板弹簧就是典型的工程应用例子。

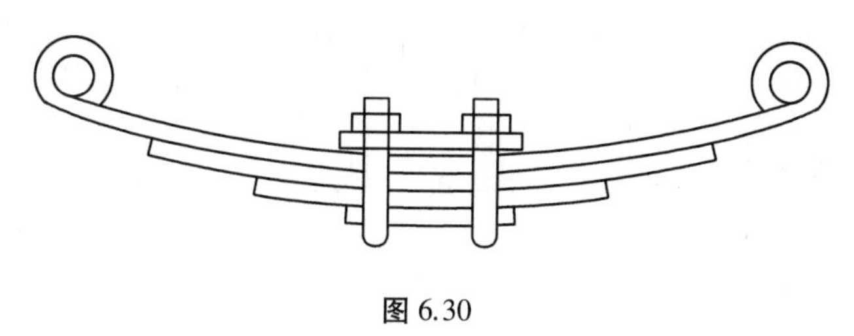

图 6.30

本章小结

(1)通常梁的横截面上有剪力 F_S 和弯矩 M，在梁的横截面上既有正应力又有切应力。

(2)梁弯曲时横截面上点的正应力计算公式为：$\sigma = \frac{My}{I_z}$；横截面上点的切应力计算较复杂，不同截面形状有不同的计算公式，其中矩形截面的切应力计算公式为：$\tau = \frac{F_S S_z^*}{I_z b}$。

(3)梁的正应力和切应力强度条件为：$\sigma_{\max} \leqslant [\sigma]$，$\tau_{\max} \leqslant [\tau]$。一般情况下，弯曲正应力决定梁的强度。

(4)弯曲中心为横截面上弯曲切应力合力作用点。非对称截面梁发生平面弯曲的条件：外力作用在过弯曲中心及与形心主惯性平面平行的纵向平面内。

思考题

6.1 在推导对称弯曲正应力公式时作了哪些假设？在什么条件下这些假设才是正确的？

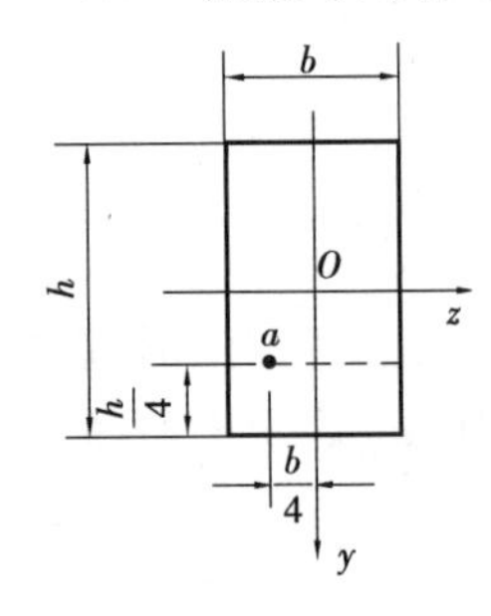

思考题 6.3 图

6.2 下列概念:纯弯曲与横力弯曲,中性轴与形心轴,轴惯性矩与极惯性矩,弯曲刚度与弯曲截面系数它们之间各有何区别？

6.3 在计算如图所示矩形截面梁 a 点处的弯曲切应力时,其中的静矩 S_z^* 若取 a 点以上或 a 点以下部分的面积来计算,试问结果是否相同？为什么？

6.4 为何对于拉压强度相同的材料制成的梁,其横截面往往设计成上下对称,而对于拉压强度不相同的材料制成的梁,其横截面往往是上下不对称的？

6.5 如何确定弯曲中心？弯曲中心位置与切应力有无关系？

习　题

6.1 梁在铅垂纵向对称面内受外力作用而弯曲。当梁具有如图所示各种不同形状的横截面时,试分别绘出各横截面上的正应力沿其高度变化的图。

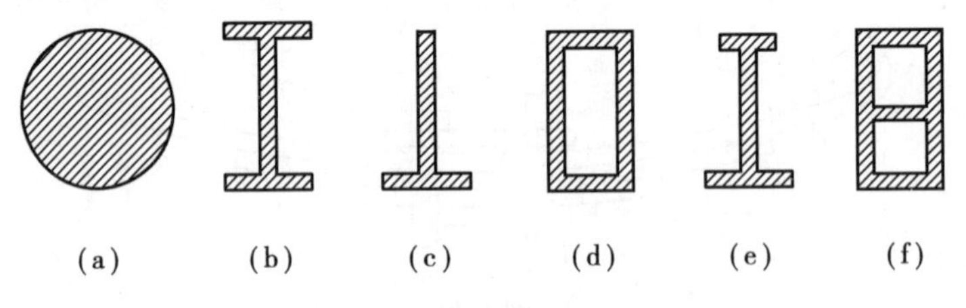

习题 6.1 图

6.2 如图所示,把直径 d=1 mm 的钢丝绕在直径 D=2 m 的轮缘上,已知材料的弹性模量 E=200 GPa,试求钢丝内的最大弯曲正应力。

6.3 矩形截面的悬臂梁受集中力和集中力偶作用,如图所示。试求截面 m—m 和固定截面 n—n 上 A,B,C,D 各点处的正应力。

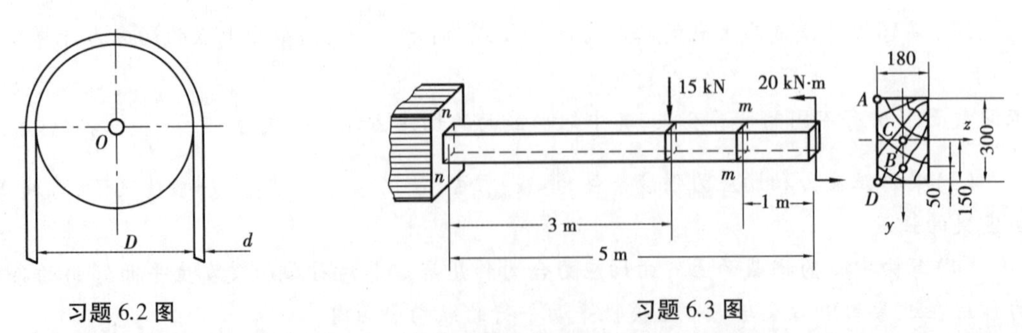

习题 6.2 图　　习题 6.3 图

6.4 简支梁受均布载荷如图所示。若分别采用横截面面积相等的实心和空心圆截面,且 D_1 = 40 mm,d_2/D_2 = 0.6。试分别计算它们的最大弯曲正应力,并求出空心截面比实心截面的最大弯曲正应力减少的百分率。

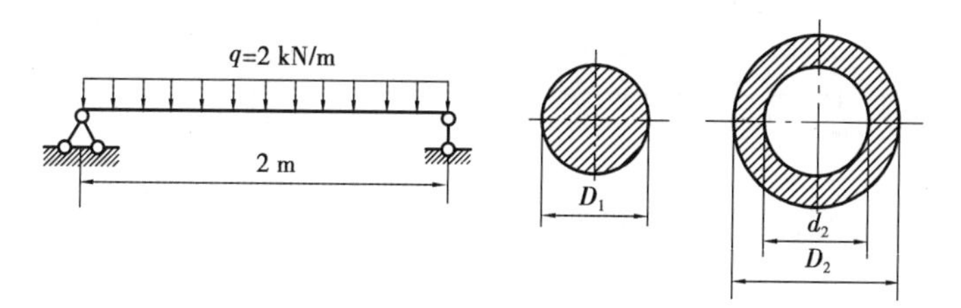

习题 6.4 图

6.5 T字形截面梁如图所示，试求梁横截面上的最大拉应力。

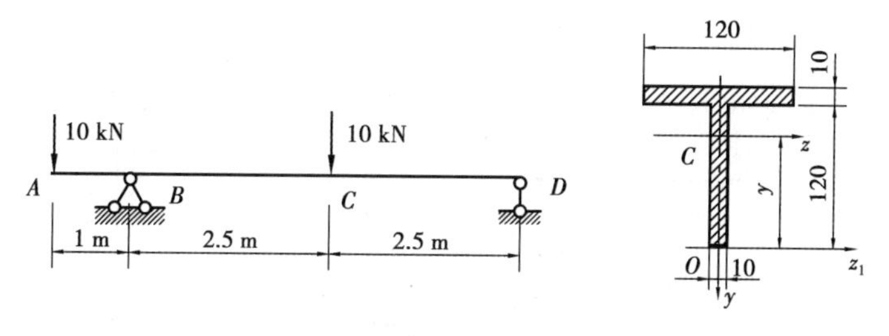

习题 6.5 图

6.6 矩形截面木梁，宽 14 cm，高 24 cm，所受荷载如图所示。求最大拉、压应力的数值及其所在位置。

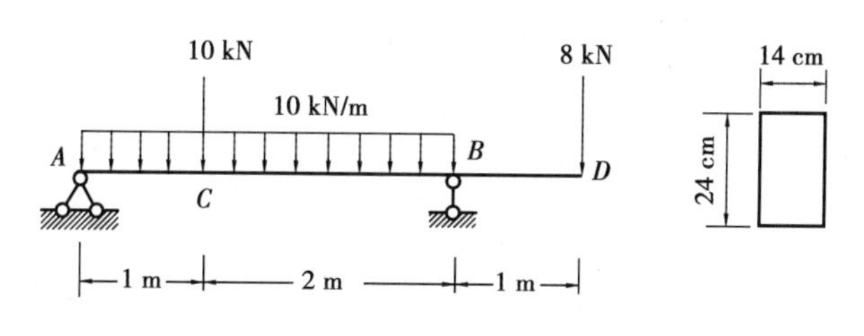

习题 6.6 图

6.7 简支梁由三块板胶合而成，横截面尺寸如图所示，求 $I—I$ 截面的最大切应力和胶缝的切应力。

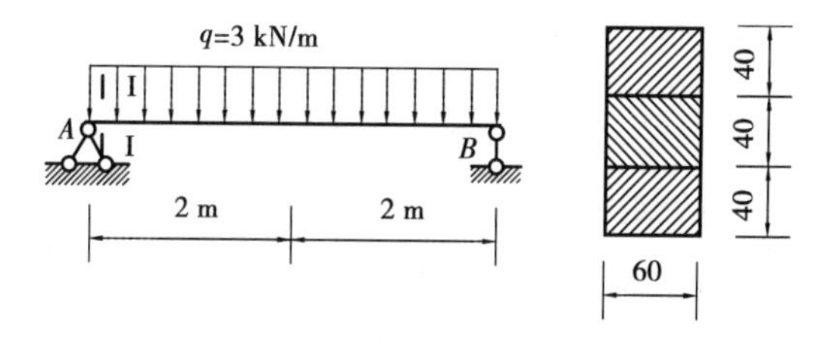

习题 6.7 图

6.8 由钢板焊接组成的箱式截面梁，尺寸如图所示。试求梁内的最大正应力及最大切应力，并计算焊缝上的最大切应力。

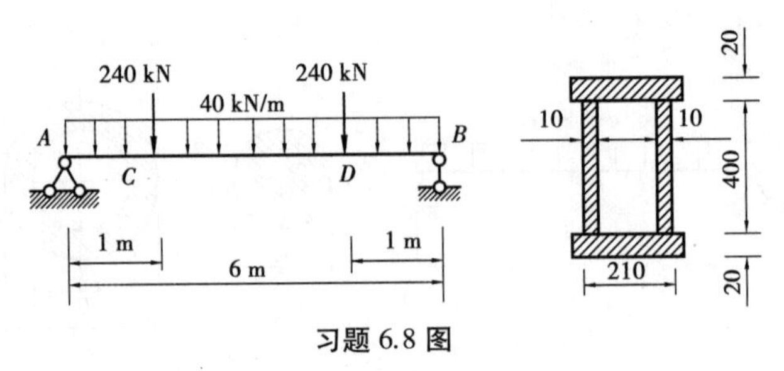

习题 6.8 图

6.9　铸铁梁的载荷及横截面尺寸如图所示。许用拉应力 $[\sigma_t]$ = 40 MPa，许用压应力 $[\sigma_c]$ = 160 MPa。试按正应力强度条件校核该梁的强度。若载荷不变，但将 T 形梁倒置，即成为 ⊥ 形，是否合理？为什么？

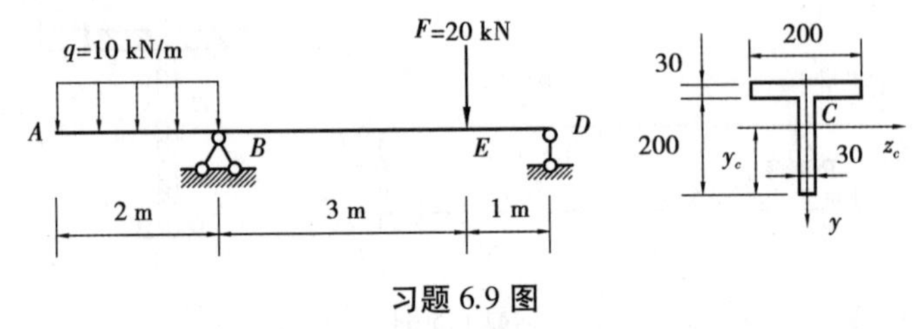

习题 6.9 图

6.10　如图所示的工字形截面梁，已知容许正应力 $[\sigma]$ = 170 MPa，容许切应力 $[\tau]$ = 100 MPa，试选择工字钢的型号。

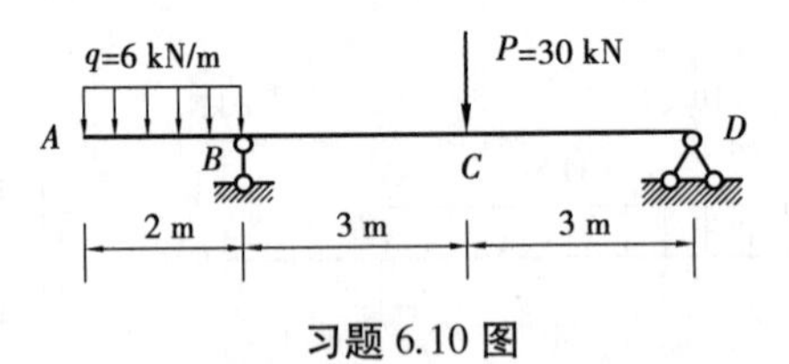

习题 6.10 图

6.11　由两根 28a 号槽钢组成的简支梁受三个集中力作用，如图所示。已知该梁材料为 Q235 钢，其许用弯曲正应力 $[\sigma]$ = 170 MPa。试求梁的许可荷载 $[F]$。

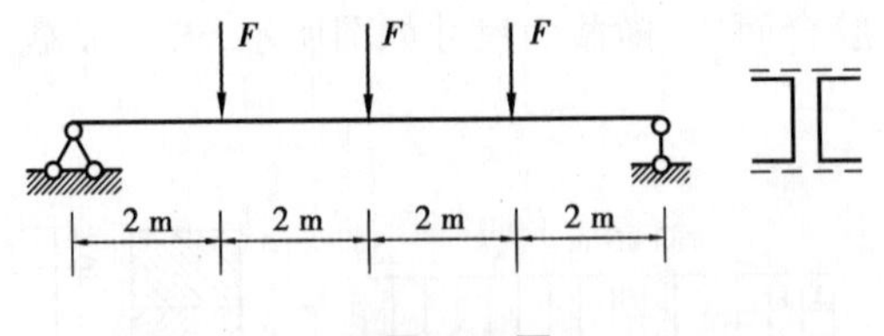

习题 6.11 图

6.12　如图所示，起重机下的梁由两根工字钢组成，起重机自重 W_1 = 50 kN，起重量 W_2 = 10 kN，行走于简支梁上。许用应力 $[\sigma]$ = 160 MPa，$[\tau]$ = 100 MPa。若不考虑梁的自重，试按正应力强度条件选定工字钢型号，然后再按切应力强度条件进行校核。

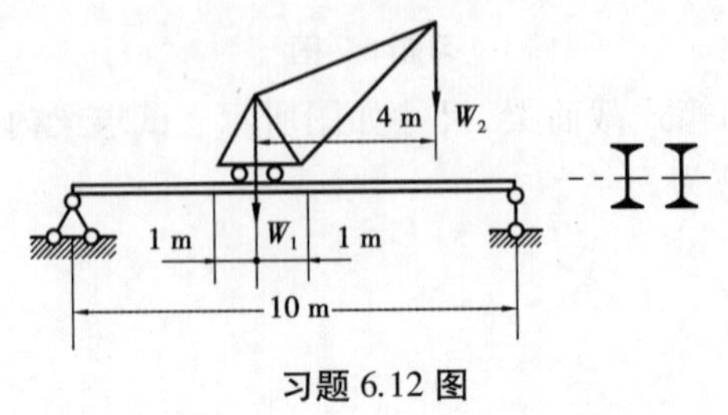

习题 6.12 图

6.13　一简支木梁受力如图所示，荷载 $F=5$ kN，距离 $a=0.7$ m，材料的许用弯曲正应力 $[\sigma]=10$ MPa，横截面为 $h/b=3$ 的矩形。试按正应力强度条件确定梁横截面的尺寸。

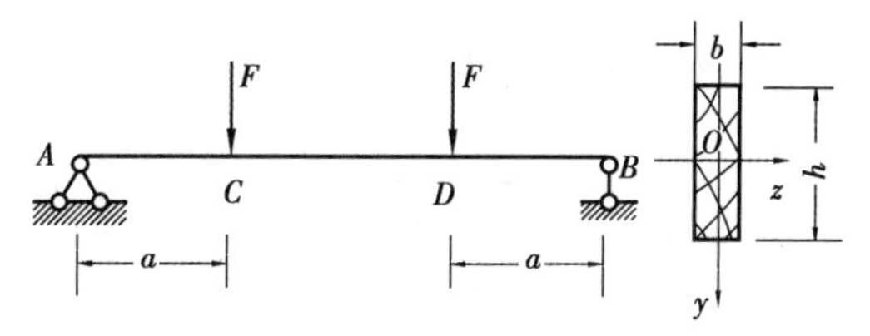

习题 6.13 图

6.14　横截面如图所示的铸铁简支梁，跨长 $l=2$ m，在梁的跨中受一竖向集中荷载 $F=80$ kN作用。已知许用拉应力 $[\sigma_t]=30$ MPa，许用压应力 $[\sigma_c]=90$ MPa。试确定截面尺寸 δ 值。

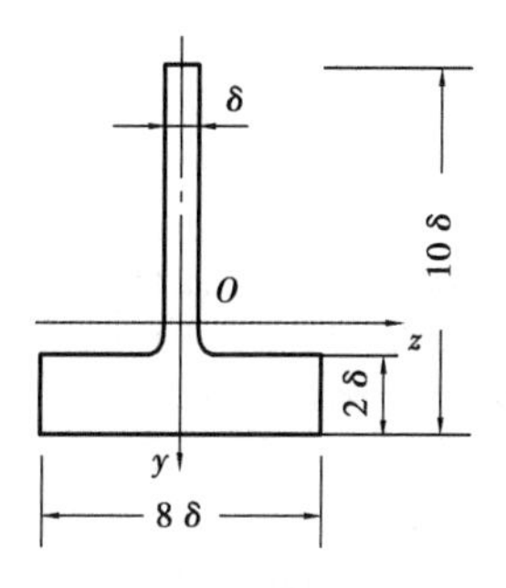

习题 6.14 图

6.15　如图所示，一矩形截面简支梁由圆柱形木料锯成。已知 $F=5$ kN，$a=1.5$ m，木材的许用应力 $[\sigma]=10$ MPa。试确定抗弯截面系数最大时矩形截面高宽之比 h/b，以及锯成此梁所需木料的最小直径 d。

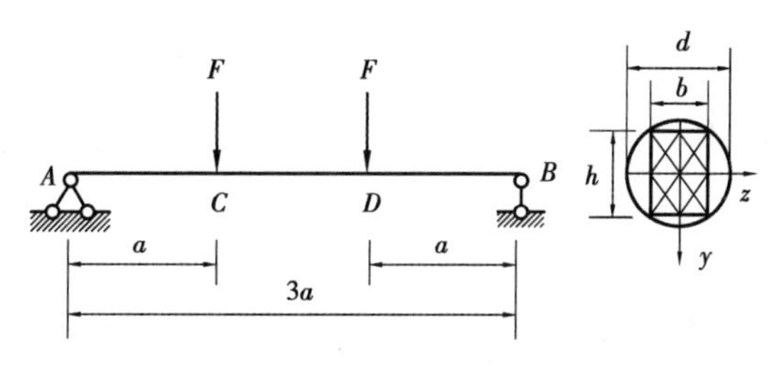

习题 6.15 图

6.16　一矩形截面木梁，其截面尺寸及荷载如图所示，$q=1.3$ kN/m。已知 $[\sigma]=10$ MPa，$[\tau]=2$ MPa。试校核该梁的正应力和切应力强度。

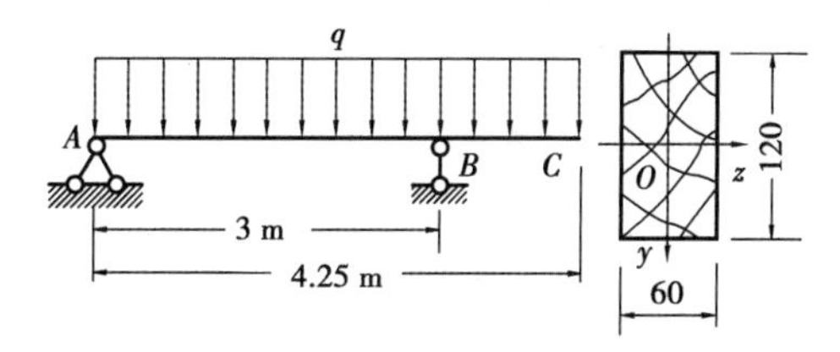

习题 6.16 图

6.17 由工字钢制成的简支梁受力如图所示。已知材料的许用弯曲正应力$[\sigma]$ = 170 MPa,许用切应力$[\tau]$ = 100 MPa。试选择工字钢型号。

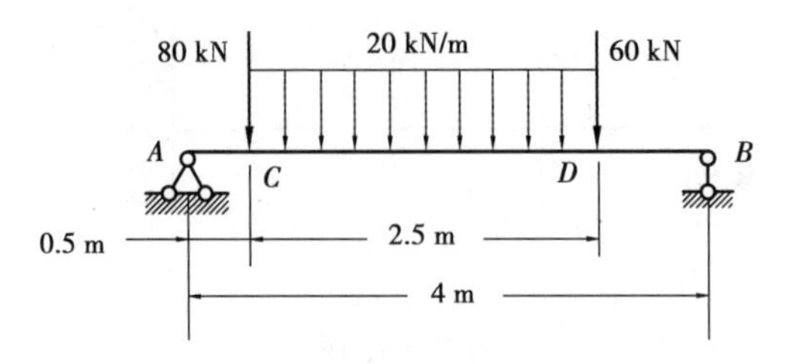

习题 6.17 图

6.18 汽车前桥如图所示。通过电测试验测得汽车满载时,横梁中间截面上表面压应变 $\varepsilon_x = -360\times10^{-6}$。已知材料弹性模量 E = 210 GPa,求前桥所受竖向载荷 F 的值(已知中间截面 I_z = 185 cm^4)。

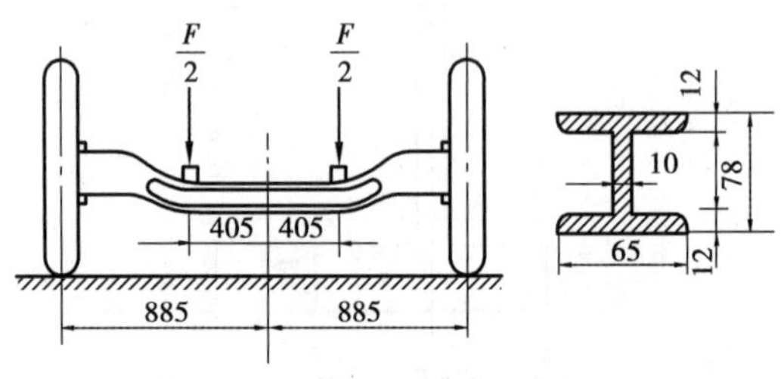

习题 6.18 图

6.19 试绘出如图所示的悬臂梁中性层以下部分的受力图,并说明该部分如何平衡。

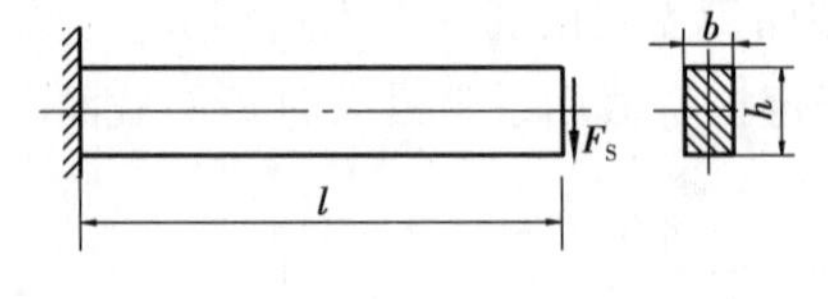

习题 6.19 图

6.20 试判断如图所示各截面的切应力流的方向和弯曲中心的大致位置。设剪力 F_S 铅垂向下。

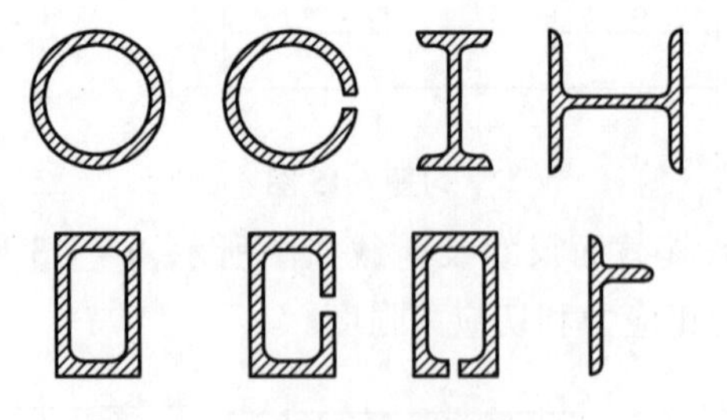

习题 6.20 图

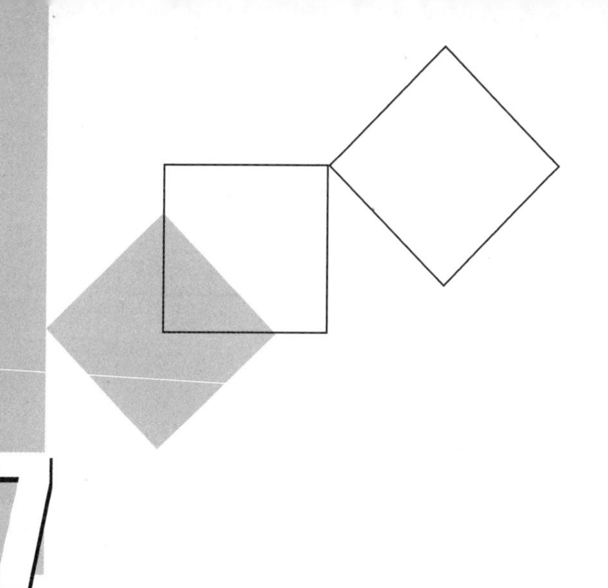

7 弯曲变形

本章导读：

- **基本要求** 掌握梁弯曲变形时截面的挠度和转角的概念；掌握求梁变形的积分法和叠加法；掌握梁的刚度计算方法；掌握简单超静定梁的解法。
- **重点** 梁的变形分析；积分法和叠加法计算梁的变形；简单超静定梁的求解。
- **难点** 叠加法求梁的变形；变形相容条件的建立。

7.1 梁的弯曲变形

如图 7.1 所示，桥式吊梁在荷载作用下将发生弯曲变形。为研究等直梁在平面弯曲时的变形，取梁在变形前的轴线为 x 轴，坐标原点 O 取在梁的左端，梁横截面的铅垂对称轴为 y 轴。xy 平面代表梁的纵向对称面，则当荷载作用在纵向对称面内时，梁的轴线将在纵向对称平面内弯曲成一条平面曲线，这条曲线称为梁的挠曲线。

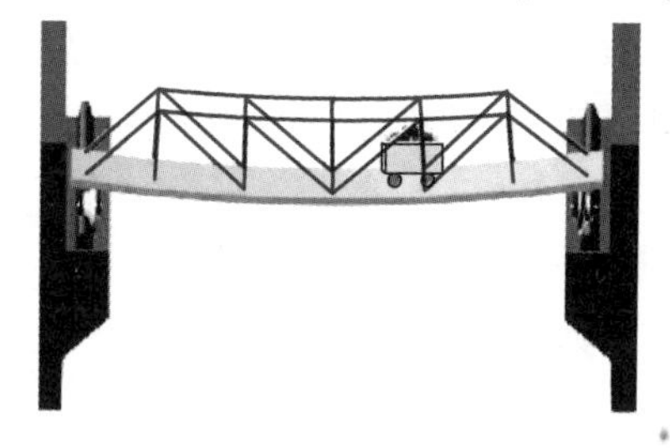

图 7.1

度量梁变形后横截面位移的两个基本量为：

①挠度：横截面的形心沿 y 轴方向的线位移（在 x 轴方向的线位移是二阶微量，可以忽略不计），称为该截面的**挠度**（见图 7.2）。挠度常以"w"表示，向下为正，向上为负。

显然不同截面的挠度值是不同的，各截面的挠度将是 x 的函数：

$$w = f(x) \tag{7.1}$$

此方程称为挠曲线方程或挠度方程，反映挠度沿梁长的变化规律。

②转角：梁的横截面对其原有位置的角位移 θ，称为该截面的**转角**（见图 7.3）。在图 7.3

所示坐标系中，规定从 x 轴顺时针转到与挠曲线切线所形成的转角为正，反之为负。

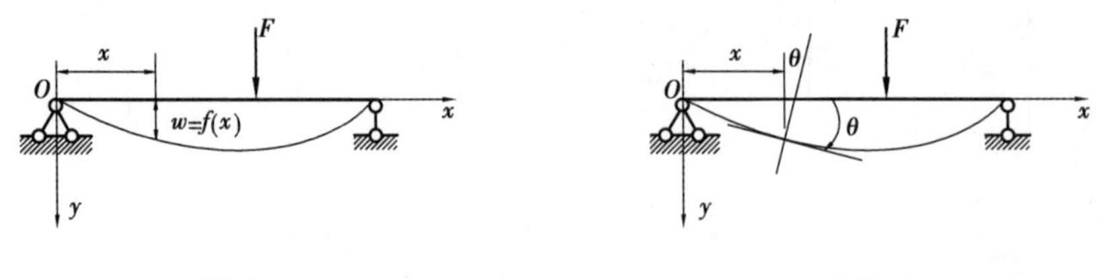

图 7.2　　　　图 7.3

由于梁变形后的轴线是一条光滑连续的曲线，变形后的横截面仍垂直于挠曲线，因此，横截面的转角 θ 也就是曲线在该点处的切线与 x 轴之间的夹角。挠曲线上各点的切线与 x 轴的夹角 θ 的正切为：

$$\tan\theta = \frac{\mathrm{d}w}{\mathrm{d}x} = f'(x)$$

由于梁的变形很小，挠曲线是一条很平坦的曲线，因此 $\theta \approx \tan\theta$，故有：

$$\theta = w' = f'(x) \tag{7.2}$$

即截面转角近似等于挠曲线上对应点处的切线斜率。式(7.2)称为转角方程，是直梁弯曲时挠度与横截面转角之间一个重要的关系式。

由此可见，求得挠曲线方程(7.1)后，就能确定梁任一横截面的挠度和转角。因此计算变形的关键是确定挠曲线方程。

7.2　梁的挠曲线近似微分方程

在第 6 章中已求得，在纯弯曲情况下，曲率 $1/\rho$ 与梁的弯曲刚度 EI 及弯矩 M 的关系，即式(6.13)：

$$\frac{1}{\rho} = \frac{M}{EI}$$

在横力弯曲情况下，梁横截面上除弯矩 M 外，还有剪力 F_S，但工程上常用的梁跨度远远大于横截面高度，与弯矩相比，剪力对于梁的变形影响很小，往往可以忽略不计，因此式(6.3)仍然可以应用。但须注意，此时弯矩 M 和曲率 $1/\rho$ 都随截面位置的变化而变化，都是 x 的函数，即：

$$\frac{1}{\rho(x)} = \frac{M(x)}{EI} \tag{a}$$

数学上，平面曲线 $w = f(x)$ 上任一点的曲率公式为：

$$\frac{1}{\rho(x)} = \pm \frac{\dfrac{\mathrm{d}^2 w}{\mathrm{d}x^2}}{\left[1 + \left(\dfrac{\mathrm{d}w}{\mathrm{d}x}\right)^2\right]^{\frac{3}{2}}} \tag{b}$$

将式(b)代入式(a)，得：

$$\pm\frac{\dfrac{\mathrm{d}^2 w}{\mathrm{d}x^2}}{\left[1+\left(\dfrac{\mathrm{d}w}{\mathrm{d}x}\right)^2\right]^{\frac{3}{2}}}=\frac{M(x)}{EI} \tag{c}$$

由于梁的挠曲线是一条平坦的曲线,因此 $\frac{\mathrm{d}w}{\mathrm{d}x}$ 是一个很小的量,$\left(\frac{\mathrm{d}w}{\mathrm{d}x}\right)^2$ 是高阶微量,与1相比十分微小,可以略去不计,故上式可近似写为:

$$\pm\frac{\mathrm{d}^2 w}{\mathrm{d}x^2}=\frac{M(x)}{EI} \tag{7.3}$$

式(7.3)中左端的正负号的选择,与弯矩 M 的正负符号规定及 xOy 坐标系的选择有关。如图7.4所示,根据弯矩 M 的正负符号规定,当梁的弯矩 $M>0$ 时,梁的挠曲线为凹曲线,在图7.4所示坐标系(取 x 轴向右为正、y 轴向下为正)中,挠曲线的二阶导数 $\frac{\mathrm{d}^2 w}{\mathrm{d}x^2}<0$;反之,当梁的弯矩 $M<0$ 时,挠曲线为凸曲线,在图示坐标系中挠曲线的 $\frac{\mathrm{d}^2 w}{\mathrm{d}x^2}>0$。可见,梁上的弯矩 M 与挠曲线的二阶导数 $\frac{\mathrm{d}^2 w}{\mathrm{d}x^2}$ 符号相反。所以,式(7.3)的左端应取负号,即:

$$\frac{\mathrm{d}^2 w}{\mathrm{d}x^2}=-\frac{M(x)}{EI} \tag{7.4}$$

由于略去了剪力 F_S 的影响,并略去了高阶微量 $\left(\frac{\mathrm{d}w}{\mathrm{d}x}\right)^2$,故式(7.4)称为**挠曲线近似微分方程**。实践表明,由此方程求得的挠度和转角,对实际工程来说,已足够精确。

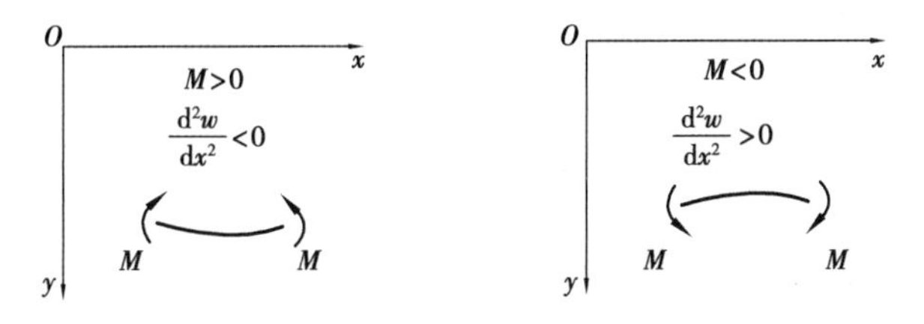

图7.4

7.3 积分法求梁的位移

对于等截面直梁,其弯曲刚度 EI 为一常量,式(7.4)可改写为:

$$EIw''=-M(x)$$

对上式积分一次得转角方程:

$$EI\theta=EIw'=-\int M(x)\,\mathrm{d}x+C \tag{7.5}$$

再积分一次得挠曲线方程:

$$EIw = -\int\left[\int M(x)\,\mathrm{d}x\right]\mathrm{d}x + Cx + D \tag{7.6}$$

式中，C，D 为积分常数。

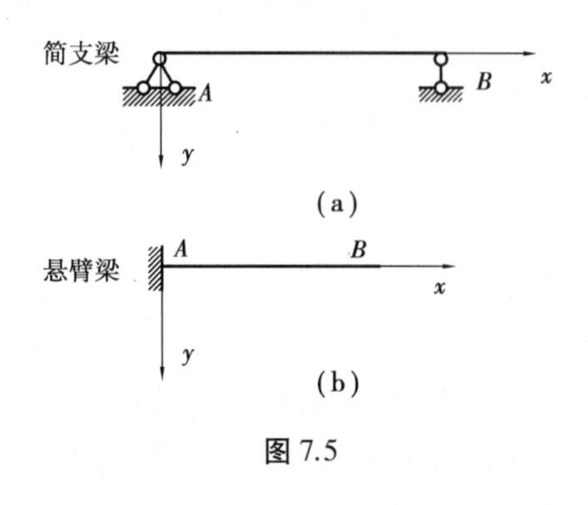

图 7.5

在挠曲线的某些点上，挠度或转角有时是已知的。例如，在简支梁中，如图 7.5(a)所示，左右两铰支座处的挠度均等于零，即：$x=0$，$w_A=0$；$x=l$，$w_B=0$。在悬臂梁中，如图 7.5(b)所示，固定端 A 处的挠度和转角均等于零，即：$x=0$，$w_A=0$，$\theta_A=0$。这类条件统称为**边界条件**。此外，挠曲线应该是一条光滑连续的曲线，即在挠曲线的任意点上，有唯一确定的挠度和转角，这就是**光滑连续条件**。根据连续条件和边界条件即可确定积分常数。积分常数确定后，代入式(7.5)、式(7.6)，可分别得到梁的转角方程和挠曲线方程，从而可确定梁上任一横截面的转角和挠度。

【例题 7.1】 如图 7.6 所示弯曲刚度为 EI 的悬臂梁，在自由端受集中力 F 的作用，试求梁的挠曲线方程和转角方程，并确定其最大挠度和最大转角。

【解】 (1)挠曲线方程和转角方程

建立如图 7.6 所示的坐标系。取距离固定端 A 为 x 的任一横截面，其弯矩方程为：

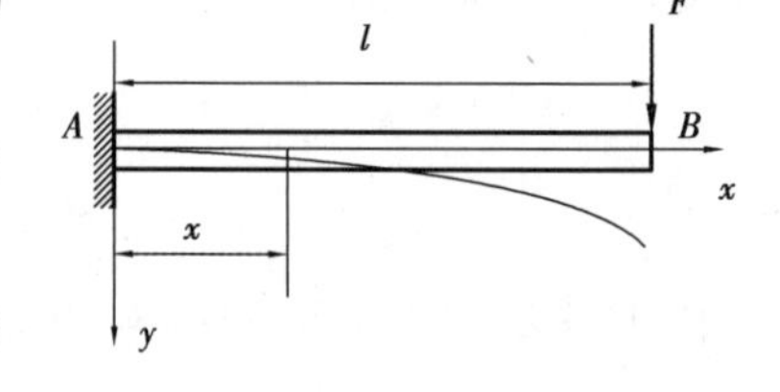

图 7.6

$$M(x) = -F(l-x) \tag{a}$$

即得挠曲线近似微分方程：

$$EIw'' = -M(x) = F(l-x) \tag{b}$$

对式(b)两次积分，得：

$$EIw' = Flx - \frac{1}{2}Fx^2 + C \tag{c}$$

$$EIw = \frac{1}{2}Flx^2 - \frac{1}{6}Fx^3 + Cx + D \tag{d}$$

由悬臂梁的边界条件：$w\Big|_{x=0} = 0, w'\Big|_{x=0} = 0$

得积分常数：$C=0$，$D=0$

将积分常数代入式(c)和式(d)，得到梁的转角方程和挠曲线方程分别为：

$$\theta = w' = \frac{Flx}{EI} - \frac{Fx^2}{2EI} \tag{e}$$

$$w = \frac{Flx^2}{2EI} - \frac{Fx^3}{6EI} \tag{f}$$

(2)最大挠度和最大转角

根据梁的受力情况和边界条件，画出梁的挠曲线的示意图后可知，梁的最大挠度和最大转角都发生在 $x=l$ 的自由端截面处。由式(e)、式(f)分别求得其值为：

$$\theta_{\max} = \theta\Big|_{x=l} = \frac{Fl^2}{EI} - \frac{Fl^2}{2EI} = \frac{Fl^2}{2EI}$$

$$w_{\max} = w\bigg|_{x=l} = \frac{Fl^3}{2EI} - \frac{Fl^3}{6EI} = \frac{Fl^3}{3EI}$$

所得结果,挠度为正,表示 B 截面向下移动;转角为正,表明 B 截面顺时针转动。

【例题 7.2】 如图 7.7 所示弯曲刚度为 EI 的简支梁,受集度为 q 的均布荷载作用,试求梁的挠曲线方程和转角方程,并确定其最大挠度和最大转角。

【解】 (1)挠曲线方程和转角方程

由平衡方程得梁的两支座支反力为:

$$F_A = F_B = \frac{ql}{2}$$

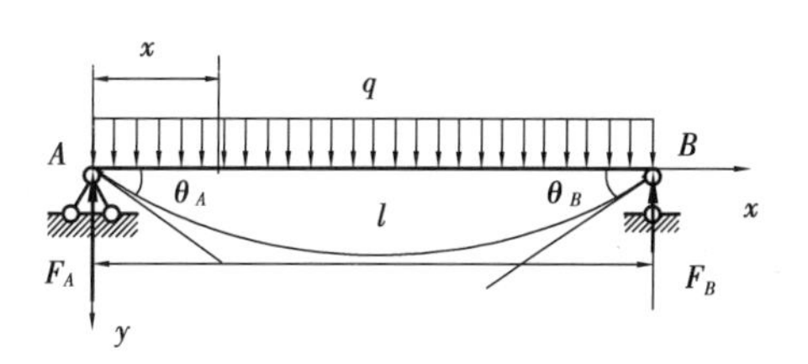

图 7.7

建立如图 7.7 所示的坐标系。梁的弯矩方程为:

$$M(x) = \frac{1}{2}qlx - \frac{1}{2}qx^2 \qquad (a)$$

即得挠曲线近似微分方程:

$$EIw'' = \frac{1}{2}qx^2 - \frac{1}{2}qlx \qquad (b)$$

对式(b)两次积分,得:

$$EIw' = \frac{1}{6}qx^3 - \frac{1}{4}qlx^2 + C \qquad (c)$$

$$EIw = \frac{1}{24}qx^4 - \frac{1}{12}qlx^3 + Cx + D \qquad (d)$$

由简支梁的边界条件:$w\big|_{x=0} = 0, w\big|_{x=l} = 0$

得积分常数:$C = \frac{1}{24}ql^3, D = 0$

将积分常数代入式(c)、式(d),得到梁的转角方程和挠曲线方程分别为:

$$\theta = w' = \frac{q}{24EI}(4x^3 - 6lx^2 + l^3) \qquad (e)$$

$$w = \frac{qx}{24EI}(x^3 - 2lx^2 + l^3) \qquad (f)$$

(2)最大挠度和最大转角

由于梁和梁上的荷载均是对称的,所以梁的挠曲线也是对称的,最大挠度发生在梁跨中 $x = l/2$ 处,最大挠度为:

$$w_{\max} = w\bigg|_{x=\frac{l}{2}} = \frac{5ql^4}{384EI}$$

由计算可知,两支座处的转角绝对值相等,且均为最大值。

$$\theta_{\max} = \theta_A = -\theta_B = \frac{ql^3}{24EI}$$

【例题 7.3】 如图 7.8 所示弯曲刚度为 EI 的简支梁,在 C 点受集中力 F 作用,试求梁的挠曲线方程和转角方程,并确定其最大挠度和最大转角。

【解】 (1)挠曲线方程和转角方程

由平衡方程得梁的两支座支反力为:

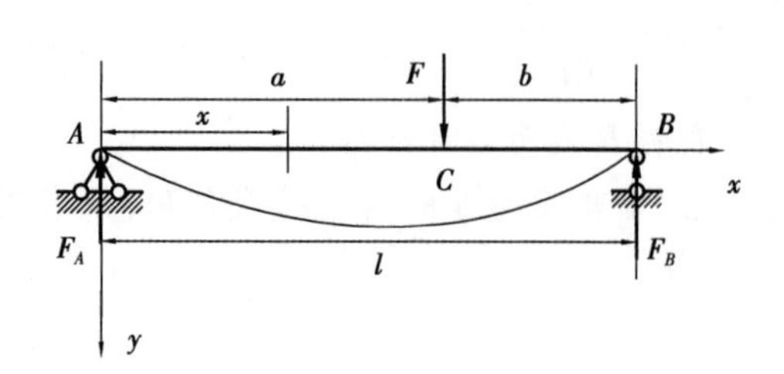

图 7.8

$$F_A=\frac{Fb}{l},F_B=\frac{Fa}{l}$$

建立如图 7.8 所示的坐标。对 AC 段和 CB 段分别建立挠曲线近似微分方程,并积分:

AC 段$(0\leqslant x\leqslant a)$:

弯矩方程: $$M_1(x)=\frac{Fb}{l}x \tag{a}$$

挠曲线近假微分方程:

$$EIw_1''=-\frac{Fb}{l}x \tag{b}$$

两次积分,得: $$EIw_1'=-\frac{Fb}{2l}x^2+C_1 \tag{c}$$

$$EIw_1=-\frac{Fb}{6l}x^3+C_1x+D_1 \tag{d}$$

CB 段$(a\leqslant x\leqslant l)$:

弯矩方程: $$M_2(x)=\frac{Fb}{l}x-F(x-a) \tag{a'}$$

挠曲线近似微分方程: $$EIw_2''=-\frac{Fb}{l}x+F(x-a) \tag{b'}$$

两次积分,得: $$EIw_2'=-\frac{Fb}{2l}x^2+\frac{F}{2}(x-a)^2+C_2 \tag{c'}$$

$$EIw_2=-\frac{Fb}{6l}x^3+\frac{F}{6}(x-a)^3+C_2x+D_2 \tag{d'}$$

由 C 点处的光滑连续条件:

$$w_1'\Big|_{x=a}=w_2'\Big|_{x=a},\quad w_1\Big|_{x=a}=w_2\Big|_{x=a}$$

得积分常数:$C_1=C_2,D_1=D_2$

由梁的边界条件:$w_1\Big|_{x=0}=0\quad w_2\Big|_{x=l}=0$ 得:

$$D_1=D_2=0,C_1=C_2=\frac{Fb}{6l}(l^2-b^2)$$

将积分常数代入以上相应式中,即得转角方程和挠曲线方程:

AC 段$(0\leqslant x\leqslant a)$:

$$\theta_1=w_1'=\frac{Fb}{2lEI}\left[-x^2+\frac{1}{3}(l^2-b^2)\right] \tag{e}$$

$$w_1=\frac{Fb}{6lEI}[-x^2+l^2-b^2] \tag{f}$$

CB 段$(a\leqslant x\leqslant l)$:

$$\theta_2=w_2'=\frac{Fb}{2lEI}\left[-x^2+\frac{l}{b}(x-a)^2+\frac{1}{3}(l^2-b^2)\right] \tag{e'}$$

$$w_2=\frac{Fb}{6lEI}\left[-x^3+\frac{l}{b}(x-a)^3+(l^2-b^2)x\right] \tag{f'}$$

(2)最大挠度和最大转角

显然,最大转角可能发生在左、右两支座处的截面,其值分别为:

$$\theta_A = \theta_1 \Big|_{x=0} = \frac{Fab(l+b)}{6lEI}$$

$$\theta_B = \theta_2 \Big|_{x=l} = -\frac{Fab(l+a)}{6lEI}$$

当 $a>b$ 时,右支座处截面的转角绝对值为最大,其值为:

$$\theta_{\max} = \theta_B = -\frac{Fab(l+a)}{6lEI}$$

简支梁的最大挠度应在 $w'=0$ 处,首先考虑 AC 段,令 $w_1'=0$ 得:

$$x_1 = \sqrt{\frac{l^2-b^2}{3}} = \sqrt{\frac{a(a+2b)}{3}} \tag{g}$$

当 $a>b$ 时,由式(g)可见 $x_1<a$,由此知 $w_{\max}$ 在 AC 段中,将 x_1 值代入式(f),得:

$$w_{\max} = w_1 \Big|_{x=x_1} = \frac{Fb}{9\sqrt{3}lEI}\sqrt{(l^2-b^2)^3} \tag{h}$$

下面以此为例讨论简支梁的 $w_{\max}$ 的近似计算问题。

当 $a=b$,即 F 作用于梁的中点时,最大挠度即中点挠度。当 $a \neq b$ 时,由式(g)可见,b 越小,x_1 值越大,即荷载越靠近右支座,梁的最大挠度点离中点越远,且梁的最大挠度与梁跨中点挠度的差值也越大。考虑其极端情况,即当 $b \to 0$ 时,得:

$$w_{\max} = \frac{Fbl^2}{9\sqrt{3}EI} = 0.064\ 2\frac{Fbl^2}{EI}$$

此时梁跨中点 C 处的挠度为:

$$w_C = w_1 \big|_{x=\frac{l}{2}} = \frac{Fb}{48EI}(3l^2-4b^2)$$

略去 b^2 项,得:

$$w_C \approx \frac{Fbl^2}{16EI} = 0.062\ 5\frac{Fbl^2}{EI}$$

极端情况下,最大挠度与中点挠度的误差为:

$$\frac{w_{\max}-w_C}{w_{\max}} \times 100\% = 2.65\%$$

可见,在简支梁中,无论受到什么荷载作用,只要梁的挠曲线上无拐点,其最大挠度均可用梁跨中点处的挠度代替,其精确度能满足工程计算的要求。

当 $a=b=\dfrac{l}{2}$ 时,$\theta_{\max} = \pm\dfrac{Fl^2}{16EI}$,$w_{\max} = \dfrac{Fl^3}{48EI}$。

在上例的求解过程中,需注意以下两点:

①弯矩不能用一个函数表达,因此需要分段写出挠曲线近似微分方程,并分段积分,此时出现4个未知的积分常数,而梁的边界条件只有两个,即:$w\Big|_{x=0}=0$,$w\Big|_{x=l}=0$,不能确定4个积分常数,因此还必须考虑梁变形的连续性。由于两段分界处的 C 截面既属于 AC 段,又属于 CB 段,而梁变形后的转角和挠度又都是连续的,因此利用相邻两段梁在交接处变形的连续条件,可

列出：$w_1'\Big|_{x=a}=w_2'\Big|_{x=a}$，$w_1\Big|_{x=a}=w_2\Big|_{x=a}$。结合边界条件，即可求出4个积分常数。

②弯矩方程均取左半段梁建立，这样后段方程都包含了前段方程各项，只增加$(x-a)$项。积分运算时对$(x-a)$的弯矩项不要展开，而以$(x-a)$作为自变量进行积分，这样从梁的连续条件就可得到积分常数相等的结果，使确定积分常数的运算得到简化。

7.4 叠加法求梁的变形

当梁上同时有几种（或几个）荷载作用时，若用积分法计算变形，计算过程比较烦琐，计算工作量大。梁在小变形条件下，其弯矩与荷载成线性关系，在线弹性范围内，挠曲线的曲率与弯矩成正比，见式(6.13)，当挠度很小时，曲率与挠度也成线性关系，见式(7.3)。因而，梁的挠度和转角均与作用在梁上的荷载成线性关系。在多个荷载同时作用情况下，梁任一横截面的挠度和转角等于各荷载单独作用下同一截面挠度和转角的叠加，此即为叠加原理。通常计算梁在几种（或几个）荷载同时作用下梁上某个特定截面的挠度和转角（如最大挠度和转角）时，由于各种简单荷载作用下梁的变形可从附录Ⅲ中查出，因而用叠加法计算梁的变形比较简单。

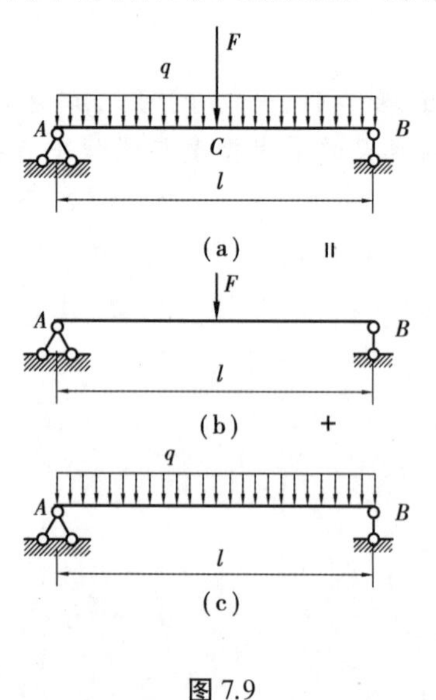

图 7.9

【例题7.4】 如图7.9所示，简支梁上作用有集中力F和集度为q的均布荷载，求A截面处的转角和梁中点C的挠度。

【解】 梁上的荷载可分为两项简单荷载，如图7.9(b)和(c)所示。由附录Ⅲ查得，两种简单荷载作用下A截面处的转角和C点的挠度为：

均布荷载q单独作用时：$\theta_{qA}=\dfrac{ql^3}{24EI}$，$w_{qC}=\dfrac{5ql^4}{384EI}$

集中力F单独作用时：$\theta_{FA}=\dfrac{Fl^2}{16EI}$，$w_{FC}=\dfrac{Fl^3}{48EI}$

将相应的变形叠加，即得：

$$\theta_A=\theta_{FA}+\theta_{qA}=\frac{l^2}{48EI}(3F+2ql),$$

$$w_C=w_{FC}+w_{qC}=\frac{Fl^3}{48EI}+\frac{5ql^4}{384EI}$$

【例题7.5】 如图7.10所示，悬臂梁上作用有集中力F，求自由端C处的挠度和转角。

【解】 可以把BC段看成是悬臂梁AB的延伸部分，由于BC段未受力的作用，所以这段梁虽然发生位移，但没有变形，仍保持为直线。

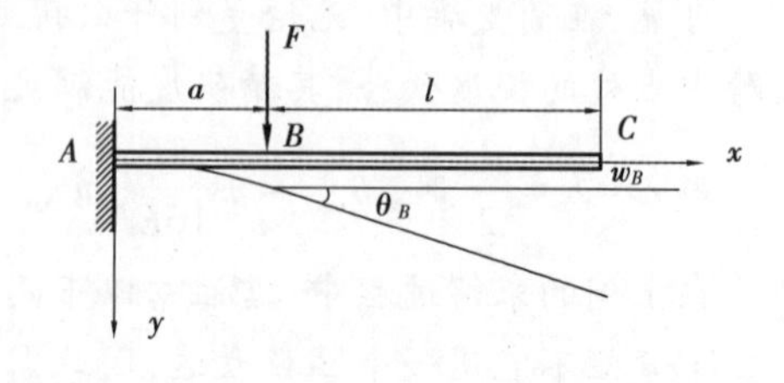

图 7.10

AB段受集中力F作用，产生弯曲变形，截面B的挠度和转角分别为w_B，θ_B。梁的BC段无荷载作用，但因截面B的转角θ_B，C截面相对于B截面的挠度为$\theta_B(l-a)$。C截面的实际挠度为B截面的挠度与C截面相对于B截面的挠度的和。查附录Ⅲ可知，悬臂梁AB在集中力F作用下B点的转角和挠度分别为：

$$\theta_B = \frac{Fa^2}{2EI}, w_B = \frac{Fa^3}{3EI}$$

由叠加原理,C 截面的挠度为:

$$w_C = w_B + \theta_B(l-a) = \frac{Fa^3}{3EI} + \frac{Fa^2}{2EI}(l-a)$$

C 截面的转角为:

$$\theta_C = \theta_B = \frac{Fa^2}{2EI}$$

【例题 7.6】 悬臂梁承受荷载如图 7.11(a)所示。求挠度的最大值。

【解】 将荷载分解为图 7.11(b)和(c)两种均布荷载的叠加。显然,在 C 截面挠度达到最大值。

由附录Ⅲ查得:题图(b)均布荷载作用下,C 截面挠度为:

$$w_{C1} = \frac{q(2a)^4}{8EI} = \frac{2qa^4}{EI}$$

图(c)中 AB 段受均布荷载作用产生弯曲变形,截面 B 的挠度和转角分别为 w_{B2},θ_{B2}。梁的 BC 段无荷载作用,但因截面 B 的转角 θ_{B2},C 截面相对于 B 截面的挠度为 $\theta_{B2}a$。因此 C 截面的实际挠度为 B 截面的挠度与 C 截面相对于 B 截面的挠度的和,得:

$$w_{C2} = w_{B2} + \theta_{B2}a = -\frac{qa^4}{8EI} - \frac{qa^3}{6EI}a = -\frac{7qa^4}{24EI}$$

由叠加原理,得 C 截面的挠度为:

$$w_C = w_{C1} + w_{C2} = \frac{41qa^4}{24EI}$$

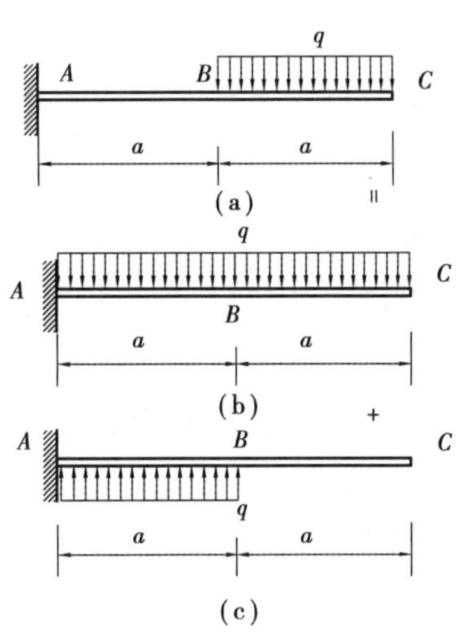

图 7.11

【例题 7.7】 一弯曲刚度为 EI 的外伸梁受荷载作用,如图 7.12(a)所示,试按叠加原理,求截面 B 的转角 θ_B 以及 A 端和 BC 段中点 D 的挠度 w_A 和 w_D。

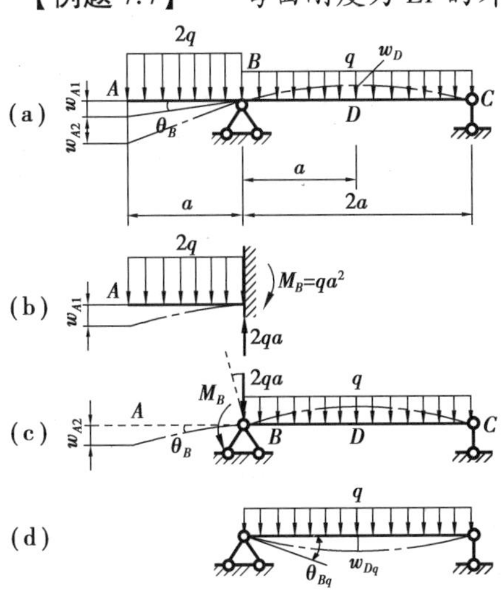

图 7.12

【解】 (1)外伸梁简化

附录Ⅲ中仅给出了简支梁或悬臂梁的挠度和转角。为此,将外伸梁假想沿 B 截面截开,视作一简支梁和一悬臂梁。显然,在两段梁的截面 B 上应加上互相作用的力 $2qa$ 和力偶矩 $M_B=qa^2$,即截面 B 的剪力和弯矩值。

(2)截面 B 的转角和截面 C 的挠度

由图 7.12(a)及(c)(两图中梁的挠曲线是假定的)可见,图 7.12(c)中简支梁 BC 的受力情况与原外伸梁的 BC 段受力情况相同,因此,简支梁 BC 的 θ_B 及 w_D,即是原外伸梁 AC 的 θ_B 及 w_D。简支梁 BC 上的集中力 $2qa$ 作用在支座处,不产生弯曲变形。

于是,按叠加原理及附录Ⅳ,由力偶矩 M_B 和均布荷载 q 所引起的 θ_B 和 w_D 如图 7.12(d)及(e)所示,得

$$\theta_B = \theta_{Bq} + \theta_{BM} = \frac{q(2a)^3}{24EI} - \frac{(qa^2)(2a)}{3EI} = -\frac{1}{3}\frac{qa^3}{EI}$$

$$w_D = w_{Dq} + w_{DM} = \frac{5}{384}\frac{q(2a)^4}{EI} - \frac{(qa^2)(2a)^2}{16EI} = -\frac{1}{24}\frac{qa^4}{EI}$$

(3)端截面 A 挠度

原外伸梁 AC 端截面 A 的挠度 w_A,除悬臂梁[图 7.12(b)]的挠度 w_{A1} 外,还需考虑由截面 B 的转动,带动 AB 段作刚体转动[图 7.12(c)]而引起的挠度 w_{A2}。于是,按叠加原理,可得端截面 A 的总挠度为

$$w_A = w_{A1} + w_{A2} = w_{A1} - \theta_B a$$

$$= \frac{(2q)a^4}{8EI} - \left(-\frac{qa^3}{3EI}\right)a = \frac{7qa^4}{12EI}$$

7.5 梁的刚度条件

7.5.1 梁的刚度条件

结构设计时,在根据强度条件选择了梁的截面后,有时还需对梁进行刚度校核,也就是要求在荷载的作用下产生的位移不能过大。在土建工程中,通常对梁的挠度加以限制,例如桥梁的挠度过大,就会在机车通过时发生很大的振动。在机械制造中,对挠度和转角也都有一定的限制,机床中的主轴挠度过大,会影响工件的加工精度;传动轴在机座处的转角过大,将使轴承发生严重的磨损。

对于梁的挠度,其位移许可值通常用许可的挠度与跨长的比值 $\left[\frac{f}{l}\right]$ 作为标准。例如在土建工程中,$\left[\frac{f}{l}\right]$ 的值限制在 $\frac{1}{1\,000} \sim \frac{1}{250}$;在机械工程中,对主要的轴,$\left[\frac{f}{l}\right]$ 的值限制在 $\frac{1}{10\,000} \sim \frac{1}{5\,000}$,许可转角 $[\theta]$ 的值一般限制在 0.005 ~ 0.001 rad。

梁的刚度条件可表示为:

$$\frac{w_{\max}}{l} \leqslant \left[\frac{f}{l}\right] \qquad \theta_{\max} \leqslant [\theta] \tag{7.7}$$

对于一般土建工程中的构件,强度要求若能满足,刚度条件一般也能满足,因此刚度条件通常属于从属地位,但对某些特殊构件,当对其位移限制很严时,则刚度条件有可能起控制作用。

【例题 7.8】 如图 7.13 所示,承受均布荷载的简支梁,梁截面采用 22 号工字钢,已知:l=6 m,q=4 kN/m,梁的许可挠度与跨长之比值为 $\left[\frac{f}{l}\right] = \frac{1}{400}$,弹性摸量 E=200 GPa,试校核梁的刚度。

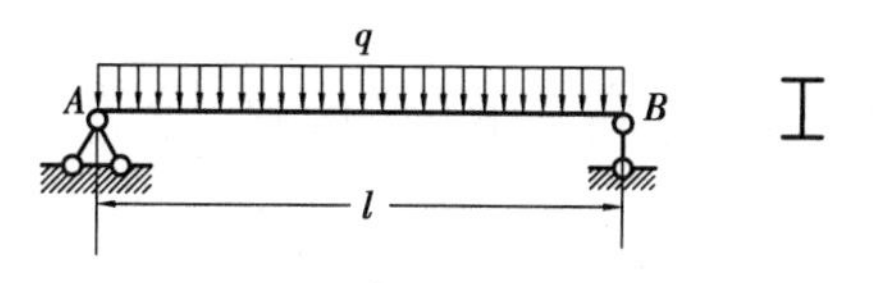

图 7.13

【解】 由附录Ⅱ型钢表,查得22号工字钢的惯性矩为:

$$I_z = 0.34 \times 10^{-4}\ \mathrm{m}^4$$

由附录Ⅲ查得:挠度的最大值在梁的跨中,其值为

$$w_{\max} = \frac{5ql^4}{384EI}$$

所以,$\dfrac{w_{\max}}{l} = \dfrac{5ql^3}{384EI} = \dfrac{5 \times 4 \times 10^3\ \mathrm{N/m} \times (6\ \mathrm{m})^3}{384 \times (200 \times 10^9\ \mathrm{Pa}) \times (0.34 \times 10^{-4}\ \mathrm{m}^4)} = 0.001\ 6 < \left[\dfrac{f}{l}\right] = \dfrac{1}{400}$

显然,满足刚度要求。

【例题7.9】 一圆木简支梁受均布荷载如图7.14所示。已知:$q=2$ kN/m,$l=4$ m,$E=10$ GPa,$[\sigma]=10$ MPa,$[f/l]=1/200$,试求梁截面所需直径d。

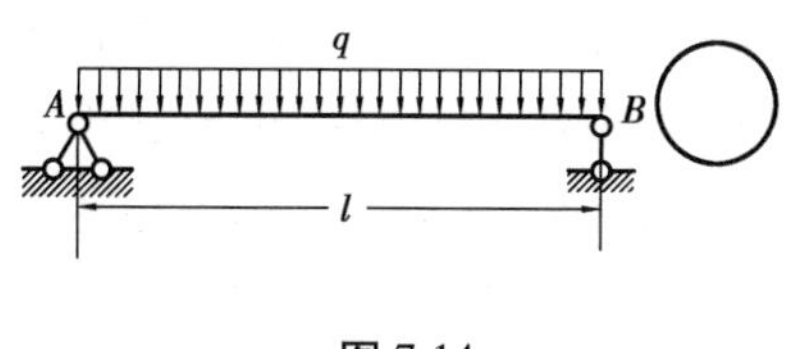

图 7.14

【解】 (1)根据正应力强度条件选择截面尺寸

受均布荷载的简支梁的最大弯矩为:

$$M_{\max} = \frac{1}{8}ql^2 = \frac{1}{8} \times 2 \times 10^3\ \mathrm{N/m} \times (4\ \mathrm{m})^2 = 4\ \mathrm{kN \cdot m}$$

由正应力强度条件:

$$\sigma_{\max} = \frac{M_{\max}}{W_z} = \frac{M_{\max}}{\dfrac{\pi d^3}{32}} \leqslant [\sigma]$$

得所需横截面的直径为:

$$d \geqslant \sqrt[3]{\frac{32M_{\max}}{\pi[\sigma]}} = \sqrt[3]{\frac{32 \times 4 \times 10^3\ \mathrm{N \cdot m}}{\pi \times (10 \times 10^6\ \mathrm{Pa})}} = 0.160\ \mathrm{m}$$

(2)根据刚度条件选择截面尺寸

受均布荷载的简支梁的最大挠度值为:

$$w_{\max} = \frac{5ql^4}{384EI} = \frac{5ql^4}{384E\dfrac{\pi d^4}{64}}$$

由刚度条件:

$$\frac{w_{\max}}{l} = \frac{5ql^3}{384EI} = \frac{5ql^3}{384E\dfrac{\pi d^4}{64}} \leqslant \left[\frac{f}{l}\right] = \frac{1}{200}$$

得所需横截面的直径为:

$$d \geqslant \sqrt[4]{\frac{64 \times 5ql^3}{384\pi E}\left[\frac{l}{f}\right]} = \sqrt[4]{\frac{64 \times 5 \times (2 \times 10^3\ \mathrm{N/m}) \times (4\ \mathrm{m})^3}{384 \times \pi \times (10 \times 10^9\ \mathrm{Pa})} \times 200} = 0.162\ \mathrm{m}$$

所以,综合考虑取梁的截面直径:$d=162$ mm。

7.5.2 提高梁的刚度的措施

由梁的变形计算可知,梁的位移除了与梁的荷载和支承有关外,还取决于下列3个因素:一是弹性模量 E——梁的位移与材料的弹性模量 E 成反比;二是截面的惯性矩 I——梁的位移与截面的惯性矩 I 成反比;三是梁的跨长 l——梁的位移与跨长的 n 次幂成正比。由此可见,为了减小梁的位移,可以采取下列措施:

①增大梁的弯曲刚度 EI。当荷载不变时,梁的最大位移与 EI 成反比,因此增大 EI 可提高梁的刚度,因为同类材料的弹性模量 E 都相差不多,为提高梁的刚度,应增大 I 的值。在截面面积不变的情况下,宜采用面积分布远离中性轴的截面形状,以增大截面的惯性矩,从而降低应力、提高弯曲刚度,所以工程中采用工字形、箱形截面等。

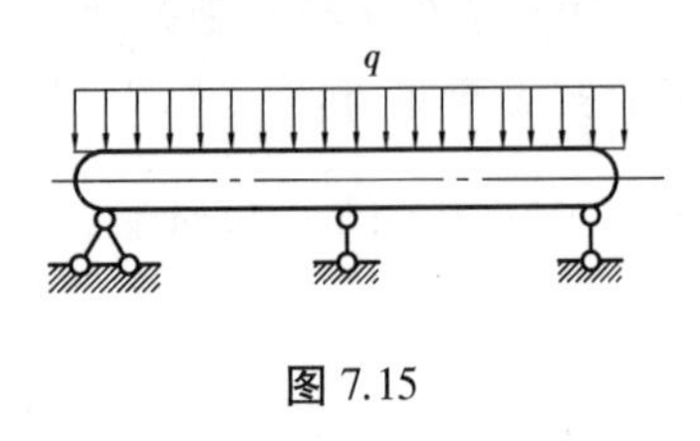

图 7.15

②调整跨长和改变结构。由于梁的位移与跨长的 n 次幂成正比,说明跨长对梁的变形的影响是很大的,因此减小梁的跨长或在梁的中间增加支承,可有效减小梁的变形。如图7.15所示,在简支梁中增加一个支承,可使梁的挠度显著减小,但采取这种措施后,原来的静定梁将变成超静定梁。

*7.6 简单超静定梁的解法

如果梁的未知约束反力的数目多于可列出的独立静力学平衡方程的数目,此时单凭静力学平衡条件,就不能完全确定这些未知的约束反力,这类梁称为超静定梁。如在图7.16中简支梁的跨中增加一支座,未知力的数目比独立的平衡方程数目多一个,该梁为一次超静定梁。又如,图7.16中悬臂梁的自由端增加一支座,也是一次超静定。解超静定问题需要综合考虑几何、物理、静力学三个方面。下面以图7.17的简支梁为例说明其解法。

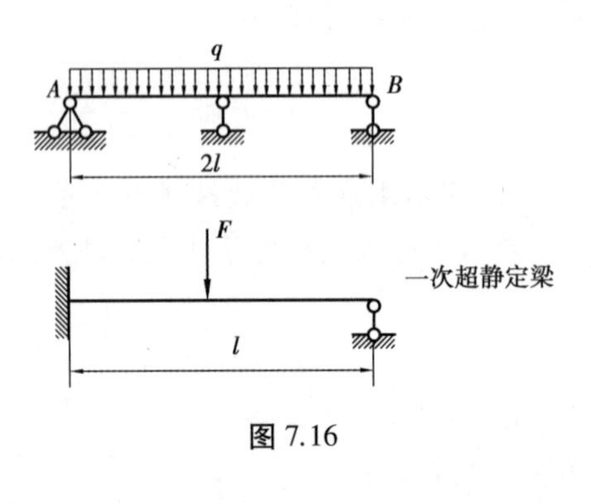

图 7.16

假想解除超静定梁的多余约束 C,用约束反力 F_C 代替,由此得到的静定梁称为原超静定梁的静定基。静定基在荷载和多余约束反力 F_C 的共同作用下,它的变形情况应和原超静定梁的变形情况完全相同,变形相容性条件为:C 截面的挠度为零。即:

$$w_C = 0$$

$$w_C^q + w_C^{F_C} = 0 \tag{a}$$

查附录Ⅲ得力与挠度间的物理关系为:

$$w_C^q = \frac{5q(2l)^4}{384EI} = \frac{5ql^4}{24EI} \tag{b}$$

$$w_C^{F_C} = -\frac{F_C(2l)^3}{48EI} = -\frac{F_C l^3}{6EI} \qquad (c)$$

将物理关系式(b)、式(c)代入式(a),即得补充方程

$$\frac{5ql^4}{24EI} - \frac{F_C l^3}{6EI} = 0 \qquad (d)$$

由此解得多余约束反力为:

$$F_C = \frac{5}{4}ql$$

根据静定基的静力平衡条件可求梁端的支座约束力为:

$$F_A = \frac{3}{8}ql, F_B = \frac{3}{8}ql$$

可绘出其剪力图、弯矩图(见图7.17),再进一步进行强度计算和刚度计算等问题。

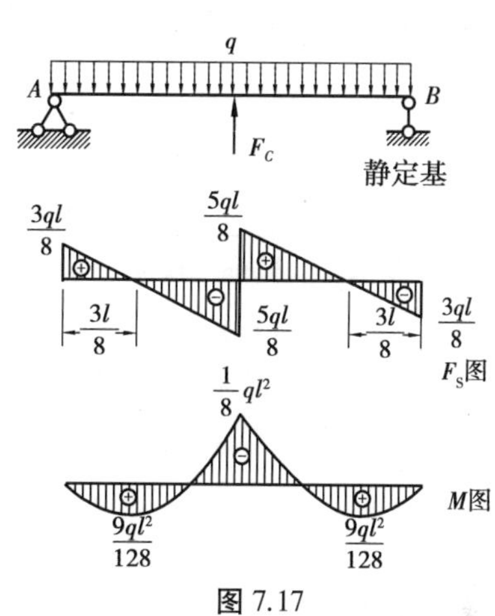

图7.17

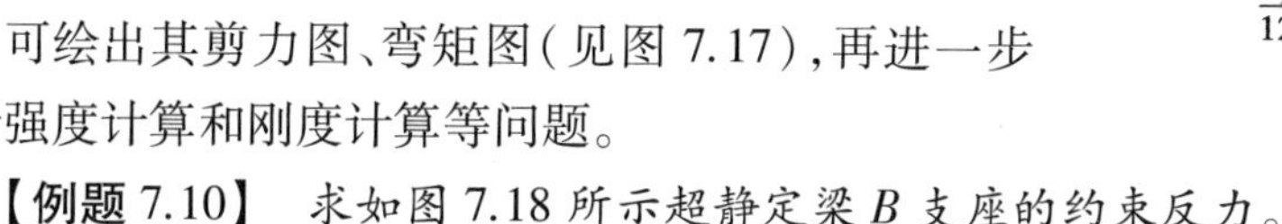

【例题7.10】 求如图7.18所示超静定梁B支座的约束反力。

【解】 (1)选择静定基

解除B处的约束,以约束反力F_B代替,图7.18(b)为原超静定梁的静定基。

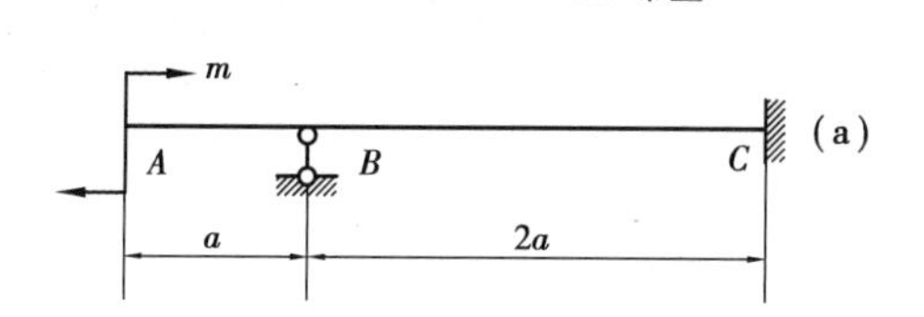

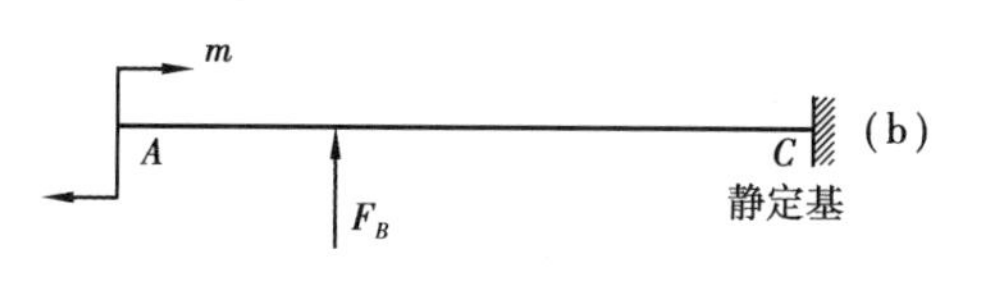

图7.18

(2)补充方程

其变形相容条件为:

$$w_B = 0$$

即:

$$w_B^m + w_B^{F_B} = 0 \qquad (a)$$

查附录Ⅲ得力与挠度间的物理关系为:

$$w_B^m = -\frac{m(2a)^2}{2EI} = -\frac{2ma^2}{EI} \qquad (b)$$

$$w_B^{F_B} = -\frac{F_B(2a)^3}{3EI} = -\frac{8F_B a^3}{3EI} \qquad (c)$$

将物理关系式(b)、式(c)代入式(a),即得补充方程:

$$-\frac{2ma^2}{EI} - \frac{8F_B a^3}{3EI} = 0$$

解得:$F_B = -\frac{3m}{4a}$(负号表示支座B处的约束力实际方向与假设相反)

【例题7.11】 如图7.19所示梁AB的EI为一常数,BC杆的EA亦为一常数,求B处的约束反力。

【解】 (1)选择静定基

解除B处的约束,以约束反力F_{BC}代替,图7.19(b)为原超静定梁的静定基。

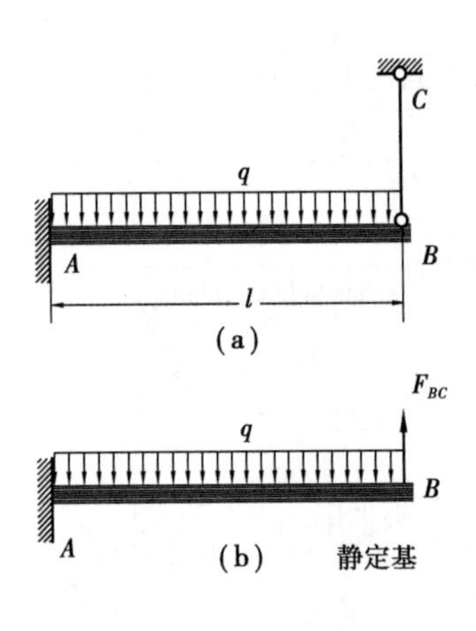

图 7.19

(2)补充方程

其变形相容条件为：

$$w_B = w_B^q + w_B^{F_{BC}} = \Delta l_{BC} \tag{a}$$

查附录Ⅲ得力与挠度间的物理关系为：

$$w_B^q = \frac{ql^4}{8EI} \tag{b}$$

$$w_B^{F_{BC}} = -\frac{F_{BC}l^3}{3EI} \tag{c}$$

由拉(压)杆的变形知：

$$\Delta l_{BC} = \frac{F_{BC}l_{BC}}{EA} \tag{d}$$

将式(b)、式(c)、式(d)代入式(a)得补充方程为：

$$\frac{ql^4}{8EI} - \frac{F_{BC}l^3}{3EI} = \frac{F_{BC}l_{BC}}{EA} \tag{e}$$

解得：

$$F_{BC} = \frac{ql^4}{8I\left(\frac{l_{BC}}{A} + \frac{l^3}{3EI}\right)}$$

【例题 7.12】 同一工程问题的力学模型可能具有多样性。它们可能复杂程度不同，但是结果相同。如图 7.20(a)所示，一根足够长的钢筋，放置在水平刚性平台上。钢筋单位长度的重量为 q，抗弯刚度为 EI。钢筋的一端伸出桌面边缘 B 的长度为 a，设在两种情况下计算钢筋自由端 A 的挠度。

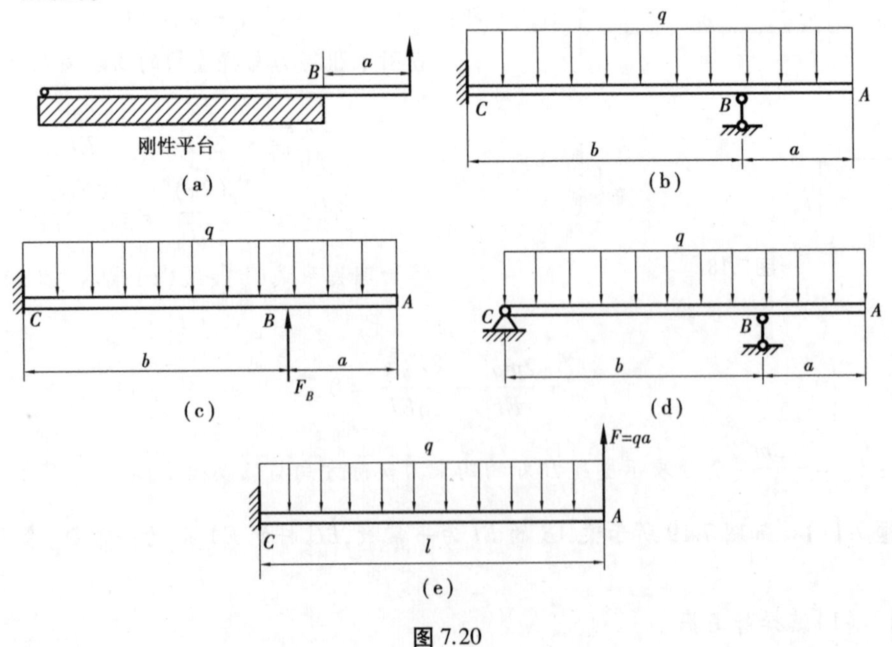

图 7.20

(1)载荷 $F=0$;

(2)载荷 $F=qa$。

【解】 (1)载荷 $F=0$ 的情况

当梁与刚性面贴合时,梁的贴合部分具有与刚性面相同的曲率 $k=\frac{1}{\rho}=0$。根据挠曲线曲率公式:$\frac{1}{\rho}=\frac{M}{EI}$,故该处的弯矩为零。

据此可建立两种不同的力学模型:

满足几何条件的超静定梁模型如图7.20(b)所示。

附加条件是:

$$M_C = 0 \tag{1}$$

满足力学条件的外伸梁模型如图7.20(c)所示。

附加条件是:

$$\theta_C = 0 \tag{2}$$

对于图7.20(b),由位移条件 $w_B=0$,建立补充方程:

$$2\frac{(F_B - qa)b^3}{3EI} - \frac{\frac{1}{2}qa^2b^2}{2EI} - \frac{qb^4}{8} = 0 \tag{3}$$

由附加条件:$M_C=0$,建立对 C 点的力矩平衡方程:

$$F_Bb - \frac{1}{2}q(a+b)^2 = 0 \tag{4}$$

联立式(3)和式(4),解得:

$$b = \sqrt{2}a;F_B = \frac{1}{2b}q(a+b)^2;w_A = -\frac{2\sqrt{2}+3}{24EI}qa^4(\downarrow)$$

对于图7.20(c),由附加条件 $\theta_C=0$,$\frac{\frac{1}{2}qa^2b}{6EI}-\frac{qb^3}{24EI}=0$,解得

$$b = \sqrt{2}a;w_A = -\frac{qa^4}{8EI} - \frac{\frac{1}{2}qa^2ba}{3EI} + \frac{qb^3a}{24EI} = -\frac{2\sqrt{2}+3}{24EI}qa^4(\downarrow)$$

与第一种模型的求解结果相同,但过程简洁。

(2)载荷 $F=qa$ 的情况

外伸段对 B 截面的作用是顺时针力偶,B 截面被抬起,梁拱起部分连同外伸段的力学模型为如图7.20(d)所示悬臂梁。

由平衡条件:$qal-\frac{1}{2}ql^2=0$,解得:$l=2a$。

$w_A=\frac{qal^3}{3EI}-\frac{qa^4}{8EI}=\frac{2}{3EI}qa^4(\uparrow)$

本章小结

(1)梁的位移用挠度 w 和转角 θ 两个基本量表示,且 $\theta = w' = f'(x)$。

(2)由挠曲线近似微分方程 $EIw'' = -M(x)$,通过积分运算计算梁的挠度和转角。正确写出弯矩方程和初始条件是计算的基础。

(3)当梁上同时受有几种(几个)荷载作用时,常采用叠加法,即多个荷载同时作用下,梁任一横截面的挠度和转角等于各荷载单独作用下同一截面挠度和转角的和。

(4)工程设计中,梁不仅需满足强度条件,还应满足刚度条件,把位移控制在允许的范围内。梁的刚度条件可表示为:

$$\frac{w_{\max}}{l} \leqslant \left[\frac{f}{l}\right], \theta_{\max} \leqslant [\theta]$$

(5)超静定梁问题的关键仍然是根据原超静定结构的变形相容条件写出变形几何方程,并通过力与位移间的物理关系以得到补充方程。由补充方程再结合静力平衡条件求解。

思考题

7.1 何为挠度和挠曲线?何为转角和转角方程?

7.2 梁的挠曲线近似微分方程是怎样建立的?为什么说是近似的?

7.3 如图所示为一外伸梁,为使荷载 F 作用点的挠度 w_c 等于零,试求荷载 F 与 q 间的关系。

7.4 如图所示,欲在直径为 d 的圆木中锯出弯曲刚度为最大的矩形截面梁,试求截面高度 h 与宽度 b 的合理比值。

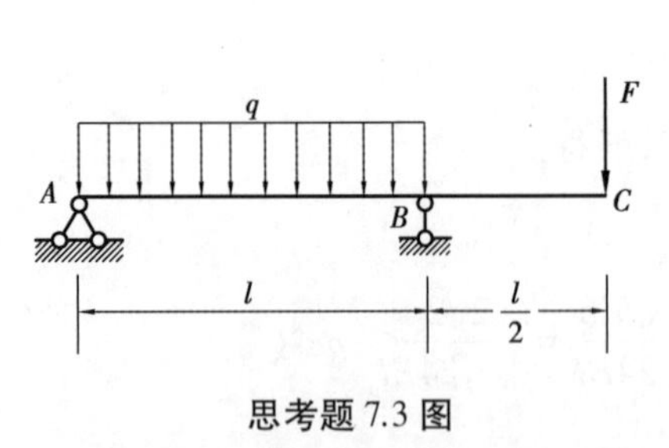

思考题 7.3 图

思考题 7.4 图

7.5 写出如图所示各梁的位移边界条件。设图(d)中支座 B 的弹簧刚度为 k。

7.6 如图所示的超静定梁,分别取支座 B 和 C 为多余约束,试画出两种情况下结构的静定基,并写出相应的变形相容条件。

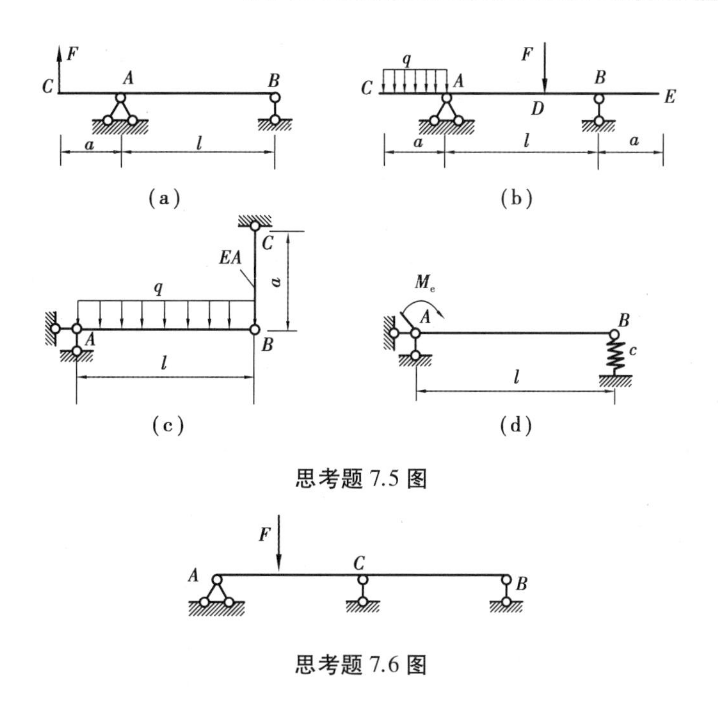

思考题 7.5 图

思考题 7.6 图

习　题

7.1　试用积分法验算附录Ⅲ中第 1—8 项各梁的挠曲线方程及最大挠度、梁端转角的表达式。

7.2　试用积分法求如图所示外伸梁的 θ_A，θ_B 及 w_A，w_D。

7.3　外伸梁如图所示，试用积分法求 w_A，w_C 和 w_E。

7.4　变截面悬臂梁及其荷载如图所示，试用积分法求梁 A 端的挠度 w_A。

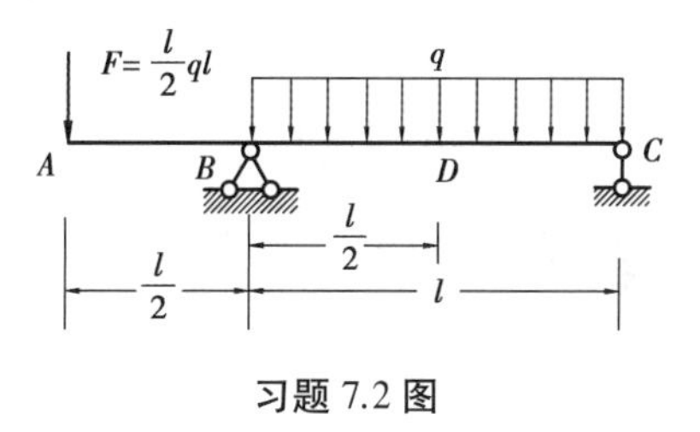

习题 7.2 图

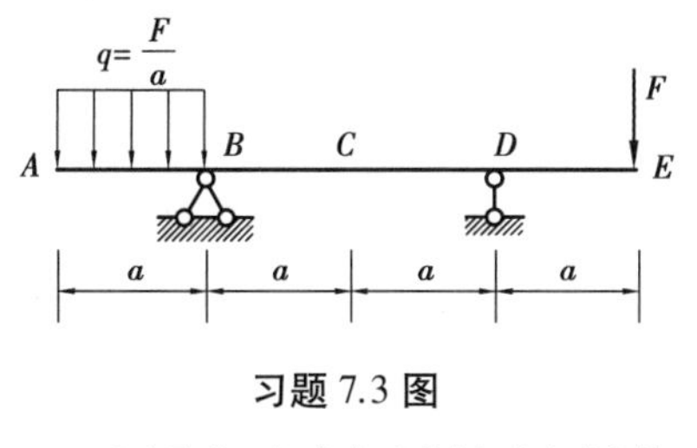

习题 7.3 图

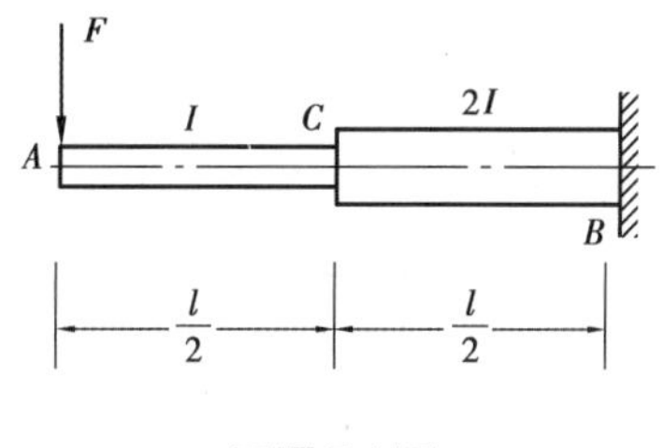

习题 7.4 图

7.5　用叠加法求如图所示各梁截面 A 的挠度和截面 B 的转角。EI 为常量。

7.6　用叠加法求如图所示各外伸梁外伸端的挠度和转角（EI 为常量）。

7.7　如图所示，松木桁条简支梁的横截面为圆形，跨长 $l=4$ m，全跨上作用有集度为 $q=1.82$ kN/m 的均匀分布荷载。已知松木的许用应力 $[\sigma]=10$ MPa，弹性模量 $E=10$ GPa。桁条的许可挠度为 $\left[\frac{f}{l}\right]=\frac{1}{200}$。试求桁条横截面所需的直径。

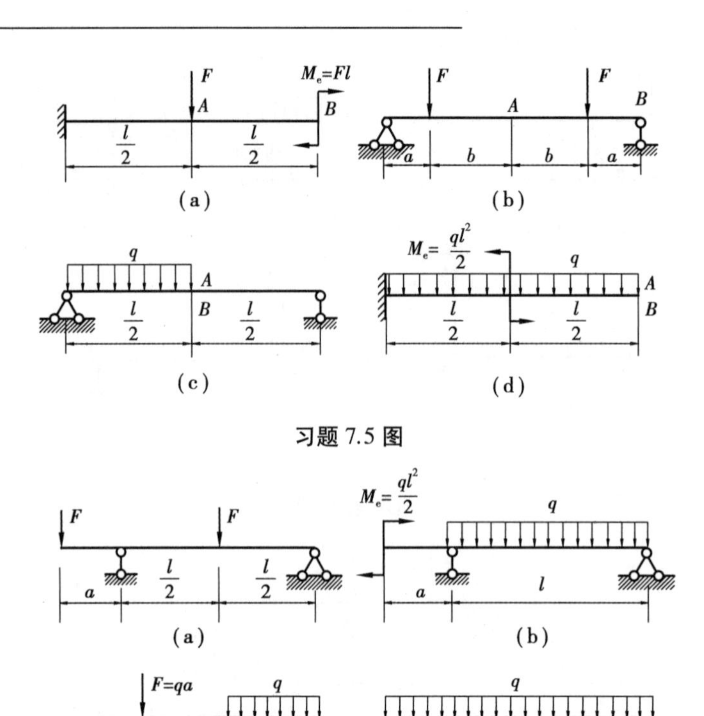

习题 7.5 图

习题 7.6 图

7.8 如图所示的桥式起重机的最大荷载 $F_p = 25$ kN，起重机大梁为 32a 工字钢，钢的弹性模量为 $E = 210$ GPa，梁跨度 $l=8.76$ m，许可挠度为 $\left[\frac{f}{l}\right] = \frac{1}{500}$，试校核梁的刚度。

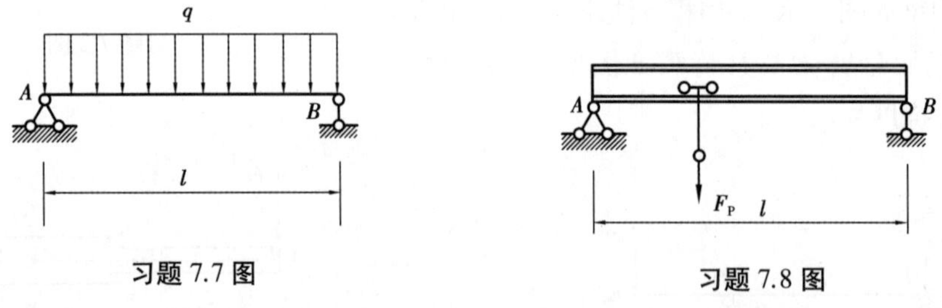

习题 7.7 图

习题 7.8 图

7.9 如图所示一简支梁，截面为工字钢，跨长 $l = 5$ m，力偶矩 $M_{e1} = 5$ kN · m，$M_{e2} = 10$ kN · m。材料的弹性模量为 $E = 200$ GPa，许用应力 $[\sigma] = 160$ MPa，许可挠度为 $\left[\frac{f}{l}\right] = \frac{1}{500}$，试选择该梁工字钢的型号。

7.10 如图所示，受均布荷载作用的简支梁，其截面为 20 b 工字钢，梁的跨长 $l=6$ m，钢的弹性模量为 $E = 200$ GPa，若梁的许可挠度为 $\left[\frac{f}{l}\right] = \frac{1}{400}$，试确定荷载集度 q 的许可值。

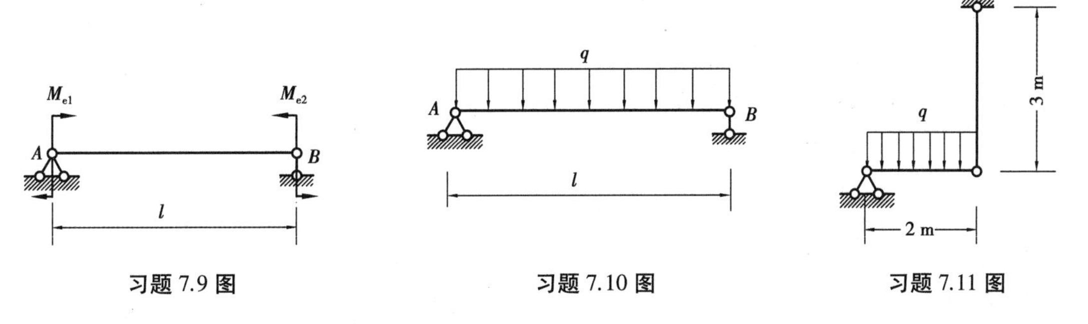

习题 7.9 图　　习题 7.10 图　　习题 7.11 图

7.11　如图所示木梁的右端由钢拉杆支承。已知梁的横截面为边长等于 0.2 m 的正方形，$q=40$ kN/m，$E_1=10$ GPa。钢拉杆的横截面面积 $A_2=250$ mm^2，$E_2=200$ GPa。试求拉杆的伸长 Δl 及梁中点沿铅垂方向的位移。

7.12　试求如图所示各超静定梁的支座反力，并作梁的内力图。

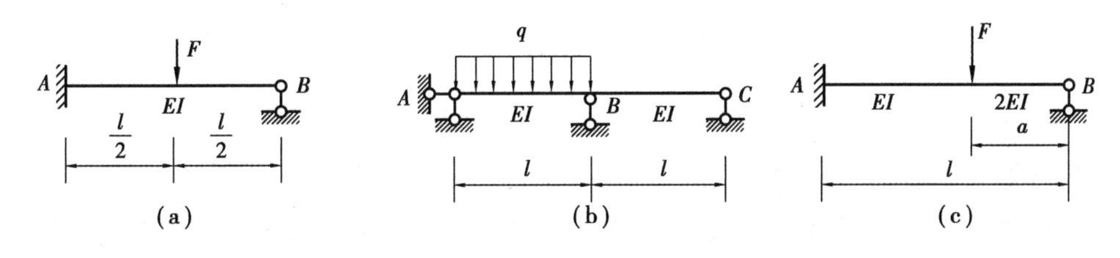

习题 7.12 图

7.13　梁 AB 因强度和刚度不足，用同一材料和同样截面的短梁 AC 加固，如图所示。试求：

(1)二梁接触处的压力 F_c；

(2)加固后梁 AB 的最大弯矩和 B 点的挠度减小的百分数。

7.14　如图所示结构中，已知横梁 AB 的刚度 EI、拉杆的刚度 EA 及荷载集度 q、长度 l，且 $EA=\dfrac{6EI}{l^2}$。试求拉杆的轴力。

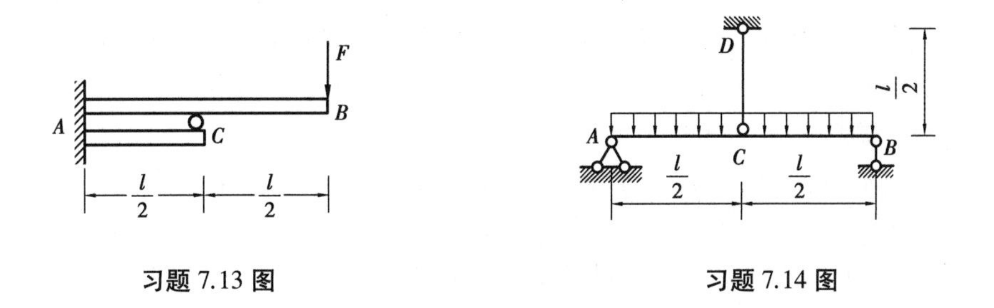

习题 7.13 图　　习题 7.14 图

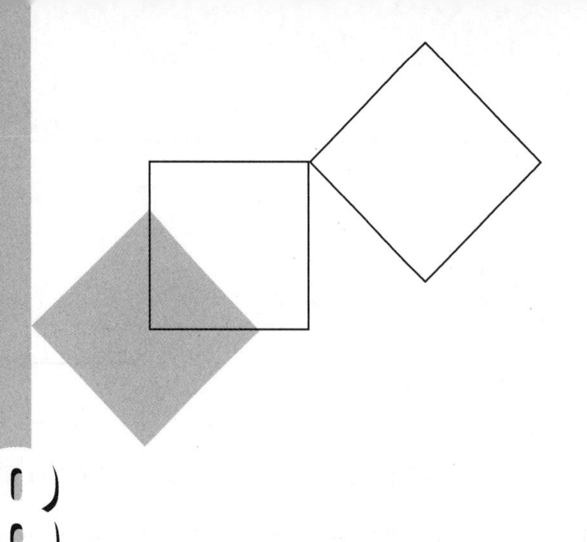

8 应力状态和强度理论

本章导读：

• **基本要求** 掌握应力状态的概念；掌握平面应力状态下的应力分析；掌握各向同性材料的广义胡克定律；掌握常用的4种强度理论；了解三向应力状态下的最大应力。

• **重点** 平面应力状态下的应力分析；广义胡克定律；常用的4种强度理论。

• **难点** 平面应力状态下的应力分析；杆件的破坏形式及强度理论的应用。

8.1 概 述

一般来说，在受力构件内同一点的不同方位的截面上，应力是变化的。例如直杆轴向拉伸时，在杆件的横截面上的点只有正应力，但在斜截面上的点既有正应力，又有切应力，且过同一点而方位不同的斜截面上，应力是不同的。受力构件内一点处不同方位截面上的应力的集合，称为一点处的**应力状态**。

前面几章分别讨论了构件在基本变形时的强度计算，并建立了相应的强度条件 $\sigma_{max} \leqslant [\sigma]$ 或 $\tau_{max} \leqslant [\tau]$。式中工作应力 σ_{max} 和 τ_{max} 根据相应的应力公式计算；材料的许用应力 $[\sigma]$ 或 $[\tau]$，则由拉伸(压缩)试验或扭转试验测得材料相应的极限应力并除以安全因数来确定。建立强度条件时，没有考虑材料破坏的原因。

对于轴向拉压和平面弯曲中的正应力，由于危险点处于单向应力状态，故可将最大工作正应力与材料在单向拉伸(压缩)时的许用应力相比较来建立强度条件。同样，对于圆轴扭转和平面弯曲中的切应力，由于危险点处于纯剪切应力状态，也可以将最大工作切应力与材料在纯剪切下的许用应力相比来建立强度条件。但是，在一般情况下，受力构件内一点处既有正应力，又有切应力，若对这类点的应力进行强度计算，则不能分别按正应力和切应力来建立强度条件，而需综合考虑正应力和切应力的影响。此时，一方面要研究过该点各个不同方位截面上应力的变化规律，从而确定该点处的最大正应力和最大切应力及其所在截面的方位；另一方面，由于该点处的应力状态较为复杂，而应力的组合形式有无限多，不可能直接用试验的方法确定每一种应力组合情况下材料的极限应力，于是需要研究材料破坏的规律。如果能够确定引起材料破坏的共同因素，且可以通过比较简单的应力状态（如单向应力状态或纯剪切应力状态）下的试验结果确定该共同因素的极限值，就能够建立相应的强度条件。关于材料破坏或失效的假说，称为强度理论。

本章先研究构件内一点处的应力状态，再讨论关于材料破坏规律的强度理论，从而为在各种应力状态下的强度计算提供必要的基础。

8.2　平面应力状态分析

研究一点的应力状态时，往往围绕该点取一个无限小的正六面体——单元体来研究。如图8.1(a)所示悬臂梁内 A 点处的应力状态，可以用三对相互垂直的平面，围绕 A 点取出一个单元体，如图8.1(b)所示。由于单元体各边长均为无穷小量，可以认为作用在单元体各面上的应力是均匀分布的，而且单元体两平行平面上的应力大小相等、方向相反。单元体的左右侧面即为梁的横截面，其上的应力可按梁的应力公式求得；单元体上下表面上没有正应力，其切应力可由切应力互等定理确定。单元体前后表面上的应力为零。如果单元体三对互相垂直的平面上的应力已知，则该点的应力状态可完全确定，因此，单元体代表构件上一个点，单元体各面上的应力情况就表示了该点的应力状态。简便起见，将这种前、后两个面上应力为零的单元体，用平面图形来表示，如图8.1(c)所示。

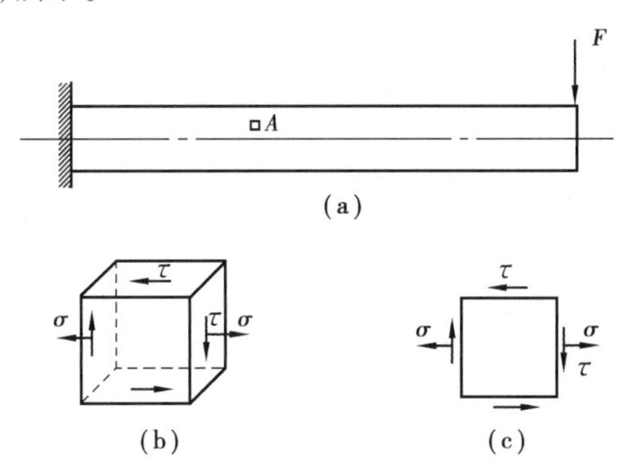

图 8.1

若单元体有一对平面上的应力等于零，即不等于零的各应力分量均处于同一坐标平面内，这种应力状态称为平面应力状态。平面应力状态的普遍形式如图8.2(a)所示。

8.2.1　斜截面上的应力

一平面应力状态单元体如图8.2(a)所示，设单元体在与 x 轴垂直的平面（简称 x 面）上有正应力 σ_x 和切应力 τ_x；在与 y 轴垂直的平面（简称 y 面）上有正应力 σ_y 和切应力 τ_y；在与 z 轴垂直的平面（即前后两面）上没有应力，故可将该单元体用平面图形来表示，如图8.2 (b)所示。

应力的正负号规定如前所述,即拉应力为正,压应力为负。对单元体内任意一点,切应力的合力产生的力矩为顺时针转向时,该切应力为正,反之为负,由切应力互等定理可知,τ_x 和 τ_y 的数值相等,指向如图 8.2(b)所示。利用截面法求该单元体任意斜截面 ef 上的应力,设任意斜截面 ef 的外法线 n 与 x 轴间的夹角为 α,简称为 α 截面,并规定从 x 轴到外法线 n 逆时针转向的方位角 α 为正值。α 截面上的应力分量用 σ_α 和 τ_α 表示。

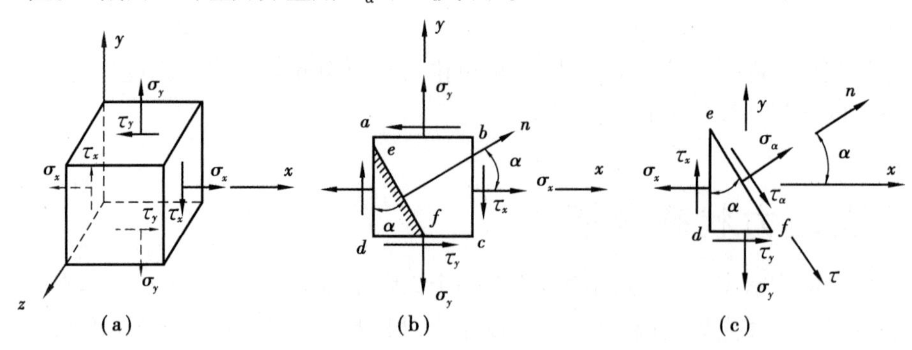

图 8.2

假想沿斜截面 ef 将单元体一分为二,取左边部分 edf 为研究对象,如图 8.2(c)所示。设斜截面 ef 的面积为 $\mathrm{d}A$,斜截面上的应力 σ_α 和 τ_α 均按正方向假设。由平衡条件:

$$\sum F_n = 0,$$

即:

$$\sigma_\alpha \mathrm{d}A + (\tau_x \mathrm{d}A\cos\alpha)\sin\alpha - (\sigma_x \mathrm{d}A\cos\alpha)\cos\alpha + (\tau_y \mathrm{d}A\sin\alpha)\cos\alpha - (\sigma_y \mathrm{d}A\sin\alpha)\sin\alpha = 0$$

$$\sum F_\tau = 0$$

即:

$$\tau_\alpha \mathrm{d}A - (\tau_x \mathrm{d}A\cos\alpha)\cos\alpha - (\sigma_x \mathrm{d}A\cos\alpha)\sin\alpha + (\tau_y \mathrm{d}A\sin\alpha)\sin\alpha + (\sigma_y \mathrm{d}A\sin\alpha)\cos\alpha = 0$$

根据切应力互等定理可知,τ_x 和 τ_y 的数值相等,由上述平衡方程可得:

$$\sigma_\alpha = \sigma_x\cos^2\alpha + \sigma_y\sin^2\alpha - 2\tau_x\sin\alpha\cos\alpha$$

$$\tau_\alpha = (\sigma_x - \sigma_y)\sin\alpha\cos\alpha + \tau_x(\cos^2\alpha - \sin^2\alpha)$$

利用三角关系整理后可求得斜截面上应力:

$$\sigma_\alpha = \frac{\sigma_x + \sigma_y}{2} + \frac{\sigma_x - \sigma_y}{2}\cos 2\alpha - \tau_x \sin 2\alpha \tag{8.1}$$

$$\tau_\alpha = \frac{\sigma_x - \sigma_y}{2}\sin 2\alpha + \tau_x\cos 2\alpha \tag{8.2}$$

上列两式就是平面应力状态下,任意斜截面上应力 σ_α 和τ_α 的计算公式。

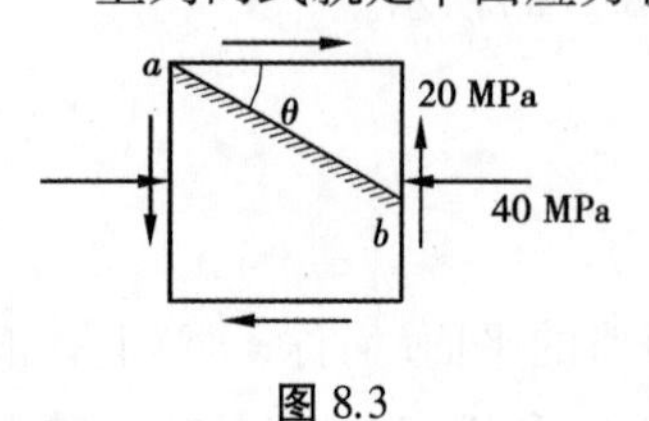

图 8.3

【例题 8.1】 求如图 8.3 所示单元体 ab 面上的应力($\theta = 30°$)。

【解】 由单元体图可知:

$$\sigma_x = -40\ \text{MPa}, \sigma_y = 0, \tau_x = -20\ \text{MPa}, \alpha = 60°$$

由式(8.1)及式(8.2)可直接得到该斜截面上的应力:

$$\sigma_\alpha = \frac{\sigma_x + \sigma_y}{2} + \frac{\sigma_x - \sigma_y}{2}\cos 2\alpha - \tau_x \sin 2\alpha =$$

$$\frac{-40\ \text{MPa} + 0}{2} + \frac{-40\ \text{MPa} + 0}{2}\cos(2 \times 60°) +$$

$$20\ \text{MPa}\sin(2 \times 60°) = 7.32\ \text{MPa}$$

$$\tau_\alpha = \frac{\sigma_x - \sigma_y}{2}\sin 2\alpha + \tau_x \cos 2\alpha =$$

$$\frac{-40\ \text{MPa} - 0}{2}\sin(2 \times 60°) - 20\ \text{MPa}\cos(2 \times 60°) =$$

$$-7.32\ \text{MPa}$$

8.2.2 主应力与主平面

将式(8.1)对 α 取导数：

$$\frac{d\sigma_\alpha}{d\alpha} = -2\left(\frac{\sigma_x - \sigma_y}{2}\sin 2\alpha + \tau_x \cos 2\alpha\right)$$

令此导数等于零，可求得 σ_α 达到极值时的 α 值，以 α_0 表示此值：

$$\frac{\sigma_x - \sigma_y}{2}\sin 2\alpha_0 + \tau_x \cos 2\alpha_0 = 0$$

即：

$$\tan 2\alpha_0 = \frac{-2\tau_x}{\sigma_x - \sigma_y} \tag{8.3}$$

由此式可求出 α_0 的相差90°的两个根，也就是说它们所确定的相互垂直的两个面上，正应力取极值，其中一个面上作用的正应力是极大值，以 σ_{max} 表示；另一个面上作用的是极小值，以 σ_{min} 表示。

利用三角关系：

$$\left.\begin{aligned} \cos 2\alpha_0 &= \pm\frac{1}{\sqrt{1 + \tan^2 2\alpha_0}} \\ \sin 2\alpha_0 &= \pm\frac{\tan 2\alpha_0}{\sqrt{1 + \tan^2 2\alpha_0}} \end{aligned}\right\}$$

将式(8.3)代入上式，再回代入式(8.1)，经整理后即可得到求 σ_{max} 和 σ_{min} 的公式如下：

$$\left.\begin{matrix}\sigma_{max} \\ \sigma_{min}\end{matrix}\right\} = \frac{\sigma_x + \sigma_y}{2} \pm \sqrt{\left(\frac{\sigma_x - \sigma_y}{2}\right)^2 + \tau_x^2} \tag{8.4}$$

需要指出的是，将式(b)与式(8.2)比较，可知：当 $\alpha = \alpha_0$ 时，$\tau_{\alpha_0} = 0$，也就是说，在切应力等于零的平面上，正应力取得最大值或最小值。一点处切应力等于零的平面称为**主平面**，主平面上的正应力即为**主应力**，所以最大或最小的正应力就是主应力。

可以证明：任一点处必定存在这样的一个单元体，其三个相互垂直的面均为主平面，三个主应力分别记为 σ_1，σ_2 和 σ_3，且规定按代数值的大小排列，即 $\sigma_1 \geqslant \sigma_2 \geqslant \sigma_3$。三个主应力都不等于零的应力状态称为**三向应力状态**，如图 8.4(a)所示；如果只有一个主应力等于零，称为**平面应力状态**，如图 8.4(b)所示；如果有两个主应力等于零称为**单向应力状态**，如图 8.4(c)所示。

单向应力状态也称为**简单应力状态**，其他的称为**复杂应力状态**。在平面应力状态下，等于零的主应力，应与其他两个主应力 σ_{max} 和 σ_{min} 比较，确定出 $\sigma_1,\sigma_2,\sigma_3$。

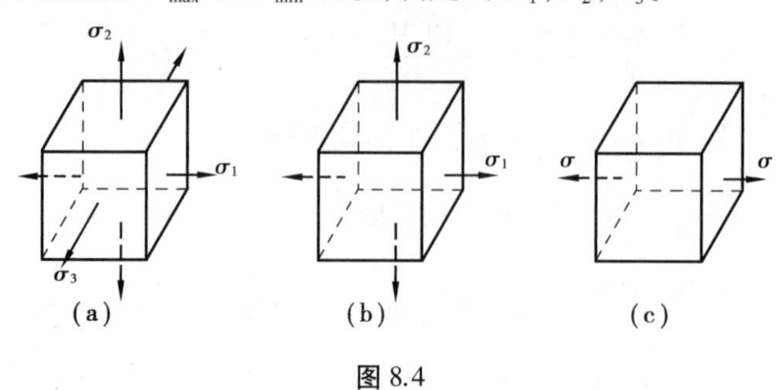

图 8.4

若把式(8.4)中的 σ_{max} 和 σ_{min} 的值相加有下面关系：

$$\sigma_{max}+\sigma_{min}=\sigma_x+\sigma_y \tag{8.5}$$

这表明对于同一个点所截取的平行于 z 轴的不同方位的单元体，其相互垂直面上的正应力之和是一个常量。

用完全相似的方法，可以讨论切应力 τ_α 的极值和它们所在的平面。将式(8.2)对 α 求导，得：

$$\frac{d\tau_\alpha}{d\alpha}=(\sigma_x-\sigma_y)\cos 2\alpha-2\tau_x\sin 2\alpha$$

令导数等于零，求 τ_α 为极值时所在平面的方位角，用 α_τ 表示，得：

$$(\sigma_x-\sigma_y)\cos 2\alpha_\tau-2\tau_x\sin 2\alpha_\tau=0$$

$$\tan 2\alpha_\tau=\frac{\sigma_x-\sigma_y}{2\tau_x} \tag{8.6}$$

由式(8.6)解出 $\sin 2\alpha_\tau$ 和 $\cos 2\alpha_\tau$，代入式(8.2)求得切应力的最大和最小值：

$$\left.\begin{matrix}\tau_{max}\\ \tau_{min}\end{matrix}\right\}=\pm\sqrt{\left(\frac{\sigma_x-\sigma_y}{2}\right)^2+\tau_x^2} \tag{8.7}$$

比较式(8.4)，可得：

$$\left.\begin{matrix}\tau_{max}\\ \tau_{min}\end{matrix}\right\}=\pm\frac{\sigma_{max}-\sigma_{min}}{2} \tag{8.8}$$

再比较式(8.3)、式(8.6)，则有：

$$\tan 2\alpha_0=-\frac{1}{\tan 2\alpha_\tau} \tag{8.9}$$

这表明 $2\alpha_0$ 与 $2\alpha_\tau$ 相差 90°，即切应力极值所在平面与主平面的夹角为 45°。

【例题 8.2】 如图 8.5 所示单元体，$\theta=30°$。试求：

(1)指定斜截面上的应力；

(2)主应力大小，并将主平面标在单元体图上。

【解】 由图可知：$\sigma_x=200$ MPa，$\sigma_y=-200$ MPa，$\tau_x=-300$ MPa，$\alpha=60°$，将其代入式(8.1)、式(8.2)得：

$$\sigma_\alpha=\frac{\sigma_x+\sigma_y}{2}+\frac{\sigma_x-\sigma_y}{2}\cos 2\alpha-\tau_x\sin 2\alpha=$$

$$\frac{200\ \text{MPa}-(-200)\ \text{MPa}}{2}\times\cos(2\times60^\circ)-$$

$$(-300)\ \text{MPa}\times\sin(2\times60^\circ)=159.8\ \text{MPa}$$

$$\tau_\alpha=\frac{\sigma_x-\sigma_y}{2}\sin 2\alpha+\tau_x\cos 2\alpha=$$

$$\frac{200\ \text{MPa}-(-200)\ \text{MPa}}{2}\times\sin(2\times60^\circ)+$$

$$(-300)\ \text{MPa}\times\cos(2\times60^\circ)=323.2\ \text{MPa}$$

由式(8.3)、式(8.4)得：

$$\left.\begin{matrix}\sigma_{\max}\\ \sigma_{\min}\end{matrix}\right\}=\frac{\sigma_x+\sigma_y}{2}\pm\sqrt{\left(\frac{\sigma_x-\sigma_y}{2}\right)^2+\tau_x^2}=$$

$$\pm\sqrt{200^2+300^2}\ \text{MPa}=\begin{cases}360.56\ \text{MPa}\\-360.56\ \text{MPa}\end{cases}$$

所以 $\sigma_1=360.56\ \text{MPa},\sigma_2=0,\sigma_3=-360.56\ \text{MPa}$

$$\alpha_{0\max}=\frac{1}{2}\arctan\frac{-2\tau_x}{\sigma_x-\sigma_y}=\frac{1}{2}\arctan\frac{600}{400}=28.15^\circ$$

$\alpha_{0\max}=28.15^\circ$ 是第一主应力的方位角。主平面标示如图 8.5(b)所示。

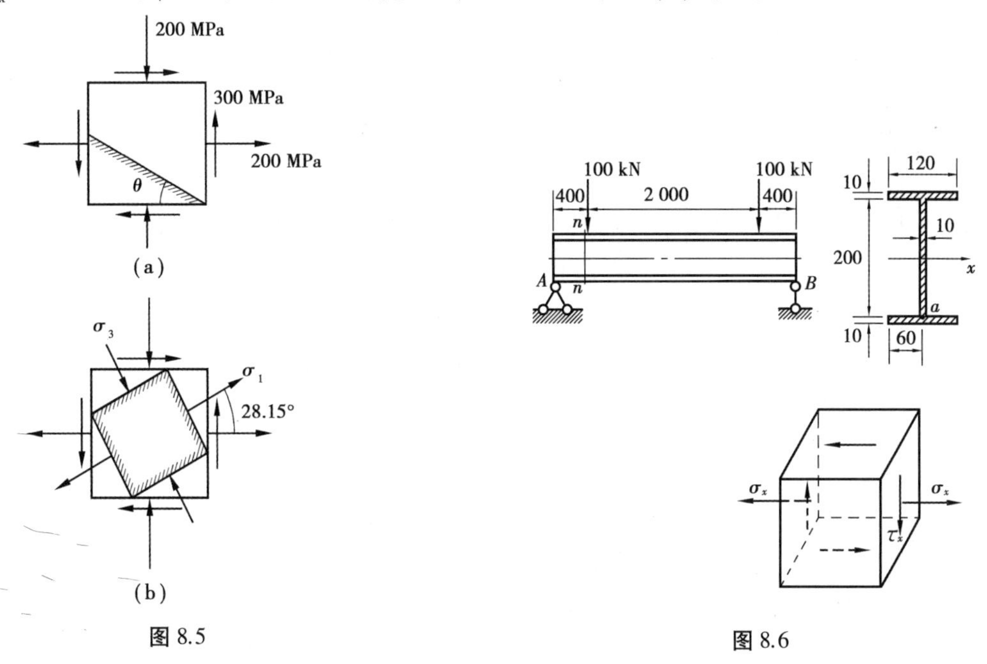

图 8.5

图 8.6

【例题 8.3】 钢梁的尺寸及受力情况如图 8.6 所示，不计梁自重。试求 n—n 截面上 a 点处的主应力。

【解】 n—n 截面上的内力：

$$M=100\ \text{kN}\times0.4\ \text{m}=40\ \text{kN}\cdot\text{m}$$

$$F_S=100\ \text{kN}$$

截面的几何性质：

①翼缘对中性轴的面积矩：

$$S_z^* = 105\ \text{mm} \times 10\ \text{mm} \times 120\ \text{mm} = 12.6 \times 10^4\ \text{mm}^3$$

②截面的轴惯性矩：

$$I_z = 2 \times \left[\frac{120 \times 10^3}{12} + 120 \times 10 \times (105)^2\right]\ \text{mm}^4 + \frac{10 \times 200^3}{12}\ \text{mm}^4 = 33.15 \times 10^6\ \text{mm}^4$$

a 点处的应力：

$$\sigma_x = \frac{My}{I_z} = \frac{40 \times 10^3\ \text{N} \cdot \text{m}}{33.15 \times 10^6 \times 10^{-12}\text{m}^4} \times 0.1\ \text{m} = 120.66\ \text{MPa}$$

$$\tau_x = \frac{F_S S_z^*}{I_z b} = \frac{100 \times 10^3\ \text{N} \times 12.6 \times 10^4 \times 10^{-9}\ \text{m}^3}{33.15 \times 10^6 \times 10^{-12}\ \text{m}^4 \times 0.01\ \text{m}} = 38.01\ \text{MPa}$$

根据式(8.4)：

$$\left.\begin{matrix}\sigma_{\max}\\ \sigma_{\min}\end{matrix}\right\} = \frac{\sigma_x + \sigma_y}{2} \pm \sqrt{\left(\frac{\sigma_x - \sigma_y}{2}\right)^2 + \tau_x^2} = \frac{120.66\ \text{MPa} + 0}{2} \pm \sqrt{60.33^2 + 38.01^2}\ \text{MPa} = \begin{cases}131.64\ \text{MPa}\\ -10.98\ \text{MPa}\end{cases}$$

所以 a 点处的主应力为：

$$\sigma_1 = 131.64\ \text{MPa}, \sigma_2 = 0, \sigma_3 = -10.98\ \text{MPa}$$

8.2.3 应力圆

由式(8.1)与式(8.2)可知，应力 σ_α 和 τ_α 均为 2α 的函数。将两式分别改写成如下形式：

$$\sigma_\alpha - \frac{\sigma_x + \sigma_y}{2} = \frac{\sigma_x - \sigma_y}{2}\cos 2\alpha - \tau_x \sin 2\alpha$$

$$\tau_\alpha - 0 = \frac{\sigma_x - \sigma_y}{2}\sin 2\alpha + \tau_x \cos 2\alpha$$

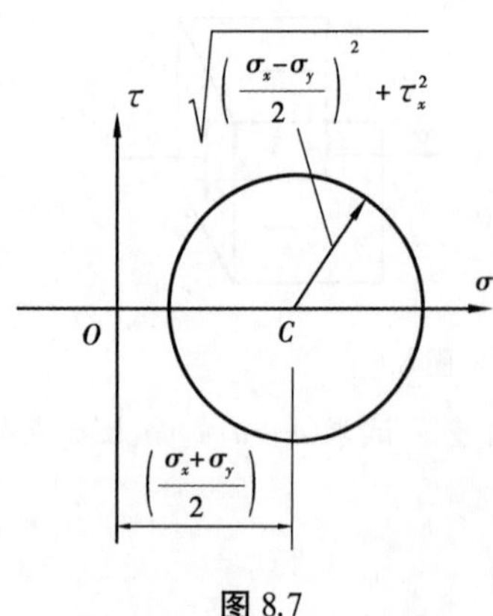

图 8.7

将以上两式各自平方后再相加，得：

$$\left(\sigma_\alpha - \frac{\sigma_x + \sigma_y}{2}\right)^2 + (\tau_\alpha - 0)^2 = \left(\frac{\sigma_x - \sigma_y}{2}\right)^2 + \tau_x^2 \quad (8.10)$$

这是一个以正应力 σ 为横坐标，切应力 τ 为纵坐标的圆的方程，圆心在横坐标轴上，其坐标为 $\left(\frac{\sigma_x + \sigma_y}{2}, 0\right)$，半径为 $\sqrt{\left(\frac{\sigma_x - \sigma_y}{2}\right)^2 + \tau_x^2}$。而圆上任一点的纵、横坐标，则分别代表单元体相应截面上的切应力与正应力，此圆称为**应力圆**，如图 8.7 所示。

如图 8.8 所示一平面应力状态的单元体，作出相应的应力圆，在 σ-τ 坐标系的平面内，按选定的比例尺，找出与 x 截面对应的点 $D_1(\sigma_x, \tau_x)$，与 y 截面对应的点 $D_2(\sigma_y, \tau_y)$，连接 D_1 和 D_2

两点形成直线，由于τ_x和τ_y数值相等，即$D_1B_1 = D_2B_2$，因此，直线D_1D_2与坐标轴σ的交点C的横坐标为$\dfrac{\sigma_x + \sigma_y}{2}$，即$C$为应力圆的圆心。于是，以$C$为圆心，$CD_1$或$CD_2$为半径作圆，$CD_1 = CD_2 = \sqrt{\left(\dfrac{\sigma_x - \sigma_y}{2}\right)^2 + \tau_x^2}$，即得相应的应力圆。

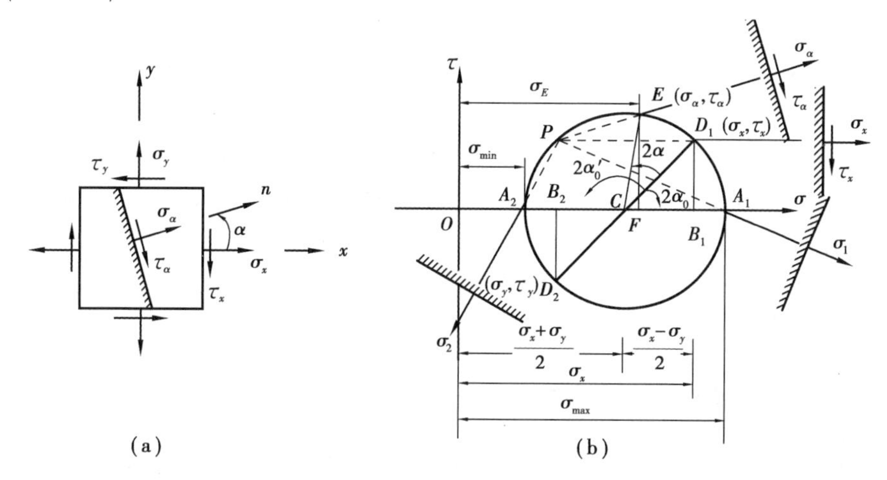

图 8.8

应力圆确定后，如欲求α斜截面的应力，则只需将半径CD_1沿方位角α的转向旋转2α至CE处，所得E点的纵、横坐标τ_E与σ_E即分别代表α截面的切应力τ_α与正应力σ_α。而应力圆与σ轴的交点A_1和A_2的横坐标则表示主应力σ_{max}和σ_{min}的数值，圆周上A_1点对应单元体上σ_1所在主平面，D_1点对应单元体上x面。所以，由圆周上D_1点到A_1点为顺时针旋转，其圆心角为$\angle A_1CD_1 = 2\alpha_0$，在单元体图上可由$x$轴顺时针旋转$\alpha_0$，就得到$\sigma_1$所在主平面外法线$n_1$的方位。同理，也可以从应力圆上$D_1$点逆时针旋转$2\alpha_0'$，就得到另一个主应力$\sigma_2$所在主平面外法线$n_2$的方位，如图8.8(b)所示。应力圆上从$A_1$点到$A_2$点圆心角旋转了180°，而在单元体上相应两面的外法线间夹角为90°，说明两个主平面是相互垂直的，所以，只要确定了一个主平面，利用相互垂直的关系，另一个主平面也就找到了。

在利用应力圆分析应力时，应注意应力圆上的点与单元体内的截面的对应关系。如图8.8所示，当单元体内x截面和α截面的夹角为α时，应力图上相应点D_1和E之间圆弧所对应的圆心角则为2α，且两角的转向相同。实质上，这种对应关系是应力的解析表达式(8.1)和式(8.2)以2倍方位角为参变量的必然结果。因此，单元体上相互垂直截面上的应力，在应力圆上的对应点，必位于同一直径的两端。例如在图8.8中，与x截面上应力对应的点D_1，以及与y截面上应力对应的点D_2，即位于同一直径的两端。应力圆直观地反映了一点处平面应力状态下任意斜截面上应力随截面方位角变化的规律，以及一点处应力状态的特征，这种利用应力圆求得各截面上应力的方法称为**图解法**。

【例题 8.4】 一平面应力状态的单元体如图8.9所示。试用图解法求：

(1) $\alpha = 45°$截面上的应力；

(2)该点的主应力和最大切应力之值。

【解】 由图知：$\sigma_x = 50$ MPa，$\sigma_y = 0$，$\tau_x = 20$ MPa，$\tau_y = -20$ MPa

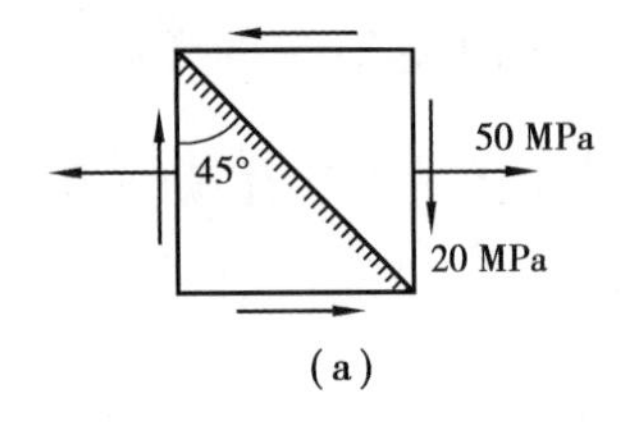

(a)

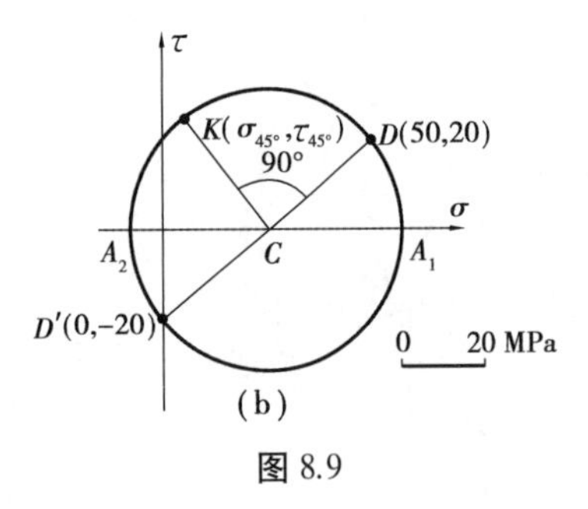

(b)

图 8.9

选定坐标系的比例尺，由坐标(50,20)和(0,-20)分别确定 D 和 D' 点，如图 8.9(b)所示。然后，以 DD' 为直径画圆，即得相应的应力圆。从半径 CD 逆时针转动 90°，得到半径 CK，圆周上 K 点的 σ，τ 坐标分别代表斜截面上的正应力和切应力。应力圆与 σ 轴的交点 A_1 和 A_2 点的 σ 坐标则代表该点的主应力，应力圆的半径就是最大切应力。

从应力圆上量得：

$$\sigma_{45^\circ} = 5\ \text{MPa}, \tau_{45^\circ} = 25\ \text{MPa}$$

主应力和最大切应力为：

$$\sigma_1 = 57\ \text{MPa}, \sigma_2 = 0, \sigma_3 = -7\ \text{MPa}$$

$$\tau_{\max} = 32\ \text{MPa}$$

8.3 空间应力状态分析

对受力构件内一点分析应力状态时，一般截取的单元体的三对微面上都有正应力和切应力，并且切应力可分解为沿坐标轴方向的两个分量，如图 8.10 所示。图中，x 平面上有正应力 σ_x、切应力 τ_{xy} 和 τ_{xz}。切应力的两个下标中，第一个下标表示切应力所在的平面，第二个下标表示切应力的方向。同理，在 y 平面和 z 平面上的应力分别为 $\sigma_y, \tau_{yx}, \tau_{yz}$ 和 $\sigma_z, \tau_{zx}, \tau_{zy}$，这种应力状态，称为一般的空间应力状态。根据切应力互等定理，6 个切应力分量，在数值上有 $\tau_{xy} = \tau_{yx}, \tau_{yz} = \tau_{zy}$ 和 $\tau_{zx} = \tau_{xz}$。因而，一般空间应力状态下，独立的应力分量只有 6 个，即 $\sigma_x, \sigma_y, \sigma_z, \tau_{xy}, \tau_{yz}, \tau_{zx}$。

上一节已经说明，在受力构件内的任一点处一定存在一个主应力单元体，其三对相互垂直的微面均为主平面，三对主平面上的主应力分别为 $\sigma_1, \sigma_2, \sigma_3$。选取如图 8.11(a)所示的主应力单元体。首先分析与主应力 σ_3 平行的斜截面 $abcd$ 上的应力。由图 8.11(b)不难看出，该截面的应力 σ_α 和 τ_α 仅与主应力 σ_1 及 σ_2 有关。所以，在 σ-τ 坐标平面内，与该斜截面对应的点，必位于由 σ_1 与 σ_2 所确定的应力圆上，如图 8.12 所示。同理，与主应力 σ_2（或 σ_1）平行的各截面的应力，则可由 σ_1 与 σ_3（或 σ_2 与 σ_3）所画应力圆确定。

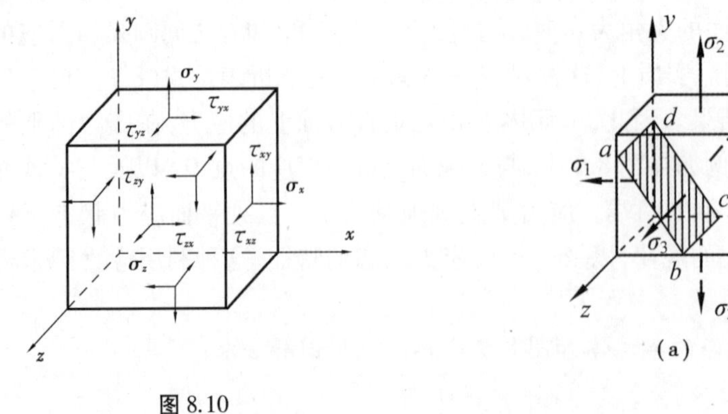

图 8.10

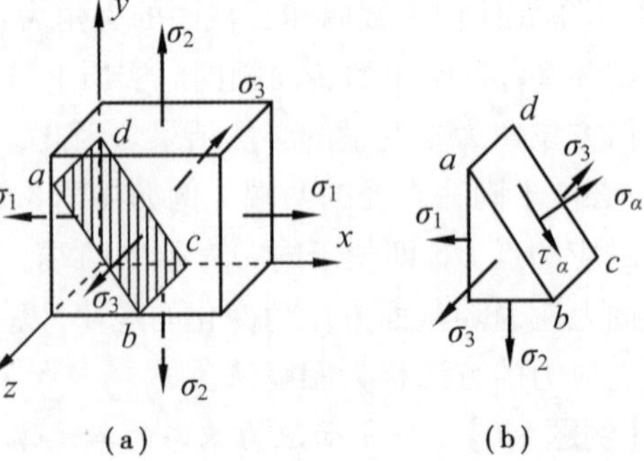

(a) (b)

图 8.11

至于与三个主应力均不平行的任意斜截面 ABC（见图 8.13），在 σ-τ 坐标平面内，与上述截

面对应的点 K,则位于图 8.12 所示三圆所构成的阴影区域内。

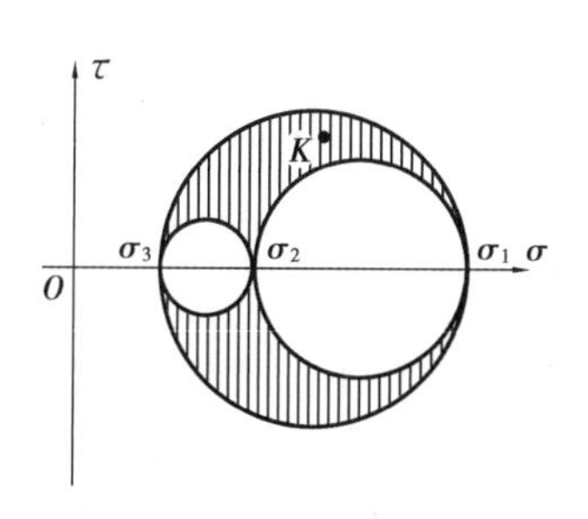

图 8.12

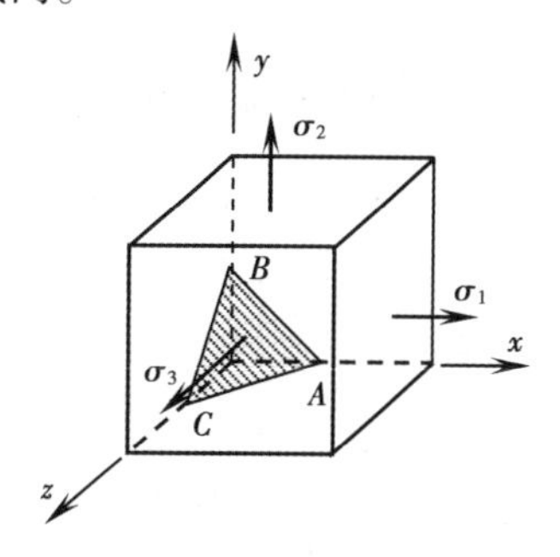

图 8.13

综上所述,在 σ-τ 坐标平面内,代表任一截面的应力的点,或位于应力圆上,或位于由上述三圆所构成的阴影区域内。也就是说,一点的应力状态可以用三个应力圆表示,称为三向应力圆。而一点处的所有截面上的最大与最小正应力,分别对应三向应力圆上的最大与最小主应力,即:

$$\sigma_{\max} = \sigma_1 \tag{8.10}$$

$$\sigma_{\min} = \sigma_3 \tag{8.11}$$

而最大切应力则对应三向应力圆上的最大切应力,即:

$$\tau_{\max} = \frac{\sigma_1 - \sigma_3}{2} \tag{8.12}$$

并位于与 σ_1 及 σ_3 均成45°的截面上。

【例题 8.5】 构件上某点处的应力状态如图 8.14 所示。试求该点处的主应力及最大切应力之值,并画出三向应力状态的应力圆。

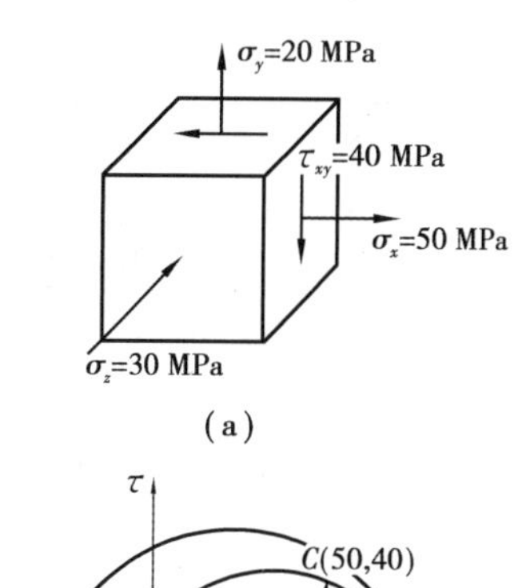

(a)

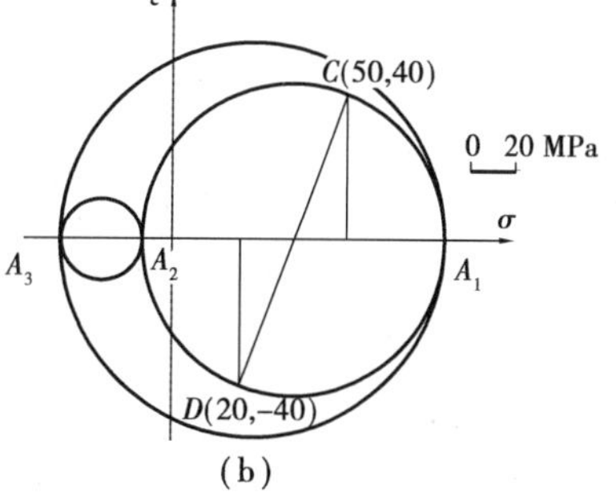

(b)

图 8.14

【解】 (1)画三向应力圆

对于图示应力状态,已知 σ_z 为主应力,其他两个主应力则可由 σ_x,τ_{xy} 与 σ_y,τ_{yx} 确定。

在 σ-τ 坐标平面内,如图 8.14(b)所示,由坐标(50,40)与(20, -40)分别确定 C 和 D 点,然后,以 CD 为直径画圆并与 σ 轴相交于 A_1 和 A_2,其横坐标分别为:

$$\sigma_1 = 77.7\ \text{MPa}, \sigma_2 = -7.7\ \text{MPa}$$

取 A_3(-30, 0)对应于 z 主平面,于是,分别以 A_2A_3 及 A_3A_1 为直径画圆,即得三向应力圆。

(2)求主应力与最大应力

由上述分析可知,主应力为:

$$\sigma_1 = 77.7\ \text{MPa}, \sigma_2 = -7.7\ \text{MPa}, \sigma_3 = -30\ \text{MPa}$$

最大切应力为:

$$\tau_{\max} = \frac{\sigma_1 - \sigma_3}{2} = 53.9\ \text{MPa}$$

8.4 广义胡克定律

综上所述,在一般空间应力状态下(见图 8.15)有 6 个独立的应力分量:σ_x ,σ_y ,σ_z ,τ_{xy} ,τ_{yz} ,τ_{zx} ,与之相应的有 6 个独立应变分量:ε_x ,ε_y ,ε_z ,γ_{xy} ,γ_{yz} ,γ_{zx} 。本节讨论在线弹性、小变形条件下,空间应力状态下应力分量与应变分量间的关系。

一般空间应力状态下应力分量的 3 个正应力的正负号规定同前,但 3 个切应力正负号有新的规定,即若正面(外法线与坐标轴正向一致的平面)上的切应力矢的指向与坐标轴的正向一致,负面(外法线与坐标轴负向一致)上切应力矢的指向与坐标轴负向一致,则切应力分量为正,反之为负。如图 8.15 所示的各应力分量均为正值。至于 6 个应变分量的正负号,规定线应变以伸长为正,缩短为负;切应变均以使直角变小为正,增大为负。按这样的正负规定,正值的切应力就对应于正值的切应变。

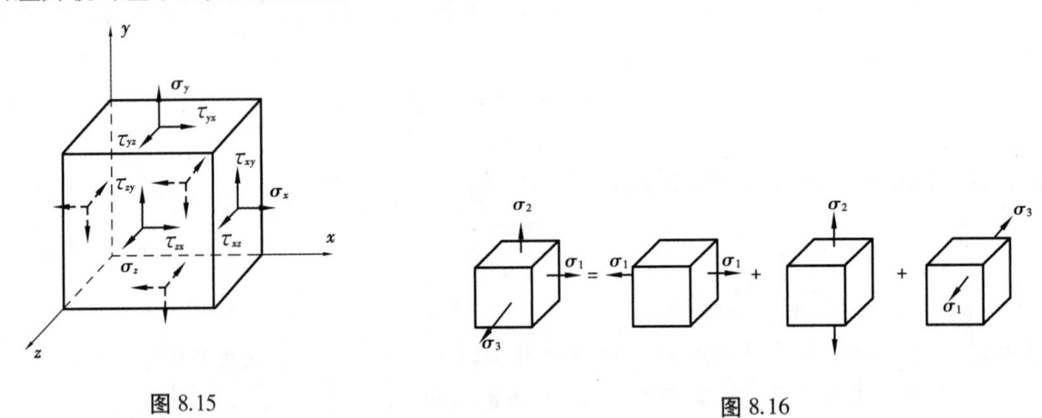

图 8.15　　　　　　　　　　图 8.16

如图 8.16 所示的空间主应力单元体,主应力 σ_1,σ_2,σ_3 均在比例极限内,可以认为该空间应力状态是由 3 个单向应力状态叠加而成的。因此,该单元体沿 3 个主应力方向的应变 ε_1,ε_2,ε_3 可以根据胡克定律和横向变形关系,分别求出每一个主应力单独作用下所引起的应变,然后叠加起来。

当单元体分别受主应力 σ_1,σ_2,σ_3 作用时,沿主应力 σ_1 方向的线应变分别为:

$$\varepsilon_1' = \frac{\sigma_1}{E},\varepsilon_1'' = -\nu\frac{\sigma_2}{E},\varepsilon_1''' = -\nu\frac{\sigma_3}{E}$$

则三个主应力共同作用时,应用叠加原理可得到沿主应力 σ_1 方向的线应变为:

$$\varepsilon_1 = \varepsilon_1' + \varepsilon_1'' + \varepsilon_1''' = \frac{\sigma_1}{E} - \nu\frac{\sigma_2}{E} - \nu\frac{\sigma_3}{E} = \frac{1}{E}[\sigma_1 - \nu(\sigma_2 + \sigma_3)]$$

同理可得到沿主应力 σ_2,σ_3 方向的线应变。于是,空间应力状态下沿三个主应力方向的线应变分别为:

$$\left.\begin{aligned}\varepsilon_1 &= \frac{1}{E}[\sigma_1 - \nu(\sigma_2 + \sigma_3)]\\ \varepsilon_2 &= \frac{1}{E}[\sigma_2 - \nu(\sigma_3 + \sigma_1)]\\ \varepsilon_3 &= \frac{1}{E}[\sigma_3 - \nu(\sigma_1 + \sigma_2)]\end{aligned}\right\}\tag{8.13}$$

这就是空间应力状态下的**广义胡克定律**。

对于已知主应力的平面应力状态，设 $\sigma_3 = 0$，则由式(8.13)可得：

$$\left.\begin{aligned}\varepsilon_1 &= \frac{1}{E}(\sigma_1 - \nu\sigma_2)\\ \varepsilon_2 &= \frac{1}{E}(\sigma_2 - \nu\sigma_1)\\ \varepsilon_3 &= -\frac{\nu}{E}(\sigma_1 + \sigma_2)\end{aligned}\right\}\tag{8.14}$$

这就是平面应力状态下的广义胡克定律。

如果单元体不是由主平面组成的主应力单元体，而是一般形式的空间应力状态单元体，即单元上既作用有正应力 $\sigma_x,\sigma_y,\sigma_z$，又作用有切应力 $\tau_{xy},\tau_{zx},\tau_{yz}$，则该单元体将在 x,y,z 方向产生线应变，同时在 xOy,yOz,zOx 三个平面内产生切应变 γ_{xy}，γ_{yz}，γ_{zx}。可以证明：对于各向同性材料，在线弹性范围内，一点处的线应变 $\varepsilon_x,\varepsilon_y,\varepsilon_z$ 只与该点处的正应力 $\sigma_x,\sigma_y,\sigma_z$ 有关，而与切应力无关。同时该点处的切应变也只与切应力有关，而与正应力无关。因此，可以分别研究这两类关系，得到线应变 $\varepsilon_x,\varepsilon_y,\varepsilon_z$ 与正应力 $\sigma_x,\sigma_y,\sigma_z$ 的关系为：

$$\left.\begin{aligned}\varepsilon_x &= \frac{1}{E}[\sigma_x - \nu(\sigma_y + \sigma_z)]\\ \varepsilon_y &= \frac{1}{E}[\sigma_y - \nu(\sigma_z + \sigma_x)]\\ \varepsilon_z &= \frac{1}{E}[\sigma_z - \nu(\sigma_x + \sigma_y)]\end{aligned}\right\}\tag{8.15}$$

切应变 $\gamma_{xy},\gamma_{yz},\gamma_{zx}$ 与切应力 $\tau_{xy},\tau_{yz},\tau_{zx}$ 之间的关系为：

$$\left.\begin{aligned}\gamma_{xy} &= \frac{\tau_{xy}}{G}\\ \gamma_{yz} &= \frac{\tau_{yz}}{G}\\ \gamma_{zx} &= \frac{\tau_{zx}}{G}\end{aligned}\right\}\tag{8.16}$$

式(8.15)、式(8.16)为广义胡克定律的一般表达形式。

构件在受力变形后，通常将引起体积变化。每单位体积的体积变化，称为**体积应变**，用 θ 表示。设图 8.17 所示单元体变形前三个边长分别为 $\mathrm{d}x,\mathrm{d}y,\mathrm{d}z$，在受力变形后其边长分别为 $\mathrm{d}x(1+\varepsilon_1),\mathrm{d}y(1+\varepsilon_2),\mathrm{d}z(1+\varepsilon_3)$，故体积应变为：

$$\theta = \frac{V' - V}{V} = \frac{\mathrm{d}x(1+\varepsilon_1)\cdot\mathrm{d}y(1+\varepsilon_2)\cdot\mathrm{d}z(1+\varepsilon_3) - \mathrm{d}x\,\mathrm{d}y\,\mathrm{d}z}{\mathrm{d}x\,\mathrm{d}y\,\mathrm{d}z}$$

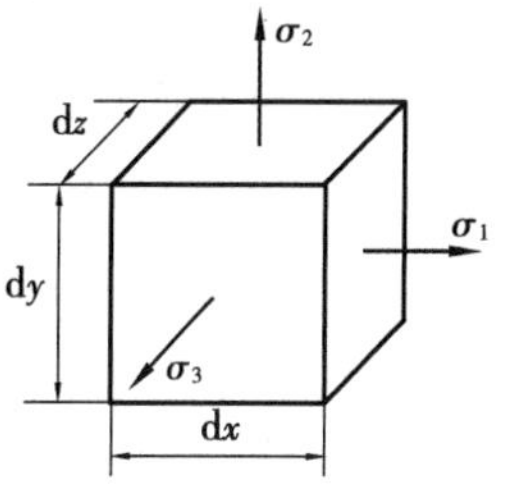

将上式展开并略去高阶微量，简化后即得：

$$\theta = \varepsilon_1 + \varepsilon_2 + \varepsilon_3 \tag{8.17}$$

利用各向同性材料的广义胡克定律可得：

$$\theta = \varepsilon_1 + \varepsilon_2 + \varepsilon_3 = \frac{1-2\nu}{E}(\sigma_1 + \sigma_2 + \sigma_3) \tag{8.18}$$

图 8.17

或写为：

$$\theta = \frac{3(1-2\nu)}{E}\frac{\sigma_1+\sigma_2+\sigma_3}{3} = \frac{3(1-2\nu)}{E}\sigma_m \tag{8.19}$$

式中，σ_m 代表应力 σ_1，σ_2 与 σ_3 的平均值，即**平均应力**。式(8.19)表明，体积应变与平均应力大小成正比。

由于在平面纯剪切应力状态中，$\sigma_1 = -\sigma_3 = \tau_{xy}$，$\sigma_2 = 0$，由式(8.19)可见，材料的体积应变等于零，即在小变形条件下，切应力不引起各向同性材料的体积改变。所以在一般空间应力状态下，由于单元体每一个平面内的切应力引起的纯剪切相当于该平面内的二向等值拉压，它们引起的体积应变为零，故体积应变只与三个正应力之和有关，即：

$$\theta = \frac{1-2\nu}{E}(\sigma_x+\sigma_y+\sigma_z) \tag{8.20}$$

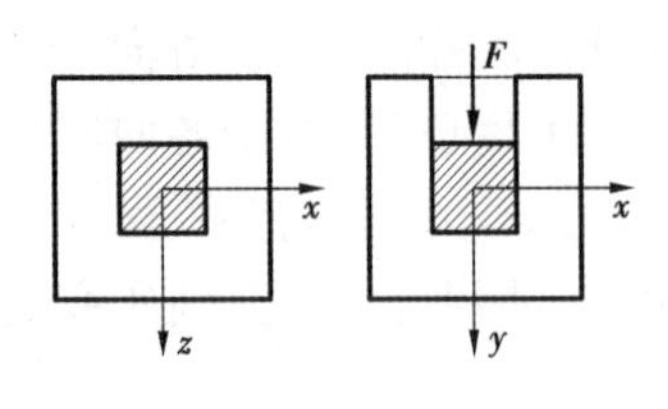

图 8.18

【例题 8.6】 如图 8.18 所示，将一边长为 $a=100$ mm 的混凝土立方块密合地放入刚性凹座内，施加压力 $F=200$ kN。若混凝土的泊松比 $\mu=0.2$，求该立方块各面应力值。

【解】 混凝土块在 z 方向受压力 F 作用后，将在 x，z 方向发生伸长。但由于 x，z 方向受到座壁的阻碍，两个方向的变形为零，即：

$$\varepsilon_x = \varepsilon_z = 0$$

此式即为变形条件。y 方向的正应力为：

$$\sigma_y = -\frac{200\times10^3\text{N}}{0.1\times0.1\text{ m}^2} = -20\text{ MPa}$$

由广义胡克定律，有：

$$\left.\begin{aligned}\varepsilon_x &= \frac{1}{E}[\sigma_x-\nu(\sigma_y+\sigma_z)] = 0\\ \varepsilon_z &= \frac{1}{E}[\sigma_z-\nu(\sigma_x+\sigma_y)] = 0\end{aligned}\right\}$$

解得：$\sigma_x = -5$ MPa，$\sigma_z = -5$ MPa

8.5 应变能密度

一般来说，单元体的变形包括体积改变和形状改变。所谓体积改变，就是指形状不变而只是体积大小的改变，例如由原来的立方体变为较大的立方体或较小的立方体；而形状改变是指体积不变而只是形状的改变，例如由原来的立方体变为体积相同的平行六面体。

将图 8.19(a)所示的三向应力状态的单元体分解为图 8.19(b)、(c)所示的两个单元体。在图 8.19(b)中，单元体的各个面上作用着相等的主应力，其大小为：$\sigma_m = \frac{1}{3}(\sigma_1+\sigma_2+\sigma_3)$。该单元体各棱边的应变相等，即单元体各棱边按统一比例伸长(缩短)，所以这个单元体的形状不变，只引起体积变化。而在图 8.19(c)中，单元体的三个主应力分别为 $\sigma_1' = \sigma_1-\sigma_m$，$\sigma_2' = \sigma_2-\sigma_m$ 与 $\sigma_3' = \sigma_3-\sigma_m$，这三个主应力的和为：

$$\sigma_1+\sigma_2+\sigma_3-3\sigma_m = 0$$

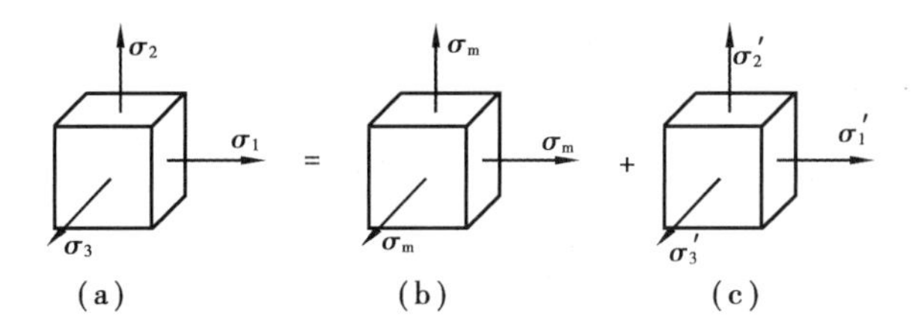

图 8.19

由前述可知,这时该单元体的体积应变 $\theta=\dfrac{1-2\nu}{E}(\sigma'_1+\sigma'_2+\sigma'_3)=0$。

故这三个主应力不会使单元体的体积发生改变,而只会改变它的形状。

弹性体在变形过程中,其内部将储存能量,称为应变能并用 U 表示。每单位体积内所积蓄的应变能称为**应变能密度**(详见第 11 章能量法)。

对于线弹性、小变形条件下的受力物体,所积蓄的应变能只取决于外力的最后数值, 对应于每一主应力,其应变能密度等于该主应力在与之相应的主应变上作的功,而其他两个主应力在该主应变上并不作功。因此,同时考虑三个主应力在与之相应的主应变上所作的功,单元体的应变能密度为:

$$u_\varepsilon=\frac{1}{2}(\sigma_1\varepsilon_1+\sigma_2\varepsilon_2+\sigma_3\varepsilon_3) \tag{8.21}$$

将广义胡克定律(8.13)代入式(8.21),经整理简化后得到:

$$u_\varepsilon=\frac{1}{2E}[\sigma_1^2+\sigma_2^2+\sigma_3^2-2\nu(\sigma_1\sigma_2+\sigma_2\sigma_3+\sigma_3\sigma_1)] \tag{8.22}$$

因为单元体的变形可以分解为体积改变和形状改变,所以应变能密度也可以看成是由**体积改变应变能密度**和**形状改变应变能密度**这两部分组成,即:

$$u_\varepsilon=u_d+u_v \tag{8.23}$$

式中, u_d 称为体积改变应变能密度, u_v 称为形状改变应变能密度。

图 8.19(b)中的单元体只有体积改变没有形状改变,所以它所具有的应变能密度就是体积改变应变能密度。将它各面上的主应力代入式(8.22),可得:

$$u_\nu=\frac{1}{2E}[\sigma_m^2+\sigma_m^2+\sigma_m^2-2\nu(\sigma_m\sigma_m+\sigma_m\sigma_m+\sigma_m\sigma_m)]=$$

$$\frac{3(1-2\nu)}{2E}\sigma_m^2=\frac{1-2\nu}{6E}(\sigma_1+\sigma_2+\sigma_3)^2 \tag{8.24}$$

图 8.19(c)中的单元体只有形状改变而没有体积改变,所以它所具有的应变能密度就是形状改变应变能密度,将它各个面上的主应力代入式(8.22),可得:

$$u_d=\frac{1+\nu}{6E}[(\sigma_1-\sigma_2)^2+(\sigma_2-\sigma_3)^2+(\sigma_3-\sigma_1)^2] \tag{8.25}$$

对于一般空间应力状态下的单元体如图 8.15 所示,其应变能密度可用 6 个应力分量 σ_x, σ_y, σ_z, τ_{xy}, τ_{xz}, τ_{yz}来表示。由于在线弹性小变形条件下,对应于每个应力分量的应变能密度均等于该应力分量与相应的应变分量的乘积之半,故有:

$$u_\varepsilon=\frac{1}{2}(\sigma_x\varepsilon_x+\sigma_y\varepsilon_y+\sigma_z\varepsilon_z+\tau_{xy}\gamma_{xy}+\tau_{yz}\gamma_{yz}+\tau_{zx}\gamma_{zx}) \tag{8.26}$$

在单向应力状态时，$\sigma_1 = \sigma$，$\sigma_2 = \sigma_3 = 0$，代入式(8.21)可得物体内所积蓄的应变能密度：

$$u_\varepsilon = \frac{1}{2}\sigma_1\varepsilon_1 = \frac{\sigma_1^2}{2E} = \frac{E}{2}\varepsilon_1^2 \tag{8.27}$$

8.6 强度理论

8.6.1 强度理论的概念

不同材料因强度不足引起的破坏现象是不同的。如属塑性材料的低碳钢，在单向拉伸时发生屈服现象，出现明显的塑性变形为其破坏的特征，因此屈服极限 σ_s 是极限应力；又如属脆性材料的铸铁，在单向拉伸时的破坏现象则是突然断裂，强度极限 σ_b 是它的极限应力。

单向应力状态时，通过材料的单向拉伸试验，可以测定相应的极限应力，建立强度条件 $\sigma \leqslant [\sigma]$。但实际构件的危险点处于复杂应力状态时，由于技术上的困难，一般很难像材料单向拉伸那样靠试验确定极限应力来建立强度条件。

虽然材料的破坏原因可能很复杂，但破坏形式主要有两种类型——塑性屈服和脆性断裂。长期以来，人们通过对材料破坏现象的分析和研究，对材料发生破坏的因素提出了不同的假说。认为材料按某种破坏形式破坏，是某一因素引起的。即无论何种材料，无论是简单或复杂应力状态，只要材料破坏形式相同，则引起破坏的因素相同。这类假说称为**强度理论**。

8.6.2 四个强度理论

1）最大拉应力理论（第一强度理论）

这一理论认为，最大拉应力是引起材料脆性断裂的主要因素。而且认为，无论材料处于何种应力状态，只要最大拉应力 σ_1 达到材料单向拉伸脆性断裂时的最大拉应力，即强度极限 σ_b，材料即发生脆性断裂。故材料脆性断裂破坏的条件为：

$$\sigma_1 = \sigma_b \tag{8.28}$$

将式(8.28)的极限应力 σ_b 除以安全因数，就得到材料的许用应力 $[\sigma]$。因此，按第一强度理论所建立的强度条件为：

$$\sigma_1 \leqslant [\sigma] \tag{8.29}$$

试验表明：脆性材料在双向或三向拉伸断裂时，最大拉应力理论与试验结果相当接近。而当存在压应力时，则只要最大压应力值不超过最大拉应力值或超过不多，最大拉应力理论与试验结果也大致相近。但该理论没有考虑另外两个主应力对材料的影响，显然不够完善。

2）最大拉应变理论（第二强度理论）

这一理论认为最大拉应变是引起材料脆性断裂的主要因素。无论材料处于何种应力状态，只要最大拉应变 ε_1 达到材料在单向拉伸试验中发生脆性断裂时的极限拉应变值 ε_u，材料即发生断裂。故材料脆性断裂破坏的条件为：

$$\varepsilon_1 = \varepsilon_u$$

复杂应力状态下的最大拉应变为:

$$\varepsilon_1 = \frac{1}{E}[\sigma_1 - \nu(\sigma_2 + \sigma_3)]$$

而材料在单向拉伸断裂时的最大拉应变为:

$$\varepsilon_u = \frac{\sigma_b}{E}$$

则材料的脆性断裂条件可改写为:

$$\sigma_1 - \nu(\sigma_2 + \sigma_3) = \sigma_b$$

即为主应力表示的脆性断裂破坏条件。

再将上式中的极限应力除以安全因数 n,就得到许用应力$[\sigma]$,故可得按第二强度理论建立的强度条件为:

$$\sigma_1 - \nu(\sigma_2 + \sigma_3) \leqslant [\sigma] \tag{8.30}$$

试验表明该理论与脆性材料的压缩试验结果相符。它能很好地解释石料、混凝土压缩时,往往出现纵向裂纹而断裂破坏的现象,就是最大拉应变发生在横向所致。该理论在一般情况下并不比第一强度理论更符合试验结果,而计算也较复杂。所以,工程中对脆性材料仍多采用第一强度理论。

3)最大切应力理论(第三强度理论)

该理论认为,最大切应力是引起材料发生塑性屈服的主要因素。也就是说,无论材料处于何种应力状态,只要最大切应力τ_{max}达到材料单向拉伸屈服时的最大切应力τ_s,材料即发生塑性屈服破坏。即:

$$\tau_{max} = \tau_s$$

对于复杂应力状态,最大切应力为:

$$\tau_{max} = \frac{\sigma_1 - \sigma_3}{2}$$

而材料单向拉伸屈服时的最大切应力则为:

$$\tau_s = \frac{\sigma_s}{2}$$

考虑安全因数后,就得到按第三强度理论建立的强度条件为:

$$\sigma_1 - \sigma_3 \leqslant [\sigma] \tag{8.31}$$

第三强度理论与试验结果基本相符合,比较圆满地解释了塑性材料出现的屈服现象,因此在工程中得到广泛应用。但该理论没有考虑第二主应力 σ_2 的影响,而且对三向等值拉伸情况,如按这个理论来分析,材料将永远不会发生破坏,这与实际情况不符。

4)形状改变能密度理论(第四强度理论)

形状改变能密度理论认为,形状改变能密度是引起材料发生塑性屈服的主要因素。也就是说,无论材料处于何种应力状态,只要形状改变能密度 u_d 达到材料单向拉伸屈服时的形状改变能密度 u_{ds},材料就会发生塑性屈服破坏。即:

$$u_d = u_{ds}$$

三向应力状态下的形状改变能密度为：

$$u_{d}=\frac{1+\nu}{6E}[(\sigma_{1}-\sigma_{2})^{2}+(\sigma_{2}-\sigma_{3})^{2}+(\sigma_{3}-\sigma_{1})^{2}]$$

材料单向拉伸屈服时的形状改变能密度为：

$$u_{ds}=\frac{1+\nu}{3E}\sigma_{s}^{2}$$

因此，材料的塑性屈服破坏条件为：

$$\sqrt{\frac{1}{2}[(\sigma_{1}-\sigma_{2})^{2}+(\sigma_{2}-\sigma_{3})^{2}+(\sigma_{3}-\sigma_{1})^{2}]}=\sigma_{s}$$

考虑安全因数后，就得到按第四强度理论建立的强度条件为：

$$\sqrt{\frac{1}{2}[(\sigma_{1}-\sigma_{2})^{2}+(\sigma_{2}-\sigma_{3})^{2}+(\sigma_{3}-\sigma_{1})^{2}]}\leqslant[\sigma] \tag{8.32}$$

对于塑性材料，试验表明第四强度理论比第三强度理论更符合试验结果，在工程中应用也很广泛。

除上述4个强度理论外，还有其他一些强度理论，如莫尔强度理论、双剪强度理论等，本教材不再作介绍，可参考有关书籍。

综合上述4个强度理论的强度条件，可以将它们写成下面的统一形式：

$$\sigma_{r}\leqslant[\sigma] \tag{8.33}$$

此处，$[\sigma]$为根据拉伸试验而确定的材料的许用应力，σ_{r}为三个主应力按不同强度理论的组合，称为相当应力。对于不同强度理论，σ_{r}分别为：

$$\sigma_{r1}=\sigma_{1} \tag{8.33a}$$

$$\sigma_{r2}=\sigma_{1}-\nu(\sigma_{2}+\sigma_{3}) \tag{8.33b}$$

$$\sigma_{r3}=\sigma_{1}-\sigma_{3} \tag{8.33c}$$

$$\sigma_{r4}=\sqrt{\frac{1}{2}[(\sigma_{1}-\sigma_{2})^{2}+(\sigma_{2}-\sigma_{3})^{2}+(\sigma_{3}-\sigma_{1})^{2}]} \tag{8.33d}$$

4个强度理论的相当应力表达式可归纳列于表8.1。

表8.1　4个强度理论的相当应力表达式

强度理论名称及类型		相当应力表达式
第一类强度理论（脆性断裂的理论）	第一强度理论——最大拉应力理论 第二强度理论——最大拉应变理论	$\sigma_{r1}=\sigma_{1}$ $\sigma_{r2}=\sigma_{1}-\nu(\sigma_{2}+\sigma_{3})$
第二类强度理论（塑性屈服的理论）	第三强度理论——最大切应力理论 第四强度理论——形状改变能密度理论	$\sigma_{r3}=\sigma_{1}-\sigma_{3}$ $\sigma_{r4}=\sqrt{\frac{1}{2}[(\sigma_{1}-\sigma_{2})^{2}+(\sigma_{2}-\sigma_{3})^{2}+(\sigma_{3}-\sigma_{1})^{2}]}$

8.6.3　各种强度理论的应用

需要指出的是：构件的破坏形式不但与材料有关，还与应力状态等因素有关。例如由低碳钢制成的等直杆处于单向拉伸时，会发生显著的塑性流动；但当它处于三向拉应力状态时，会发生脆性断裂。在由低碳钢制成的圆截面杆中间切一条环形槽，当该杆受单向拉伸时，直到拉断，也不会发生明显的塑性变形，最后在切槽根部截面最小处发生断裂，其断口平齐，与铸铁拉断时的断口相仿，属脆性断裂，如图 8.20 所示。这是因为在截面急剧改变处有应力集中，属三向拉应力状态，相应的切应力较小，不易发生塑性流动的缘故。再如图 8.21 所示大理石在单向压缩时，其破坏形式为脆性断裂，而处于双向不等压应力状态时，却会显现出塑性变形，被压成腰鼓形。

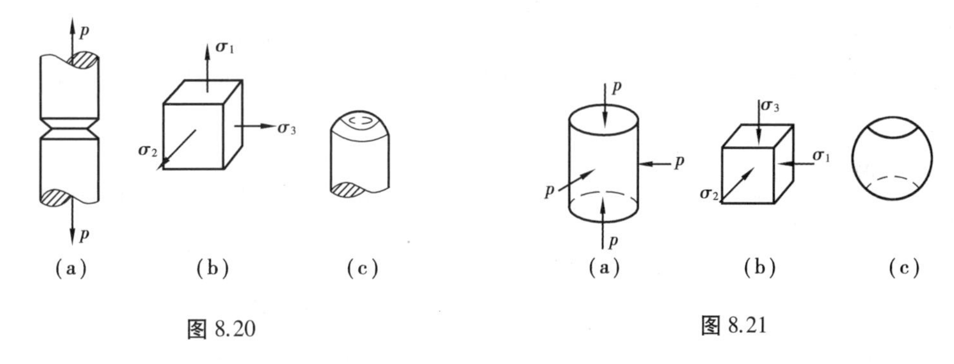

图 8.20　　　　图 8.21

根据试验资料，把各种强度理论的适用范围归纳如下：

①本章所述的强度理论均仅适用于常温、静荷载条件下的均质、连续、各向同性材料。

②不论是脆性或塑性材料，在三轴拉伸应力状态下，都会发生脆性断裂破坏，宜采用最大拉应力强度理论。但应该指出，对于塑性材料，由于从单轴拉伸试验结果不可能得到材料发生脆性断裂的极限应力，所以对于这类材料制成的构件，在按最大拉应力强度理论进行强度校核时，许用应力应用发生脆断时的最大主应力 σ_1 除以安全因数来确定。

③对于低碳钢一类的塑性材料，除三轴拉伸应力状态外，各种复杂应力状态下都会发生屈服破坏。一般宜采用形状改变应变能密度理论，但最大切应力理论的物理概念直观，计算较为简捷，而且计算结果偏于安全，因而常采用最大切应力理论。

④在三轴压缩应力状态下，不论是塑性材料还是脆性材料，通常都发生屈服破坏，故一般应采用形状改变应变能密度理论。但因脆性材料不可能由单轴拉伸试验结果得到材料发生屈服的极限应力，所以许用应力也不能用脆性材料单轴拉伸时的许用应力值。

应该指出，强度理论的选用并不单纯是力学问题，而与工程技术部门长期积累的经验，以及根据这些经验制定的一整套计算方法和规定的许用应力数值有关。

强度理论在生活中也有一定的表现。有一条歇后语：马尾拴豆腐——提不起来。豆腐的强度是很低的，做好的豆腐都要用一块板托着，以防它散架。卖豆腐时，切出一块，要用手轻轻托起再放在袋中或盒里。用马尾拴住豆腐为什么提不起来？马尾很细，豆腐的强度又很低，豆腐的自重在马尾上形的压力就足以把豆腐压垮，所以马尾提起来的时候，就把豆腐割断了。从力学的角度解释，豆腐的局部单位面积上的压力过大，所以豆腐被压坏。豆腐所能够承受的单位面积的压力是 40 g/m^2，即压强大约是 3.92 kPa。这个压强大约相当于高度为 40 cm 的豆腐在底层所受的压强。也就是说，如果你做的豆腐，厚度超过了 40 cm，那么自重就能够把豆腐压垮。这是用第一强度理论来表征强度。如果把豆腐泡在水桶里，豆腐侧面所受的压强是水的压强，而在下面所受的压强是水压强外加豆腐比重超过水的部分所形成的压强，侧面与底面压强之差仅是豆腐比重超过水的部分所形成的压强，由于豆腐和水的比重之差还不到水比重的 1/10，这个数是相当小的，所以在水中的豆腐块很大也不会被自重压垮。这也就是聪明的卖豆腐的人会把豆腐放在水中的道理。

对于材料在什么条件下破坏的问题，是一个十分重要但又十分复杂的问题，在不同的条件下，对不同的材料需要使用不同的判据。它至今仍然是科学研究的重要课题。

【例题 8.7】 试对给定的应力状态：$\sigma_x = 100$ MPa，$\sigma_y = -100$ MPa，$\tau_x = 100$ MPa，判断材料是否破坏：

(1) 对脆性材料用最大拉应力理论，若已知材料 $[\sigma] = 200$ MPa；

(2) 对塑性材料用最大切应力理论及形状改变比能理论，若已知材料 $[\sigma] = 240$ MPa。

【解】 主应力计算：

$$\left.\begin{matrix}\sigma_{\max}\\ \sigma_{\min}\end{matrix}\right\} = \frac{\sigma_x + \sigma_y}{2} \pm \sqrt{\left(\frac{\sigma_x - \sigma_y}{2}\right)^2 + \tau_x^2} = 0 \pm \sqrt{100^2 + 100^2}\ \text{MPa} = \pm 141.41\ \text{MPa}$$

所以：$\sigma_1 = 141.4$ MPa，$\sigma_2 = 0$，$\sigma_3 = -141.4$ MPa

对脆性材料，$\sigma_{r1} = \sigma_1 = 141.4\ \text{MPa} < [\sigma] = 200$ MPa，不会破坏。

对塑性材料，$\sigma_{r3} = \sigma_1 - \sigma_3 = 282.8\ \text{MPa} > [\sigma] = 240$ MPa，破坏。

$$\sigma_{r4} = \sqrt{\frac{1}{2}[(\sigma_1 - \sigma_2)^2 + (\sigma_2 - \sigma_3)^2 + (\sigma_3 - \sigma_1)^2]} = 244.9\ \text{MPa} > [\sigma] = 240\ \text{MPa},$$

破坏。

【例题 8.8】 一两端密封的圆柱形压力容器，设圆筒的内直径为 D，壁厚为 δ，且筒壁很薄 $\left(\delta \leqslant \dfrac{D}{20}\right)$ 如图 8.22(a) 所示。容器承受的内压的压强为 p，试给出薄壁圆筒的强度条件。

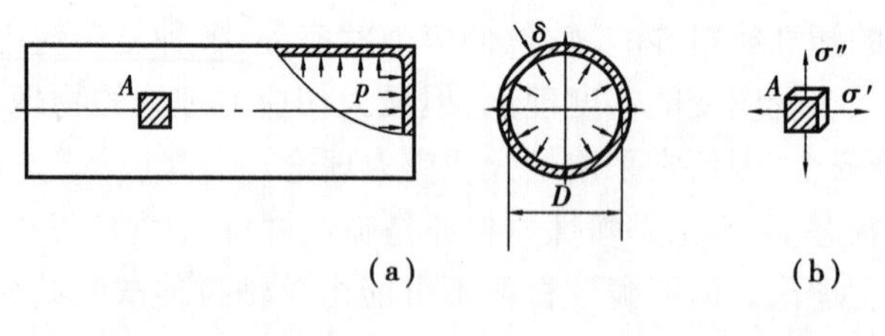

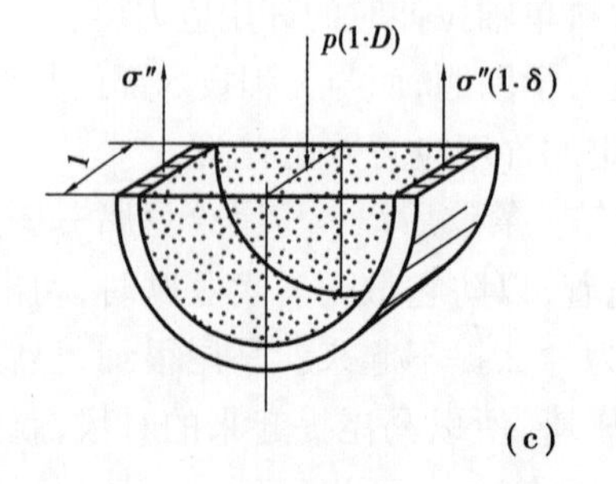

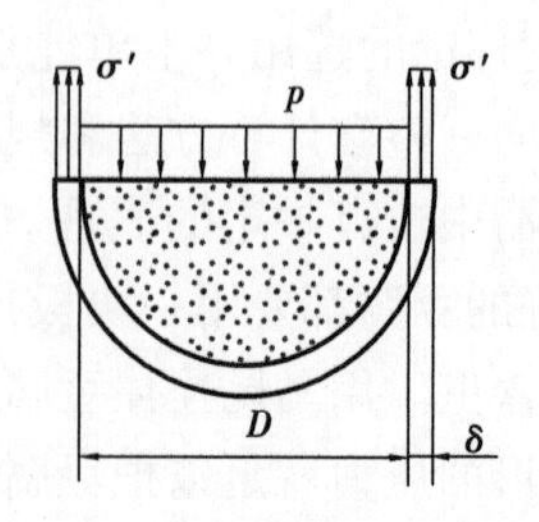

(c)

图 8.22

【解】 由圆筒及其受力的对称性可知,圆筒横截面上各点处的正应力 σ' 可认为相等,按轴向拉伸计算,作用在两端筒底的总压力为 $\dfrac{p\pi D^2}{4}$, 因此,圆筒横截面上的轴向正应力为:

$$\sigma' \approx \frac{F}{A} = \frac{p\pi D^2}{4} \times \frac{1}{\pi D\delta}$$

由此得:

$$\sigma' = \frac{pD}{4\delta} \tag{a}$$

为了计算圆筒纵截面上(周向)的正应力 σ'', 利用截面法,用相距单位长度的两个横截面与一个通过圆筒轴线的径向纵截面,从圆筒中切取一部分为研究对象(高压气体或液体仍保留在内),如图 8.22(c)所示。作用在保留部分上的压力为 $p(1 \cdot D)$, 它与径向纵截面上的内力 $2\sigma''(1 \cdot \delta)$ 平衡,即:

$$2\sigma''\delta - pD = 0$$

由此得:

$$\sigma'' = \frac{pD}{2\delta} \tag{b}$$

容器内表面上任一点处沿径向的正应力为:$\sigma''' = -p$。所以,圆筒内表面上各点的应力分别为:$\sigma_1 = \sigma'' = \dfrac{pD}{2\delta}, \sigma_2 = \sigma' = \dfrac{pD}{4\delta}, \sigma_3 = \sigma''' = -p$。然而,对于薄壁圆筒而言, σ_3 与 σ_1, σ_2 的绝对值相比是一个很小的量,因此,径向应力 σ''' 通常可略去不计。综上所述,筒壁各点可视为处于二向应力状态,其主应力则为 $\sigma_1 = \sigma'' = \dfrac{pD}{2\delta}, \sigma_2 = \sigma' = \dfrac{pD}{4\delta}, \sigma_3 = 0$。

如果圆筒是用塑性材料制成,则按第三与第四强度理论建立其强度条件,分别为:

$$\sigma_{r3} = \sigma_1 - \sigma_3 = \frac{pD}{2\delta} \leqslant [\sigma]$$

$$\sigma_{r4} = \sqrt{\frac{1}{2}[(\sigma_1 - \sigma_2)^2 + (\sigma_2 - \sigma_3)^2 + (\sigma_3 - \sigma_1)^2]} = \frac{\sqrt{3}pD}{4\delta} \leqslant [\sigma]$$

【例题 8.9】 如图 8.23 所示的薄壁长圆筒,长度为 l,壁厚为 t,平均直径为 D,材料的 $E, \nu, [\sigma]$ 为已知。现受内压 p 和扭转力偶 $M_e = \pi D^3 \dfrac{p}{4}$ 的共同作用,薄壁圆筒截面的扭转截面系数可取 $W_t = \pi D^2 \dfrac{t}{2}$。试求:

(1)按第三强度理论建立强度条件;

(2)筒体的轴向变形 Δl。

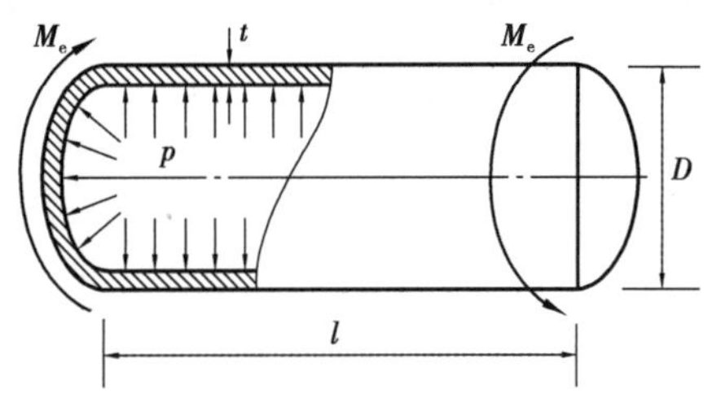

图 8.23

【解】 (1)应力计算

由例 8.8 中式(a)和式(b)内压引起的正应力:$\sigma_x = \dfrac{pD}{4t}, \sigma_y = \dfrac{pD}{2t}$

扭矩引起的切应力:$\tau_x = \dfrac{M_e}{W_t} = \dfrac{\dfrac{\pi D^3 p}{4}}{\dfrac{\pi D^2 t}{2}} = \dfrac{pD}{2t}$

计算主应力：

$$\left.\begin{matrix}\sigma_1\\ \sigma_3\end{matrix}\right\}=\frac{\sigma_x+\sigma_y}{2}\pm\sqrt{\left(\frac{\sigma_x-\sigma_y}{2}\right)^2+\tau_x^2}=$$

$$\frac{\frac{pD}{2t}+\frac{pD}{4t}}{2}\pm\sqrt{\left(\frac{pD}{8t}\right)^2+\left(\frac{pD}{2t}\right)^2}=$$

$$\frac{pD}{8t}(3\ \pm 4.12)$$

按第三强度理论建立的强度条件为：

$$\sigma_{r3}=\sigma_1-\sigma_3=\frac{4.12pD}{4t}\leqslant[\sigma]$$

(2)计算筒体的轴向变形 Δl

根据平面应力状态的胡克定律 $\varepsilon_x=\frac{1}{E}(\sigma_x-\nu\sigma_y)=\frac{1}{E}\left(\frac{pD}{4t}-\frac{pD}{2t}\nu\right)$，是一个常数。所以轴向伸长：

$$\Delta l=\varepsilon_x l=\frac{pDl}{4Et}(1-2\nu)$$

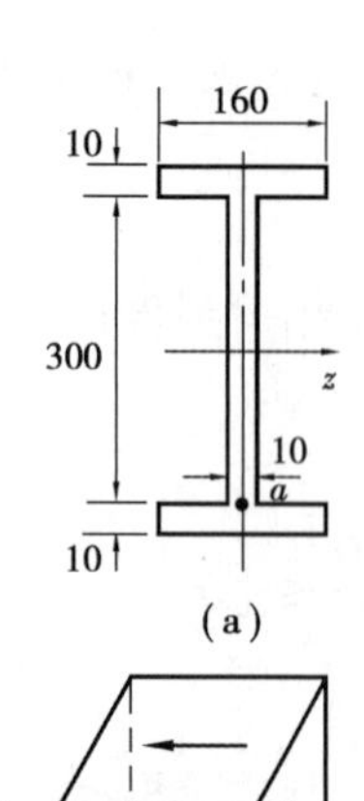

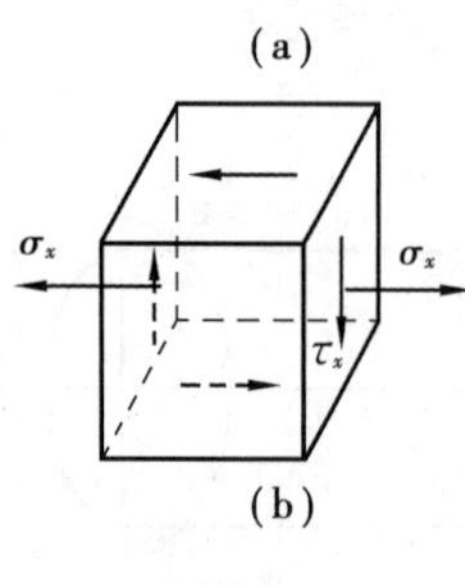

图 8.24

【例题 8.10】 如图 8.24 所示的工字形截面钢梁，$[\sigma]=170$ MPa，$I_z=9\ 941\times10^4\ \text{mm}^4$，危险截面上剪力 $F_S=180$ kN，弯矩 $M=100$ kN·m。试用第三强度和第四强度理论校核梁的强度。

【解】 危险截面上最大正应力发生在离中性轴最远处：

$$\sigma_{\max}=\frac{My_{\max}}{I_z}=\frac{100\times10^3\ \text{N}\cdot\text{m}}{99.41\times10^6\times10^{-12}\text{m}^4}\times0.16\ \text{m}=$$

$$161\ \text{MPa}<[\sigma]=170\ \text{MPa}$$

腹板和翼缘交界处 a 点：

$$\sigma_x=\frac{M}{I_z}y=\frac{100\times10^3\text{N}\cdot\text{m}}{99.41\times10^6\times10^{-12}\ \text{m}^4}\times0.15\ \text{m}=151\ \text{MPa}$$

$$\tau_x=\frac{F_S S_z}{I_z b}=\frac{180\times10^3\ \text{N}\times0.16\ \text{m}\times0.01\ \text{m}\times0.155\ \text{m}}{99.41\times10^{-6}\ \text{m}^4\times0.01\ \text{m}}=45\ \text{MPa}$$

a 点的三个主应力为：

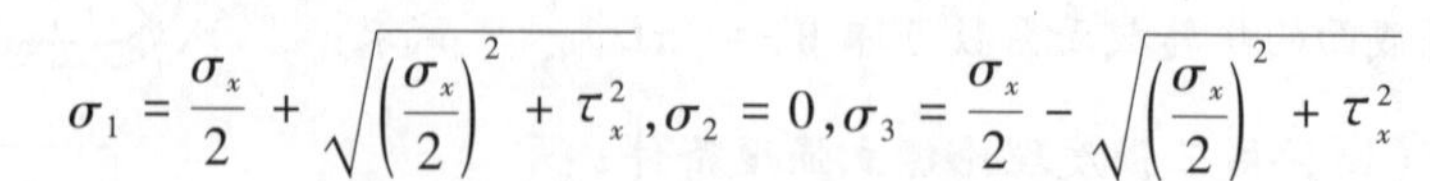

$$\sigma_1=\frac{\sigma_x}{2}+\sqrt{\left(\frac{\sigma_x}{2}\right)^2+\tau_x^2},\sigma_2=0,\sigma_3=\frac{\sigma_x}{2}-\sqrt{\left(\frac{\sigma_x}{2}\right)^2+\tau_x^2}$$

则由式(8.33c)得到第三强度理论相当应力：

$$\sigma_{r3}=\sigma_1-\sigma_3=2\sqrt{\left(\frac{\sigma_x}{2}\right)^2+\tau_x^2}=$$

$$\sqrt{\sigma_x^2+4\tau_x^2}=\sqrt{151^2+4\times45^2}\ \text{MPa}=176\ \text{MPa}>[\sigma]=170\ \text{MPa}$$

但相对误差 $\frac{176\ \text{MPa}-170\ \text{MPa}}{176\ \text{MPa}}\times100\%=3.5\%<5\%$，所以安全。

将 a 点的主应力代入式(8.33d)，得到第四强度理论相当应力：

$$\sigma_{r4} = \sqrt{\sigma_x^2 + 3\tau_x^2} = \sqrt{151^2 + 3 \times 45^2}\ \text{MPa} = 169.9\ \text{MPa} < [\sigma] = 170\ \text{MPa}$$

所以按第三强度理论校核较按第四强度理论校核更安全。

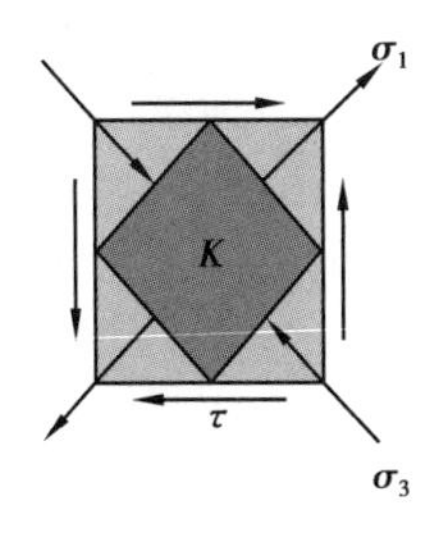

图 8.25

【例题 8.11】 如图 8.25 所示为纯剪切应力状态单元体,试按强度理论建立其强度条件,并导出剪切许用应力$[\tau]$与拉伸许用应力$[\sigma]$之间的关系。

【解】 由应力状态分析容易得到该点的主应力:$\sigma_1=\tau,\sigma_2=0,\sigma_3=-\tau$

单元体纯剪切强度条件:$\tau\leqslant[\tau]$

根据第一强度理论:$\sigma_{r1}=\sigma_1\leqslant[\sigma]$;

可以导出:$[\tau]=[\sigma]$;

根据第二强度理论:$\sigma_{r2}=[\sigma_1-\nu(\sigma_2+\sigma_3)]\leqslant[\sigma]$;

可以导出:$\tau(1+\nu)\leqslant[\sigma]$;

根据第三强度理论:$\sigma_{r3}=\sigma_1-\sigma_3\leqslant[\sigma]$;

可以导出:$[\tau]=0.5[\sigma]$;

根据第四强度理论:$\sigma_{r4}=\sqrt{\frac{1}{2}[(\sigma_1-\sigma_2)^2+(\sigma_2-\sigma_3)^2+(\sigma_3-\sigma_1)^2]}\leqslant[\sigma]$;

可以导出:$[\tau]=0.6[\sigma]$;

对于脆性材料,在纯剪切应力状态下发生脆性断裂破坏,故选用第一和第二强度理论。以铸铁为例,其泊松比$\nu=0.25$,故由第二强度理论得到:$[\tau]=0.8[\sigma]$;因此,对脆性材料有:$[\tau]=(0.8\sim1.0)[\sigma]$;对于塑性材料,在纯剪切应力状态下发生塑性流动破坏,故选用第三和第四强度理论,所以有$[\tau]=(0.5\sim0.6)[\sigma]$

本章小结

(1)应力状态是指通过受力构件内一点的不同截面上的应力的集合,用围绕该点的单元体来表示。斜截面上的应力为:

$$\sigma_\alpha = \frac{\sigma_x + \sigma_y}{2} + \frac{\sigma_x - \sigma_y}{2}\cos 2\alpha - \tau_x \sin 2\alpha$$

$$\tau_\alpha = \frac{\sigma_x - \sigma_y}{2}\sin 2\alpha + \tau_x \cos 2\alpha$$

(2)平面应力状态的主应力为:

$$\left.\begin{matrix}\sigma_{max}\\ \sigma_{min}\end{matrix}\right\} = \frac{\sigma_x + \sigma_y}{2} \pm \sqrt{\left(\frac{\sigma_x - \sigma_y}{2}\right)^2 + \tau_x^2}$$

σ_{max}与x轴的夹角α_0为:$\tan 2\alpha_0 = \dfrac{-2\tau_x}{\sigma_x - \sigma_y}$

(3)平面应力状态的切应力极值为:

$$\left.\begin{matrix}\tau_{max}\\ \tau_{min}\end{matrix}\right\} = \pm\sqrt{\left(\frac{\sigma_x - \sigma_y}{2}\right)^2 + \tau_x^2} = \pm\frac{1}{2}(\sigma_{max} - \sigma_{min})$$

(4)在受力构件内的任一点处一定存在一个主应力单元体,其三对相互垂直的微面均为主平面,三对主平面上的主应力分别为:$\sigma_1,\sigma_2,\sigma_3$。

(5)主应力形式的广义胡克定律:

$$\varepsilon_1=\frac{1}{E}[\sigma_1-\nu(\sigma_2+\sigma_3)];\varepsilon_2=\frac{1}{E}[\sigma_2-\nu(\sigma_3+\sigma_1)];\varepsilon_3=\frac{1}{E}[\sigma_3-\nu(\sigma_1+\sigma_2)]$$

(6)4 个强度理论的相当应力为:

$$\sigma_{r1}=\sigma_1$$

$$\sigma_{r2}=\sigma_1-\nu(\sigma_2+\sigma_3)$$

$$\sigma_{r3}=\sigma_1-\sigma_3$$

$$\sigma_{r4}=\sqrt{\frac{1}{2}[(\sigma_1-\sigma_2)^2+(\sigma_2-\sigma_3)^2+(\sigma_3-\sigma_1)^2]}$$

强度理论统一表达式为 $\sigma_r\leqslant[\sigma]$。材料的破坏形式,不仅取决于材料的性质,还与危险点所处的应力状态、温度、加载情况等有关,选用时要根据实际情况确定。

思考题

8.1 何谓一点处的应力状态?围绕构件内一点如何取出单元体?

8.2 平面应力状态任一斜截面上的应力公式是如何建立的?关于应力与方位角的正负号有何规定?

8.3 什么是主平面?什么是主应力?如何确定主应力的大小与方位?

8.4 常用的 4 种强度理论的基本观点是什么?如何建立相应的强度条件?各适用于何种情况?

8.5 冬天自来水管因其中的水结冰而涨裂,但冰为什么不会因受水管的反作用压力而被压碎呢?

8.6 何谓单向应力状态和二向应力状态?圆轴扭转时,轴表面各点处于何种应力状态?梁受横力弯曲时,梁顶、梁底以及其他各点处于何种应力状态?

8.7 材料及尺寸均相同的三个立方块,竖向压应力为 σ_0,如图所示。已知材料的弹性常数分别为 $E=200$ GPa,$\nu=0.3$。若三立方体都在弹性范围内,试问哪一立方体的体积应变最大?

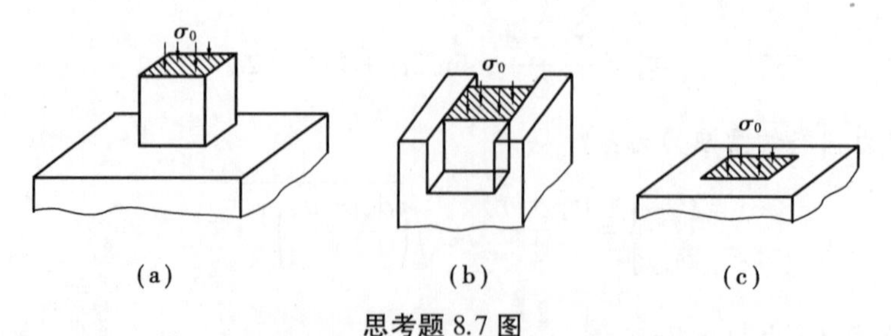

思考题 8.7 图

8.8 在塑性材料制成的构件中,有图(a)和图(b)所示的两种应力状态。若两者的 σ 和 τ 数值分别相等,试按第四强度理论分析比较两者的危险程度。

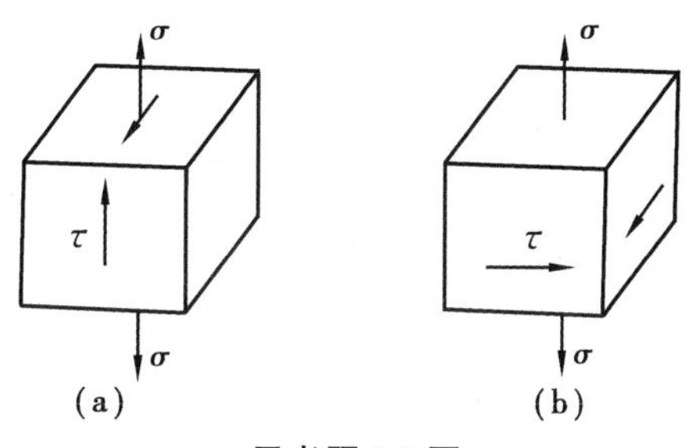

思考题 8.8 图

习　题

8.1　试从如图所示各构件中 A 点和 B 点处取出单元体，并标明单元体各面上的应力。

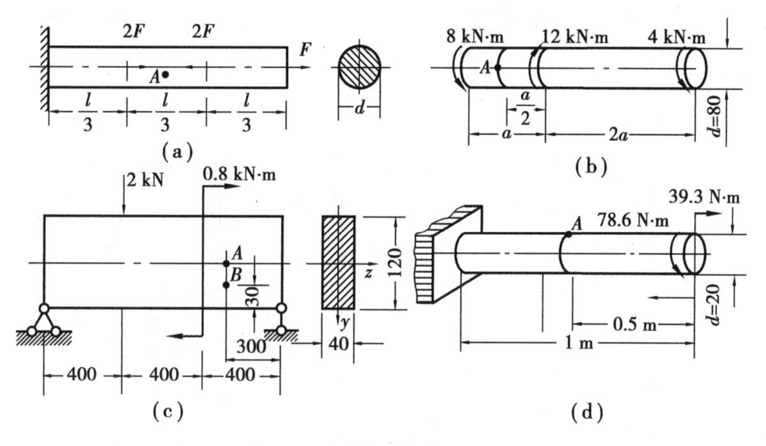

习题 8.1 图

8.2　从构件中取出的微元受力如图所示，其中 AC 为自由表面(无外力作用)，试求 σ_x 和 τ_x。

8.3　如图所示为受力板件，试证明 A 点处各截面的正应力与切应力均为零。

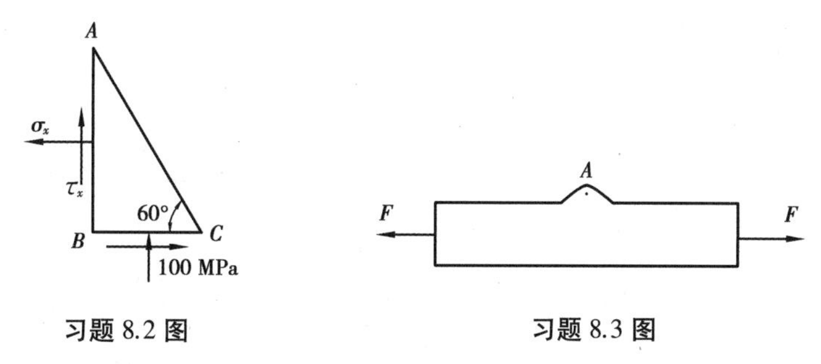

习题 8.2 图　　　　习题 8.3 图

8.4　已知应力状态如图所示(应力单位为 MPa)，试计算图中指定截面的正应力与切应力。

8.5　试用图解法(应力圆)解题 8.4。

8.6　如图所示为双向拉伸应力状态，应力 $\sigma_x = \sigma_y = \sigma$。试证明任意斜截面上的正应力均等于 σ，而切应力则为零。

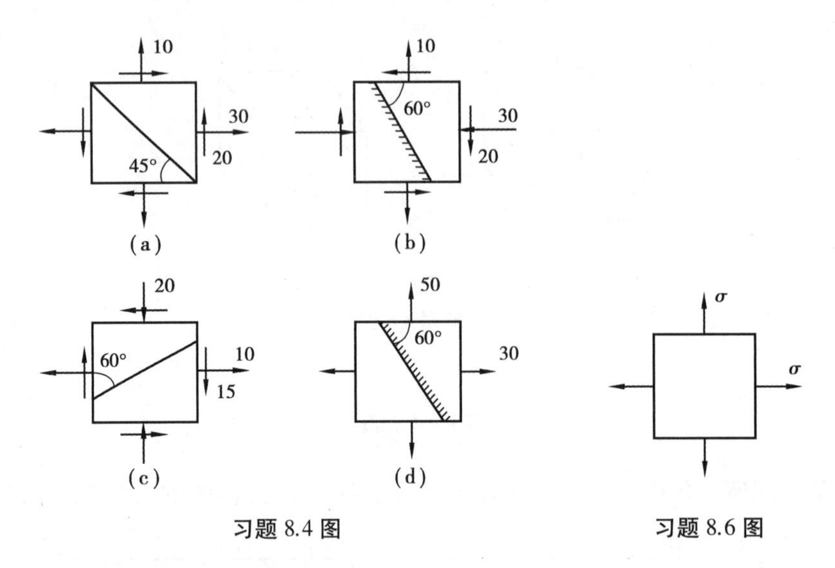

习题 8.4 图　　　　习题 8.6 图

8.7　求如图所示各单元体中的主应力及主平面方位,最大切应力的大小及其作用面的方位。(图中应力单位为 MPa)

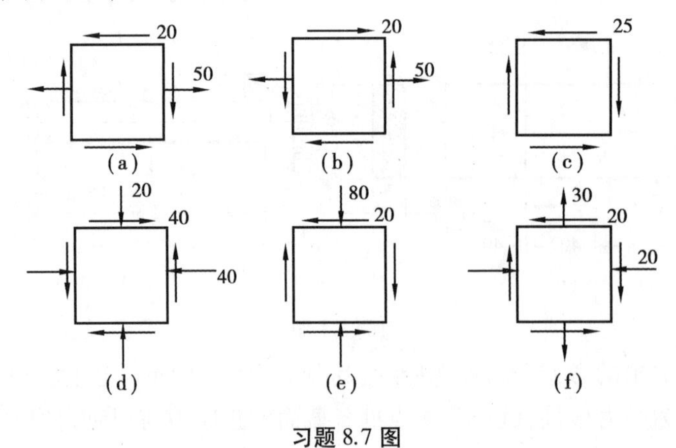

习题 8.7 图

8.8　试用应力圆求图示(a)、(b)、(c)各单元体中的主应力及主平面方位,最大切应力的大小及其作用面的方位。(图中应力单位为 MPa)

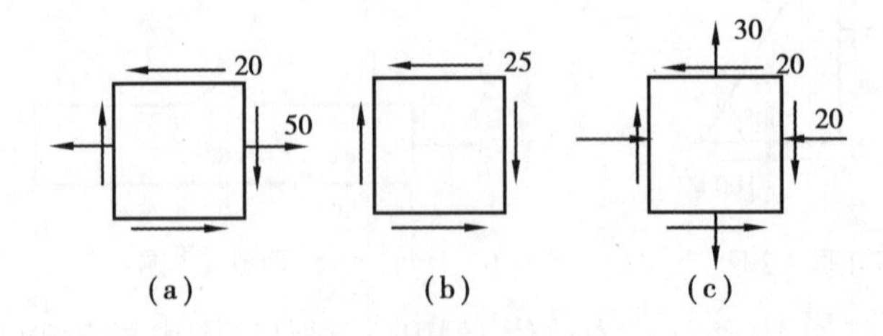

习题 8.8 图

8.9　试确定如图所示应力状态中的最大正应力和最大切应力。(图中应力单位为 MPa)

8.10　如图所示,在一个体积较大的钢块上开一个贯穿的槽,其宽度和深度都是 10 mm,在槽内紧密无隙地嵌入一铝质立体块,它的尺寸是 10 mm×10 mm×10 mm。当铝块受到压力 F_P = 6 kN作用时,假设钢块不变形。铝的弹性模量 E = 70 GPa,ν = 0.33。试求铝块的三个主应力及其相应的变形。

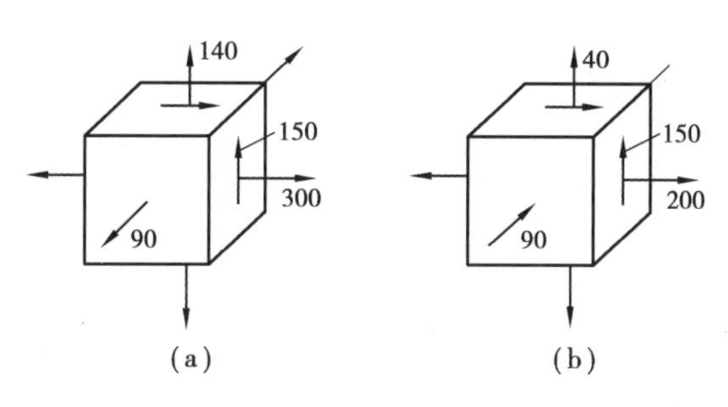

习题 8.9 图

8.11 如图所示为一钢质圆杆，直径 $D=20$ mm，已知 A 点处与水平线成 60° 方向上的线应变 $\varepsilon_{60^\circ}=4.1\times10^{-4}$，已知材料的弹性常数 $E=210$ GPa，$\nu=0.28$，试求荷载 F。

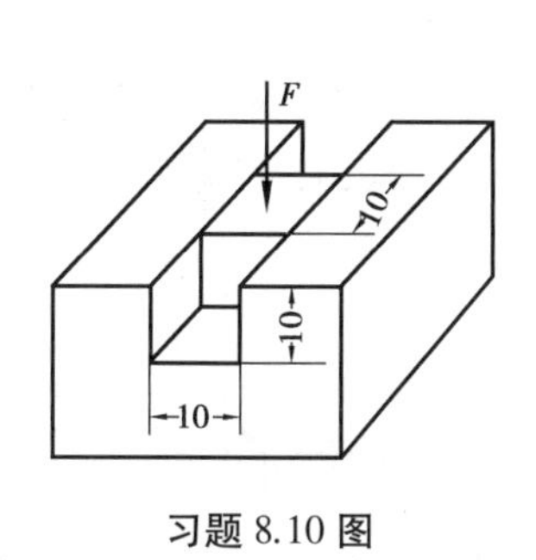

习题 8.10 图

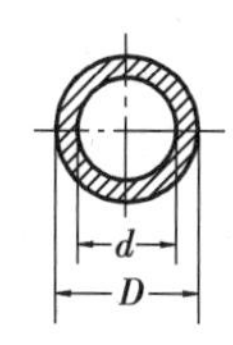

习题 8.11 图

8.12 $D=120$ mm，$d=80$ mm 的空心圆轴，两端承受一对扭转力偶 M_e，如图所示。在轴的中部表面点 A 处，测得与其母线成 45°方向的线应变为 $\varepsilon_{45^\circ}=2.6\times10^{-4}$。已知材料的弹性常数 $E=200$ GPa，$\nu=0.3$，试求扭转力偶 M_e。

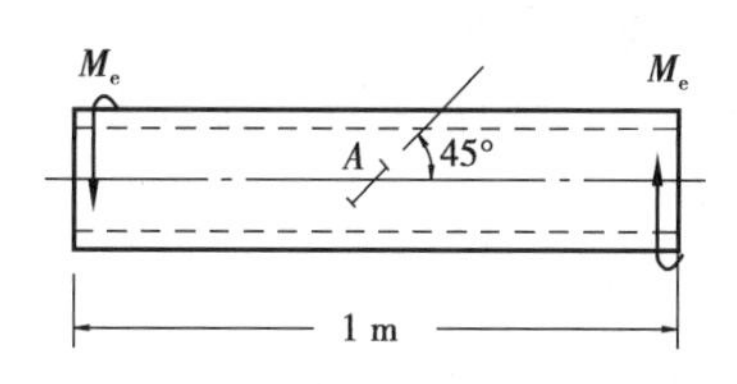

习题 8.12 图

8.13 某 28a 工字钢梁受力情况如图所示，钢材 $E=200$ GPa，$\nu=0.3$。现由变形仪测得中性层上 K 点处与轴线成 45° 方向的应变 $\varepsilon_{45^\circ}=-2.6\times10^{-4}$，试求此时梁承受的荷载 F 为多大。

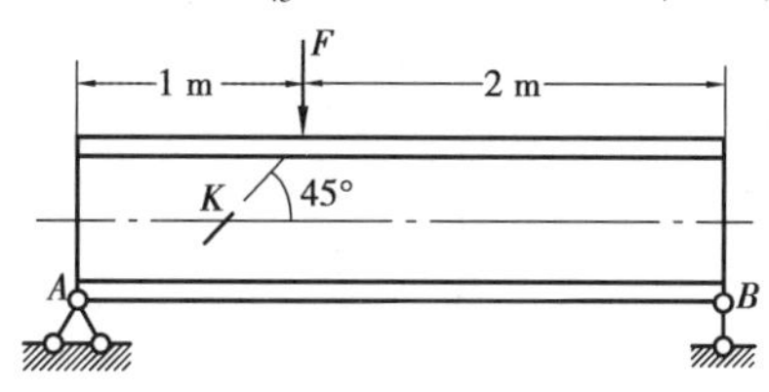

习题 8.13 图

8.14 如图所示，薄壁圆筒同时承受扭矩 M_e 和轴向拉力 F 的联合作用。已知 $F=140$ kN，$M_e=25$ kN·m，圆筒的平均半径 $d=180$ mm，材料的许用应力 $[\sigma]=100$ MPa，试按第三强度理论设计圆筒的壁厚 δ。

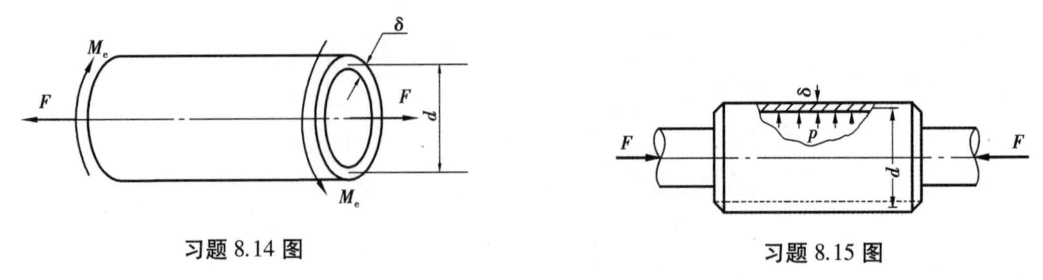

习题 8.14 图　　　　　　　　习题 8.15 图

8.15　如图所示为一两端封闭的薄壁圆筒,受内压力 p 及轴向压力 F 作用。已知 $F=100$ kN,$p=5$ MPa,筒的内径 $d=100$ mm。试按下列两种情况求筒壁厚度 δ 值:

(1)材料为铸铁,$[\sigma]=40$ MPa,$\nu=0.25$,按第二强度理论计算;

(2)材料为钢材,$[\sigma]=120$ MPa,按第四强度理论计算。

8.16　如图所示两端封闭的薄壁筒同时承受内压 p 和扭矩 m 的作用。在圆筒表面 a 点用应变仪测出与 x 轴分别成正负 45° 方向两个微小线段 ab 和 ac 的应变 $\varepsilon_{45^\circ}=629.4\times10^{-6}$,$\varepsilon_{-45^\circ}=-66.9\times10^{-6}$,试求压强 p 和扭矩 m 。已知平均直径 $d=200$ mm,厚度 $t=10$ mm,$E=200$ GPa,$\nu=0.25$。

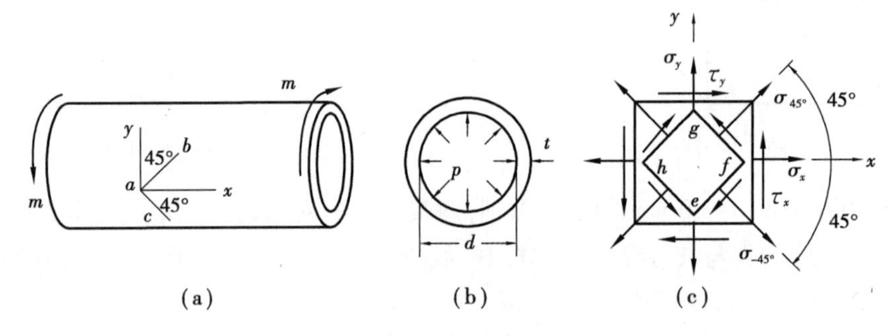

习题 8.16 图

8.17　如图所示圆截面圆环,缺口处承受一对相距极近的荷载 F 作用。已知圆环轴线的半径为 R,截面的直径为 d,材料的许用应力为$[\sigma]$,试根据第三强度理论确定 F 的许用值。

8.18　如图所示圆截面杆,直径为 d,承受轴向力 F 与扭矩 M 作用,杆用塑性材料制成,许用应力为$[\sigma]$。试画出危险点处微体的应力状态图,并根据第四强度理论建立杆的强度条件。

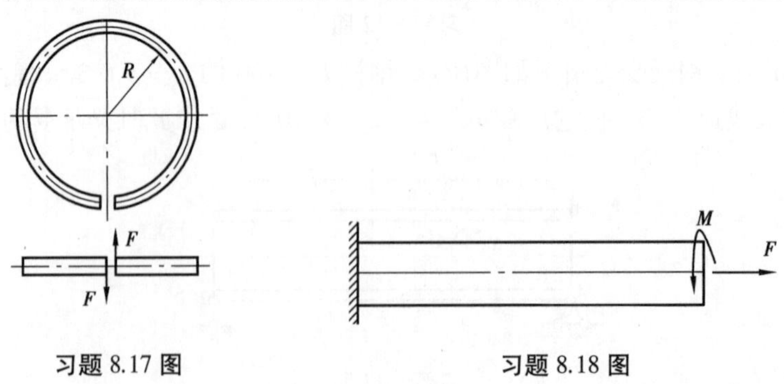

习题 8.17 图　　　　　　　　习题 8.18 图

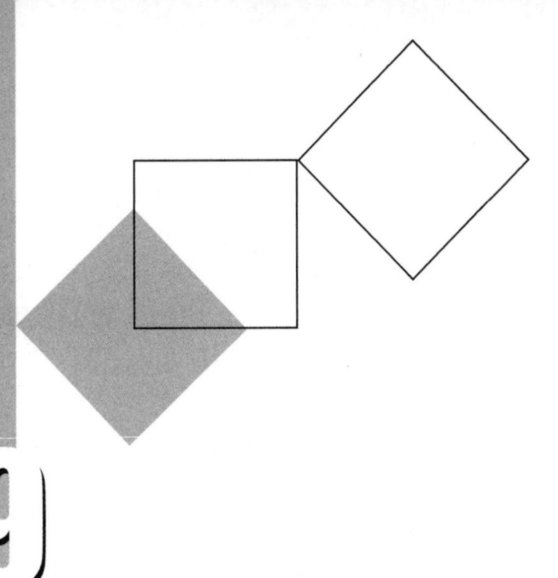

9 组合变形

本章导读：

• **基本要求**　掌握组合变形的概念；掌握斜弯曲、拉伸(压缩)与弯曲、扭转与弯曲等组合变形的应力、变形和强度计算。

• **重点**　斜弯曲、拉伸(压缩)与弯曲、扭转与弯曲等组合变形的应力、变形和强度计算。

• **难点**　强度理论在组合变形中的应用；截面核心的概念及其工程应用。

9.1 概　述

在实际工程中，构件所承受的荷载常常是比较复杂的，构件所发生的变形往往同时包含两种或两种以上的基本变形形式。若几种变形形式所对应的应力或变形属于同一数量级，而不能忽略其中的任何一种，这类构件的变形就称为**组合变形**。如图 9.1(a)所示，在有吊车的厂房

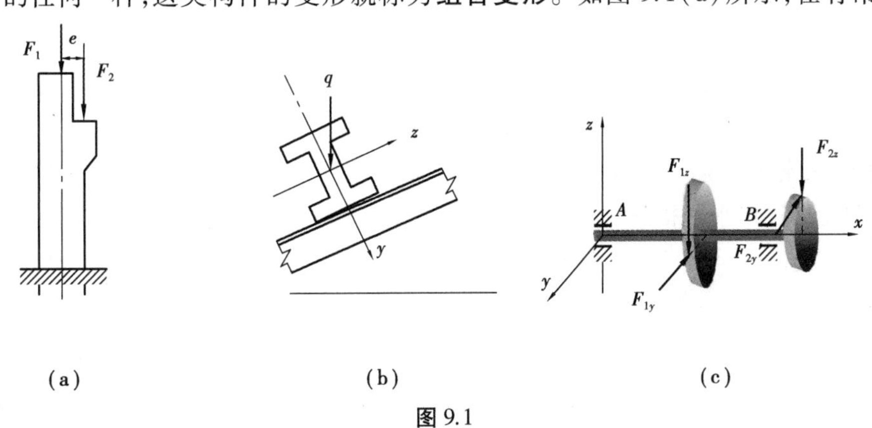

图 9.1

中,带有牛腿的柱子除了受到轴向压力 F_1 外,还受到吊车梁传来的竖向荷载 F_2 的作用,其作用线与立柱的轴线不重合,立柱将同时发生轴向压缩与弯曲的组合变形。如图 9.1(b)所示的斜屋架上的工字形钢梁,受到屋面板上传来的均布荷载 q,该荷载的作用线并不与工字钢的对称轴重合。这种情况下,工字钢梁的变形就不是平面弯曲,而是两个相互垂直平面内的弯曲变形的组合。如图 9.1(c)所示齿轮传动轴在外力作用下,将同时发生扭转及在水平和垂直平面内的弯曲的组合变形。

对组合变形下的构件,在线弹性、小变形的条件下,可按构件的原始形状和尺寸进行计算。先将荷载简化为符合基本变形的外力作用条件的外力系,分别计算构件在每一种基本变形情况下的内力、应力和变形,然后利用叠加原理,综合考虑基本变形的组合情况,确定构件的危险截面、危险点的位置以及危险点的应力状态,进行组合变形的计算。

本章主要讨论工程中常见的几种组合变形:斜弯曲(双向平面弯曲)、拉伸(压缩)与弯曲的组合、扭转与弯曲的组合。

9.2 斜弯曲

9.2.1 斜弯曲的概念

前面章节已经讨论了平面弯曲问题。对于横截面具有竖向对称轴的梁,当所有荷载作用在梁的纵向对称面内时,梁变形后的轴线是一条位于荷载所在平面内的平面曲线,这就是平面弯曲。但在实际工程中,如图 9.1(b)所示斜屋架上的工字钢梁,从屋面板传送到钢梁上的荷载垂直向下,并不在梁的纵向对称面内。这种情况下,梁将在两个互相垂直的对称平面内发生平面弯曲,变形后梁的挠曲线所在平面与外力作用平面不重合,这种弯曲变形称为**斜弯曲**。

9.2.2 斜弯曲梁的计算

现以矩形截面悬臂梁为例来说明斜弯曲问题中应力和变形的计算。

如图 9.2(a)所示,悬臂梁在自由端受集中力 F 作用,其作用线通过横截面的弯心,并与截面的铅垂对称轴间的夹角为 φ。选取坐标系如图所示,梁轴线为 x 轴,两个对称轴分别为 y 轴和 z 轴。

现将 F 沿 y 轴和 z 轴分解,得:

$$F_y = F\cos\varphi, F_z = F\sin\varphi$$

F_y 将使梁在铅垂平面 xOy 内发生平面弯曲,而 F_z 将使梁在水平平面 xOz 内发生平面弯曲。可见,斜弯曲是梁在两个互相垂直方向平面弯曲的组合,故又称为双向平面弯曲。

如图 9.2(b)、图 9.2(c)所示,由 F_y 和 F_z 在横截面 $m—m$ 上产生的弯矩 M_z,M_y 分别为:

$$M_z = F_y(l-x) = F(l-x)\cos\varphi = M\cos\varphi$$
$$M_y = F_z(l-x) = F(l-x)\sin\varphi = M\sin\varphi$$

式中,$M=\sqrt{M_y^2+M_z^2}=F(l-x)$ 表示力 F 在 $m—m$ 截面上产生的总弯矩。

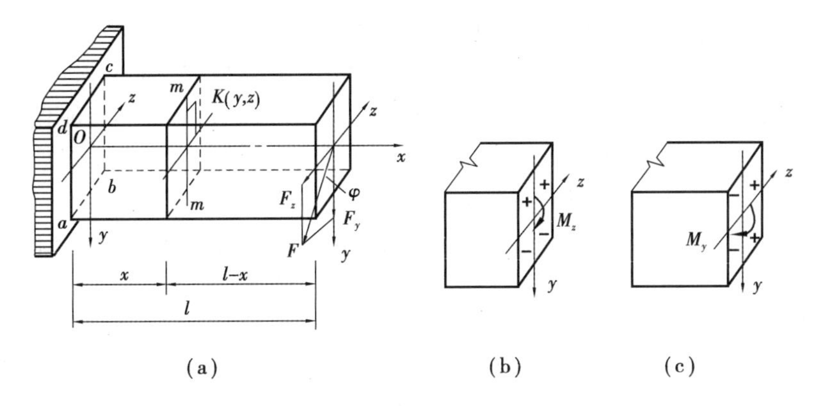

图 9.2

设横截面 $m—m$ 上 K 点处在 xOy 和 xOz 平面内发生平面弯曲时的正应力分别为 σ',σ'',则:

$$\sigma' = \frac{M_z y}{I_z} = \frac{M\cos\varphi}{I_z}y$$

$$\sigma'' = \frac{M_y z}{I_y} = \frac{M\sin\varphi}{I_y}z$$

于是在 F_y 和 F_z 共同作用下,横截面 $m—m$ 上 K 点处的正应力可以按叠加原理求得:

$$\sigma = \sigma' + \sigma'' = M\left(\frac{\cos\varphi}{I_z}y + \frac{\sin\varphi}{I_y}z\right) \tag{9.1}$$

式中,I_z,I_y 分别为横截面对 z 轴和 y 轴的惯性矩;z,y 分别为所求应力点到 y 轴和 z 轴的距离。

应用式(9.1)计算应力时,M 和 y,z 均可取绝对值,应力的正负号根据梁的变形来直接判断。在图 9.2 中,由 M_y 和 M_z 引起的 K 点处的应力均为拉应力,故 σ' 和 σ'' 均为正值。

由式(9.1)可知,正应力 σ 是点的坐标 y,z 这两个变量的线性函数,它反映了横截面上正应力的分布规律。为了计算横截面上的最大正应力,首先要定出中性轴的位置。

设中性轴上任一点的坐标为(y_0,z_0),由于中性轴上各点处的正应力都等于零,则由式(9. 1)可得:

$$M\left(\frac{\cos\varphi}{I_z}y_0 + \frac{\sin\varphi}{I_y}z_0\right) = 0$$

由于 M 不等于零,得:

$$\frac{\cos\varphi}{I_z}y_0 + \frac{\sin\varphi}{I_y}z_0 = 0 \tag{9.2}$$

式(9.2)即为中性轴方程,它是一条通过横截面形心的直线,设它与 z 轴间的夹角为 α,则:

$$\tan\alpha = \left|\frac{y_0}{z_0}\right| = \frac{I_z}{I_y}\tan\varphi \tag{9.3}$$

一般情况下,$I_y \neq I_z$,因此中性轴与外力作用平面并不垂直,这就是斜弯曲的特点。当 $I_y = I_z$ 时,即截面的两个形心主惯性矩相等时,如圆形、正方形以及一般正多边形截面梁,中性轴与外力作用平面垂直。此时,只要外力通过截面形心,所发生的弯曲总是平面弯曲,而不会发生斜弯曲。

中性轴把截面划分为受拉和受压两个区域。确定了中性轴的位置后,就很容易确定正应力最大的点。在横截面的周边上,作两条与中性轴平行的切线,如图 9.3 所示,则两切点 D_1,D_2 就

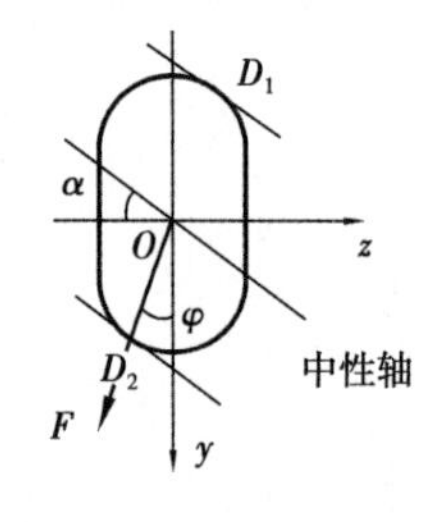

图 9.3

是横截面上离中性轴最远的点，也就是正应力最大的点。将这两点的 y,z 坐标代入式(9.1)，就可分别得到横截面上的最大拉应力、最大压应力。对于工程中常用的矩形、工字形截面，其横截面都有两个对称轴且具有棱角，故最大正应力必发生在棱角处。于是可根据梁的变形情况直接确定最大拉、压应力点的位置，而无须确定中性轴。确定了危险截面和危险点的位置并计算出危险点的最大正应力后，由于危险点处于单向应力状态，于是可按正应力强度条件进行计算。至于剪力引起的切应力，由于数值很小，常常忽略不计。

若材料的许用拉应力与许用压应力相等，其强度条件可写成：

$$\sigma_{\max} = \left(\frac{M_{z\max}}{W_z} + \frac{M_{y\max}}{W_y}\right) \leqslant [\sigma] \tag{9.4}$$

梁在斜弯曲时的挠度也可按叠加原理计算。以图 9.2 所示的悬臂梁为例，计算自由端的挠度时，同计算应力一样，首先将作用在梁自由端的外力 F 分解为两个分力 F_y 和 F_z，然后按平面弯曲的挠度计算公式分别计算这两个分力在自由端所引起的挠度 f_y 和 f_z，即：

$$f_y = \frac{F_y l^3}{3EI_z} = \frac{Fl^3}{3EI_z}\cos\varphi, \quad f_z = \frac{F_z l^3}{3EI_y} = \frac{Fl^3}{3EI_y}\sin\varphi$$

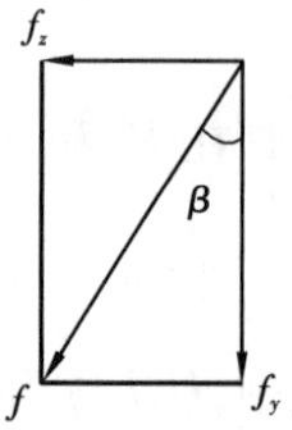

求其矢量和，总挠度 f 的大小为：

$$f = \sqrt{f_y^2 + f_z^2} \tag{9.5}$$

总挠度 f 与 y 轴的夹角 β(见图 9.4)，可由下式求得：

$$\tan\beta = \frac{f_z}{f_y} = \frac{I_z}{I_y}\tan\varphi \tag{9.6}$$

图 9.4

比较式(9.3)和式(9.6)可知，$\tan\beta = \tan\alpha$，所以中性轴总是与挠曲线所在平面垂直。在一般情况下，$I_y \neq I_z$，所以 $\beta \neq \varphi$，即总挠度 f 的方向与外力 F 不在同一纵向平面内，这正是斜弯曲与平面弯曲的本质区别。而在 $I_y = I_z$ 这一特殊情况下，$\beta = \varphi$，即荷载平面与挠曲线平面重合，这就是平面弯曲。

【例题 9.1】 如图 9.5 所示悬臂梁，$l = 1$ m，承受水平力 $F_1 = 0.8$ kN 与铅垂力 $F_2 = 1.65$ kN 作用。

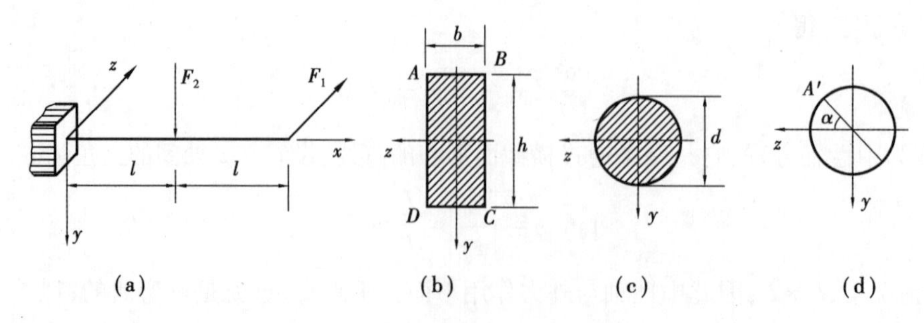

图 9.5

试求：(1)截面为 $b = 90$ mm，$h = 180$ mm 的矩形时，梁的最大正应力及其所在位置；
(2)截面为 $d = 130$ mm 的圆形时，梁的最大正应力及其所在位置。

【解】 (1)危险截面在固定端处,则:

$$M_y = F_1 \times 2l = 800\ \text{N} \times 2\ \text{m} = 1\ 600\ \text{N} \cdot \text{m}$$

$$M_z = F_2 \times l = 1\ 650\ \text{N} \times 1\ \text{m} = 1\ 650\ \text{N} \cdot \text{m}$$

(2)矩形截面梁发生斜弯曲,最大正应力位于点 A 或点 C,则:

$$W_y = \frac{hb^2}{6} = \frac{180 \times 90^2}{6}\text{mm}^3 = 243\ 000\ \text{mm}^3 = 0.24 \times 10^{-3}\ \text{m}^3$$

$$W_z = \frac{bh^2}{6} = \frac{90 \times 180^2}{6}\ \text{mm}^3 = 486\ 000\ \text{mm}^3 = 0.486 \times 10^{-3}\ \text{m}^3$$

最大正应力为:

$$\sigma_{\max} = \frac{M_y}{W_y} + \frac{M_z}{W_z} = \frac{1\ 600\ \text{N} \cdot \text{m}}{0.24 \times 10^{-3}\text{m}^3} + \frac{1\ 650\ \text{N} \cdot \text{m}}{0.83 \times 10^{-3}\ \text{m}^3} = 10.06\ \text{MPa}$$

(3)圆截面梁发生平面弯曲,最大正应力位于点 A' 或其对称点,图(d)中 α 角为中性轴与 z 轴的夹角。则:合成弯矩 $M = \sqrt{M_y^2 + M_z^2} = \sqrt{1.6^2 + 1.65^2}\ \text{kN} \cdot \text{m} = 2.30\ \text{kN} \cdot \text{m}$,弯曲截面系数 $W = \frac{\pi}{32}d^3 = \frac{3.14}{32} \times 130^3\ \text{mm}^3 = 0.22 \times 10^{-3}\text{m}^3$, 则

$$\sigma_{\max} = \frac{M}{W} = \frac{2.3 \times 10^3\ \text{N} \cdot \text{m}}{0.22 \times 10^{-3}\ \text{m}^3} = 10.7\ \text{MPa}$$

中性轴与合弯矩 M 垂直,故中性轴与 z 轴的夹角:

$$\alpha = \arctan \frac{M_z}{M_y} = 45.88°$$

9.3 拉伸(压缩)与弯曲

9.3.1 横向力与轴向力共同作用

如果外力除了横向力,还有轴向力,这时杆件将发生弯曲与轴向拉伸(压缩)的组合变形。

如图 9.6 所示的烟囱,一方面承受风荷载作用,引起弯曲变形;另一方面承受自重作用,引起轴向压缩,所以是轴向压缩与弯曲的组合变形。

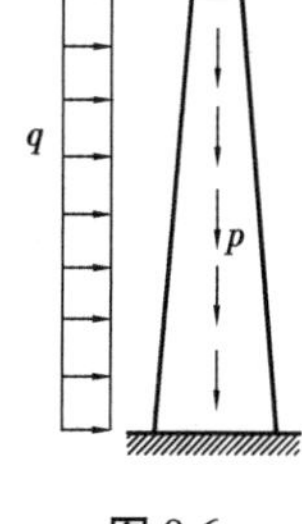

图 9.6

如图 9.7 所示梁为一矩形截面梁,承受横向力 q 和轴向拉力 F 的作用。在轴向力 F 作用下,梁将发生轴向拉伸,各横截面上的轴力均为 $F_N = F$;在横向力 q 作用下,梁发生平面弯曲。

轴力作用下的正应力均匀分布,见图 9.7(c)所示,其值为:

$$\sigma_N = \frac{F_N}{A} = \frac{F}{A}$$

弯矩 M 作用下的正应力沿高度按直线规律分布,见图 9.7(d)所示,其值为:

$$\sigma_M = \frac{M}{I_z}y$$

按叠加原理,在轴向拉力和横向力共同作用下,危险截面上任一点处的正应力,可按式(9.7)计算:

$$\sigma = \sigma_N + \sigma_M = \frac{F_N}{A} + \frac{M}{I_z}y \tag{9.7}$$

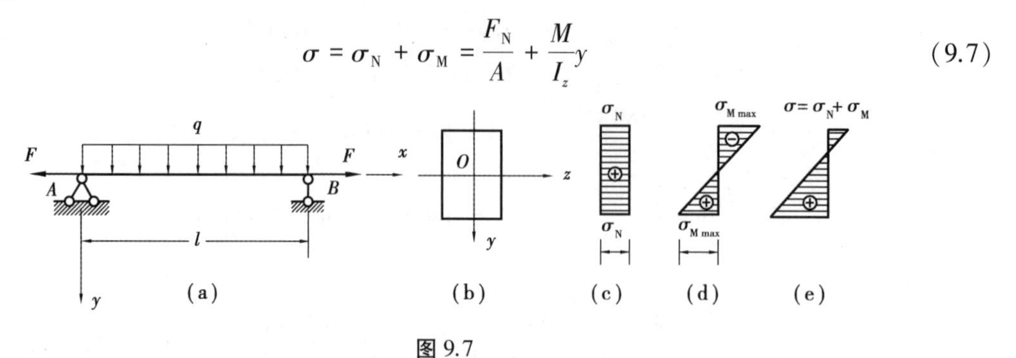

图 9.7

危险截面上最大正应力发生在截面下边缘处,按下式计算:

$$\sigma_{\max} = \frac{F_N}{A} + \frac{M_{\max}}{W_z}$$

由于危险点为单向应力状态,则正应力强度条件可写成:

$$\sigma_{\max} = \frac{F_N}{A} + \frac{M_{\max}}{W_z} \leqslant [\sigma] \tag{9.8}$$

应当注意,由图 9.7(e)可以知道,拉伸(压缩)与弯曲组合变形时,中性轴不经过截面的形心。当材料的许用拉应力和许用压应力不相等时,杆内的最大拉应力和最大压应力必须分别满足杆件的拉、压强度条件。

按叠加原理计算拉伸(压缩)与弯曲组合变形杆横截面上的正应力时,略去了轴向力由于弯曲变形而引起的附加弯矩。当梁的挠度较大,在压缩与弯曲组合变形时,轴向压力引起的附加弯矩也较大,并且与横向力引起的弯矩同向,因此不能按杆的原始形状来计算,叠加原理也不再适用。

【例题 9.2】 悬臂式起重机如图 9.8(a)所示。横梁 AB 为 18 工字钢,不计梁的自重。电动滑车行走于横梁上,滑车自重与起重量总和为 $F = 30$ kN,材料的$[\sigma] = 160$ MPa,试校核横梁的强度。

【解】 当滑车走到横梁中间 D 截面位置时,梁内弯矩最大,此时横梁 AB 的受力分析如图 9.8(b)所示。由平衡条件可得:

$$\sum M_A = 0 \quad F_{By}l - F\frac{l}{2} = 0 \quad F_{By} = \frac{F}{2} = 15\ \text{kN} \quad F_{Bx} = F_{By}\cot 30° = 26\ \text{kN}$$

$$\sum F_x = 0 \quad F_{Ax} = F_{Bx} = 26\ \text{kN}$$

$$\sum F_y = 0 \quad F_{Ay} = F - F_{By} = 15\ \text{kN}$$

分别绘出横梁的轴力图和弯矩图,如图 9.8(c)和 9.8(d)所示,得危险截面 D 处的轴力和弯矩分别为:

$$F_N = F_{Ax} = -26\ \text{kN}; M_{\max} = \frac{Fl}{4} = \frac{30\ \text{kN} \times 2.6\ \text{m}}{4} = 19.5\ \text{kN}\cdot\text{m}$$

查附录Ⅱ型钢表,18 工字钢 $A = 30.74\ \text{cm}^2$,$W_z = 185.4\ \text{cm}^3$。

根据危险截面 D 的应力分布规律,如图 9.8(e)所示,其上边缘的最大压应力和下边缘的最

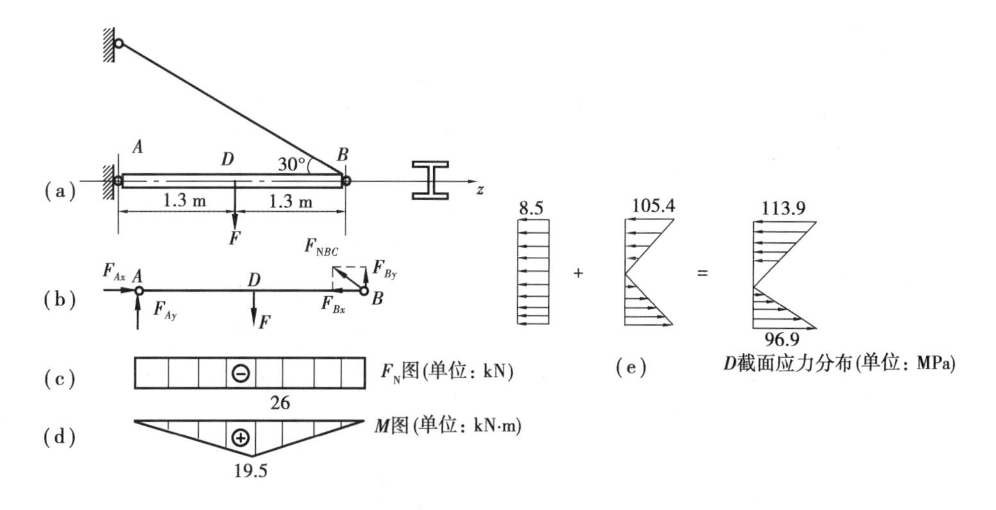

图 9.8

大拉应力分别为：

$$\sigma_{\max}^{c}=\frac{F_N}{A}+\frac{M_{\max}}{W_z}=-\frac{26\times10^3\ \mathrm{N}}{30.74\times10^{-4}\ \mathrm{m}^2}-\frac{19.5\times10^3\ \mathrm{N\cdot m}}{185.4\times10^{-6}\ \mathrm{m}^3}=-113.9\ \mathrm{MPa}$$

$$\sigma_{\max}^{t}=\frac{F_N}{A}+\frac{M_{\max}}{W_z}=-\frac{26\times10^3\ \mathrm{N}}{30.74\times10^{-4}\ \mathrm{m}^2}+\frac{19.5\times10^3\ \mathrm{N\cdot m}}{185.4\times10^{-6}\ \mathrm{m}^3}=96.9\ \mathrm{MPa}$$

危险点在 D 截面的上边缘各点处，且为单向应力状态，所以强度校核用最大压应力的绝对值计算，即：

$$\sigma_{\max}=|\sigma_{\max}^{c}|=113.9\ \mathrm{MPa}<[\sigma]$$

9.3.2　偏心拉伸(压缩)

当杆件所受的外力作用线与杆件的轴线平行而不重合时，引起的变形称为**偏心拉伸(压缩)**。这种外力称为偏心力。偏心拉伸(压缩)是工程实际中常见的组合变形形式。

图 9.9 所示矩形截面直杆，拉力 F 作用在 A 点，作用点 A 到 z 轴、y 轴的距离分别为 y_F 和 z_F。

将偏心拉力 F 简化到截面的形心处，简化后的等效力系中包含一个轴向拉力和两个力偶 M_y，M_z，如图 9.9(b)所示。

用截面法可求得横截面 $ABCD$ 上的内力为：

$$F_N=F,M_y=Fz_F,M_z=Fy_F$$

它们将分别使杆件发生轴向拉伸和在两纵向对称平面(即形心主惯性平面)内的纯弯曲。可见，偏心拉伸为轴向拉伸与弯曲的组合。

在横截面 $ABCD$ 上任一点 $E\ (y,z)$ 处，由轴向拉力 F_N 和弯矩 M_y 及弯矩 M_z 引起的应力分别为：

$$\sigma_N=\frac{F_N}{A}$$

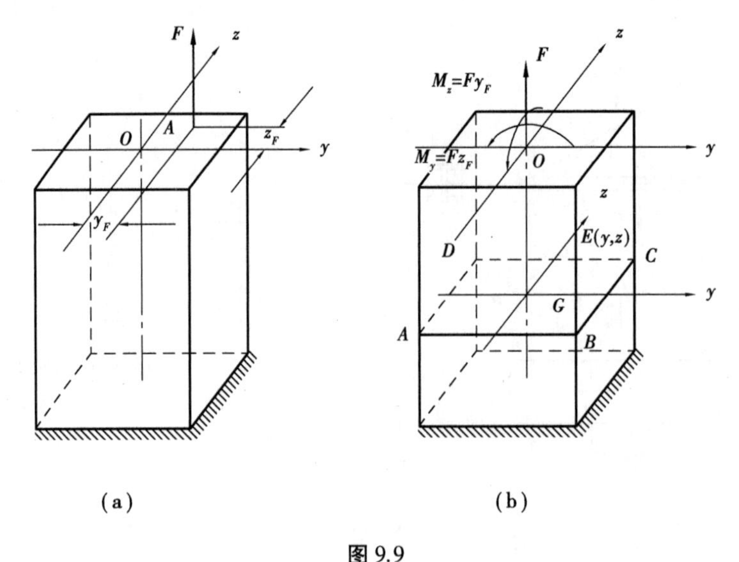

图 9.9

$$\sigma' = \frac{M_y z}{I_y} = \frac{F z_F \cdot z}{I_y}$$

$$\sigma'' = \frac{M_z y}{I_z} = \frac{F y_F \cdot y}{I_z}$$

按叠加原理,$E\ (y,z)$点处的正应力即为上述三组应力的代数和,即:

$$\sigma = \frac{F_N}{A} + \frac{M_y z}{I_y} + \frac{M_z y}{I_z} \tag{9.9}$$

或:

$$\sigma = \frac{F}{A} + \frac{F z_F \cdot z}{I_y} + \frac{F y_F \cdot y}{I_z} \tag{9.10}$$

在上述两式中,F 为拉力时取正值,为压力时取负值。力偶矩 M_y,M_z 的正负号可以这样规定:使截面上位于第一象限的各点产生拉应力时取正值,产生压应力时取负值。还可以根据杆件的变形情况来确定。例如图 9.9(b)中确定 G 点的应力时,在 M_y 作用下 G 处于受压区,则式中第二项取负值;在 M_z 作用下 G 处于受拉区,则式中第三项取正值。

在 F,M_y,M_z 各自单独作用下,横截面上应力的分布情况如图 9.10(a)、(b)、(c)所示。图 9.10(d)为三者共同作用下横截面上的应力分布情况。

将式(9.10)改写为:

$$\sigma = \frac{F}{A}\left(1 + \frac{z_F A}{I_y}z + \frac{y_F A}{I_z}y\right) \tag{a}$$

引入惯性半径 i_y,i_z:

$$I_y = Ai_y^2, I_z = Ai_z^2$$

则:

$$\sigma = \frac{F}{A}\left(1 + \frac{z_F z}{i_y^2} + \frac{y_F y}{i_z^2}\right) \tag{b}$$

上式是一个平面方程,这表明总应力在横截面上按平面分布。此应力平面与横截面相交的

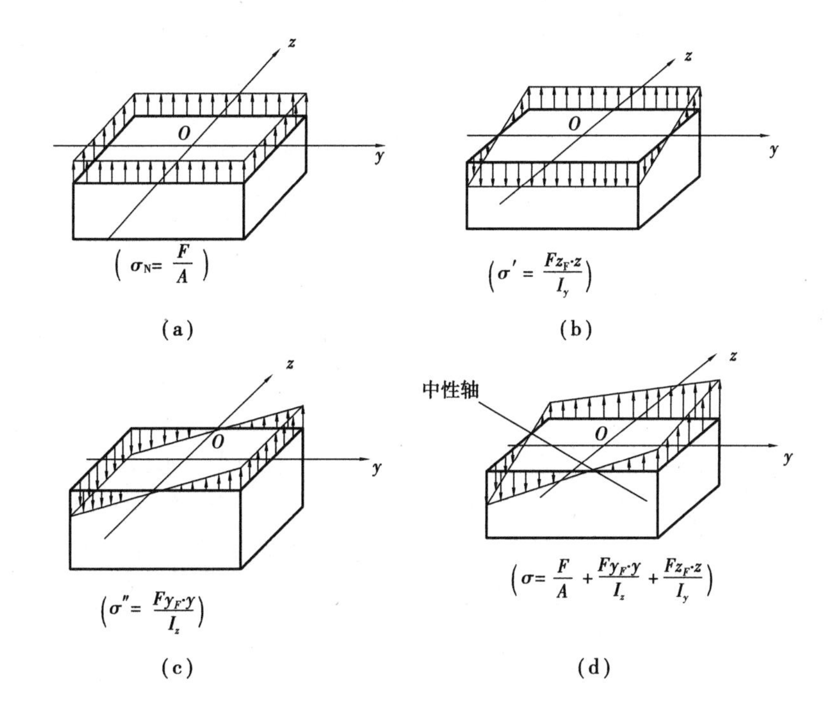

图 9.10

直线上的正应力为零,该直线即为中性轴。令 y_0, z_0 为中性轴上任一点的坐标,将它们代入式(b),则可得中性轴的方程为:

$$1 + \frac{z_F z_0}{i_y^2} + \frac{y_F y_0}{i_z^2} = 0 \tag{c}$$

由式(c)可知,中性轴是一条不通过横截面形心(坐标原点)的直线。设它在两坐标轴上的截距为 a_y, a_z,上式中令 $z_0 = 0$ 和 $y_0 = 0$,则可求得截距为:

$$a_y = -\frac{i_z^2}{y_F}, a_z = -\frac{i_y^2}{z_F} \tag{9.11}$$

式(9.11)表明 a_y, a_z 分别与 y_F, z_F 成反比,且符号相反,所以中性轴与外力作用点分别处于截面形心的两侧。

中性轴把截面分为拉应力和压应力两个区域,中性轴的位置确定后,就很容易确定危险点的位置。很显然,离中性轴最远的点 D_1 和 D_2(见图 9.11)就是危险点。这两点处的正应力分别是横截面上的最大拉应力和最大压应力。把 D_1, D_2 两点的坐标分别代入式(a),就可求得这两点处的正应力值。若材料的许用拉应力和许用压应力相等,则可选取其中绝对值最大的应力作为强度计算的依据,即强度条件为:

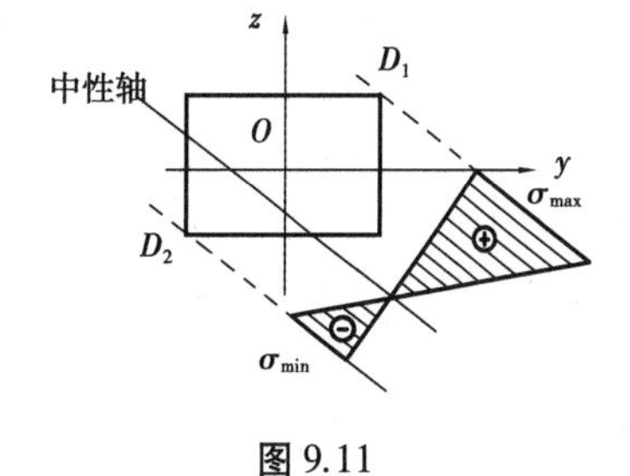

图 9.11

$$\sigma_{max} = \frac{F}{A} + \frac{M_y z_{max}}{I_y} + \frac{M_z y_{max}}{I_z} \leqslant [\sigma] \tag{9.12}$$

若材料的许用拉应力$[\sigma_t]$和许用压应力$[\sigma_c]$不相等时,则须分别对最大拉应力和最大压应力作强度计算。

$$\sigma_{t\max}=\frac{F}{A}+\frac{M_y z_{\max}}{I_y}+\frac{M_z y_{\max}}{I_z}\leqslant[\sigma_t] \tag{9.13a}$$

$$\sigma_{c\max}=\frac{F}{A}-\frac{M_y z_{\max}}{I_y}-\frac{M_z y_{\max}}{I_z}\leqslant[\sigma_c] \tag{9.13b}$$

【例题 9.3】 如图 9.12 所示为一厂房的牛腿柱。设由屋架传来的压力 $F_1=100\ \text{kN}$,由吊车梁传来的压力 $F_2=30\ \text{kN}$,F_2 与柱子的轴线有一偏心 $e=0.2\ \text{m}$。如果柱横截面宽度 $b=180\ \text{mm}$,试求当 h 为多少时,截面才不会出现拉应力,并求此时柱的最大压应力。

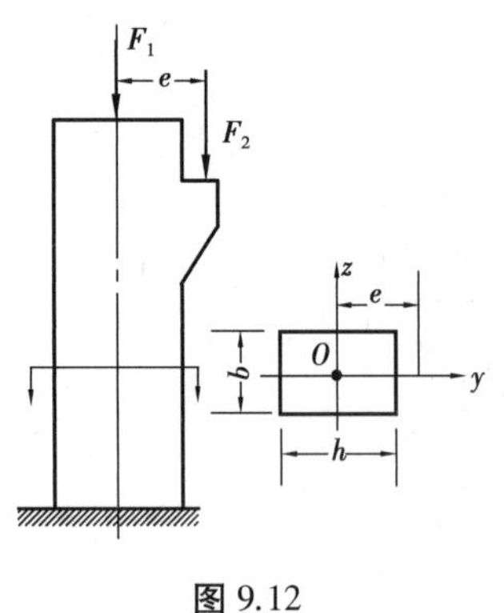

图 9.12

【解】 将力 F_2 简化到截面形心,得到轴向压力 F_2 和力偶矩 $M=F_2e$。

用截面法可求得立柱横截面上的内力为:

$$F_N=-F_1-F_2=-130\ \text{kN},M_z=M=6\ \text{kN}\cdot\text{m}$$

在力 F_N 作用下,横截面上各点均产生压应力,在 M_z 作用下,z 轴左侧受拉,最大拉应力出现在截面的左边缘处,欲使横截面不出现拉应力,应使 F_N 和 M_z 共同作用下横截面左边缘处的正应力为零,即:

$$\sigma_{\max}^{t}=\frac{F_N}{A}+\frac{M_z}{W_z}=-\frac{130\times10^3\ \text{N}}{0.18\ \text{m}\times h}+\frac{6\times10^3\ \text{N}\cdot\text{m}}{\dfrac{0.18\ \text{m}\times h^2}{6}}=0$$

解得:

$$h=0.28\ \text{m}$$

此时柱的最大压应力发生在截面的右边缘上各点处,其值为:

$$\sigma_{\max}^{c}=\frac{F_N}{A}+\frac{M_z}{W_z}=-\frac{130\times10^3\ \text{N}}{(0.18\times0.28)\text{m}^2}-\frac{6\times10^3\ \text{N}\cdot\text{m}}{\dfrac{(0.18\times0.28^2)\text{m}^3}{6}}=-5.13\ \text{MPa}$$

9.3.3 截面核心

在土建工程中,混凝土构件和砖石建筑物等的抗压性能好而抗拉性能差,所以主要用作承压构件。这类构件在偏心压力作用时,其横截面上最好不出现拉应力,以避免开裂。由于中性轴是横截面上拉应力和压应力的分界线,为使横截面上不出现拉应力,就要求中性轴不穿过横截面,其临界情况是中性轴与截面周线相切。由式(9.11)可见,对给定的截面,惯性半径为定值,中性轴的位置完全由外力作用点的位置确定。而外力作用点越靠近截面形心,与其对应的中性轴就越远离形心,甚至会移到截面以外。因此,当偏心压力作用在横截面形心附近的某个范围内时,就可以保证中性轴不与横截面相交,这个范围就称为**截面核心**。当偏心压力作用点位于截面核心的边界上时,中性轴正好与截面边界相切,利用这一关系即可确定截面核心的边界。

如图 9.13 所示的矩形截面,边长为 b,h,两形心主惯性轴为 y,z 轴,先将与 AB 边相切的直线①看作是中性轴,其在 y 轴和 z 轴上的截距分别为 $a_{y1}=\infty$ 和 $a_{z1}=-\dfrac{b}{2}$。根据中性轴在形心主惯性轴上截距的计算公式 $a_y = -\dfrac{i_z^2}{y_F}, a_z = -\dfrac{i_y^2}{z_F}$，可求出该中性轴所对应的偏心压力作用点 1 的位置，亦即截面核心边界上一个点的坐标：

$$y_1 = -\frac{i_z^2}{a_{y1}} = -\frac{\frac{h^2}{12}}{\infty} = 0,\ z_1 = -\frac{i_y^2}{a_{z1}} = -\frac{\frac{b^2}{12}}{-\frac{b}{2}} = \frac{b}{6}$$

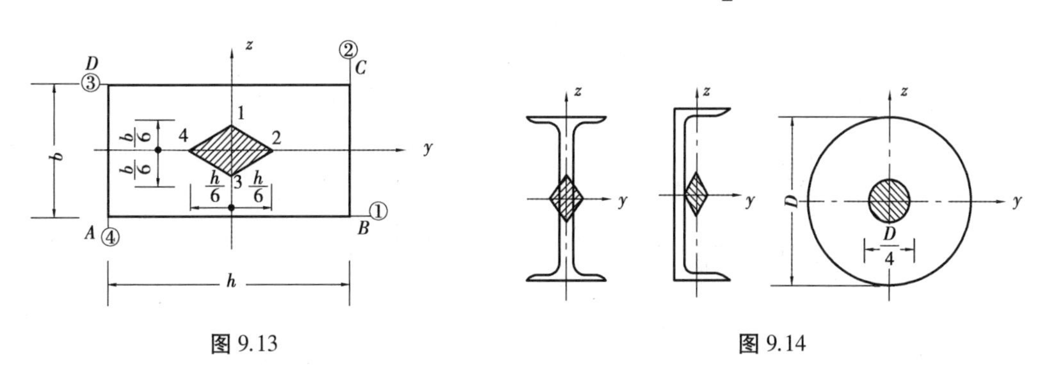

图 9.13　　　　图 9.14

同样，分别将与截面周边相切的直线②、③、④看作中性轴，并按上述相同方法求得与其相应的截面核心边界上点 2,3,4 的坐标。这样，就得到了截面核心边界上的 4 个点。连接这些点得到的封闭曲线，即是矩形截面的截面核心的边界。矩形截面的截面核心是个位于截面中央的菱形，其对角线长度分别为 $h/3$ 和 $b/3$。由此可知，当矩形截面杆件承受偏心压力时，欲使截面上都是压应力，则此压力作用点必须在上述菱形范围内。

采用类似的方法可得到其他截面的截面核心，部分常见截面的截面核心如图 9.14 所示。

9.4　弯曲与扭转

弯曲与扭转的组合变形是机械工程中常见的情况，例如机床主轴、齿轮传动轴、电动机轴等。由于大多数轴的横截面均为圆截面，所以下面以圆截面杆为主，讨论杆件发生弯曲与扭转组合变形时的强度计算问题。

如图 9.15(a)所示为一曲拐 ABC，其中 AB 为等截面实心圆杆，A 端固定，C 端受一集中力 F 作用。下面研究 AB 段的受力情况。

将力 F 向 B 截面的形心处简化，简化后其等效力系可分成两组：B 端的横向力 F 以及作用在 B 端截面内的力偶，如图 9.15(b)所示。横向力 F 将引起 AB 杆发生弯曲，而力偶矩 Fa 将引起 AB 杆发生扭转。所以 AB 杆将发生弯曲与扭转的组合变形。绘出力 F 单独作用下 AB 杆的弯矩图如图 9.15(c)所示，并绘出力偶矩 Fa 单独作用下 AB 杆的扭矩图，如图9.15(d)所示。

根据所绘出的弯矩图和扭矩图可看出，固定端截面处弯矩最大而扭矩沿各横截面均相等，所以固定端 A 截面为危险截面。

横截面上弯曲正应力和扭转切应力的分布规律分别如图 9.15(e)、(f)所示。要进行强度计算，还需定出危险截面处的危险点。由图可见，在横截面上下两端点 C_1, C_2 处有最大弯曲正应力，而横截面周边各点处有最大扭转切应力。可见，C_1, C_2 两点是危险点。对于许用拉压应

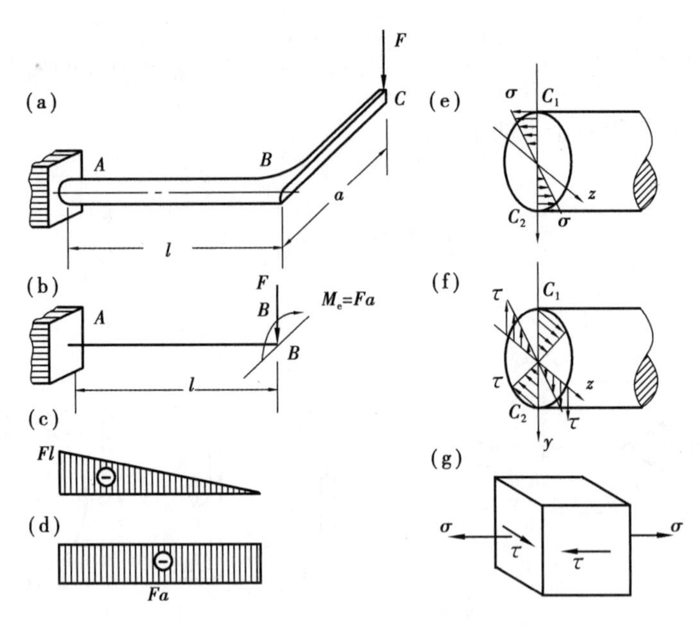

图 9.15

力相等的塑性材料制成的杆,这两点同等危险,故只需研究其中一点 C_1 处的应力。由于 C_1 点处既有弯曲正应力,又有扭转切应力,处于二向应力状态。因此,要利用强度理论,求得相当应力,并写出强度条件。

要研究 C_1 点处的应力状态,可围绕 C_1 点用横截面、纵截面和平行于表面的截面截出一个单元体,绘出此单元体各面上的应力,如图 9.15(g)所示,此单元体的三个主应力为:

$$\left.\begin{matrix}\sigma_1\\ \sigma_3\end{matrix}\right\} = \frac{\sigma}{2} \pm \frac{1}{2}\sqrt{\sigma^2 + 4\tau^2}, \sigma_2 = 0 \tag{a}$$

式中,σ 和τ分别为 C_1 点处的弯曲正应力和扭转切应力,可分别按下式计算:

$$\sigma = \frac{M}{W_z} = \frac{Fl}{\pi d^3/32}, \tau = \frac{T}{W_P} = \frac{Fl}{\pi d^3/16} \tag{b}$$

式中,M,T 分别为危险截面上的弯矩和扭矩。

由于工程中受弯扭共同作用的圆轴大多是由塑性材料制成的,所以应该用第三或第四强度理论来建立强度条件。

如果用第三强度理论,则强度条件为:

$$\sigma_{r3} = \sigma_1 - \sigma_3 \leqslant [\sigma] \tag{c}$$

如果用第四强度理论,则强度条件为:

$$\sigma_{r4} = \sqrt{\frac{1}{2}[(\sigma_1 - \sigma_2)^2 + (\sigma_2 - \sigma_3)^2 + (\sigma_3 - \sigma_1)^2]} \leqslant [\sigma] \tag{d}$$

将式(a)代入式(c)、式(d),经整理得:

$$\sigma_{r3} = \sqrt{\sigma^2 + 4\tau^2} \leqslant [\sigma] \tag{9.14}$$

$$\sigma_{r4} = \sqrt{\sigma^2 + 3\tau^2} \leqslant [\sigma] \tag{9.15}$$

对于圆轴,将式(b)代入式(c)、式(d),并考虑到圆轴截面的 $W_P = 2W$, 则式(9.14)可改写为:

$$\sigma_{r3} = \frac{\sqrt{M^2 + T^2}}{W} \leqslant [\sigma] \tag{9.16}$$

同理，式(9.15)可改写为：

$$\sigma_{r4} = \frac{\sqrt{M^2 + 0.75T^2}}{W} \leqslant [\sigma] \tag{9.17}$$

【例题 9.4】 一曲拐受力如图 9.16 所示，已知：$[\sigma]=80$ MPa，$F=4$ kN，试按第三强度理论选择圆杆 AB 的直径。

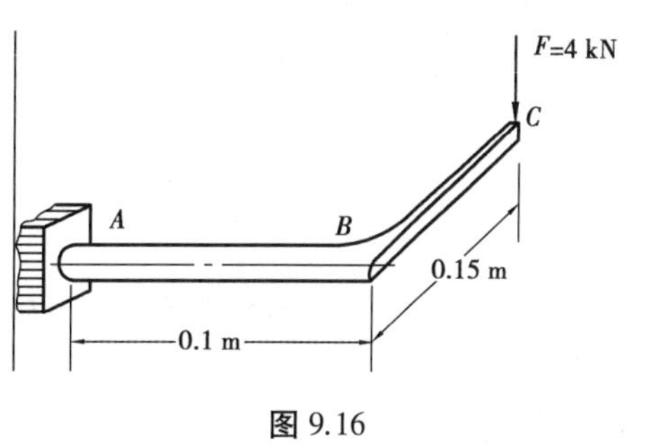

图 9.16

【解】 危险截面 A 处的弯矩值 M 和扭矩值 T 为：

$$M = 4.0\ \text{kN} \times 0.1\ \text{m} = 0.4\ \text{kN} \cdot \text{m}$$

$$T = 4.0\ \text{kN} \times 0.15\ \text{m} = 0.6\ \text{kN} \cdot \text{m}$$

则按第三强度理论，由式(9.16)：

$$\sigma_{r3} = \frac{\sqrt{M^2 + T^2}}{W_z} \leqslant [\sigma]$$

可得：$$W_z \geqslant \frac{\sqrt{M^2+T^2}}{[\sigma]}$$

将 $W_z=\dfrac{\pi d^3}{32}$ 代入上式得：

$$\frac{\pi d^3}{32} \geqslant \frac{\sqrt{M^2 + T^2}}{[\sigma]}$$

则：$$d \geqslant \sqrt[3]{\frac{32}{\pi} \times \frac{\sqrt{M^2 + T^2}}{[\sigma]}} =$$

$$\sqrt[3]{\frac{32}{3.14} \times \frac{0.72 \times 10^3\ \text{N} \cdot \text{m}}{80 \times 10^6\ \text{Pa}}} = 0.045\ \text{m}$$

即圆杆 AB 的直径可取为 45 mm。

【例题 9.5】 图 9.17(a)所示为钢制实心圆轴，其两个齿轮上作用有切向力和径向力，齿轮 C 的节圆(齿轮上传递切向力的点构成的圆)直径 d_c = 400 mm，齿轮 D 的节圆直径 d_d = 200 mm。已知许用应力 $[\sigma]$ = 100 MPa。试按第四强度理论求轴的直径。

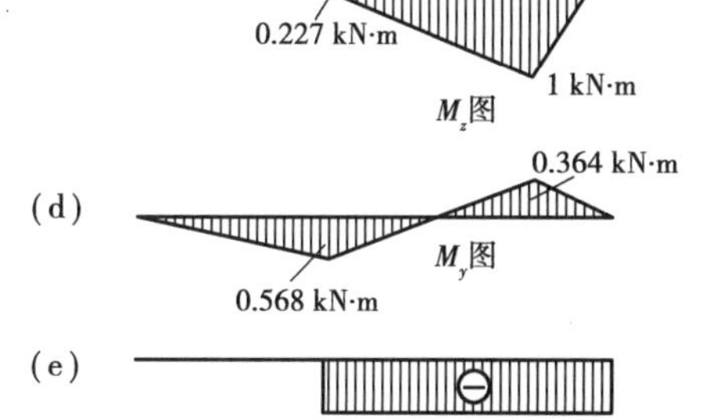

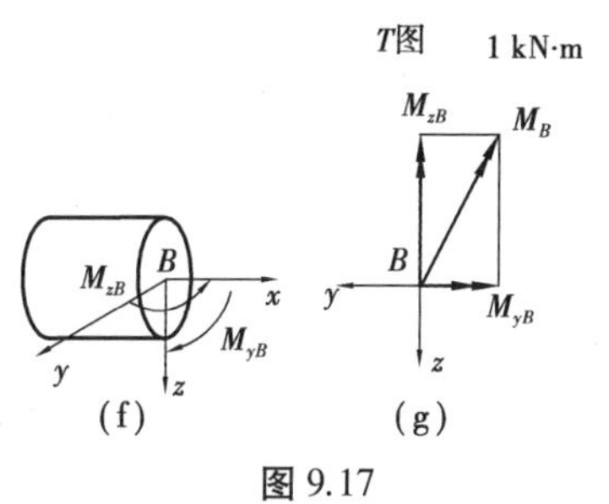

图 9.17

【解】 作该传动轴的受力图，如图 9.17(b)所示，并作弯矩图 M_z 图和 M_y 图，如图 9.17(c)、(d)所示及扭矩图 T 图，如图 9.17(e)所示。由于圆截面的任何形心轴均为形心主惯性轴，且惯性矩相同，故可将同一截面上的弯矩 M_z 和 M_y 按矢量相加。

例如,B 截面上的弯矩 M_{zB} 和 M_{yB},如图 9.17(f)所示,按矢量相加所得的总弯矩 M_B,如图 9.17(g)所示。则:

$$M_B=\sqrt{M_{yB}^2+M_{zB}^2}=\sqrt{(364\ \mathrm{N\cdot m})^2+(1\ 000\ \mathrm{N\cdot m})^2}=1\ 064\ \mathrm{N\cdot m}$$

由 M_z 图和 M_y 图可知,B 截面上的总弯矩最大,并且由扭矩图可见 B 截面上的扭矩与 CD 段其他横截面上的扭矩相同,$T_B=-1\ 000\ \mathrm{N\cdot m}$,于是判定横截面 B 为危险截面。

根据 M_B 和 T_B 按第四强度理论建立的强度条件为:

$$\sigma_{r4}=\frac{\sqrt{M^2+0.75T^2}}{W}\leqslant[\sigma]$$

即:

$$\frac{\sqrt{(1\ 064\ \mathrm{N\cdot m})^2+0.75(-1\ 000\ \mathrm{N\cdot m})^2}}{W}\leqslant 100\times10^6\ \mathrm{Pa}$$

亦即:

$$\frac{1\ 372\ \mathrm{N\cdot m}}{\pi d^3/32}\leqslant 100\times10^6\ \mathrm{Pa}$$

于是得:

$$d\geqslant\sqrt[3]{\frac{32\times1\ 372\ \mathrm{N\cdot m}}{\pi(100\times10^6\ \mathrm{Pa})}}=0.051\ 9\ \mathrm{m}=51.9\ \mathrm{mm}$$

本章小结

(1)在实际工程中,构件的变形往往同时包含两种或两种以上的基本变形形式。若几种变形形式所对应的应力或变形属于同一数量级,而不能忽略其中的任何一种,这类构件的变形就称为组合变形。

(2)斜弯曲变形时横截面上的应力计算:

$$\sigma=\frac{M_z}{I_z}y+\frac{M_y}{I_y}z$$

(3)轴向拉(压)与弯曲变形时横截面上的应力计算:

$$\sigma=\frac{F_{\mathrm{N}}}{A}+\frac{M_yz}{I_y}+\frac{M_zy}{I_z}$$

(4)弯曲与扭转变形时横截面上的应力计算(只考虑圆形截面杆):

$$\sigma=\frac{M}{W},\tau=\frac{T}{W_{\mathrm{p}}}=\frac{T}{2W}$$

(5)截面核心:当偏心压力作用在横截面形心附近的某个范围内时,就可以保证中性轴不与横截面相交,这个范围就称为截面核心。

思考题

9.1 如图所示,等截面直杆的矩形和圆形横截面,受到弯矩 M_y 和 M_z 的作用,它们的最大正应力是否都可以用公式 $\sigma_{\max}=\dfrac{M_y}{W_y}+\dfrac{M_z}{W_z}$ 计算?为什么?

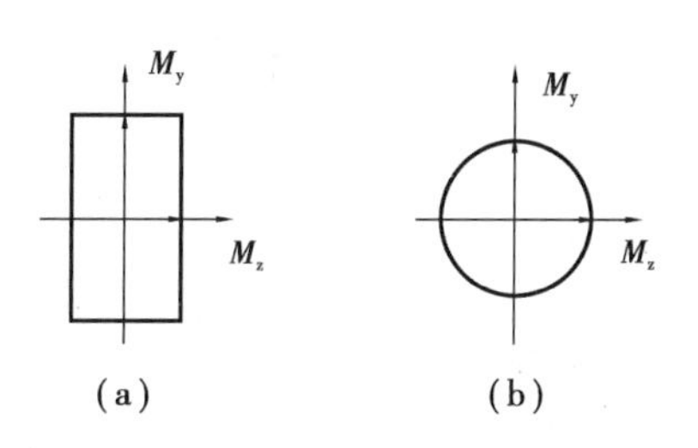

思考题 9.1 图

9.2 拉压和弯曲的组合变形,与偏心拉压有何区别和联系?

9.3 不同截面的悬臂梁均受横向力 P 作用,P 的作用线分别如图所示,试分析各梁的变形(C 为截面形心, A 为截面弯曲中心)。

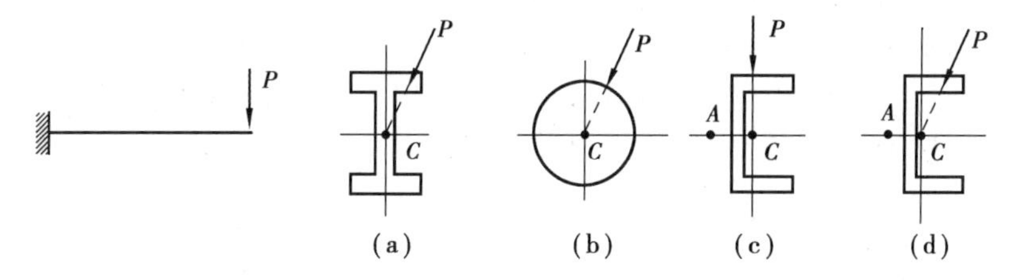

思考题 9.3 图

9.4 试问叠加原理的适用条件是什么?叠加是代数和还是几何和?

9.5 试判断图中杆 AB,BC,CD 各产生哪些基本变形?

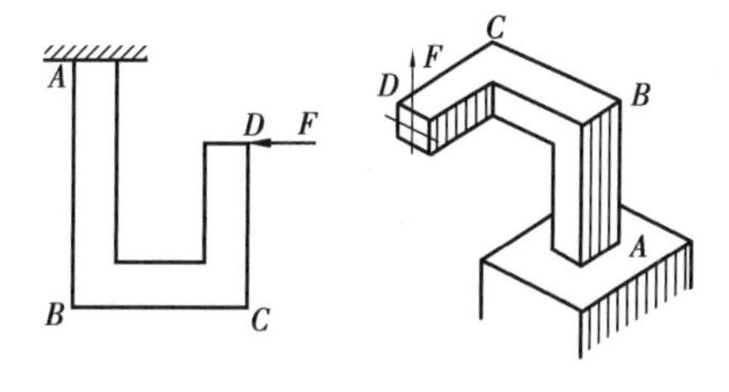

思考题 9.5 图

9.6 第三强度理论,常用的有以下三种形式:

(1) $\sigma_{r3}=\sigma_1-\sigma_3\leqslant[\sigma]$;

(2) $\sigma_{r3}=\sqrt{\sigma^2+4\tau^2}\leqslant[\sigma]$;

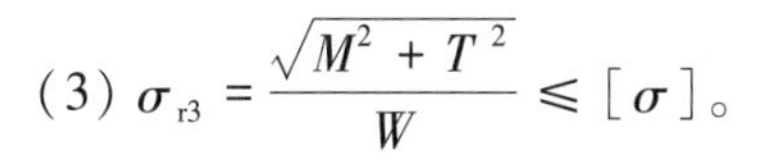

(3) $\sigma_{r3}=\dfrac{\sqrt{M^2+T^2}}{W}\leqslant[\sigma]$。

试问,它们的适用范围是否相同?为什么?

习 题

9.1 悬臂梁受力如图(a)所示,已知水平荷载 $P_1=800$ N,铅垂荷载 $P_2=1\ 650$ N,$l=1$ m,当截面为(1)矩形,$b=90$ mm,$h=180$ mm,如图(b)所示;(2)圆形,$d=130$ mm,如图(c)所示;

(3)正方形 a = 120 mm,如图(d)所示。求梁内最大正应力并指出此危险点位置。

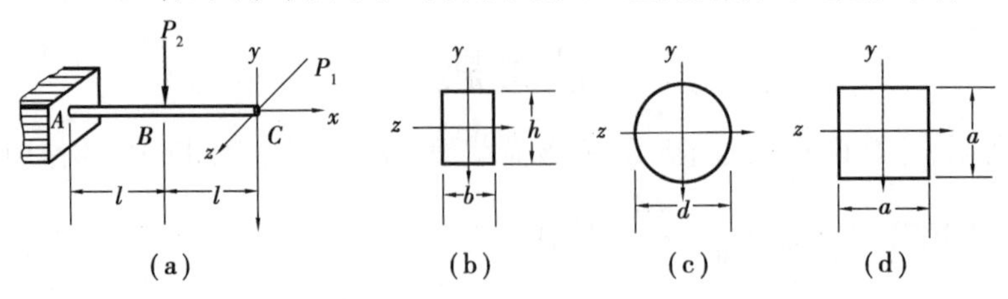

习题 9.1 图

9.2 矩形截面悬臂梁受力如图所示,P_1 = 1.2 kN,P_2 = 0.8 kN,P_1 作用在梁的竖向对称平面内,P_2 作用在梁的水平对称平面内,l = 2 m,b = 120 mm,h = 150 mm。试求梁中的最大拉应力和最大压应力。

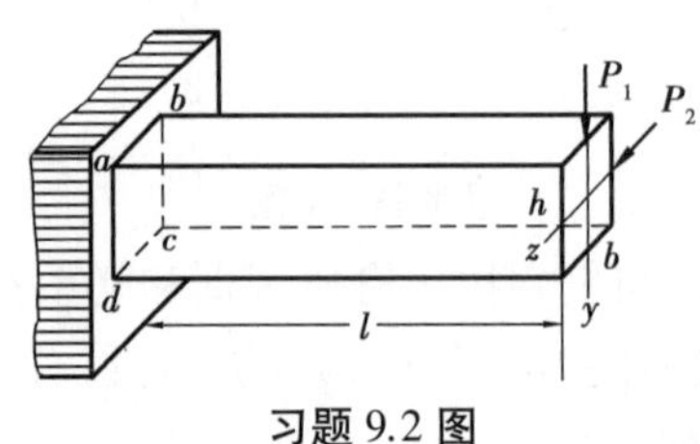

习题 9.2 图

9.3 如图所示檩条两端简支于屋架上,檩条的跨度 l = 4 m,承受均布荷载 q = 2 kN/m,矩形截面 $b \times h$ = 15 cm × 20 cm,木材的许用应力[σ] = 10 MPa,试校核檩条的强度。

9.4 如图所示简支梁,选用 25a 工字钢制成。作用在跨中截面的集中荷载 P = 5 kN,其作用线与截面的形心主轴 y 的夹角为 30°,钢材的许用应力 [σ] = 160 MPa。试校核此梁的强度。

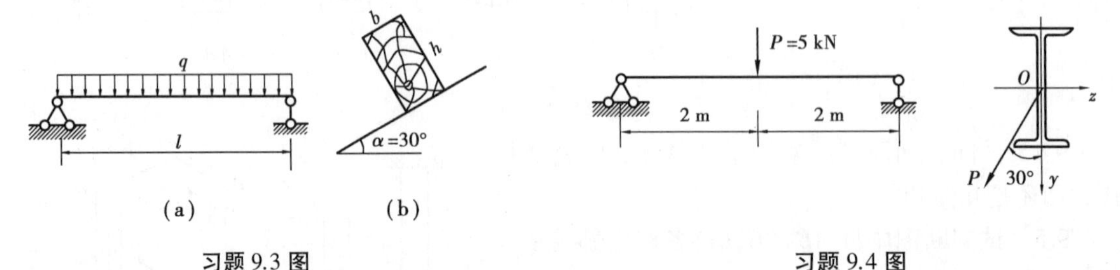

习题 9.3 图

习题 9.4 图

9.5 简支木梁承受均布载荷如图所示,q = 0.96 kN/m,l = 3.6 m,矩形截面的高宽比 h : b = 3 : 2,许用应力[σ] = 10 MPa。试求梁的截面尺寸。

9.6 矩形截面的简支木梁,尺寸与受力如图所示,q = 1.6 kN/m,梁的弹性模量 $E = 9 \times 10^3$ MPa,许用应力 [σ] = 12 MPa,许用挠度 [w] = 0.021 m。试校核木梁的强度与刚度。

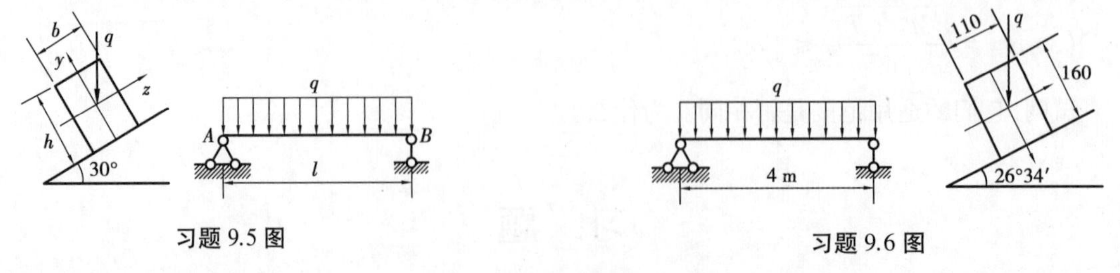

习题 9.5 图

习题 9.6 图

9.7 矩形截面简支梁受力如图所示,横截面尺寸 h = 80 mm,b = 40 mm,[σ] = 120 MPa。试校核梁的强度。

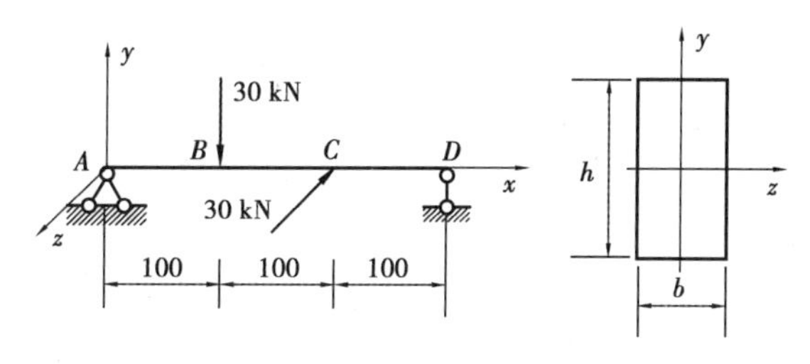

习题 9.7 图

9.8 如图所示工字形截面悬臂梁，惯性矩 $I_z = 3.57 \times 10^3\ \text{cm}^4$，$I_y = 339\ \text{cm}^4$，自由端承受集中力 $F = 6$ kN。试求：(1)最大拉应力与最大压应力；(2)中性轴的位置。

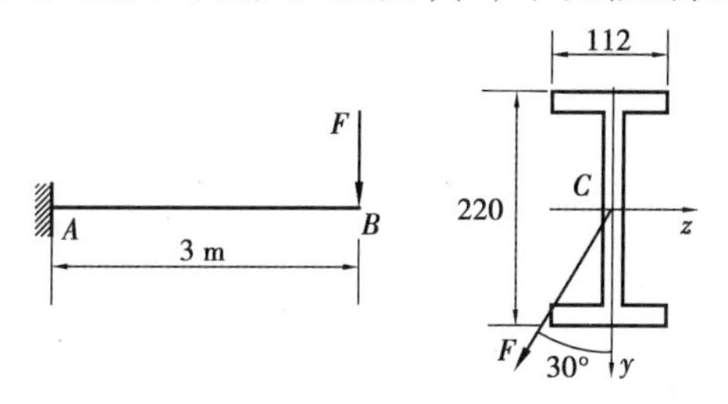

习题 9.8 图

9.9 由木材制成的矩形截面悬臂梁，在梁的水平对称面内受到 $F_1 = 800$ N 作用，在铅直对称面内受到 $F_2 = 1\ 650$ N 作用，木材的许用应力 $[\sigma] = 10$ MPa。若矩形截面 $h = 2b$，试确定其截面尺寸。

9.10 链环如图所示，已知直径 $d = 50$ mm，拉力 $P = 10$ kN。试求链环的最大正应力。

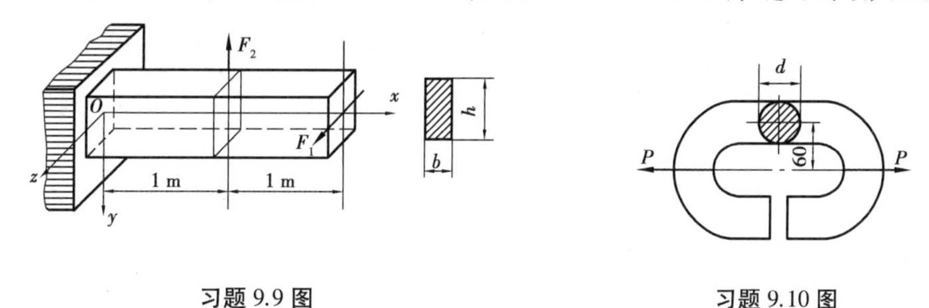

习题 9.9 图　　　　习题 9.10 图

9.11 如图所示圆截面悬臂梁中，集中力 F_1 和 F_2 分别作用在铅垂对称面和水平对称面内，并且垂直于梁的轴线。已知 $F_1 = 800$ N，$F_2 = 1.6$ kN，$l = 1$ m，许用应力 $[\sigma] = 160$ MPa，试确定截面直径 d。

9.12 如图所示起重架，在横梁的中点受到集中力 F 的作用，材料的许用应力 $[\sigma] = 100$ MPa。试选择横梁工字钢的型号(不考虑工字钢的自重)。

9.13 如图所示的砖砌烟囱高 $H = 30$ m，底截面 $I—I$ 的外径 $d_1 = 3$ m，内径 $d_2 = 2$ m，自重 $F_{G1} = 2\ 000$ kN，受 $q = 1$ kN/m 的风力作用。

(1)求烟囱底截面 $I—I$ 的最大应力；

(2)若烟囱的基础埋深 $h = 4$ m，基础及填土自重 $F_{G2} = 1\ 000$ kN，土壤的许用压应力 $[\sigma] = 0.3$ MPa，求圆形基础的直径 D 应为多大？

9.14 试分别求出如图所示不等截面杆的绝对值最大的正应力，并作比较。

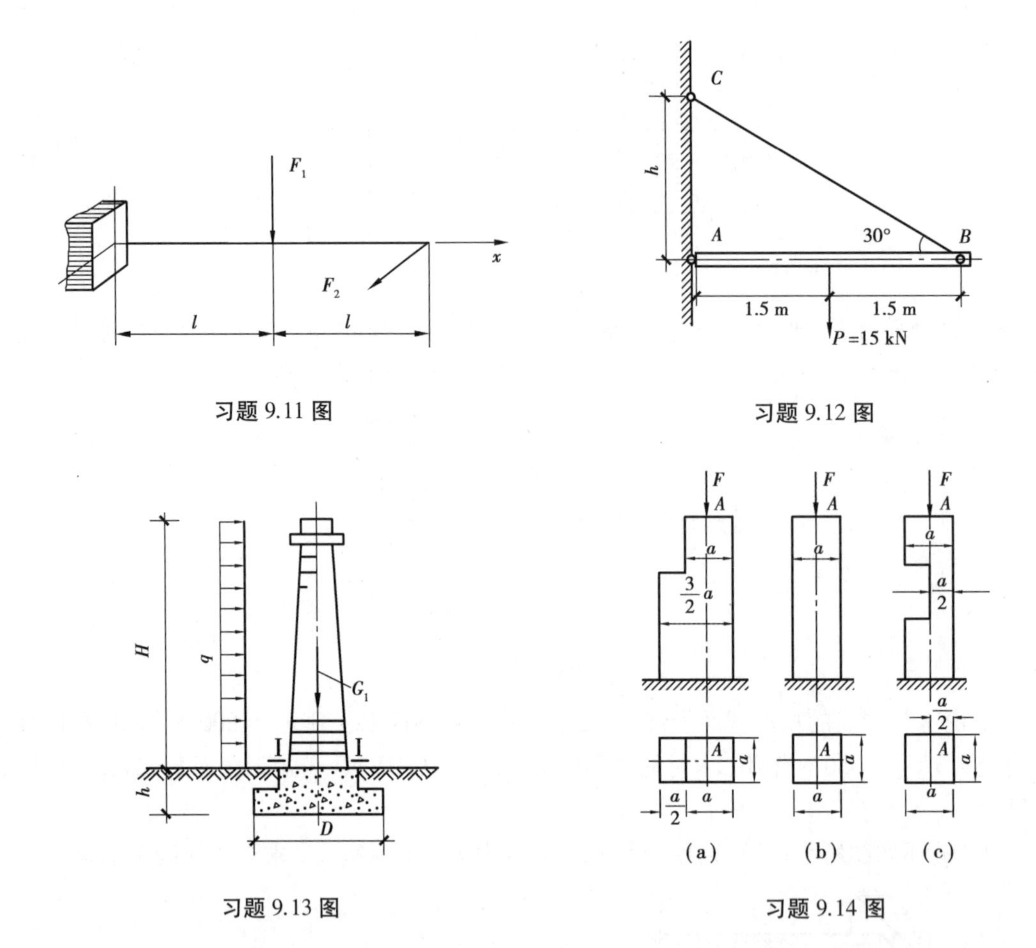

习题 9.11 图

习题 9.12 图

习题 9.13 图

习题 9.14 图

9.15　如图所示，若在正方形截面柱的中间处开一个槽，使横截面面积减少到原来的一半。试求最大正应力比不开槽时增大几倍？

9.16　材料为灰铸铁 HT 15-33 的压力机框架如图所示。许用拉应力为 $[\sigma_t]=30$ MPa，许用压应力为 $[\sigma_c]=80$ MPa，试校核该框架立柱的强度。

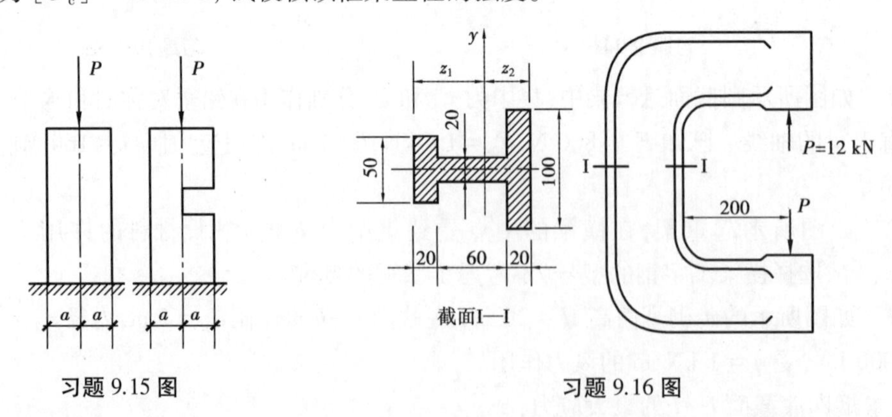

习题 9.15 图

习题 9.16 图

9.17　如图所示，某厂房一矩形截面的柱子受轴向压力 F_1 和偏心荷载 F_2 作用。已知 $F_1=100$ kN，$F_2=45$ kN，偏心距 $e=200$ mm，截面尺寸 $b=180$ mm，$h=300$ mm。

(1)求柱内的最大拉、压应力；

(2)如要求截面内不出现拉应力,且截面尺寸 b 保持不变,此时 h 应为多少?柱内的最大压应力为多大?

9.18 矩形截面悬梁受力如图所示, P,b,h 均为已知,试求杆中的最大拉应力。

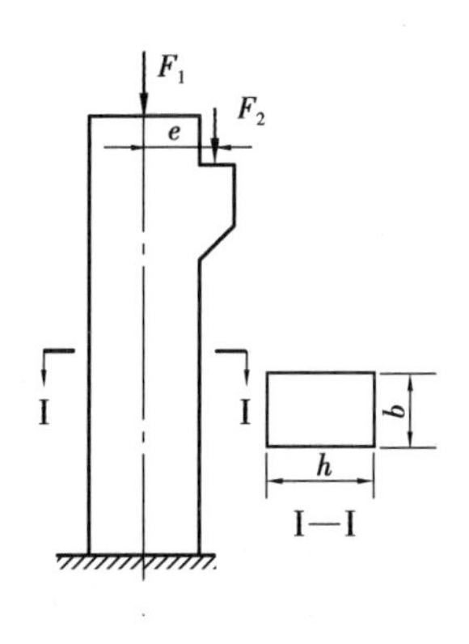

习题 9.17 图

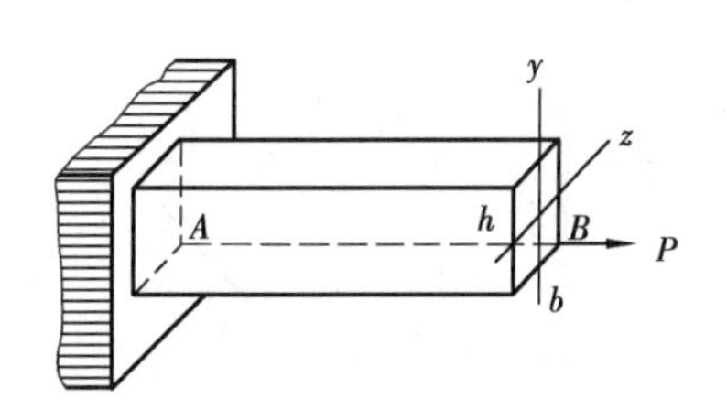

习题 9.18 图

9.19 曲拐受力如图所示,其圆杆部分的直径 $d=50$ mm,试画出表示 A 点处应力状态的单元体,并求其主应力及最大切应力。

9.20 如图所示为铁道路标圆信号板,装在外径 $D=60$ mm 的空心圆柱上,所受的最大风载 $p=2$ kPa,$[\sigma]=60$ MPa,试按第三强度理论选定空心圆柱的厚度。

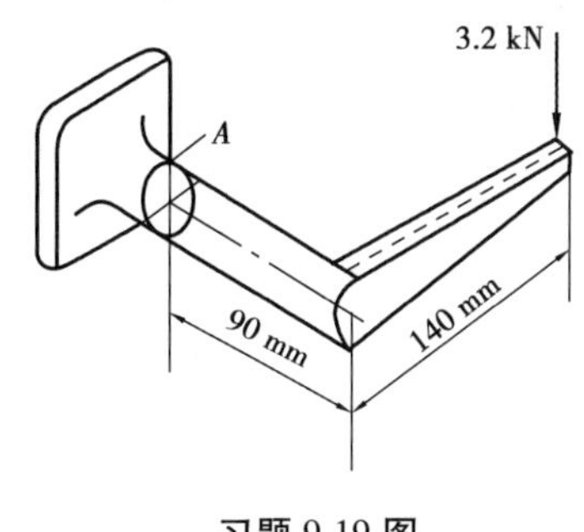

习题 9.19 图

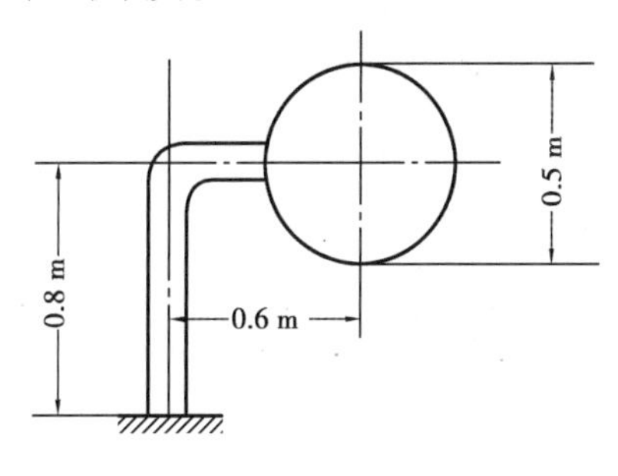

习题 9.20 图

9.21 如图所示,功率 $P=8.8$ kW 的电动机轴以转速 $n=800$ r/min 转动,胶带传动轮的直径 $D=250$ mm,胶带轮重量 $G=700$ N,轴可以看成长度为 $l=120$ mm 的悬臂梁,其许用应力 $[\sigma]=100$ MPa。试按最大切应力理论设计轴的直径 d。

9.22 如图所示,手摇绞车车轴直径 $d=3$ cm。已知许用应力 $[\sigma]=80$ MPa,试根据第三强度理论计算最大的许用起吊重量 F。

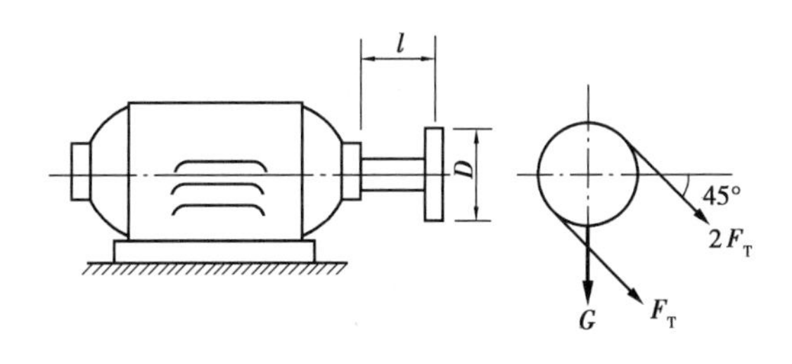

习题 9.21 图

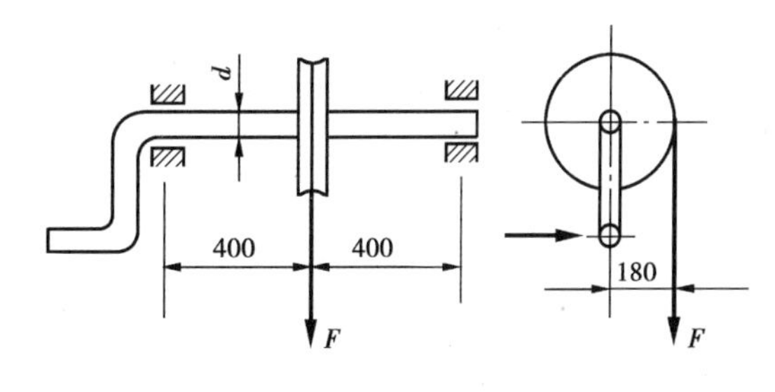

习题 9.22 图

9.23　如图所示的传动轴，传递功率 $P = 7.5$ kW，轴的转速 $n = 100$ r/min，AB 为皮带轮，A 轮上的皮带为水平，B 轮上的皮带为铅直，若两轮的直径为600 mm，已知 $F_1 > F_2$，$F_2 = 1.5$ kN，轴材料的许用应力 $[\sigma] = 80$ MPa，试按第三强度理论计算轴的直径。

9.24　如图所示的圆截面钢杆，承受荷载 F_1，F_2 与扭力矩 M_e 作用。试根据第三强度理论校核杆的强度。已知荷载 $F_1 = 0.5$ kN，$F_1 = 15$ kN，扭力矩 $M_e = 1.2$ kN · m，许用应力 $[\sigma] = 160$ MPa。

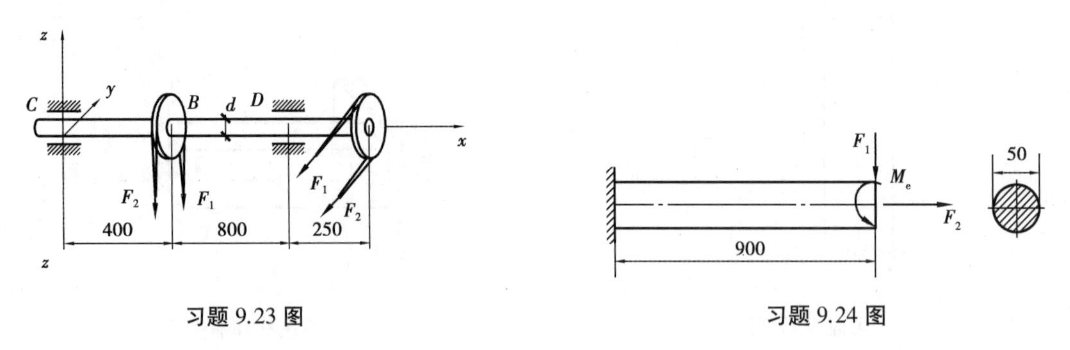

习题 9.23 图　　习题 9.24 图

10 压杆稳定

本章导读：

- **基本要求**　掌握压杆稳定、长度因数、柔度等概念；掌握细长中心受压直杆临界力的欧拉公式；掌握欧拉公式的应用范围；理解临界应力总图；掌握压杆稳定条件并能进行稳定计算；了解提高压杆稳定性的措施。
- **重点**　压杆稳定的概念；压杆稳定的条件；压杆稳定的计算。
- **难点**　临界应力总图；压杆稳定的计算。

10.1　压杆稳定的概念

在绪论中已经指出，材料力学的主要任务是研究构件的强度、刚度和稳定性。在前面各章中，主要研究了构件的强度、刚度失效的问题，但构件还可能发生稳定失效。例如：受轴向压力的细长杆，当压力超过一定数值时，压杆平衡形式由原来的直线突然变弯，致使结构丧失承载能力，如图 10.1(a)所示。狭长截面梁在横向荷载作用下，将发生平面弯曲，但当荷载超过一定数

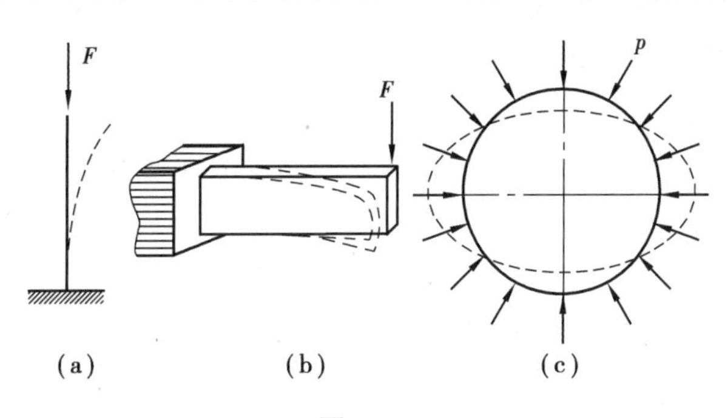

图 10.1

值时,梁的平衡形式将突然变为弯曲和扭转,如图 10.1(b)所示。受均匀压力的薄圆环,当压力超过一定数值时,圆环将不能保持圆对称的平衡形式,而突然变为非圆对称的平衡形式,如图 10.1(c)所示。上述各种关于**平衡形式的突然变化**,统称为**稳定失效**,简称为**失稳**或**屈曲**。工程中的柱、桁架中的压杆、薄壳结构及薄壁容器等,在有压力存在时,都可能发生失稳。

构件的失稳引起的危害性较大,历史上曾多次发生因构件失稳而引起的重大事故。如 1907 年加拿大劳伦斯河上,跨长为 548 m 的奎拜克大桥,因压杆失稳,导致整座大桥倒塌。近年这类事故仍时有发生。因此,稳定问题在工程设计中占有重要地位。

"稳定"和"不稳定"是针对物体的平衡性质而言的。理论力学中曾介绍了关于刚体平衡的稳定性概念:若使物体在平衡位置上受到微小的扰动,再让其自然运动,如果该物体能回到其原来的平衡位置,那么它原来所处的平衡就是稳定平衡;如果该物体不仅不能回到它原来的位置,而且还要进一步离开,直至占据一个新的位置,那么它在原有位置的平衡就是不稳定平衡;如果该物体既不回到它原来的平衡位置也不进一步离开,而是停留在新的位置上处于新的平衡状态,那么它在原有和现在位置上的平衡称为临界平衡(随遇平衡),这实际上是不稳定平衡的特殊形式。例如,图 10.2(a)所示处于凹面上的球体,其平衡是稳定的,当球受到微小干扰,偏离其平衡位置后,经过几次摆动,它会重新回到原来的平衡位置;图 10.2(c)所示处于凸面上的球体,当球受到微小干扰,它将偏离其平衡位置,而不再恢复原位,故该球的平衡是不稳定的;图 10.2(b)中处于水平面上的球体,其平衡是临界平衡,当球受到微小干扰,偏离其平衡位置后,它将既不回到它原来的平衡位置也不进一步离开,而是停留在新的位置上处于新的平衡状态。

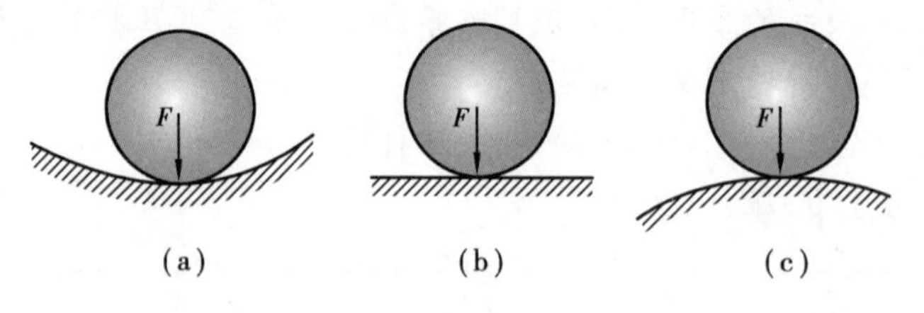

图 10.2

受压直杆同样存在类似的稳定性问题。根据第 2 章关于拉(压)杆的强度条件,如果杆横截面上的正应力不超过材料的许用应力,就能保证杆不至于因强度不足而破坏,对等截面直杆,在杆受相同的压力时,杆横截面中的正应力和杆长度无关。但实际生活中我们却有这样的经验,截面相同的杆,受相同的压力,杆长的容易变弯。再比如把一张平的纸片竖放在桌上,其自重就可能把它自身压弯;但若把它折成槽钢截面形状,须在其顶端放一轻砝码后才能把它压弯;若将纸片折成筒状,可能一轻砝码也不能将其压弯。这两个例子说明:当压杆的横截面形状、尺寸相同时,杆长越长,则越容易变弯;而当压杆长度相同,截面的弯曲刚度越大则越不易变弯。

压杆受压力作用时会发生弯曲变形的原因在于:实际的压杆在制造时其轴线不可避免地存在着初曲率;作用在杆上的外力,其合力作用线也不可能毫无偏差地与杆的轴线相重合;还有材料本身的不均匀性等,都使压杆除发生轴向压缩以外,还会发生附加的弯曲变形。在一定条件下,附加的弯曲变形就由次要变形变为主要变形,从而导致压杆丧失承载能力。

压杆受压力作用时,会发生不同程度的压弯现象,这是压杆的实际变形情况。为了进一步深入研究,把压杆抽象为一种由均质材料制成的,轴线为直线,且外力作用线与压杆轴线完全重合的理想的"中心受压直杆"力学模型。在这一力学模型中,只在轴向压力作用下就不可能出现实际情况中的压弯现象。为此,对于中心受压直杆,可以在其受到轴向压力的同时,假想地在杆上施加一横向力,以便使杆发生弯曲变形,然后,将横向力撤去。如果轴向力不大,那么撤去横向力以后,杆的轴线将恢复其原来的直线形状;但当轴向压力增大到一定的界限值后,撤去横向力以后,杆的轴线将保持弯曲的形状,而不能恢复其原有的直线形状。如图10.3(a)所示下端固定、上端自由的中心受压直杆,当压力 F 小于某一临界值 F_{cr} 时,杆件的直线平衡形式是稳定的。此时,杆件若受到横向力的干扰,它将偏离直线平衡位置,产生微弯,如图 10.3(b)所示;当干扰撤除后,杆件又回到原来的直线平衡位置,如图10.3(c)所示;但当压力 F 超过临界值 F_{cr} 时,撤除干扰后,杆件不再回到直线平衡位置,而在弯曲形式下保持平衡,如图 10.3(d)所示。这表明原有的直线平衡形式是不稳定的。使中心受压直杆的直线平衡形式,由稳定平衡转变为不稳定平衡时所受的轴向压力,称为临界荷载,或简称为**临界力**,用 F_{cr} 表示。中心受压直杆在临界力的作用下,其直轴线形状下的平衡开始丧失稳定性,简称“失稳”。

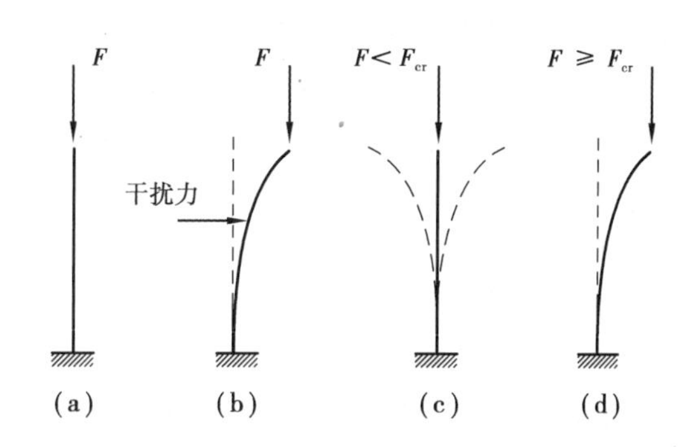

图 10.3

为了保证压杆安全可靠地工作,必须使压杆处于直线平衡形式,而实际上压杆的失稳常常发生在杆内正应力远低于许用应力的时候,因而压杆往往是以临界力作为其极限承载能力的,随着高强度钢的广泛应用,对压杆进行稳定计算是结构设计中的重要组成部分之一。

本章主要讨论中心受压直杆的稳定问题,研究确定压杆临界力的方法、压杆的稳定计算和提高压杆承载能力的措施。

10.2　两端铰支细长压杆的临界力

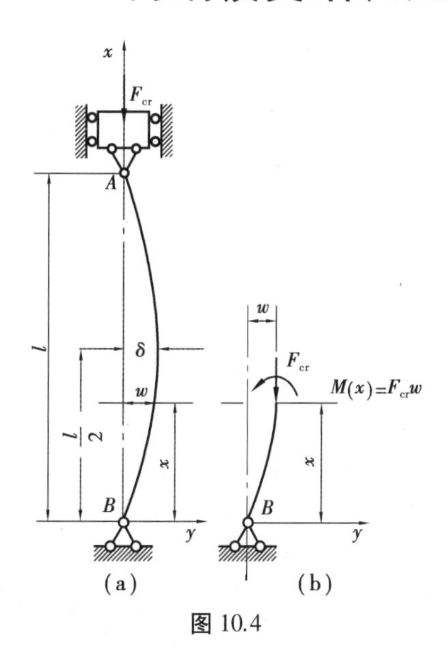

图 10.4

细长的中心受压直杆在临界力作用下,处于不稳定平衡的状态,但其材料仍处于理想的线弹性范围内,这类问题称为线弹性稳定问题。这也是压杆稳定问题中最简单也是最基本的情况。截面的弯曲刚度 EI、杆件长度 l 和两端的约束情况等都会影响压杆的临界力。确定临界力的方法有静力法、能量法等。本节将采用静力法,以两端铰支的中心受压直杆为例,说明确定临界力的基本方法。

两端铰支的中心受压直杆如图 10.4(a)所示。现设压杆处于临界状态,并处于微弯的平衡形式,如图 10.4(b)所示。此时,任意截面(x)处的沿 y 方向的位移为 w,而该截面的弯矩为:

$$M(x) = F_{cr}w$$

在图示坐标系中,压力 F_{cr} 取正值,挠度 w 以沿 y 轴正值方

向为正。由于压杆在微弯情况下保持平衡,根据第 7 章导出的梁的挠曲线近似微分方程可得:

$$\frac{\mathrm{d}^2w}{\mathrm{d}x^2} = -\frac{M(x)}{EI} = -\frac{F_{\mathrm{cr}}}{EI}w$$

令 $k^2 = \frac{F_{\mathrm{cr}}}{EI}$,得微分方程:

$$\frac{\mathrm{d}^2w}{\mathrm{d}x^2} + k^2w = 0 \tag{a}$$

这是一个二阶常系数线性微分方程,其通解为:

$$w = A\sin kx + B\cos kx$$

式中,A,B,k 是三个待定的常数,可由挠曲线的边界条件来确定。

利用杆端的边界条件,$x = 0, w = 0$,得 $B = 0$,可知压杆的微弯挠曲线为正弦函数:

$$w = A\sin kx \tag{b}$$

利用边界条件,$x = l, w = 0$,得:

$$A\sin kl = 0$$

这有两种可能:一是 $A = 0$,即压杆没有弯曲变形,这与一开始的假设(压杆处于微弯平衡形式)不符;二是 $kl = n\pi$, $n = 1,2,3,\cdots$由此得出相应于临界状态的临界力表达式:

$$F_{\mathrm{cr}} = \frac{n^2\pi^2EI}{l^2}$$

实际工程中有意义的是最小的临界力值,即 $n = 1$ 时的 F_{cr} 值:

$$F_{\mathrm{cr}} = \frac{\pi^2EI}{l^2} \tag{10.1}$$

此式即计算压杆临界力的表达式,由于式(10.1)最早由欧拉(L.Euler)导出,所以通常又称为欧拉公式。相应的 F_{cr} 也称为欧拉临界力。此式表明,F_{cr} 与弯曲刚度(EI)成正比,与杆长的平方(l^2)成反比。压杆失稳时,总是绕弯曲刚度最小的轴发生弯曲变形。因此,对于各个方向约束相同的情形(例如球铰约束),式(10.1)中的 I 应为截面最小的形心主轴惯性矩。

将 $k = \frac{\pi}{l}$ 代入式(b)得压杆的挠度方程为:

$$w = A\sin\frac{\pi x}{l} \tag{c}$$

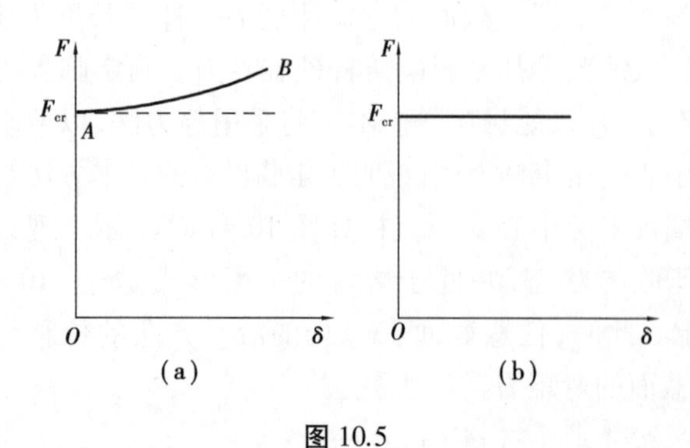

图 10.5

在 $x = \frac{l}{2}$ 处,有最大挠度 $w_{\max} = \delta$。

应该指出:在上述分析中,挠曲线中点处的最大挠度 δ 的值是无法确定的,即无论其为任何微小值,上述平衡条件都能成立,这样似乎压杆受临界力作用时可以在微弯形态下处于随遇平衡状态。事实上这种随遇平衡状态是不成立的,最大挠度 δ 的值之所以无法确定,是由于采用挠曲线近似微分方程求解造成的。如采用挠曲线的精确微分方程,则当 $F \geqslant F_{\mathrm{cr}}$ 时 F_{cr}-δ 曲线如图10.5(a)中 AB

所示,而采用挠曲线的近似微分方程,得到的 F_{cr}-δ 关系如图 10.5(b)所示,图中便呈现了随遇平衡的特征。

【例题 10.1】 如图 10.6 所示的细长圆截面连杆,长度 $l=800$ mm,直径 $d=20$ mm,材料为 Q235 钢,其弹性模量 $E=200$ GPa。试计算连杆的临界荷载。

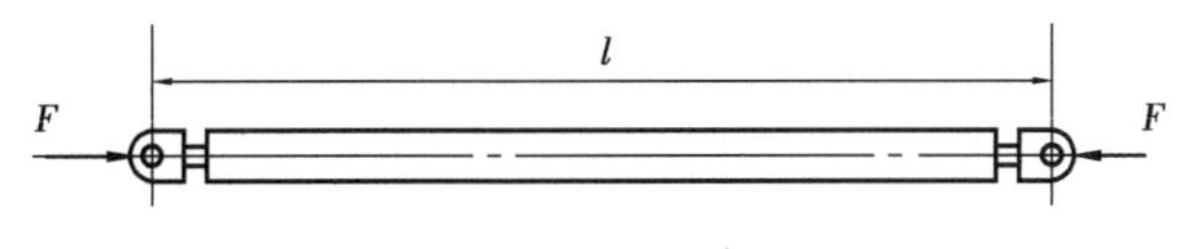

图 10.6

【解】 该连杆为两端铰支的细长压杆,由式(10.1)可知其临界荷载为:

$$F_{cr}=\frac{\pi^2 E}{l^2}\cdot\frac{\pi d^4}{64}=\frac{\pi^3 E d^4}{64 l^2}=\frac{\pi^3(200\times10^9\ \text{Pa})\times(0.020\ \text{m})^4}{64\times(0.800\ \text{m})^2}=24.2\ \text{kN}$$

Q235 钢的屈服应力 $\sigma_s=235$ MPa, 因此,使连杆压缩屈服的轴向压力为:

$$F_s=\frac{\pi d^2\sigma_s}{4}=\frac{\pi(0.020\ \text{m})^2\times(235\times10^6\ \text{Pa})}{4}=73.8\ \text{kN}>F_{cr}$$

上式计算说明,细长压杆的承压能力是由稳定性要求确定的。

10.3 不同约束条件下细长压杆的临界力

实际工程中的压杆,除两端铰支外,还有其他约束方式,例如一端自由、另一端固定的压杆,一端铰支、另一端固定的压杆,两端均固定的压杆等。在不同的杆端约束下,由于压杆所受的约束程度不同,杆的抗弯能力也不同,所以显然会有不同的临界力表达式。推导这些表达式的思路是:只有在临界力 F_{cr} 作用下,压杆才有可能在微弯的状态下维持平衡。找出压杆在微弯状态下由临界力 F_{cr} 引起的任意截面上弯矩表达式 $M(x)$,通过对杆挠曲线的近似微分方程的求解,并利用杆端的边界条件来确定挠曲线方程中待定的常数,即可得到挠曲线的表达式,以及该压杆有可能在微弯状态下维持平衡的杆端压力值,此值即为该压杆的临界力 F_{cr}。下面通过例题说明这种推导方法。

【例题 10.2】 试推导长度为 l,下端固定、上端自由的等直细长中心压杆临界力的欧拉公式,并求压杆失稳时的挠曲线方程。图中 xy 平面为杆的弯曲刚度最小的平面。

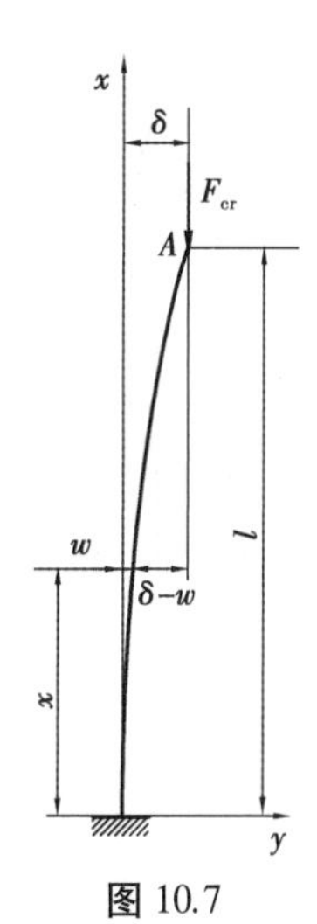

图 10.7

【解】 (1)建立压杆挠曲线的近似微分方程

压杆失稳后满足杆端约束条件的挠曲线的形状大致如图 10.7 所示,设杆端挠度为 δ,任意 x 横截面上的挠度为 w,则弯矩为:

$$M(x)=-F_{cr}(\delta-w)$$

杆的挠曲线近似微分方程则为:

$$EIw''=-M(x)=F_{cr}(\delta-w)$$

将上式改写为:

$$w''+\left(\frac{F_{cr}}{EI}\right)w=\left(\frac{F_{cr}}{EI}\right)\delta \tag{a}$$

(2)求解挠曲线的近似微分方程,并求临界力

令 $k^2=\dfrac{F_{cr}}{EI}$,由式(a) 得 $w''+k^2w=k^2\delta$

此微分方程的通解为:

$$w=A\sin kx+B\cos kx+\delta \tag{b}$$

一阶导数为:

$$w'=Ak\cos kx-Bk\sin kx \tag{c}$$

根据边界条件 $x=0,w'=0$ 由式(c)得 $Ak=0$,注意到 $k=\sqrt{\dfrac{F_{cr}}{EI}}$ 不会等于零,故知 $A=0$。再利用边界条件 $x=0,w=0$ 由式(b)得 $B=-\delta$。将 $A=0,B=-\delta$ 代入式(b)得:

$$w=\delta(1-\cos kx) \tag{d}$$

利用 $x=l$ 时 $w=\delta$ 这一关系,由式(d)得出:

$$\delta\cos kl=0$$

从式(d)可知 δ 不可能等于零,否则 w 将恒等于零,故上式中只能 $\cos kl=0$。满足此条件的 kl 的最小值为 $kl=\dfrac{\pi}{2}$,亦即:

$$\sqrt{\frac{F_{cr}}{EI}}\cdot l=\frac{\pi}{2}$$

从而得到此压杆临界力的欧拉公式:

$$F_{cr}=\frac{\pi^2EI}{4l^2}=\frac{\pi^2EI}{(2l)^2}$$

以 $kl=\dfrac{\pi}{2}$ 亦即 $k=\dfrac{\pi}{2l}$ 代入式(d),便得到压杆失稳时的挠曲线方程为:

$$w=\delta\left(1-\cos\frac{\pi x}{2l}\right)$$

【例题 10.3】 试推导长度为 l,下端固定、上端铰支的等直细长中心压杆临界力的欧拉公式,并求该压杆失稳时的挠曲线方程。图 10.8(a)中的 xy 平面为杆的最小弯曲刚度平面。

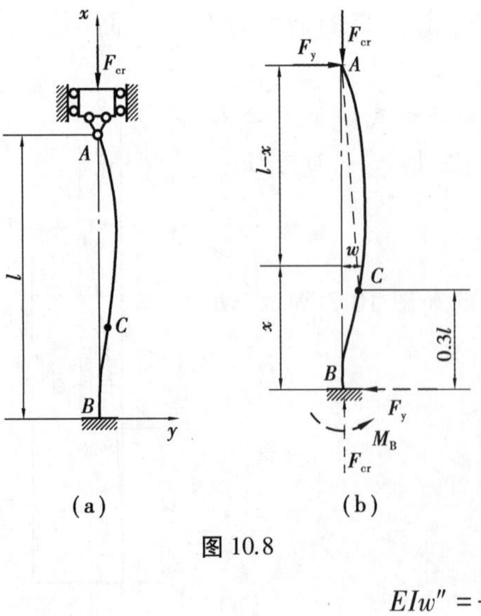

【解】 (1)杆端约束力分析

图 10.8(b)显示了该压杆可能的微弯状态,与此相对应,B 处应有逆时针转向的约束力偶矩 M_B,根据平衡方程 $\Sigma M_B=0$ 可知,杆的上端必有向右的水平约束力 F_y,从而亦知杆的下端有向左的水平约束力 F_y。

(2)建立压杆挠曲线的近似微分方程

杆的任意 x 截面上的弯矩为:

$$M(x)=F_{cr}w-F_y(l-x)$$

从而得挠曲线近似微分方程:

$$EIw''=-[F_{cr}w-F_y(l-x)]$$

图 10.8

(3)求临界力 F_{cr}

令 $k^2=\dfrac{F_{cr}}{EI}$,将上式改写为:

$$w''+k^2w=\frac{F_y}{EI}(l-x)$$

亦即:

$$w''+k^2w=k^2\frac{F_y}{F_{cr}}(l-x)$$

此微分方程的通解为:

$$w=A\sin kx+B\cos kx+\frac{F_y}{F_{cr}}(l-x) \tag{a}$$

其一阶导数为:

$$w'=Ak\cos kx-Bk\sin kx-\frac{F_y}{F_{cr}} \tag{b}$$

式中共有4个未知量:A,B,k,F_y。

由边界条件 $x=0,w'=0$,得:$A=\dfrac{F_y}{kF_{cr}}$。

又由边界条件 $x=0,w=0$,得:$B=\dfrac{-F_yl}{F_{cr}}$。

将以上 A 和 B 的表达式代入式(a)有:

$$w=\frac{F_y}{F_{cr}}\left[\frac{1}{k}\sin kx-l\cos kx+(l-x)\right] \tag{c}$$

再利用边界条件 $x=l,w=0$,由上式得:

$$\frac{F_y}{F_{cr}}\left[\frac{1}{k}\sin kl-l\cos kl\right]=0$$

由于杆在微弯状态下保持平衡时,F_y 不可能等于零,故由上式得:

$$\frac{1}{k}\sin kl-l\cos kl=0$$

亦即:

$$\tan kl=kl$$

满足此条件的最小非零解为 $kl=4.49$,亦即 $\sqrt{\dfrac{F_{cr}}{EI}}\cdot l=4.49$,从而得到此压杆临界力的欧拉公式为:

$$F_{cr}=\frac{(4.49)^2EI}{l^2}\approx\frac{\pi^2EI}{(0.7l)^2}$$

将 $kl=4.49$,亦即 $k=\dfrac{4.49}{l}$代入式(c),即得此压杆的挠曲线方程:

$$w=\frac{F_yl}{F_{cr}}\left[\frac{\sin kx}{4.49}-\cos kx+\left(1-\frac{x}{l}\right)\right]$$

利用此方程还可以进一步求得该压杆挠曲线上的拐点在 $x=0.3l$ 处,如图10.8(b)所示。

总结已经得到的结果:

①两端铰支的压杆，$F_{cr}=\dfrac{\pi^2 EI}{l^2}$；

②一端固定、一端自由的压杆，$F_{cr}=\dfrac{\pi^2 EI}{(2l)^2}$；

③一端固定、一端铰支的压杆，$F_{cr}\approx\dfrac{\pi^2 EI}{(0.7l)^2}$。

比较这些临界力的表达式，发现它们的形式基本相同，区别仅仅在于分母 l 前面的系数。如果把这一结果推广到杆端具有不同约束的细长压杆中，则各种支承条件下细长压杆临界力 F_{cr} 的欧拉公式的一般形式为：

$$F_{cr}=\frac{\pi^2 EI}{(\mu l)^2} \tag{10.2}$$

式中，μl 称为相当长度；μ 称为长度因数，它反映了约束情况对临界荷载的影响。

从式(10.2)可知，临界力 F_{cr} 的大小，与压杆材料的弹性模量 E、杆的相当长度 μl、截面的惯性矩 I 的值有关。几种常见杆端约束情况的细长中心受压直杆的欧拉公式表达式见表10.1。

表 10.1　不同支承约束条件下等截面细长压杆临界力的欧拉公式

支端情况	两端铰支	一端固定另端铰支	两端固定但可沿竖向相对移动	一端固定另端自由	两端固定但可沿横向相对移动
失稳时挠曲线形状					
临界力 F_{cr} 欧拉公式	$F_{cr}=\dfrac{\pi^2 EI}{l^2}$	$F_{cr}\approx\dfrac{\pi^2 EI}{(0.7l)^2}$	$F_{cr}=\dfrac{\pi^2 EI}{(0.5l)^2}$	$F_{cr}=\dfrac{\pi^2 EI}{(2l)^2}$	$F_{cr}=\dfrac{\pi^2 EI}{l^2}$
长度因数 μ	$\mu=1$	$\mu\approx0.7$	$\mu=0.5$	$\mu=2$	$\mu=1$

从表10.1中可知，杆端的约束愈强，则 μ 值愈小，压杆的临界力愈高；杆端的约束愈弱，则 μ 值愈大，压杆的临界力愈低。

μl 称为原压杆的相当长度，其物理意义可从表10.1中各种杆端约束下细长压杆失稳时挠度曲线形状的比拟来说明：由于压杆失稳时挠曲线上拐点处的弯矩为零，故可设想拐点处有一铰,而将压杆在挠曲线两拐点间的一段看作为两端铰支压杆,并利用两端铰支压杆临界力的欧拉公式(10.1),得到原支承条件下压杆的临界力 F_{cr}。这两拐点之间的长度,即为原压杆的相当长度 μl。或者说,相当长度为各种支承条件下的细长压杆失稳时,挠曲线中相当于半波正弦曲线的一段长度。

需要指出的是:欧拉公式中的惯性矩 I 是横截面对某一形心主惯性轴的惯性矩。若杆端在不同方向的约束情况相同(如球形铰等),则 I 应取最小的形心主惯性矩;若杆端在不同方向的约束情况不同(如柱形铰),则 I 应取上述挠曲时横截面对其中性轴的惯性矩。另外,推导中应用了弹性小挠度微分方程,因此公式只适用于弹性稳定问题。而欧拉公式中的长度因数 μ 值都是对理想约束而言的,在实际工程中的约束往往是比较复杂的,例如压杆两端若与其他构件连接在一起,则杆端的约束是弹性的,μ 值一般为 0.5~1,通常应根据实际支承的约束程度,参考表 10.1 来选取。对于工程中常用的支承情况,长度因数 μ 可从有关设计手册或规范中查到。

10.4 欧拉公式的适用范围及临界应力总图

10.4.1 欧拉公式的适用范围

如上节所述,在推导直杆中心受压的临界力欧拉公式时,假设材料处于线弹性范围内,也即压杆在临界力 F_{cr} 作用下的应力不得超过材料的比例极限 σ_p。对于某一实际压杆,当临界力 F_{cr} 尚没有确定时,不能判断应力是否超过材料的比例极限 σ_p。那么能否在计算临界力之前,预先判断哪一类压杆将发生弹性失稳?哪一类压杆将发生超过比例极限的非弹性失稳?哪一类压杆不发生失稳而只有强度问题?为了解决这些问题,需要引入临界应力及柔度的概念。

压杆在临界力作用下,其在直线平衡位置时横截面上的应力称为临界应力,用 σ_{cr} 表示。压杆在弹性范围内失稳时,则临界应力为:

$$\sigma_{cr} = \frac{F_{cr}}{A} = \frac{\pi^2 EI}{(\mu l)^2 A} = \frac{\pi^2 E i^2}{(\mu l)^2} = \frac{\pi^2 E}{\lambda^2} \tag{10.3}$$

式中,λ 称为柔度,i 为截面的惯性半径,即:

$$\lambda = \frac{\mu l}{i}, i = \sqrt{\frac{I}{A}} \tag{10.4}$$

柔度 λ 又称为压杆的长细比,它全面地反映了压杆长度、约束条件、截面尺寸和形状对临界力的影响。同时,这里要注意的是:如果压杆在不同平面内失稳时,其支承的约束条件不同,则应分别计算在各平面内失稳时的柔度 λ,并按其较大者来计算该压杆的临界应力 σ_{cr},因为压杆总是在柔度 λ 较大的平面内失稳。

由前面的分析可知,当临界应力小于或等于材料的比例极限 σ_p 时,即:

$$\sigma_{cr} = \frac{\pi^2 E}{\lambda^2} \leqslant \sigma_p$$

才可以用欧拉公式(10.2)来计算压杆的临界力。条件亦可写作:

$$\lambda^2 \geqslant \frac{\pi^2 E}{\sigma_p}$$

若令
$$\lambda_p = \sqrt{\frac{\pi^2 E}{\sigma_p}} \tag{10.5}$$

则 $\lambda \geqslant \lambda_p$ 时,压杆发生弹性失稳,这类压杆又称为**大柔度杆**。由此不难看出,前面经常提到的"细长压杆",实际上就是大柔度杆。由式(10.5)可知, λ_p 值仅与材料的弹性模量 E 及比例极限 σ_p 有关,所以 λ_p 的值仅随材料而异。例如 Q235 钢, $E = 210$ GPa, $\sigma_p = 200$ MPa,用式(10.5)可算得 $\lambda_p = 102$。

10.4.2 临界应力总图

前面讨论了欧拉公式的适用范围,即当临界应力小于或等于材料的比例极限 σ_p 时,或者说当柔度 $\lambda \geqslant \lambda_p$ 时,才可以应用欧拉公式。另外还知道压杆的柔度越小,其稳定性就越好,也就越不容易失稳。实验证明,当压杆的柔度小于一定的数值时,即 $\lambda \leqslant \lambda_s$,强度问题又成为主要的问题,这时压杆的承压能力由杆的抗压强度决定。这里的 λ_s 是屈服强度 σ_s 对应的柔度。若在形式上也作为稳定问题来考虑,这样的压杆称为小柔度杆或短粗杆。这时可将材料的屈服强度 σ_s 看作临界应力 σ_{cr},即:

$$\sigma_{cr} = \sigma_s \tag{10.6}$$

在工程实际中,常常遇见压杆的柔度介于 λ_s 和 λ_p 之间,即 $\lambda_s \leqslant \lambda \leqslant \lambda_p$,这类压杆称为中柔度杆。实验表明,中柔度杆丧失承载能力的原因仍然是失稳。但此时临界应力 σ_{cr} 已大于材料的比例极限 σ_p,欧拉公式已不适用,对这类失稳问题,曾进行过许多的理论和实验研究工作,目前工程上一般采用以试验结果为依据的经验公式。下面介绍常用的直线型经验公式。

$$\sigma_{cr} = a - b\lambda \tag{10.7}$$

式中,a,b 为与材料性能有关的常数。当 $\sigma_{cr} = \sigma_s$ 时,其相应的柔度 λ_s 为中长杆柔度的下限,根据式(10.7)可求得:

$$\lambda_s = \frac{a - \sigma_s}{b} \tag{10.8}$$

例如 Q235 钢, $\sigma_s = 235$ MPa, $a = 304$ MPa, $b = 1.12$ MPa,代入式(10.8)算得 $\lambda_s = 61.6$。

直线型经验公式中常用材料的 a,b 和 λ_p,λ_s 值可查表 10.2。

表 10.2 直线型公式中常用材料的 a,b 和 λ_p,λ_s 值

材 料	a/MPa	b/MPa	λ_p	λ_s
Q235 钢 $\sigma_s = 235$ MPa	304	1.12	102	61.6
优质碳钢 $\sigma_s = 306$ MPa	461	2.568	95	60.4
铸铁	332.2	1.454	70	—
木材	28.7	0.190	80	—

综上所述,柔度 λ 在稳定计算中是个非常重要的量,根据 λ 所处的范围,可以把压杆分为 3 类:

1) **细长杆**($\lambda \geqslant \lambda_p$)

细长杆即大柔度杆。这类压杆将发生弹性失稳,采用欧拉公式来计算其临界应力。

2) **中长杆**($\lambda_s \leqslant \lambda \leqslant \lambda_p$)

这类杆又称中柔度杆。这类压杆失稳时,横截面上的应力已超过比例极限,故属于弹塑性稳定问题。对于中长杆,一般采用经验公式计算其临界应力,如前述的直线型经验公式。

3) **粗短杆**($\lambda \leqslant \lambda_s$)

这类杆又称为小柔度杆。这类压杆将发生强度失效,而不是失稳。可将材料的屈服强度 σ_s 看作临界应力 σ_{cr}。

根据上述三类压杆临界应力与 λ 的关系,可画出 σ_{cr}-λ 曲线如图 10.9 所示,该图称为压杆的**临界应力总图**。

需要指出的是:对于中长杆和粗短杆,不同的工程设计中,可采用不同的经验公式计算临界应力,如抛物线形公式 $\sigma_{cr} = a_1 - b_1\lambda^2$(a_1 和 b_1 也是和材料有关的常数)等,请读者注意查阅相关的设计规范。

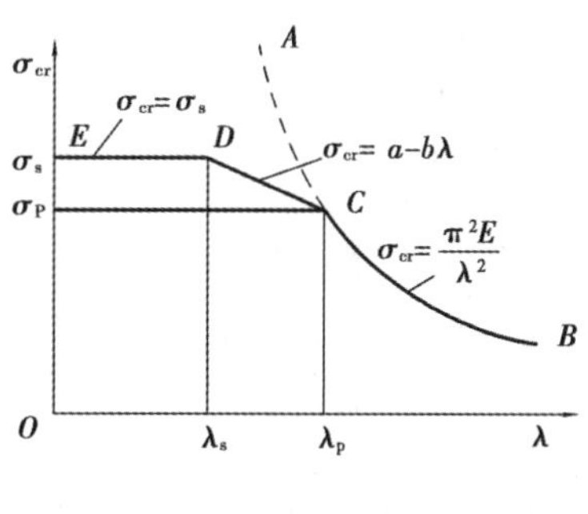

图 10.9

【例题 10.4】　Q235 钢制成的矩形截面杆受到压力 $F=200$ kN 作用。杆两端为圆柱铰,约束情形如图 10.10 所示,其中(a)为正视图,(b)为俯视图。在 A,B 两处用螺栓夹紧。已知 $l=2.0$ m,$b=40$ mm,$h=60$ mm,材料的弹性模量 $E=210$ GPa,求此杆的临界力。

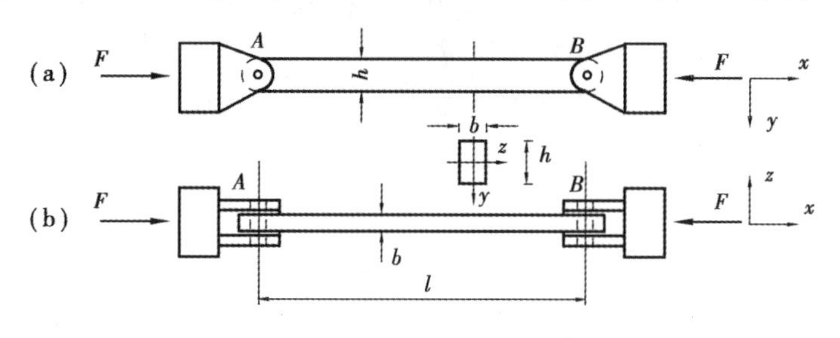

图 10.10

【解】　压杆 AB 在正视图 x—y 平面内失稳时,A,B 两处可以自由转动,相当于铰链约束。在俯视图 x—z 平面内失稳时,A,B 两处不能自由转动,可简化为固定约束。

在 x—y 平面内:

$$I_z = \frac{1}{12}bh^3 = \frac{1}{12} \times 40\ \text{mm} \times (60\ \text{mm})^3 = 7.2 \times 10^5\ \text{mm}^4$$

$$i_z = \sqrt{\frac{I_z}{A}} = \sqrt{\frac{7.2 \times 10^5\ \text{mm}^4}{40\ \text{mm} \times 60\ \text{mm}}} = 17.32\ \text{mm}$$

$$\mu = 1, \lambda_z = \frac{\mu l}{i_z} = \frac{1 \times 2\ 000\ \text{mm}}{17.32\ \text{mm}} = 115$$

查表 10.2 得,Q235 钢的 $\lambda_p = 102, \lambda_z > \lambda_p$ 属于弹性稳定问题。

$$F_{cr} = \frac{\pi^2 EI_z}{(\mu l)^2} = \frac{\pi^2 \times 210 \times 10^9\ \text{Pa} \times 7.2 \times 10^{-7}\ \text{m}^4}{(1 \times 2\ \text{m})^2} = 373\ \text{kN}$$

在 $x—z$ 平面内：

$$I_y = \frac{1}{12}hb^3 = \frac{1}{12} \times 60\ \text{mm} \times (40\ \text{mm})^3 = 3.2 \times 10^5\ \text{mm}^4$$

$$i_y = \sqrt{\frac{I_y}{A}} = \sqrt{\frac{3.2 \times 10^5\ \text{mm}^4}{40\ \text{mm} \times 60\ \text{mm}}} = 11.55\ \text{mm}$$

$$\mu = 0.5, \lambda_y = \frac{\mu l}{i_y} = \frac{0.5 \times 2\ 000\ \text{mm}}{11.55\ \text{mm}} = 86.6$$

查表 10.2 得，Q235 钢的 $\lambda_s = 61.6, \lambda_s < \lambda_y < \lambda_p$ 属于弹塑性稳定问题。

又由表 10.2 查得：$a = 304$ MPa, $b = 1.12$ MPa

$$\sigma_{cr} = a - b\lambda_y = 304\ \text{MPa} - 1.12 \times 86.6\ \text{MPa} = 207\ \text{MPa}$$

$$F_{cr} = \sigma_{cr} A = 207\ \text{MPa} \times 0.04\ \text{m} \times 0.06\ \text{m} = 496.8\ \text{kN}$$

故此杆的临界力为 373 kN。

通过本例可以看出，进行稳定计算时，首先须根据压杆的支承情况进行简化，确定适当的长度因数 μ；然后根据柔度 $\lambda = \frac{\mu l}{i}$ 的大小来判断压杆可能在哪个平面内失稳；最后根据 λ 所处的范围，选定计算临界力的公式。

10.5 压杆的稳定计算

由上节可知，对于不同柔度的压杆只要计算出它的临界应力，将临界应力乘以压杆的横截面面积，就得到临界力。而实际工作中的压杆在轴向压力的作用下要不失稳，则压杆的工作压力 F 应满足一定的条件。工程上通常采用两种方法进行压杆的稳定计算，其一为折减因数法，其二为安全因数法。

10.5.1 折减因数法

压杆的稳定条件可以用应力的形式表达为：

$$\sigma = \frac{F}{A} \leqslant [\sigma_{st}] \tag{10.9}$$

式中，F 为压杆的工作荷载；A 为横截面面积；$[\sigma_{st}]$ 为压杆的稳定许用应力，$[\sigma_{st}] = \frac{\sigma_{cr}}{n_{st}}$，$n_{st}$ 为规定的稳定安全系数。于是式(10.9)又可表达为：

$$\sigma = \frac{F}{A} \leqslant \varphi[\sigma] \tag{10.10}$$

式中，φ 为折减因数，它是一个小于 1 的数，大小与压杆的柔度、材料等有关，具体数值可查阅相关表格。

我国钢结构设计规范根据对常用截面形式、尺寸和加工工艺的钢压杆，并考虑初曲率和加工产生的残余应力所作数值计算结果，在选取适当的安全因数后，给出了钢压杆折减因数与柔度的一系列关系值。该规范根据不同材料的屈服强度分别给出 a,b,c,d 4 类截面在不同柔度

下的 φ 值。表 10.3 及表 10.4 所列为 Q235 钢 a，b 类截面中心受压直杆的折减因数 φ 和 λ 对应的数值。

考虑到杆件的初曲率和荷载偏心的影响，即使对于粗短杆，仍应对许用应力考虑折减因数 φ 。在土建工程中，一般按折减因数法进行稳定计算。

还应指出，在压杆计算中，有时会遇到压杆局部有截面被削弱的情况，如杆上有开孔、切槽等。由于压杆的临界荷载是根据整个压杆的弯曲变形来确定的，局部截面的削弱对整体变形影响较小，故稳定计算中仍用原有的截面几何量。但强度计算是根据危险点的应力进行的，故必须对削弱了的截面进行强度校核，即：

$$\sigma = \frac{F}{A_n} \leqslant [\sigma] \tag{10.11}$$

式中，A_n 为横截面的净面积。

表 10.3　Q235 钢 a 类截面中心受压直杆的稳定因数 φ

λ	0	1.0	2.0	3.0	4.0	5.0	6.0	7.0	8.0	9.0
0	1.000	1.000	1.000	1.000	0.999	0.999	0.998	0.998	0.997	0.996
10	0.995	0.994	0.993	0.992	0.991	0.989	0.988	0.986	0.985	0.983
20	0.981	0.979	0.977	0.976	0.974	0.972	0.970	0.968	0.966	0.964
30	0.963	0.961	0.959	0.957	0.955	0.952	0.950	0.948	0.946	0.944
40	0.941	0.939	0.937	0.934	0.932	0.929	0.927	0.924	0.921	0.919
50	0.916	0.913	0.910	0.907	0.904	0.900	0.897	0.894	0.890	0.886
60	0.883	0.879	0.875	0.871	0.867	0.863	0.858	0.851	0.849	0.844
70	0.830	0.834	0.829	0.824	0.818	0.813	0.807	0.801	0.795	0.789
80	0.788	0.776	0.770	0.763	0.757	0.750	0.743	0.736	0.728	0.721
90	0.714	0.706	0.699	0.691	0.684	0.676	0.668	0.661	0.653	0.645
100	0.638	0.630	0.622	0.615	0.607	0.600	0.592	0.585	0.577	0.570
110	0.563	0.555	0.548	0.541	0.534	0.527	0.520	0.514	0.507	0.500
120	0.494	0.488	0.481	0.475	0.469	0.463	0.457	0.451	0.445	0.440
130	0.434	0.429	0.423	0.418	0.412	0.407	0.402	0.397	0.392	0.387
140	0.383	0.378	0.373	0.369	0.364	0.360	0.356	0.351	0.347	0.343
150	0.339	0.335	0.331	0.327	0.323	0.320	0.316	0.312	0.309	0.305
160	0.302	0.298	0.295	0.292	0.289	0.285	0.282	0.279	0.276	0.273
170	0.270	0.267	0.264	0.262	0.259	0.256	0.253	0.251	0.248	0.246
180	0.243	0.241	0.238	0.236	0.233	0.231	0.229	0.226	0.224	0.222
190	0.220	0.218	0.215	0.213	0.211	0.209	0.207	0.205	0.203	0.201
200	0.199	0.198	0.196	0.194	0.192	0.190	0.189	0.187	0.185	0.183
210	0.182	0.180	0.179	0.177	0.175	0.174	0.172	0.171	0.169	0.168
220	0.166	0.165	0.164	0.162	0.161	0.159	0.158	0.157	0.155	0.154
230	0.150	0.152	0.150	0.149	0.148	0.147	0.146	0.144	0.143	0.142
240	0.141	0.140	0.139	0.138	0.136	0.135	0.134	0.133	0.132	0.131
250	0.130									

表 10.4　Q235 钢 b 类截面中心受压直杆的稳定因数 φ

λ	0	1.0	2.0	3.0	4.0	5.0	6.0	7.0	8.0	9.0
0	1.000	1.000	1.000	0.999	0.999	0.998	0.997	0.996	0.995	0.994
10	0.992	0.991	0.989	0.987	0.985	0.983	0.981	0.978	0.976	0.973
20	0.970	0.967	0.963	0.960	0.957	0.953	0.950	0.946	0.943	0.939
30	0.936	0.932	0.929	0.925	0.922	0.918	0.914	0.910	0.906	0.903
40	0.899	0.895	0.891	0.887	0.882	0.878	0.874	0.870	0.865	0.861
50	0.856	0.852	0.847	0.842	0.838	0.833	0.828	0.823	0.818	0.813
60	0.807	0.802	0.797	0.791	0.786	0.780	0.774	0.769	0.763	0.757
70	0.751	0.745	0.739	0.732	0.726	0.720	0.714	0.707	0.701	0.694
80	0.688	0.681	0.675	0.668	0.661	0.655	0.648	0.641	0.635	0.628
90	0.621	0.614	0.608	0.601	0.594	0.588	0.581	0.575	0.568	0.561
100	0.555	0.549	0.542	0.536	0.529	0.523	0.517	0.511	0.505	0.499
110	0.493	0.487	0.481	0.475	0.470	0.464	0.458	0.453	0.447	0.442
120	0.437	0.432	0.426	0.421	0.416	0.411	0.406	0.402	0.397	0.392
130	0.387	0.383	0.378	0.374	0.370	0.365	0.361	0.357	0.353	0.349
140	0.345	0.341	0.337	0.333	0.329	0.326	0.322	0.318	0.315	0.311
150	0.308	0.304	0.301	0.298	0.265	0.291	0.288	0.285	0.282	0.279
160	0.276	0.273	0.270	0.267	0.265	0.262	0.259	0.256	0.254	0.251
170	0.249	0.246	0.244	0.241	0.239	0.236	0.234	0.232	0.229	0.227
180	0.225	0.223	0.220	0.218	0.216	0.214	0.212	0.210	0.208	0.206
190	0.204	0.202	0.200	0.198	0.197	0.195	0.193	0.191	0.190	0.188
200	0.186	0.184	0.183	0.181	0.180	0.178	0.176	0.175	0.173	0.172
210	0.170	0.169	0.167	0.166	0.165	0.163	0.162	0.160	0.159	0.158
220	0.156	0.155	0.154	0.153	0.151	0.150	0.149	0.148	0.146	0.145
230	0.144	0.143	0.142	0.141	0.140	0.138	0.137	0.136	0.135	0.134
240	0.133	0.132	0.131	0.130	0.129	0.128	0.127	0.126	0.125	0.124
250	0.123									

【例题 10.5】　如图 10.11 所示立柱，下端固定，上端承受轴向压力 $F=200$ kN 作用，且符合钢结构设计规范中的 b 类截面中心受压杆的要求。立柱用工字钢制成，柱长 $l=2$ m，材料为 Q235 钢，许用应力 $[\sigma]=160$ MPa。在立柱中点横截面 C 处，因构造需要开一直径为 $d=$

70 mm的圆孔。试选择工字钢型号。

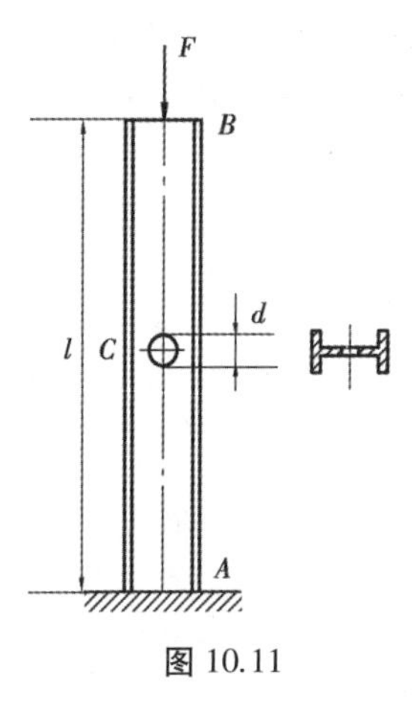

图 10.11

【解】 (1)问题分析

由稳定条件即公式(10.10)可知,立柱的横截面面积应为:

$$A \geqslant \frac{F}{\varphi[\sigma]} \tag{a}$$

然而,由于折减系数 φ 之值与横截面的几何性质有关,因而也是未知的。所以,为了确定压杆的横截面面积,宜采用逐次逼近法。

(2)第一次试算

作为第一次试算,设取 $\varphi_1 = 0.5$,则由式(a)得:

$$A \geqslant \frac{200 \times 10^3 \text{ N}}{0.5 \times 160 \times 10^6 \text{ Pa}} = 2.5 \times 10^{-3} \text{ m}^2$$

从型钢表中查得,16 工字钢的横截面面积 $A = 2.61 \times 10^{-3} \text{ m}^2$,最小惯性半径 $i_{min} = 18.9$ mm。所以,如果选用该型钢作立柱,则其柔度及横截面上的工作应力分别为:

$$\lambda = \frac{\mu l}{i_{min}} = \frac{2 \times 2.00 \text{ m}}{0.018\ 9 \text{ m}} = 211$$

$$\sigma = \frac{F}{A} = \frac{200 \times 10^3 \text{ N}}{2.61 \times 10^{-3} \text{ m}^2} = 76.6 \text{ MPa}$$

查表 10.4 得,相应于 $\lambda = 211$ 的折减系数为 $\varphi'_1 = 0.169$。所以,立柱的稳定许用应力为:

$$[\sigma_{st}] = \varphi'_1[\sigma] = 0.169 \times 160 \times 10^6 \text{ Pa} = 27 \text{ MPa} < \sigma$$

工作应力超过稳定许用应力很多,需作进一步试算。

(3)第二次试算

估计实际 φ 值介于上述 φ_1 与 φ'_1 之间,因此,作为第二次试算,取:

$$\varphi_2 = \frac{\varphi_1 + \varphi'_1}{2} = \frac{0.5 + 0.169}{2} = 0.335$$

得:

$$A \geqslant \frac{200 \times 10^3 \text{ N}}{0.335 \times 160 \times 10^6 \text{ Pa}} = 3.73 \times 10^{-3} \text{ m}^2$$

从型钢表中查得,22a 工字钢的横截面面积 $A = 4.21 \times 10^{-3} \text{ m}^2$,最小惯性半径 $i_{min} = 23.1$ mm。

注:若查表选用 20b 工字钢也可,但前面工作应力为 76.6 MPa,超出 $[\sigma_{st}] = 27$ MPa 太多。故选用 22a 工字钢试算。

因此,如果选用 22a 工字钢作立柱,则:

$$\sigma = \frac{200 \times 10^3 \text{ N}}{4.21 \times 10^{-3} \text{ m}^2} = 47.5 \text{ MPa}$$

$$\lambda = \frac{2 \times 2.00 \text{ m}}{0.023\ 1 \text{ m}} = 173$$

由此得:

$$\varphi'_2 = 0.241$$

$$[\sigma_{st}] = 0.241 \times 160 \times 10^6 \text{ Pa} = 38.6 \text{ MPa} < \sigma$$

工作应力超过稳定许用应力较多，仍需作进一步试算。

(4)第三次试算

取：

$$\varphi_3 = \frac{\varphi_2 + \varphi'_2}{2} = \frac{0.335 + 0.241}{2} = 0.288$$

得：

$$A \geqslant \frac{200 \times 10^3\ \text{N}}{0.288 \times 160 \times 10^6\ \text{Pa}} = 4.34 \times 10^{-3}\ \text{m}^2$$

根据上述数据，拟选用 25a 工字钢作立柱，经计算，得：

$$[\sigma_{\text{st}}] = 41.4\ \text{MPa}$$
$$\sigma = 41.2\ \text{MPa}$$

因此，选用 25a 工字钢作立柱符合稳定性要求。

(5)强度校核

从型钢表中查得，25a 工字钢的腹板厚度 $\delta = 8$ mm，横截面面积 $A = 4.85 \times 10^{-3}\ \text{m}^2$。所以，横截面 C 的净面积为：

$$A_C = A - \delta d = 4.85 \times 10^{-3}\ \text{m}^2 - 0.008\ \text{m} \times 0.070\ \text{m} = 4.29 \times 10^{-3}\ \text{m}^2$$

而该截面的工作应力为：

$$\sigma = \frac{F}{A_C} = \frac{200 \times 10^3\ \text{N}}{4.29 \times 10^{-3}\ \text{m}^2} = 4.66 \times 10^7\ \text{Pa} = 46.6\ \text{MPa}$$

其值小于许用应力 $[\sigma]$。可见，选用 25a 工字钢作立柱，其强度也符合要求。

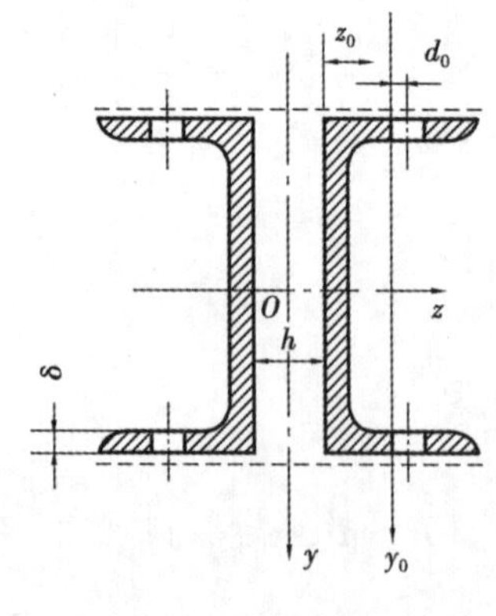

图 10.12

【例题 10.6】 厂房的钢柱长 7 m，柱的两端分别与基础和梁连接。由于与梁连接的一端可发生侧移，因此，根据柱顶和柱脚的连接刚度，钢柱的长度因数取为 $\mu = 1.3$。钢柱由两根 Q235 钢的槽钢组成，如图 10.12 所示，符合钢结构设计规范中的 b 类截面中心受压杆的要求。在柱脚和柱顶处用螺栓借助于连接板与基础和梁连接，同一横截面上最多有 4 个直径为 30 mm 的螺栓孔。钢柱承受的轴向压力为 270 kN，材料的许用应力 $[\sigma] = 170$ MPa。试为钢柱选择槽钢号码。

【解】 (1)按稳定条件选择槽钢号码

在选择截面时，由于 $\lambda = \frac{\mu l}{i}$ 中的 i 为未知值，λ 值无法算出，相应的稳定系数 φ 也就无法确定。于是，先假设一个 φ 值进行计算。

假设 $\varphi = 0.50$，得到压杆的稳定许用应力为：

$$[\sigma_{\text{st}}] = \varphi[\sigma] = 0.50 \times 170\ \text{MPa} = 85\ \text{MPa}$$

按稳定条件可算出每根槽钢所需横截面面积为：

$$A = \frac{F/2}{[\sigma_{\text{st}}]} = \frac{(270 \times 10^3\ \text{N})/2}{85 \times 10^6\ \text{Pa}} = 15.9 \times 10^{-4}\ \text{m}^2$$

由型钢表查得，14a 号槽钢的横截面面积为 $A = 18.51 \times 10^2\ \text{mm}^2$，$i_z = 55.2$ mm。对于图示组合截面，由于 I_z 和 A 均为单根槽钢 2 倍，故 i_z 值与单根槽钢截面的值相同。得：

$$\lambda = \frac{\mu l}{i_z} = \frac{1.3 \times 7\ \text{m}}{55.2 \times 10^{-3}\ \text{m}} = 165$$

由表10.3查出，Q235钢压杆对应于 $\lambda = 165$ 的稳定因数为：$\varphi = 0.262$。

显然，前面假设的 $\varphi = 0.50$ 过大，需重新假设较小的 φ 值进行计算。但重新假设的 φ 值也不应采用 $\varphi = 0.262$，因为降低 φ 后所需的截面面积必然加大，相应的 i_z 也将加大，从而使 λ 减小。因此，试用 $\varphi = 0.35$ 进行截面选择：

$$[\sigma_{st}] = \varphi[\sigma] = 0.35 \times 170\ \text{MPa} = 59.5\ \text{MPa}$$

$$A = \frac{\frac{F}{2}}{[\sigma_{st}]} = \frac{135 \times 10^3\ \text{N}}{59.5 \times 10^6\ \text{Pa}} = 22.7 \times 10^{-4}\ \text{m}^2$$

试选16号槽钢：$A = 25.15 \times 10^2\ \text{mm}^2$，$i_z = 61\ \text{mm}$，柔度为：

$$\lambda = \frac{1.3 \times 7\ \text{m}}{61 \times 10^{-3}\text{m}} = 149.2$$

与 λ 值对应的 φ 为0.311，接近于试用的 $\varphi = 0.35$。按 $\varphi = 0.311$ 进行核算，以校核16号槽钢是否可用。此时，稳定许用应力为：

$$[\sigma_{st}] = \varphi[\sigma] = 0.311 \times 170\ \text{MPa} = 52.9\ \text{MPa}$$

而钢柱的工作应力为：

$$\sigma = \frac{\frac{F}{2}}{A} = \frac{135 \times 10^3\ \text{N}}{25.15 \times 10^{-4}\ \text{m}^2} = 53.7\ \text{MPa}$$

虽然工作应力略大于压杆的稳定许用应力，但仅超过1.5%，这是允许的。

(2)计算组合槽钢间距 h

以上计算是根据横截面对于 z 轴的惯性半径 i_z 进行的，亦即考虑的是压杆在 xy 平面内的稳定性。为保证槽钢组合截面压杆在 xz 平面内的稳定性，需计算两槽钢的间距 h(见图10.12)。假设压杆在 x—y，x—z 两平面内的长度因数相同，则应使槽钢组合截面的 i_y 与 i_z 相等。由惯性矩平行移轴定理：

$$I_y = I_{y0} + A_0\left(z_0 + \frac{h}{2}\right)^2$$

可得：

$$i_y^2 = i_{y0}^2 + \left(z_0 + \frac{h}{2}\right)^2$$

16号槽钢的 $i_{y0} = 18.2\ \text{mm}$，$z_0 = 17.5\ \text{mm}$。令 $i_y = i_z = 61\ \text{mm}$，可得：

$$\frac{h}{2} = \sqrt{(61\ \text{mm})^2 - (18.2\ \text{mm})^2} - 17.5\ \text{mm} = 40.7\ \text{mm}$$

从而得到：

$$h = 2 \times 40.7\ \text{mm} = 81.4\ \text{mm}$$

实际所用的两槽钢间距不应小于81.4 mm。

组成压杆的两根槽钢是靠缀板(或缀条)将它们连接成整体的，为了防止单根槽钢在相邻两缀板间局部失稳，应保证其局部稳定性不低于整个压杆的稳定性。根据这一原则来确定相邻两缀板的最大间距。有关这方面的细节问题将在钢结构计算中讨论。

(3)校核净截面强度

每个螺栓孔所削弱的横截面面积为:

$$\delta d_0 = 10\ \text{mm} \times 30\ \text{mm} = 300\ \text{mm}^2$$

因此,压杆横截面的净截面面积为:

$$2A - 4\delta d_0 = 2 \times 2\ 515\ \text{mm}^2 - 4 \times 300\ \text{mm}^2 = 3\ 830\ \text{mm}^2$$

从而净截面上的压应力为:

$$\sigma = \frac{F}{2A - 4\delta d_0} = \frac{270 \times 10^3\ \text{N}}{3.830 \times 10^{-3}\ \text{m}^2} = 70.5\ \text{MPa} < [\sigma]$$

由此可见,净截面的强度是足够的。

10.5.2 安全因数法

为了保证压杆不失稳,并具有一定的安全余地,因此压杆的稳定条件可表示为:

$$n = \frac{F_{cr}}{F} \geqslant n_{st} \tag{10.12}$$

式中:F 为压杆的工作荷载;F_{cr} 是压杆的临界荷载;n_{st} 是稳定安全因数。由于压杆存在初曲率和荷载偏心等不利因素的影响。n_{st} 值一般比强度安全因数要大些,并且 λ 越大,n_{st} 值也越大。具体取值可从有关设计手册中查到。在机械、动力、冶金等工业部门,由于荷载情况复杂,一般都采用安全因数法进行稳定计算。

利用安全因数法的稳定条件即可校核压杆的稳定性,确定截面尺寸,以及确定其稳定的许用荷载。

【例题 10.7】 压缩机的活塞杆受活塞传来轴向压力 $F=100$ kN 的作用,活塞杆的长度 $l=1\ 000$ mm,直径 $d=50$ mm,材料为低碳钢,$\sigma_s = 350$ MPa,$\sigma_p = 280$ MPa,$E = 210$ GPa,$a = 460$ MPa,$b = 2.57$ MPa,规定压缩机活塞杆安全因数 $[n_{st}] = 4$,试进行稳定性校核。

【解】 活塞杆可看成两端铰支的压杆,$\mu = 1.0$。活塞杆的截面为圆截面,惯性半径为:

$$i = \sqrt{\frac{I}{A}} = \frac{d}{4}$$

其柔度为:

$$\lambda = \frac{\mu l}{i} = \frac{\mu l}{\frac{d}{4}} = \frac{1.0 \times 1\ 000\ \text{mm}}{\frac{50}{4}\ \text{mm}} = 80$$

可求出:

$$\lambda_P = \sqrt{\frac{\pi^2 E}{\sigma_p}} = \sqrt{\frac{\pi^2 \times 210 \times 10^3\ \text{MPa}}{280\ \text{MPa}}} = 86$$

由于 $\lambda < \lambda_p$,不能用欧拉公式计算临界应力。考虑到活塞杆的工作应力为:

$$\sigma = \frac{F}{\frac{\pi d^2}{4}} = \frac{100 \times 10^3\ \text{N}}{\frac{\pi \times 50^2}{4} \times 10^{-6}\ \text{m}^2} = 50.9\ \text{MPa} < \sigma_s$$

工作应力低于屈服极限 $\sigma_s = 350$ MPa,因而可采用经验公式计算临界应力:

$$\sigma_{cr} = a - b\lambda = 460\ \text{MPa} - 2.57 \times 80\ \text{MPa} = 254.4\ \text{MPa}$$

活塞杆的工作安全因数是：

$$n_{st}=\frac{\sigma_{cr}}{\sigma}=\frac{254.4\ \text{MPa}}{50.9\ \text{MPa}}=5>[n_{st}]$$

活塞杆满足稳定性要求。

【例题 10.8】 如图 10.13 所示结构，AC 和 CB 均为钢杆，直径 $d=50$ mm，材料的弹性模量 $E=210$ GPa，比例极限 $\sigma_p=240$ MPa，$[\sigma]=200$ MPa，稳定安全因数 $n_{st}=8$。求许可荷载 F_p。

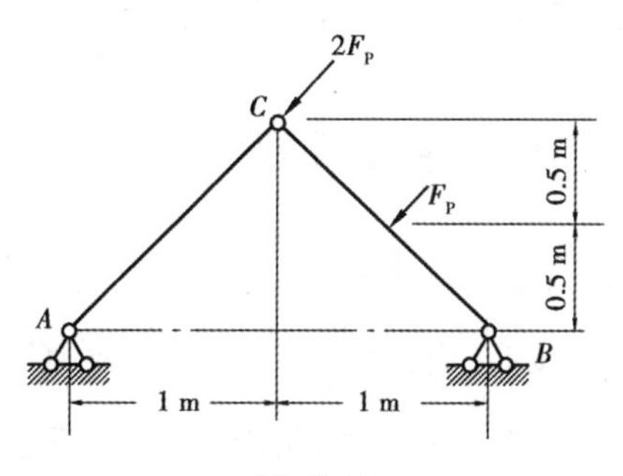

图 10.13

【解】 给定的结构中共有两个构件，杆 AC 承受压缩荷载，属于稳定问题。杆 BC 在荷载作用下发生弯曲变形，属于强度问题。由结构可以看出 AC，BC 杆的长度相等，用 l 表示。

取 BC 为研究对象，由静力平衡方程 $\sum M_B=0$，可以求得 AC 杆所受的压力为：

$$F_{AC}=2.5F_P$$

因为是圆截面杆，故惯性半径为：

$$i=\sqrt{\frac{I}{A}}=\frac{d}{4}=\frac{50\ \text{mm}}{4}=12.5\ \text{mm}$$

杆两端为球铰约束，故有：

$$\mu=1.0,\lambda=\frac{\mu l}{i}=\frac{1.0\times\sqrt{2}\ \text{m}}{12.5\times10^{-3}\ \text{m}}=113$$

$$\lambda_p=\sqrt{\frac{\pi^2E}{\sigma_p}}=\sqrt{\frac{\pi^2\times210\times10^9\ \text{Pa}}{240\times10^6\ \text{Pa}}}=92.9$$

$\lambda>\lambda_p$ 表明压杆是大柔度杆，用欧拉公式计算临界力：

$$F_{pcr}=\frac{\pi^2EI}{(\mu l)^2}=\frac{\pi^2\times210\times10^9\ \text{Pa}\times\frac{\pi}{64}\times50^4\times10^{-12}\ \text{m}^4}{(1.0\times\sqrt{2}\text{m})^2}=318\ \text{kN}$$

由 AC 杆得结构的许用荷载为：

$$F_{AC}=2.5F_P=\frac{F_{pcr}}{n_{st}}=\frac{318}{8}\text{kN}$$

$$[F_P]=15.9\ \text{kN}$$

BC 杆发生弯曲变形，经分析可知，BC 杆最大弯矩在杆的中点，由强度条件：

$$M_{max}=\frac{F_Pl}{4}\leqslant[\sigma]W_z$$

即：

$$[F_{\mathrm{P}}]=\frac{4[\sigma]W_z}{l}=\frac{4\times200\times10^6\ \mathrm{Pa}\times\dfrac{\pi\times50^3\times10^{-9}\ \mathrm{m}^3}{32}}{\sqrt{2}\ \mathrm{m}}=6.94\ \mathrm{kN}$$

由此可以得出结构的许用荷载为 6.94 kN。

10.6 提高压杆稳定性的措施及稳定设计中的讨论

10.6.1 提高压杆承载能力的主要途径

通过以上讨论可知,压杆的稳定性取决于临界荷载的大小。而临界荷载与柔度 λ 密切相关,当柔度 λ 减小时,则临界应力提高,而 $\lambda=\frac{\mu l}{i}$。所以提高压杆承载能力的措施主要是尽量减小压杆的长度,选用合理的截面形状,增加支承的刚性以及合理选用材料。

1)减小压杆的长度

减小压杆的长度,可使 λ 降低,从而提高压杆的临界荷载。工程中,为了减小柱子的长度,通常在柱子的中间设置一定形式的撑杆,它们与其他构件连接在一起后,对柱子形成支点,限制了柱子的弯曲变形,起到减小柱长的作用。

2)选择合理的截面形状

当压杆各个方向的约束条件相同时,使截面对两个形心主轴的惯性矩尽可能大,而且相等,是压杆合理截面的基本原则。如图 10.14(a)、(b)、(c)、(d)所示,在面积相同的情况下,正方形截面相对矩形截面更合理,而薄壁圆管截面,相对圆形截面更为合理。但这种薄壁杆的壁厚不能过薄,否则会出现局部失稳现象。对于型钢截面(工字钢、槽钢、角钢等),由于它们的两个形心主轴惯性矩相差较大,为了提高这类型钢截面压杆的承载能力,工程实际中常用几个型钢,通过缀板组成一个组合截面,如图 10.14(e)所示,并选用合适的间距 h,使 $I_z=I_y$,这样可大大提高压杆的承载能力。但设计这种组合截面杆时,应注意控制两缀板之间的距离,以保证单个型钢的局部稳定性。

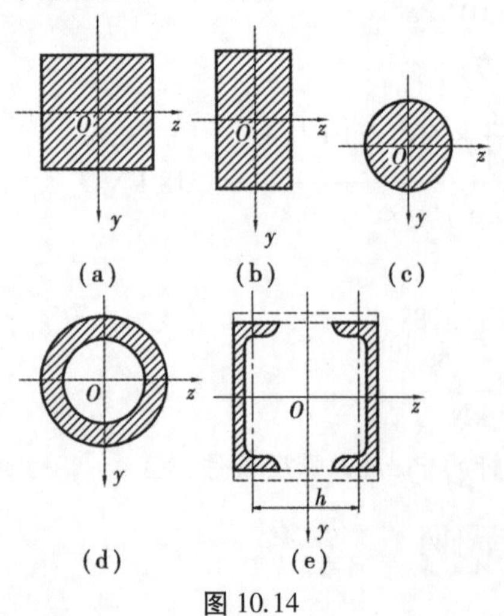

图 10.14

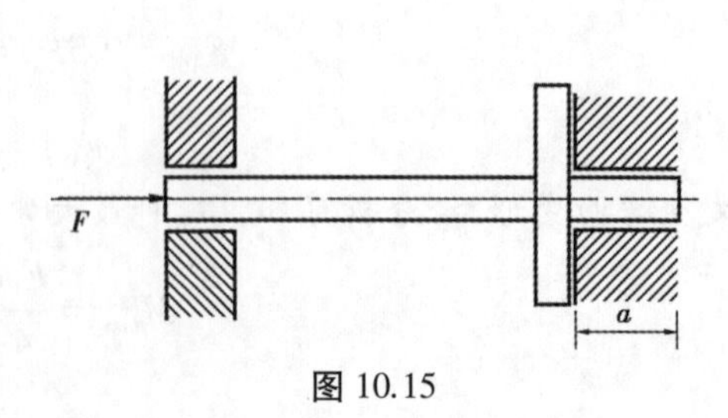

图 10.15

3) **增加支承的刚性**

对于大柔度的细长杆,一端铰支另一端固定的压杆的临界荷载比两端铰支的大 1 倍。因此,杆端越不易转动,杆端的刚性越大,长度因数就越小,图 10.15 所示压杆,若增大杆右端止推轴承的长度 a,就加强了约束的刚性。

4) **合理选用材料**

对于大柔度杆,临界应力与材料的弹性模量 E 成正比。因此钢压杆比铜、铸铁或铝制压杆的临界荷载高。但各种钢材的 E 基本相同,所以对大柔度杆选用优质钢材与选用低碳钢并无多大差别。对中柔度杆,由临界应力图可以看到,材料的屈服极限 σ_s 和比例极限 σ_p 越高,则临界应力就越大,这时选用优质钢材会提高压杆的承载能力。至于小柔度杆,本来就是强度问题,优质钢材的强度高,其承载能力的提高是显然的。

10.6.2 稳定设计中需注意的几个问题

①在进行稳定设计时,除了可以采取上述几方面的措施以提高压杆的承载能力外,在可能的条件下,还可以从结构设计方面采取相应的措施。例如,将结构中的压杆转换成拉杆,这样,就可以从根本上避免失稳问题。以图 10.16 所示的托架为例,在不影响结构使用的条件下,若将图 10.16(a)所示结构改换成图 10.16(b)所示结构,则 AB 杆由承受压力变为承受拉力,从而就避免了压杆的失稳问题。

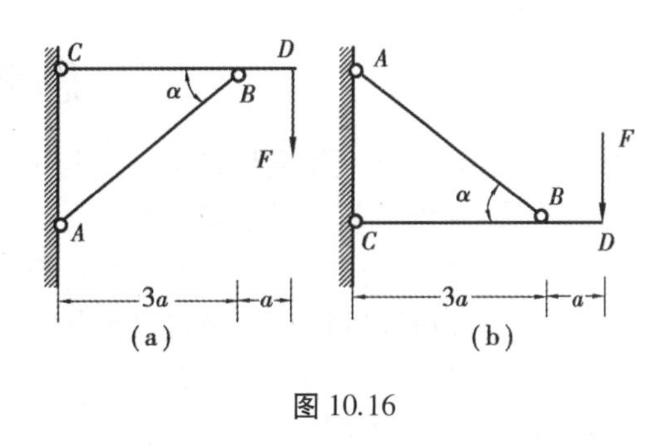

图 10.16

②在进行稳定设计时,需正确地进行受力分析,对压杆要根据压杆端部的约束条件及截面的几何形状正确判断可能在哪一个平面内发生屈曲(如例题 10.4)。从而确定欧拉公式中的截面惯性矩,或压杆的长细比。

③确定了压杆的长细比后,要正确判断压杆属于哪一类压杆,采用合适的临界应力公式计算临界载荷。

④根据具体工程实际要求选用折减因数法或安全因数法进行稳定设计计算,要特别注意工程实际中的压杆大都不满足前述“中心受压直杆”等理想化的要求,因此实际压杆的设计大多都是以经验公式为依据,例如公式(10.7)。

本章小结

(1)中心受压直杆在临界力的作用下,其直轴线形状下的平衡开始丧失稳定性,简称“失稳”。压杆失稳的条件是所受的压力 $F \geq F_{cr}$,F_{cr} 称为临界力。

(2)压杆的临界力 $F_{cr} = \sigma_{cr} A$,σ_{cr} 为临界应力,其计算公式与压杆的柔度 $\lambda = \frac{\mu l}{i}$ 所处的范围有关。

大柔度杆　　$\lambda \geqslant \lambda_p, \sigma_{cr} = \dfrac{\pi^2 E}{\lambda^2}$

中柔度杆　　$\lambda_s \leqslant \lambda \leqslant \lambda_p, \sigma_{cr} = a - b\lambda$（经验公式）

小柔度杆　　$\lambda \leqslant \lambda_s, \sigma_{cr} = \sigma_s$

(3)压杆的稳定计算有两种方法：

①折减因数法

$\sigma = \dfrac{F}{A} \leqslant [\sigma_{st}] = \varphi[\sigma], \varphi$ 为折减因数。

②安全因数法

$n = \dfrac{F_{cr}}{F} \geqslant n_{st}, n_{st}$ 为稳定安全因数。

(4)提高压杆承载能力的主要措施为：减小杆长；增强杆端约束；选择合理截面形状，提高形心主轴惯性矩；合理选用材料等。

思考题

10.1　什么是失稳？什么是稳定平衡与不稳定平衡？

10.2　试判断以下两种说法对否？

(1)临界力是使压杆丧失稳定的最小荷载；

(2)临界力是压杆维持直线稳定平衡状态的最大荷载。

10.3　应用欧拉公式的条件是什么？

10.4　如图所示的4根压杆的材料及截面均相同，试判断哪一根杆最容易失稳？哪一根杆最不容易失稳？为什么？

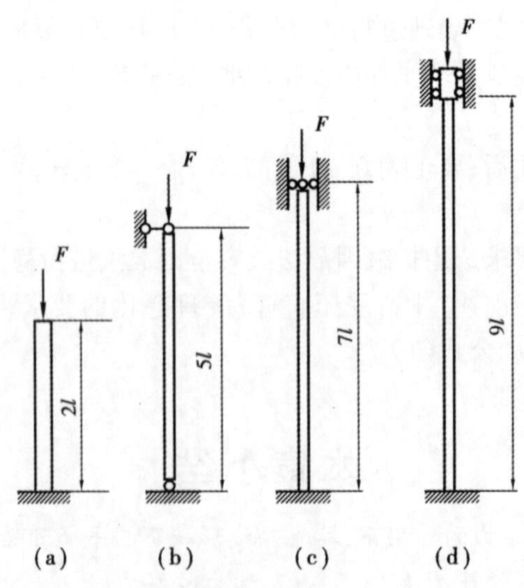

思考题10.4图

10.5　柔度 λ 的物理意义是什么？它与哪些量有关系，各个量如何确定？

10.6　利用压杆的稳定条件可以解决哪些类型的问题？试说明解决问题的步骤。

10.7 一端固定,另一端弹簧侧向支承的压杆,若采用欧拉公式 $F_{cr}=\frac{\pi^2 EI}{(\mu l)^2}$计算,试确定其中长度因数的取值范围为(　　)。

(A)$\mu>2.0$　　(B)$0.7<\mu<2.0$

(C)$\mu<0.5$　　(D)$0.5<\mu<0.7$

10.8 如图所示正三角形截面压杆,两端球铰约束,加载方向通过压杆轴线。当荷载超过临界值时,试问压杆将绕着截面哪一根轴发生失稳,表述有以下4种,哪一种是正确的?(　　)

(A)绕 y 轴

(B)绕过形心 C 的任意轴

(C)绕 z 轴

(D)绕 y 轴或 z 轴

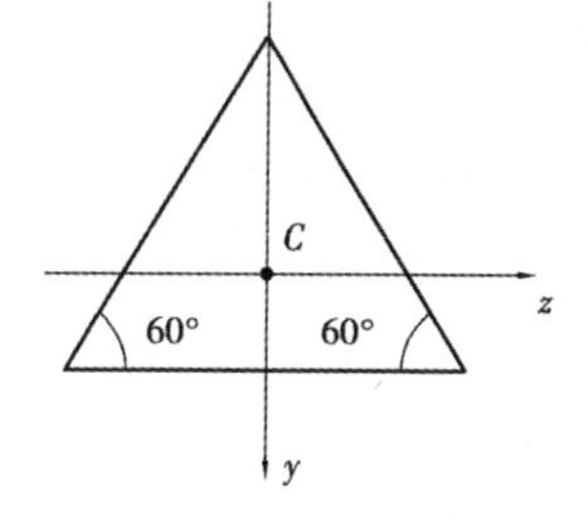

思考题 10.8 图

10.9 对中柔度压杆,若采用欧拉公式计算临界荷载,其临界荷载与实际值相比,结果是下列的哪种情况?(　　)

(A)偏大　(B)偏小　(C)不变　D)无法确定

10.10 提高钢制大柔度压杆承载能力有如下办法,试判断哪一种是最正确的?(　　)

(A)减小杆长,减小长度系数,使压杆截面形心主轴方向的柔度相等

(B)增加横截面面积,减小杆长

(C)增加惯性矩,减小杆长

(D)采用高强度钢

习　题

10.1 试推导两端固定,长为 l 的等截面中心受压直杆的临界荷载 F_{cr} 的欧拉公式。

10.2 如图所示压杆的横截面为矩形,$h=60$ mm,$b=40$ mm,杆长 $l=2.4$ m,材料为 Q235 钢,$E=200$ GPa,$\sigma_p=200$ MPa。其中正视图(a)的平面内两端为铰支;俯视图(b)的平面内,两端为固定。试求此杆的临界力。

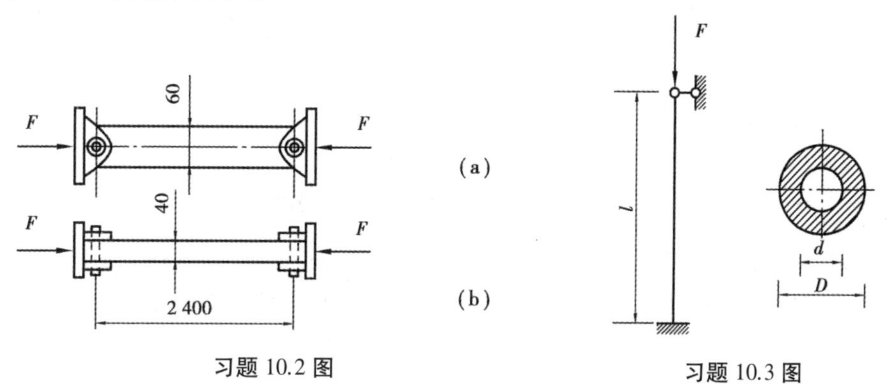

习题 10.2 图　　习题 10.3 图

10.3 如图所示,已知柱的上端为铰支,下端为固定,外径 $D=200$ mm,内径 $d=100$ mm,柱长 9 m,材料为 Q235 钢,符合钢结构设计规范中实腹式 b 类截面中心受压杆的要求许用应力 $[\sigma]=160$ MPa。试求柱的许可荷载$[F]$。

10.4　两端铰支工字钢受到轴向压力 $F=400$ kN 的作用，杆长 $l=3$ m，许用应力 $[\sigma]=160$ MPa，符合钢结构设计规范中实腹式 b 类截面中心受压杆的要求，试选择工字钢的型号。

10.5　如图所示一端固定一端球形铰支细长压杆，弹性模量 $E=200$ GPa。试用欧拉公式计算其临界荷载。

(1)正方形截面，$a=40$ mm，$l=1.2$ m；

(2)矩形截面，$h=2b=50$ mm，$l=1.2$ m；

(3)20a 号槽钢，$l=2.0$ m。

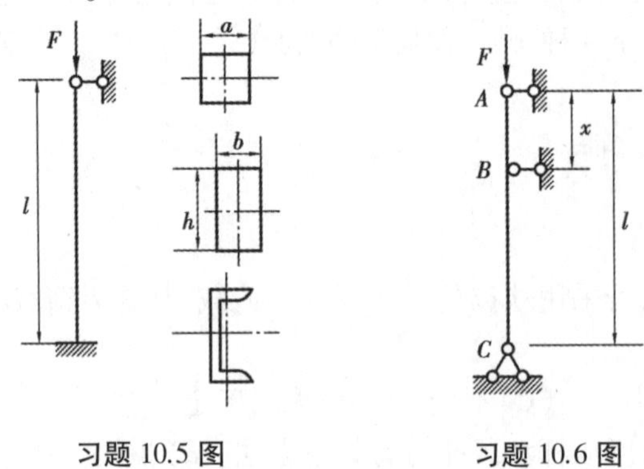

习题 10.5 图　　习题 10.6 图

10.6　如图所示压杆 AB 和 BC 两段均为细长压杆，其弯曲刚度均为 EI，试求：

(1)当 x 多大时，结构的临界荷载最大；

(2)当截面 B 处无约束时，结构的临界荷载。

10.7　如图所示的正方形桁架，各杆的弯曲刚度均为 EI，且均为细长杆，在节点 B 承受荷载 F 作用。试问荷载 F 为何值时结构将失稳？如果将荷载 F 反向作用，则使结构失稳的荷载 F 又为何值？

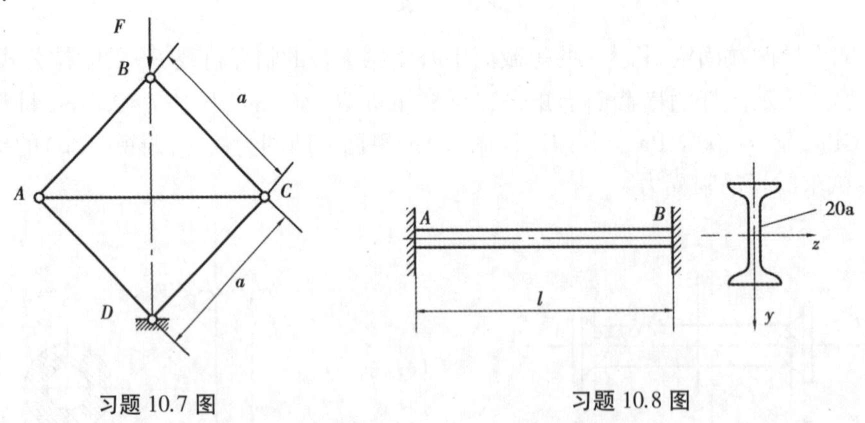

习题 10.7 图　　习题 10.8 图

10.8　如图所示的 20a 工字钢直杆在温度 $t_1=20$ ℃ 时安装，此时杆不受力，已知杆长 $l=6$ m，材料为 Q235 钢，其弹性模量 $E=200$ GPa，$\sigma_p=200$ MPa，线膨胀系数 $\alpha=12.5\times10^{-6}$/℃。试问当温度升高到多少度时，杆将失稳。

10.9　如图所示的结构中，AB 为刚性梁，A 端为水平链杆，在 B 点和 C 点分别与直径 $d=40$ mm的钢圆杆铰接。已知 $q=35$ kN/m，圆杆材料为低碳钢，符合钢结构设计规范中的 b 类截面中心受压杆的要求，$[\sigma]=170$ MPa。试问此结构是否安全？

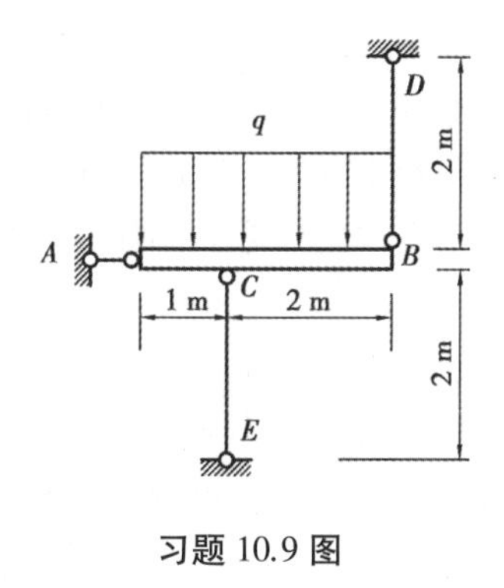

习题 10.9 图

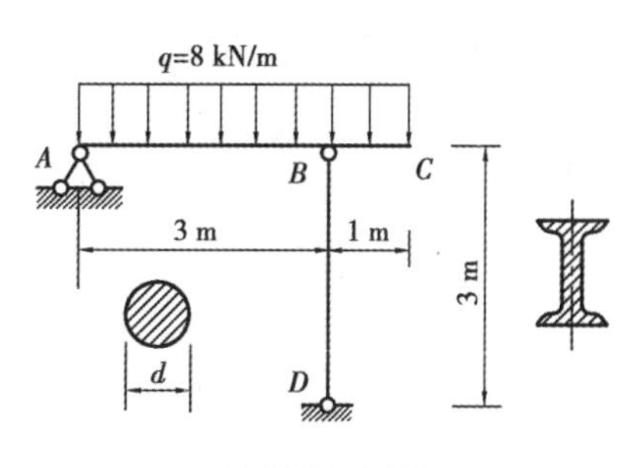

习题 10.10 图

10.10 如图所示的结构中钢梁 AC 及柱 BD 分别由 22b 工字钢和圆木构成,均布荷载集度 $q=8$ kN/m。梁的材料为 Q235 钢,许用应力$[\sigma]=160$ MPa;柱的材料为杉木,直径 $d=160$ mm,$[\sigma]=11$ MPa,两端铰支,折减系数 φ 与柔度 λ 的关系为:当 $\lambda\leqslant 75$ 时,$\varphi=\dfrac{1}{1+\left(\dfrac{\lambda}{80}\right)^{2}}$,当 $\lambda>75$ 时,$\varphi=\dfrac{3\ 000}{\lambda^{2}}$。试校核梁的强度和立柱的稳定性。

10.11 如图所示铰接杆系 ABC,由两根具有相同截面和同样材料的细长杆组成,角度 $\alpha=60°$。设杆件将在 ABC 所在平面内失稳而引起破坏,试确定荷载 F 为最大时的 β 角(假设 $0<\beta<\dfrac{\pi}{2}$)及其最大临界荷载。

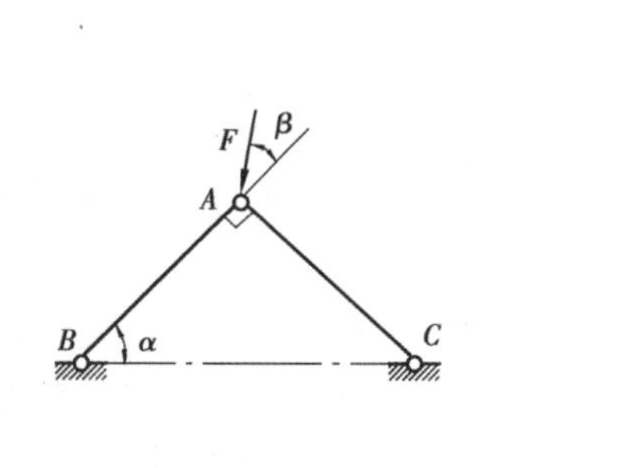

习题 10.11 图

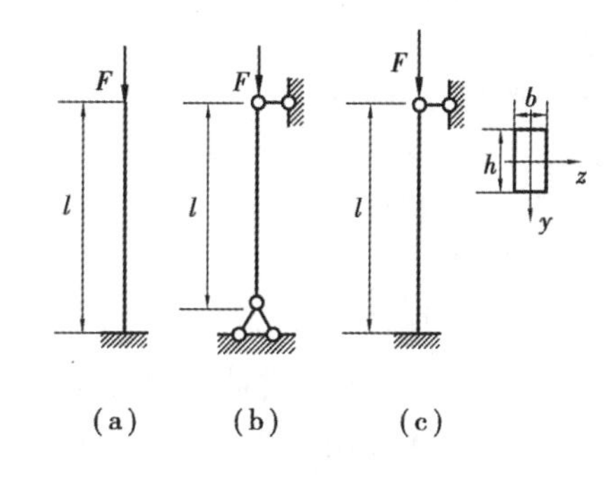

习题 10.12 图

10.12 如图所示的矩形截面压杆,有三种支承方式。杆长 $l=400$ mm,截面宽度 $h=15$ mm,高度 $b=10$ mm,弹性模量 $E=210$ GPa,$\lambda_{p}=100$,$\lambda_{s}=60$,中柔度杆的临界应力采用直线型公式,其中 $a=577$ MPa,$b=3.74$ MPa。试计算它们的临界荷载。

10.13 如图所示的连杆,横截面为 $b\times h$ 的矩形,从稳定性方面考虑,问 h/b 为何值时最佳。已知当压杆在 $x—z$ 平面失稳时,长度因数 $\mu_{y}=0.7$;在 $x—y$ 平面内失稳时,长度因数 $\mu_{z}=1$。

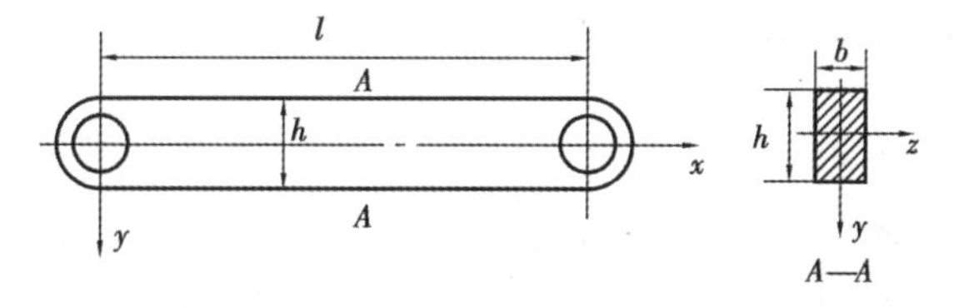

习题 10.13 图

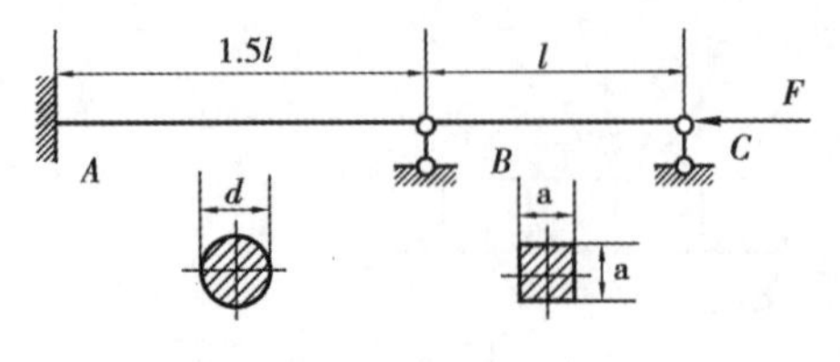

习题 10.14 图

10.14　如图所示的结构中，杆 AB 为圆截面杆，直径 d = 80 mm，杆 BC 为正方形截面，边长 a = 70 mm。两杆材料均为 Q235 钢，E = 200 GPa，λ_p = 102，λ_s = 62，中柔度杆的临界应力采用直线型公式，其中 a = 304 MPa，b = 1.12 MPa。两部分可以各自独立发生屈曲而互不影响。已知 A 端固定，B，C 为球铰，l = 3 m，稳定安全因数 n_{st} = 2.5。试求此结构的许用荷载［F］。

10.15　如图所示的结构中，AB 及 AC 两杆皆为圆截面，直径 d = 80 mm，BC = 4 m。材料为 Q235 钢，弹性模量 E = 200 GPa，n_{st} = 2.0。

(1) F 沿铅垂方向时，求结构的许用荷载［F］；

(2) 若 F 作用线与 CA 杆轴线延长线夹角为 θ，求保证结构不发生屈曲，F 为最大时的 θ 值。

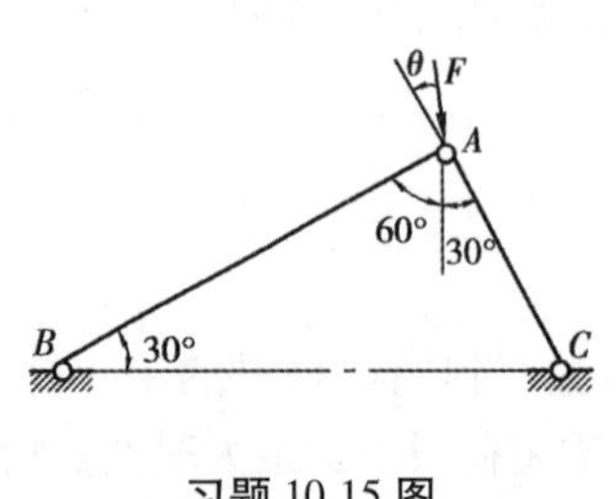

习题 10.15 图

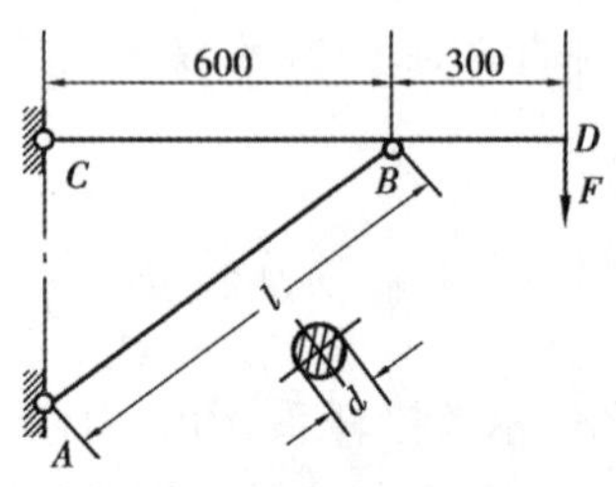

习题 10.16 图

10.16　如图所示托架中杆 AB 的直径 d = 40 mm，长度 l = 800 mm，两端可视为球铰链约束，材料为 Q235 钢。

(1) 求托架的临界荷载；

(2) 若已知工作荷载 F = 70 kN，杆 AB 的稳定安全因数 n_{st} = 2.0，试校核托架是否安全。

(3) 若横梁为 18 热轧工字钢，［σ］= 160 MPa。试问托架所能承受的最大荷载有没有变化？

10.17　横截面如图所示之立柱，由 4 根 80 mm×80 mm×6 mm 的角钢所组成，组成的结构符合钢结构设计规范中实腹式 b 类截面中心受压杆的要求。杆长 l = 6 m。立柱两端为铰支，承受轴向压力 F = 450 kN 作用。立柱用 Q235 钢制成，许用压应力［σ］= 160 MPa。试确定横截面的边宽 a。

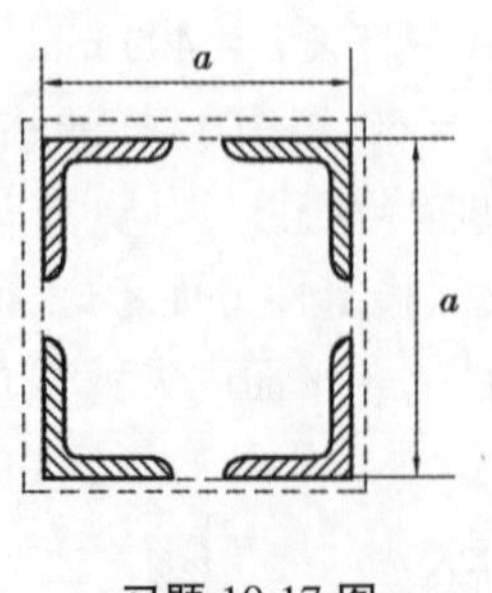

习题 10.17 图

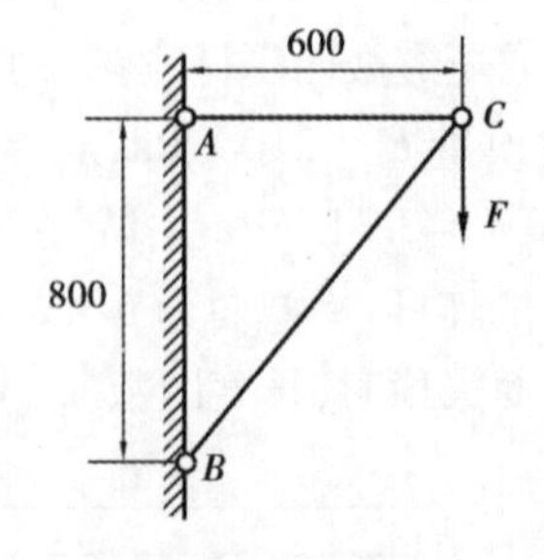

习题 10.18 图

10.18　如图所示的桁架，二杆均为圆截面杆，水平杆 AC 的直径 d = 25 mm，材料为低碳钢 Q235，符合钢结构设计规范中的 b 类截面中心受压杆的要求，许用应力［σ］= 180 MPa，斜杆

BC 的直径 $d=250$ mm，材料为强度等级为TC13的木材，许用压应力 $[\sigma]=8$ MPa，折减系数 φ 与柔度 λ 的关系为：当 $\lambda\leqslant 91$ 时，$\varphi=\dfrac{1}{1+\left(\dfrac{\lambda}{65}\right)^2}$；当 $\lambda>91$ 时，$\varphi=2\,800/\lambda^2$。试确定结构的许可荷载。

10.19　如图所示的结构中，AC 与 CD 杆均用Q235钢制成，AC 杆为矩形截面，CD 杆为圆截面，C，D 处均为球铰。已知：$d=20$ mm，$b=100$ mm，$h=180$ mm，$E=200$ GPa，$\sigma_s=235$ MPa，$\sigma_p=200$ MPa，强度安全因数 $n=2.0$，稳定安全因数 $n_{st}=3.0$。试确定该结构的许可荷载。

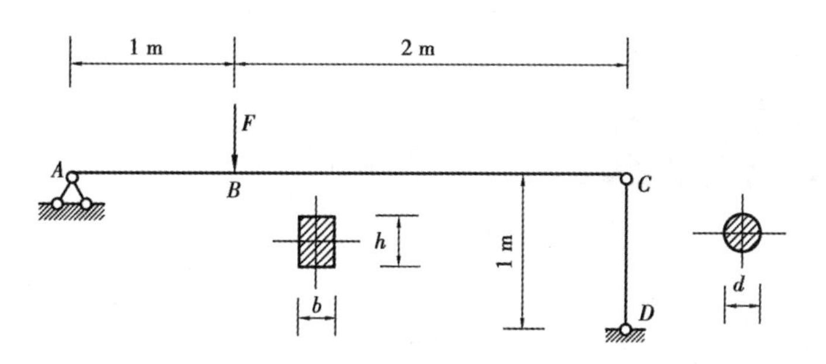

习题10.19图

10.20　由Q235钢制成的中心受压圆截面钢杆，符合钢结构设计规范中的b类截面中心受压杆的要求，其长度 $l=800$ mm，其下端固定，上端自由，承受轴向压力100 kN。已知材料的许用应力 $[\sigma]=160$ MPa，试求杆的直径 d。

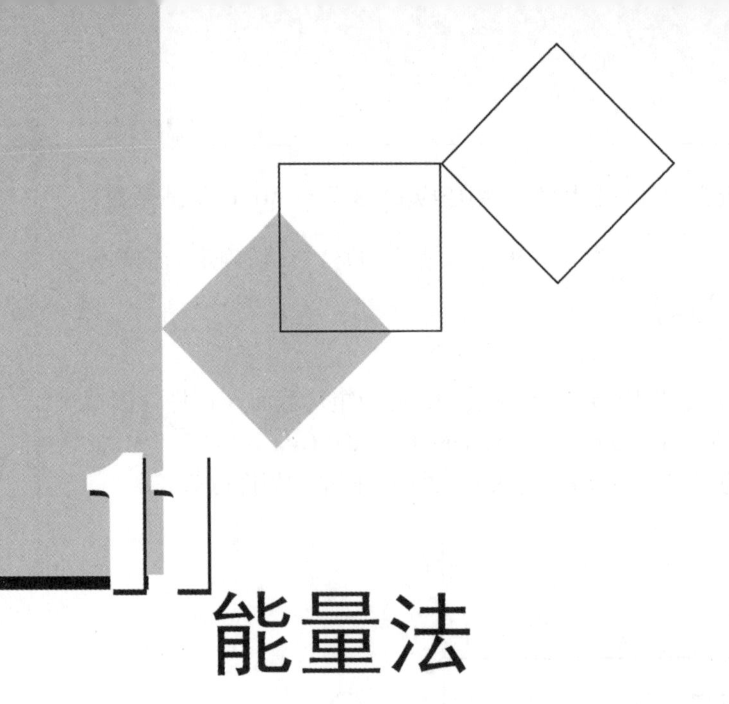

11 能量法

本章导读：

- **基本要求** 掌握杆件弹性应变能的有关概念及其计算；掌握功能原理、卡氏定理；用卡氏第二定理计算杆件结构位移，求解简单超静定问题。
- **重点** 应变能概念和计算；卡氏第二定理及其应用。
- **难点** 广义力和广义位移；卡氏第二定理的应用。

11.1 能量法的基本概念

弹性体在荷载作用下产生变形，在外力作用点将产生位移。因此，在弹性体的变形过程中，外力沿其作用方向做功，称为**外力功**。对于弹性体，因为变形是可逆的，外力功将以一种能量形式积蓄在弹性体内部。当荷载逐渐卸除时，该能量将重新释放出来做功，使弹性体恢复到变形前的形状。例如钟表里的发条在被拧紧的过程中，发生了弹性变形而积蓄了能量，在它松弛的过程中可带动指针转动，从而发条就做了功。弹性体在弹性变形时积蓄了一定的能量，从而具有对外界做功的能力，通常把这种形式的能量称为**弹性应变能**或**弹性变形能**，用 U 表示。

根据物理学中的功能原理，积蓄在弹性体内的应变能 U 和在加载过程中的能量损耗 ΔE 之和在数值上应等于荷载所做的功，即：

$$U + \Delta E = W$$

如果在缓慢加载过程中弹性体的动能和以其他形式损耗的能量不计，应有：

$$U = W \tag{11.1}$$

利用上述这种功和能的概念解决力学问题的方法统称为**能量法**，相应的基本原理统称为**功能原理**。功能原理在弹性体上的应用非常广泛，它是工程中广泛应用的有限单元法的重要理论基础。

11.2 应变能

11.2.1 杆件基本变形的应变能

由式(11.1)可知,只要得到外力功的数值,弹性体应变能也就计算出来了。首先分析外力功,外力做功分为以下两种情况。

一种情况为恒力做功,即当外力矢量在做功过程中保持不变时,它所做的功等于外力与其相应位移的乘积。例如,力 F 在沿其方向上的线位移 Δ 上所做的功为:

$$W = F\Delta \tag{11.2}$$

另一种情况为非恒力做功,非恒力做功情况比较复杂,此处主要分析静荷载做功。所谓静荷载,是指构件所承受的荷载从零开始缓慢地增加到最终值后不再随时间改变。所以静荷载做功实质是在加载过程中的变力做功。例如图 11.1 所示的简单受拉杆,拉力由零逐渐增加到定值 F_1,杆产生的伸长变形由零逐渐增加到 Δ_1,这就是拉力 F 的作用点的位移。设 F 为加载过程中的拉力,相应的位移为 Δ,此时将拉力增加一微量 $\mathrm{d}F$,使其产生相应的位移增量 $\mathrm{d}\Delta$,这时,已经作用在杆上的拉力 F 将在该位移增量上作功:

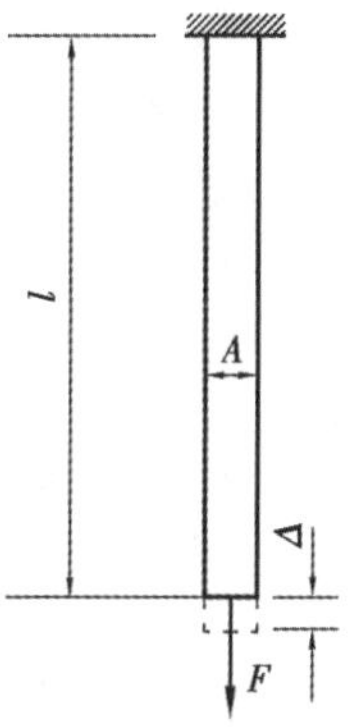

图 11.1

$$\mathrm{d}W = F\mathrm{d}\Delta \tag{11.3}$$

$\mathrm{d}W$ 在图 11.2(a)中以阴影面积来表示。根据理论力学中关于变力做功的计算原理不难得到,当拉力从零增加到 F_1 的整个加载过程中所做的总功则为图中曲线下的面积,即:

$$W = \int_0^{\Delta_1} F\mathrm{d}\Delta \tag{11.4}$$

如果材料服从胡克定律,即外力与位移成线性关系,如图 11.2(b)所示,则外力做功:

$$W = \frac{1}{2}F_1\Delta_1 \tag{11.5}$$

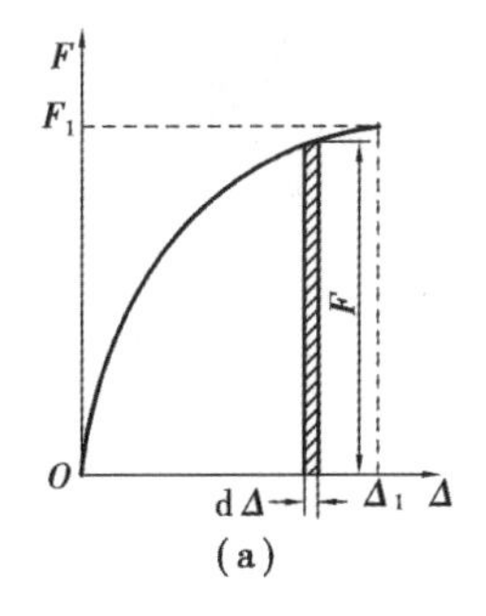

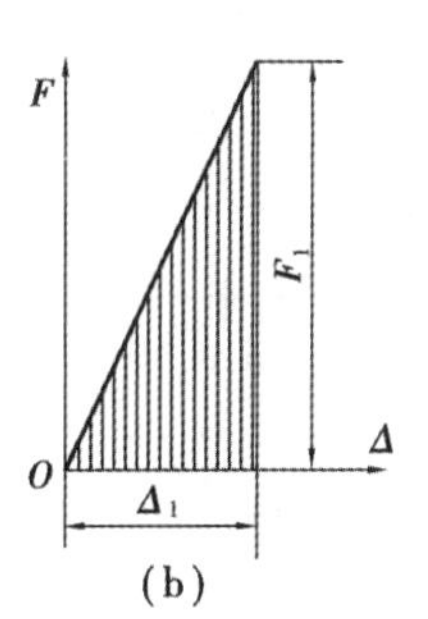

图 11.2

以上分析可推广到其他的受力情况,作用的外力 F 可以是**广义力**,即它可以是集中力、集中力偶等,位移 Δ 则是与广义力 F 相对应的位移,称为**广义位移**,它可以是线位移、角位移等。

在各种基本变形时，杆件的弹性应变能均可利用功能原理计算得到，现详细介绍如下：

1）轴向拉伸与压缩杆件的应变能

设轴向拉压杆件的材料是一般变形固体，其杆端外力 F 与杆端位移 Δ 之间的关系如图 11.2(a)所示，其相应的轴向拉伸时的应力-应变曲线如图 11.3 所示。当外力从 0 逐渐增大到 F_1 时，杆端位移由 0 逐渐增至 Δ_1，由式(11.4)可求得拉压杆的应变能 U 为：

$$U=\int_0^{\Delta_1}F\mathrm{d}\Delta$$

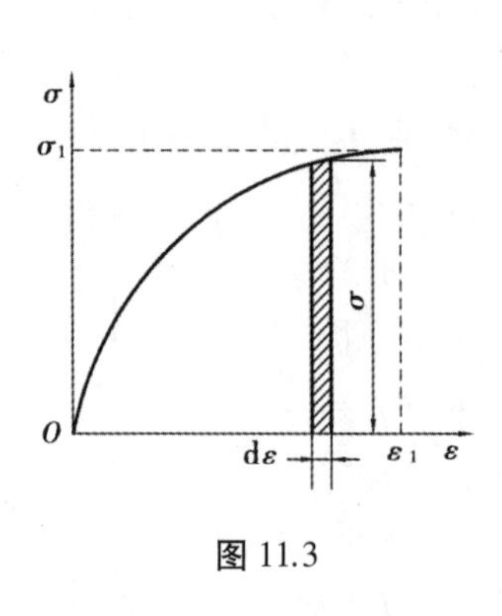

图 11.3

设想从拉杆中取出一单元体，各边长分别为 dx，dy，dz，作用在上、下面上的外力为 $\sigma\mathrm{d}y\mathrm{d}z$，沿 dx 方向的变形量 $\Delta=\varepsilon\mathrm{d}x$。于是，在拉杆伸长过程中，单元体上外力所做的功为：

$$\mathrm{d}W=\int_0^{\Delta_1}\sigma(\mathrm{d}y\mathrm{d}z)\mathrm{d}\Delta=\left(\int_0^{\varepsilon_1}\sigma\mathrm{d}\varepsilon\right)\mathrm{d}x\mathrm{d}y\mathrm{d}z$$

式中，$\mathrm{d}x\mathrm{d}y\mathrm{d}z=\mathrm{d}V$ 为单元体体积。对于弹性单元体，其积蓄在单元体内的应变能 $\mathrm{d}U$ 在数值上等于外力所做的功 $\mathrm{d}W$，因而，该单元体单位体积的应变能（应变能密度）为：

$$u=\frac{\mathrm{d}U}{\mathrm{d}V}=\frac{\mathrm{d}W}{\mathrm{d}V}=\int_0^{\varepsilon_1}\sigma\mathrm{d}\varepsilon \tag{11.6}$$

因此，整个拉压杆的应变能为：

$$U=\int_V\mathrm{d}U=\int_V u\mathrm{d}V \tag{11.7}$$

杆件的应变能也可通过应变能密度在整个杆件上的体积分来计算。

在线弹性和小变形条件下，杆端位移 Δ 与外力 F 大小成正比，$\sigma=E\varepsilon$（见图 11.4），则不难得到轴向拉压杆的外力功 W、应变能 U 和应变能密度 u 分别为：

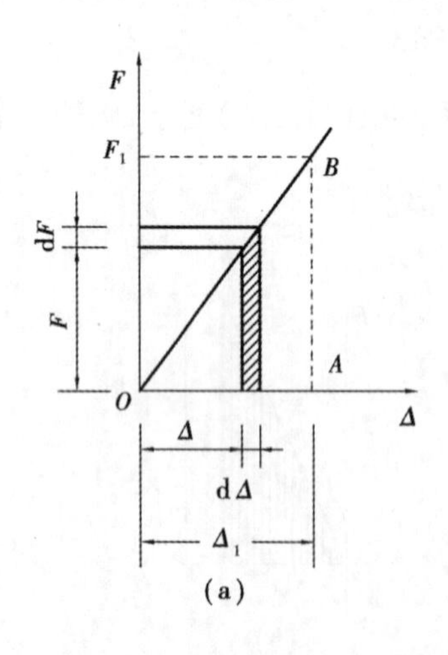

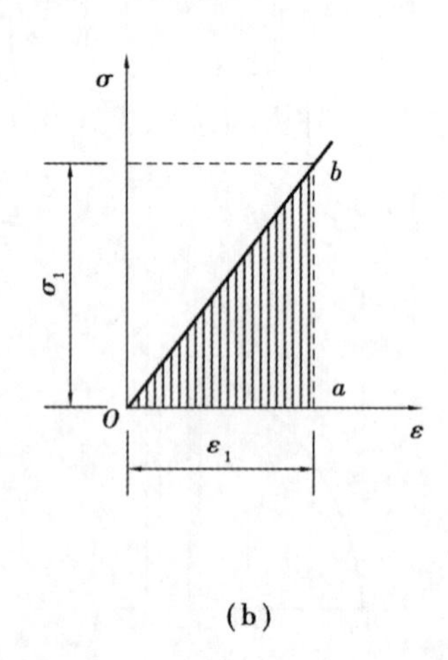

图 11.4

$$U=W=\frac{1}{2}F\Delta \tag{11.8}$$

$$u = \frac{1}{2}\sigma\varepsilon \tag{11.9}$$

通过对杆件应变能密度的积分也可得到轴向拉伸杆件的应变能：

$$U = \int_V u\mathrm{d}V = \int_V \frac{1}{2}\sigma\varepsilon\mathrm{d}V =$$

$$\frac{1}{2}\sigma\varepsilon V = \frac{1}{2}\frac{F_N}{A}\frac{\Delta}{l}Al =$$

$$\frac{1}{2}F_N\Delta = \frac{F_N^2 l}{2EA} \tag{11.10}$$

2) **扭转圆杆的应变能**

对于纯剪切变形的弹性单元体，如图 11.5(a)所示，可视作单元体左侧固定，因此变形后右侧将向下移动 $\gamma\mathrm{d}x$，因为变形很小，所以在变形过程中，上下面上的外力将不做功。只有右侧面的外力($\tau\,\mathrm{d}y\mathrm{d}z$) 在相应的位移 $\gamma\mathrm{d}x$ 上做功。考虑切应变 γ 是逐渐增大的，因此单元体上外力所做的功为：

$$\mathrm{d}W = \int_0^{\gamma_1}(\tau\,\mathrm{d}y\mathrm{d}z)(\mathrm{d}x\mathrm{d}\gamma)$$

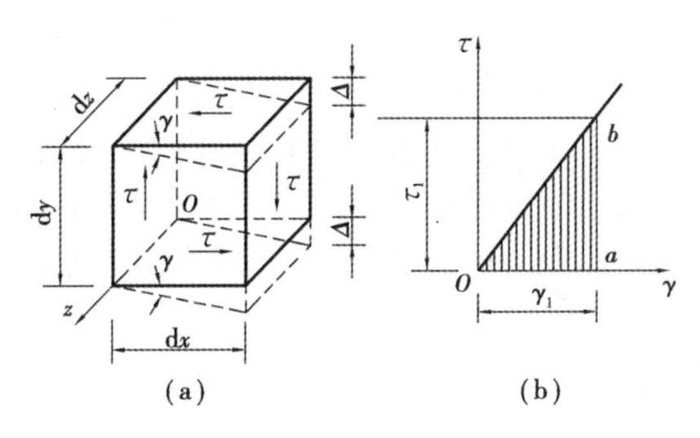

图 11.5

则其应变能密度为：

$$u = \frac{\mathrm{d}U}{\mathrm{d}V} = \frac{\mathrm{d}W}{\mathrm{d}x\mathrm{d}y\mathrm{d}z} = \int_0^{\gamma_1}\tau\,\mathrm{d}\gamma \tag{11.11}$$

在线弹性条件下 $\tau = G\gamma$，如图 11.5(b)所示，其应变能密度为：

$$u = \frac{1}{2}\tau\gamma = \frac{\tau^2}{2G} \tag{11.12}$$

如图 11.6(a)所示的受扭圆轴，若扭转力偶矩由零开始缓慢增加到最终值 T，则在线弹性、小变形范围内，相对扭转角 φ 与扭转力偶矩 T 间的关系是一条直线，如图 11.6(b)所示。扭转圆轴的应变能为：

$$U = W = \frac{1}{2}T\varphi \tag{11.13}$$

对于等直圆杆，根据扭转变形式(4.17)有：

$$\varphi = \frac{Tl}{GI_p}$$

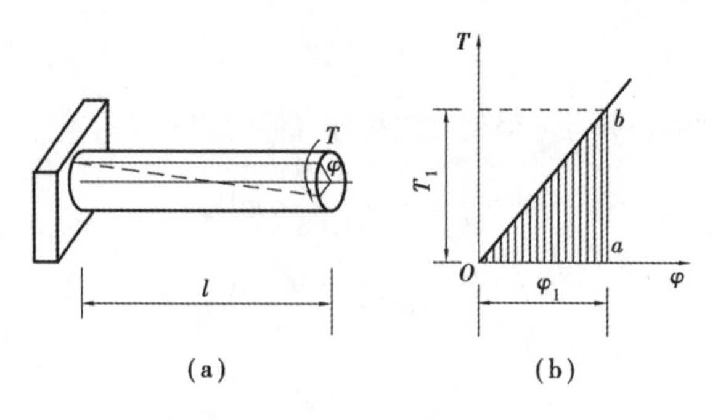

图 11.6

则受扭等直圆轴的应变能为：

$$U=\frac{T^{2}l}{2GI_{\mathrm{P}}} \tag{11.14}$$

通过对应变能密度的积分计算也可以得到圆轴扭转时的应变能：

$$U=\int_{V}u\mathrm{d}V=\int_{l}\int_{A}\frac{\tau^{2}}{2G}\mathrm{d}A\mathrm{d}x=$$

$$\frac{l}{2G}\left(\frac{T}{I_{\mathrm{P}}}\right)^{2}\int_{A}\rho^{2}\mathrm{d}A=\frac{T^{2}l}{2GI_{\mathrm{P}}}$$

3) 梁的应变能计算

如图 11.7(a)所示的简支梁，在两端的纵向对称平面内受到外力偶 M 作用而发生纯弯曲，在加载过程中，梁的各横截面上的弯矩均为 M，故梁在线弹性范围内工作时，其轴线弯曲成为一段曲率半径为 ρ 的圆弧，如图 11.7(a)所示，两端横截面有相对的转动，其夹角为：

$$\theta=\frac{l}{\rho}$$

由纯弯曲曲率计算公式：

$$\frac{1}{\rho}=\frac{M}{EI}$$

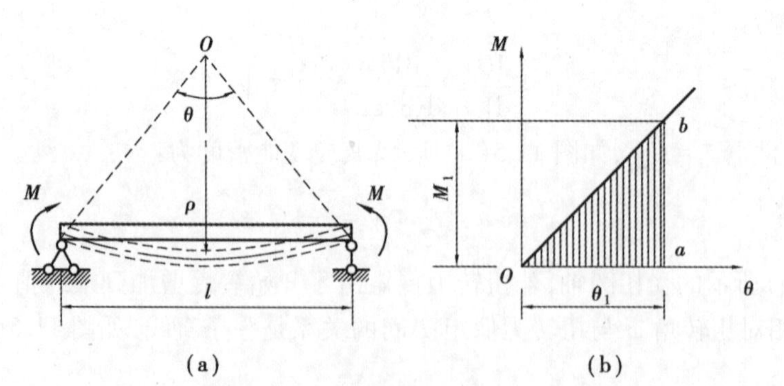

图 11.7

故

$$\theta=\frac{Ml}{EI}$$

由于 M 与 θ 也是直线关系，如图 11.7(b)所示，所以梁纯弯曲变形时的应变能为：

$$U = W = \frac{1}{2}M\theta = \frac{M^2 l}{2EI} \tag{11.15}$$

通过对应变能密度的积分也可得到梁的应变能：

$$U = \int_V \frac{1}{2}\sigma\varepsilon \mathrm{d}V = \int_V \frac{1}{2}\frac{My}{I}\frac{y}{\rho}\mathrm{d}V =$$

$$\int_0^l \mathrm{d}x \int_A \frac{1}{2}\frac{My}{I}\frac{y}{\rho}\mathrm{d}A = \frac{1}{2}\frac{M}{I\rho}\int_0^l \mathrm{d}x \int_A y^2 \mathrm{d}A = \frac{1}{2}\frac{M^2 l}{EI}$$

对于在工程实际中常遇到的横力弯曲梁，如图 11.8(a)所示，横截面上同时存在剪力和弯矩，所以梁的应变能应包括两部分：弯曲应变能和剪切应变能。由于剪力和弯矩通常均随着截面位置的不同而变化，梁的应变能的计算要在整个梁的体积范围内进行积分。

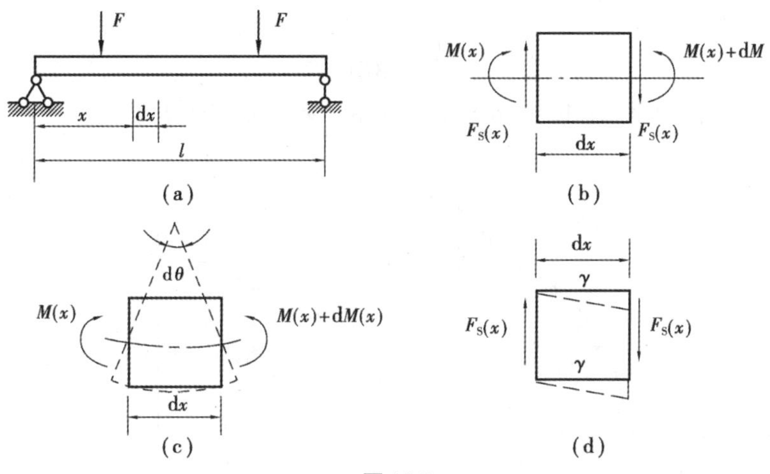

图 11.8

在弯矩作用下，微段产生弯曲变形，两端横截面有相对的转动，如图 11.8(c)所示；在剪力作用下，微段产生剪切变形，两端横截面有相对的错动，如图 11.8(d)所示。由于在小变形情况下，弯曲正应力与切应力可视为是相互独立的，即弯曲正应力在切应力引起的位移上所做的功和切应力在弯曲正应力引起的位移上所做的功均可略去不计，因此，可以先分别计算出弯矩所做的功(弯曲应变能)和剪力所做的功(剪切应变能)，然后相加得总的应变能。即各微段的弯曲应变能为：

$$\mathrm{d}U = \frac{M^2(x)\mathrm{d}x}{2EI} + \alpha_S \frac{F_S^2(x)}{2GA}\mathrm{d}x$$

由于横截面上的切应力的分布不均匀且与杆件截面的形状相关，上式中的 α_S 是与截面形状有关的参数，称为截面修正系数。常用截面梁中，矩形截面梁的 $\alpha_S = 6/5$，圆形截面的 $\alpha_S = 10/9$，圆环截面梁的 $\alpha_S = 2$。全梁的弯曲应变能则可由上式积分得到：

$$U = \int_l \frac{M^2(x)\mathrm{d}x}{2EI} + \int_l \alpha_S \frac{F_S^2(x)\mathrm{d}x}{2GA} \tag{11.16}$$

如果梁中各段内的弯矩 $M(x)$、剪力 $F_S(x)$ 由不同的函数式表示，上列积分应分段进行计算，然后再求其总和。对于工程中常见的细长梁，与剪力对应的剪切应变能要比与弯矩对应的弯曲应变能小得多，常常略去不计，因此只需要计算弯曲应变能就完全满足实际需要。

【例题 11.1】 试求如图 11.9 所示悬臂梁的变形能,并利用功能原理求自由端 B 的垂直位移。已知 EI 为常量。

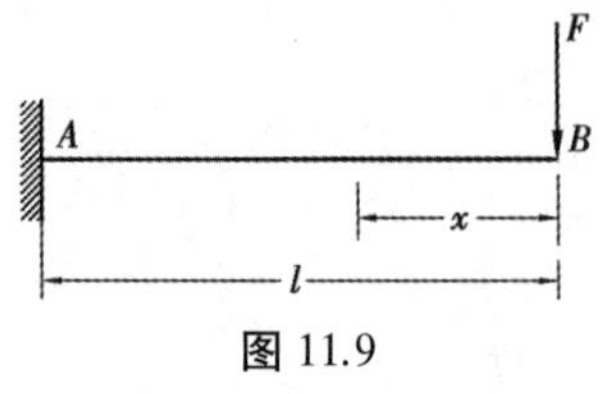

图 11.9

【解】 写出悬臂梁的弯矩方程:

$$M(x) = -Fx$$

则梁的应变能为:

$$U = \int_l \frac{M^2(x)}{2EI}dx = \int_0^l \frac{(Fx)^2}{2EI}dx = \frac{F^2l^3}{6EI}$$

外力所作功为:

$$W = \frac{1}{2}F\Delta_B$$

由 $U=W$ 得:

$$\Delta_B = \frac{Fl^3}{3EI}$$

【例题 11.2】 试求如图 11.10 所示 1/4 圆曲杆的变形能,并利用功能原理求 B 截面的垂直位移。已知 EI 为常量。

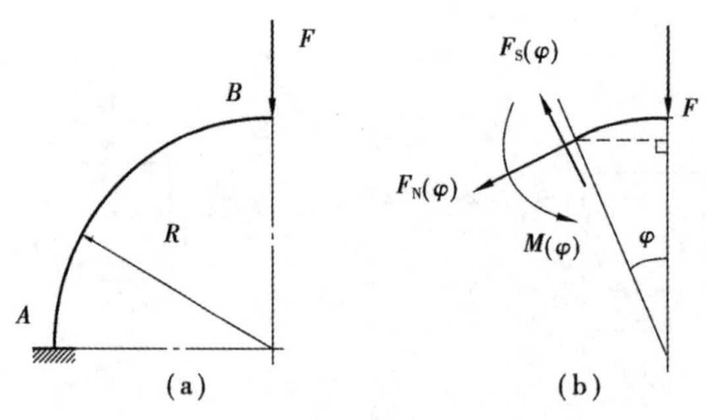

图 11.10

【解】 写曲杆的弯矩方程,取隔离体,受力如图 11.10(b)所示。

$$M(\varphi) = FR\sin\varphi \quad (0 \leqslant \varphi \leqslant \pi/2)$$

则曲杆的应变能为:

$$U = \int_l \frac{M^2(\varphi)}{2EI}R\mathrm{d}\varphi = \int_0^{\frac{\pi}{2}} \frac{(FR\sin\varphi)^2}{2EI}R\mathrm{d}\varphi = \frac{\pi F^2R^3}{8EI}$$

外力所作功为:

$$W = \frac{1}{2}F\Delta_B$$

由 $U=W$ 得:

$$\Delta_B = \frac{\pi FR^3}{4EI}$$

11.2.2 杆件组合变形的应变能

由杆件在基本变形时应变能的计算式可知,在线弹性范围内变形杆件的应变能通常是力的二次函数,或是变形量的二次函数。当构件同时受几个力(或力偶)共同作用时,力作用效应的叠加原理在变形能的计算中不再适用。但如果任一力在其他各力作用引起的位移上所做的功均为零,则这些力产生的变形能是可以叠加计算的。在线弹性、小变形条件下,轴力、弯矩、剪力和扭矩各内力在杆件变形上做的功是相互独立的,因此它们各自产生的应变能是可直接叠加的,即有:

$$U=\int_l \frac{F_N^2(x)\,dx}{2EA}+\int_l \alpha_S\frac{F_S^2(x)\,dx}{2GA}+\int_l \frac{M^2(x)\,dx}{2EI}+\int_l \frac{T^2(x)\,dx}{2GI_P} \tag{11.17}$$

【例题 11.3】 如图 11.11 所示简支矩形截面梁中间受集中力 F 作用,试导出横力弯曲应变能 U_1 和剪切应变能 U_2,并以矩形截面梁为例比较这两应变能的大小。

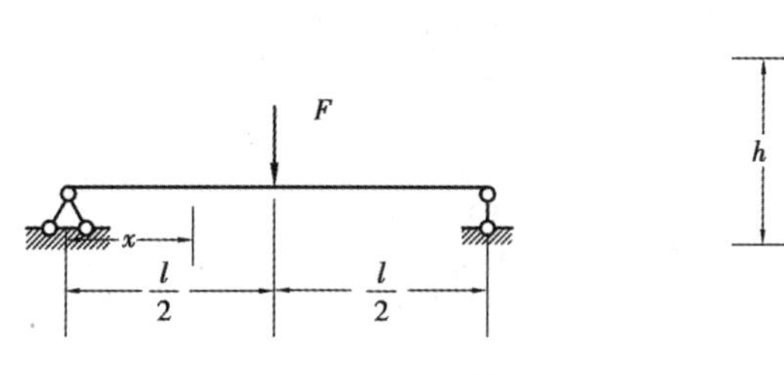

图 11.11

【解】 (1)应变能计算

设距梁左端 x 截面上弯矩为 $M(x)$、剪力为 $F_S(x)$,则截面上的弯曲正应力和切应力分别为:

$$\sigma=\frac{M(x)}{I_z}y,\tau=\frac{F_S(x)S_z^*}{I_zb}$$

弯曲应变能密度 u_1,剪切应变能密度 u_2 分别为:

$$u_1=\frac{\sigma^2}{2E}=\frac{M^2(x)y^2}{2EI_z^2},\ u_2=\frac{\tau^2}{2G}=\frac{F_S^2(x)(S_z^*)^2}{2GI_z^2b^2}$$

通过积分得梁两种变形的应变能:

$$U_1=\int_V u_1\,dV=\int_l\int_A\frac{M^2y^2}{2EI_z^2}dA\,dx=\int_l\left[\frac{M^2}{2EI_z^2}\int_A y^2\,dA\right]dx$$

$$U_2=\int_V u_2\,dV=\int_l\int_A\frac{F_S^2(S_z^*)^2}{2GI_z^2b^2}dA\,dx=\int_l\left[\frac{F_S^2}{2GI_z^2}\int_A\frac{(S_z^*)^2}{b^2}dA\right]dx$$

由 $\int_A y^2\,dA=I_z$,并令 $\alpha_S=\frac{A}{I_z^2}\int_A\frac{(S_z^*)^2}{b^2}dA$

则有:

$$U_1=\int_l\frac{M^2(x)\,dx}{2EI_z},U_2=\int_l\frac{\alpha_SF_S^2(x)\,dx}{2GA}$$

弯曲总应变能:

$$U=U_1+U_2=\int_l\frac{M^2(x)\,dx}{2EI_z}+\int_l\frac{\alpha_SF_S^2(x)\,dx}{2GA}$$

对于矩形截面梁无量纲参数 α_S 为:

$$\alpha_S=\frac{A}{I_z^2}\int_A\frac{(S_z^*)^2}{b^2}dA=\frac{144}{bh^5}\int_{-\frac{h}{2}}^{\frac{h}{2}}\frac{1}{4}\left(\frac{h^2}{4}-y^2\right)b\,dy=\frac{6}{5}$$

(2)两种应变能的比较

题图简支梁的内力方程为：

$$M(x)=\frac{F}{2}x,F_{S}(x)=\frac{F}{2}$$

则由内力方程得两种应变能分别为：

$$U_1=2\int_0^{\frac{l}{2}}\frac{1}{2EI_z}\left(\frac{F}{2}x\right)^2\mathrm{d}x=\frac{F^2l^3}{96EI_z},U_2=2\int_0^{\frac{l}{2}}\frac{\alpha_S}{2GA}\left(\frac{F}{2}\right)^2\mathrm{d}x=\frac{\alpha_S F^2 l}{8GA}$$

总应变能：

$$U=U_1+U_2=\frac{F^2l^3}{96EI_z}+\frac{\alpha_S F^2 l}{8GA}$$

两应变能之比：

$$U_2:U_1=\frac{12\alpha_S EI_z}{GAl^2}$$

矩形截面　$\alpha_S=\frac{6}{5}$，$\frac{I_z}{A}=\frac{h^2}{12}$，且有 $G=\frac{E}{2(1+\mu)}$

因而　$U_2:U_1=\frac{12(1+\mu)}{5}\left(\frac{h}{l}\right)^2$

取 $\mu=0.3$，当 $\frac{l}{h}=5$，以上比值为 0.125；当 $\frac{l}{h}=10$，比值为 0.031 2。可见对细长梁，剪切应变能可以略去不计，而短粗梁应予考虑。

11.3　卡氏定理

11.3.1　余能

为了进一步讨论功能原理在弹性体变形计算上的应用，这里引进弹性体的**余应变能**（简称**余能**）概念。

我们仍以图 11.1 所示的拉杆为例，材料是非线性弹性体，这时力 F 与相应的位移 Δ 的关系就是非线性的，如图 11.12 所示，其外力功的大小等于图中从位移 0 到位移 Δ 之间一段 F-Δ 曲线与横坐标轴围成的面积。仿照外力功的表达式计算另一积分：$\int_0^{F_1}\Delta\mathrm{d}F$。该积分是 F-Δ 曲线与纵坐标轴间的面积，其量纲与外力功相同，称为**余功**，用 W_C 表示。从图 11.12(a)不难看出，外力的功和余功之和等于大小为 F_1 的恒力所做的功 $F_1\Delta_1$。

对于弹性杆件，仿照功能原理式(11.1)，将与外力余功 W_C 相应的能称为余应变能，简称余能，用 U_C 表示，并且两者在数值上相等，即：

$$U_C=W_C=\int_0^{F_1}\Delta\mathrm{d}F\tag{11.18}$$

此式为由外力余功来计算余能的表达式。

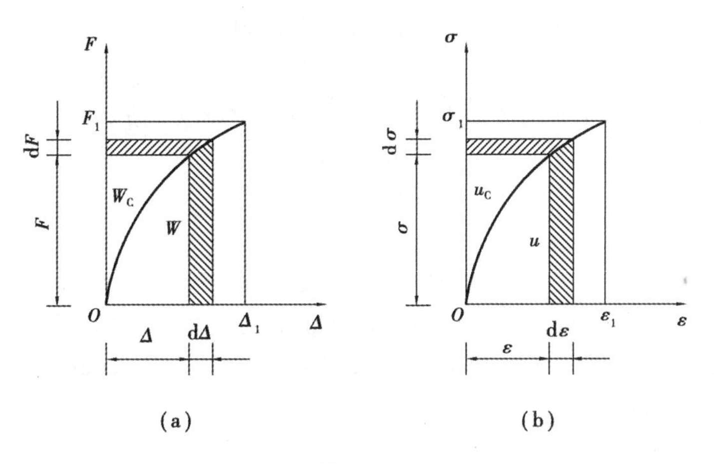

图 11.12

类似以应变作为积分变量的应变能密度的计算式，若以应力作为积分变量则有：

$$u_C = \int_0^{\sigma_1} \varepsilon \mathrm{d}\sigma \tag{11.19}$$

式中，u_C 称为**余应变能密度**，其大小就代表 σ-ε 曲线与纵坐标轴间的面积，如图 11.12(b)所示。例如，材料的应力应变关系为 $\sigma = E\sqrt{\varepsilon}$ 时，物体的应变能密度和余应变能密度分别为：

$$u = \int_0^{\varepsilon_1} \sigma \mathrm{d}\varepsilon = \frac{2}{3} E\sqrt{\varepsilon_1^3} = \frac{2}{3}\frac{\sigma_1^3}{E^2}$$

$$u_C = \int_0^{\sigma_1} \varepsilon \mathrm{d}\sigma = \frac{1}{3}\frac{\sigma_1^3}{E^2}$$

对于线弹性体，当变形在线弹性范围内时，应变能和余能在数值上是相等的。余功和余应变能都具有与功相同的量纲，但没有明确的物理意义，在求解非线性弹性问题时，它们却非常有用。

11.3.2 卡氏第一定律

设图 11.13 中的弹性体上作用有 n 个广义力 F_i，与这些力对应的广义位移为 Δ_i，其中 $i=1,2,\cdots,n$，则弹性体的应变能 U 也是位移的函数 $U(\Delta_1,\Delta_2,\cdots,\Delta_n)$。假设只沿第 i 个作用力方向的位移有一微小增量 $\mathrm{d}\Delta_i$，则弹性体的应变能 U 有相应的增量为：

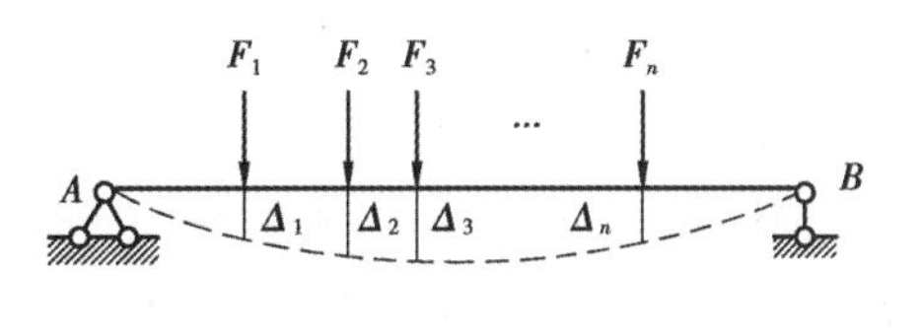

图 11.13

$$\mathrm{d}U = \frac{\partial U}{\partial \Delta_i}\mathrm{d}\Delta_i \tag{a}$$

这时弹性体内的应变能为：

$$U + \frac{\partial U}{\partial \Delta_i}\mathrm{d}\Delta_i$$

式中，$\partial U/\partial \Delta_i$ 代表应变能对于位移 Δ_i 的变化率。由于只有沿第 i 个作用力方向的位移有一微小增量，而沿其余作用力方向无位移变化，故外力功的增量为：

$$dW = F_i d\Delta_i \tag{b}$$

根据功能原理，外力功在数值上等于应变能，它们的变化量也应相等，即：

$$dU = dW$$

将式(a)、式(b)代入上式中，则有：

$$F_i = \frac{\partial U}{\partial \Delta_i} \quad (i = 1,2,\cdots,n) \tag{11.20}$$

式(11.20)表示应变能函数对某个广义位移的偏导数，等于与该位移相应的广义力，这一结论是意大利工程师**卡斯蒂利亚诺**(A.Castigliano)于1873年提出的，故称**卡氏第一定理**。卡氏第一定理适用于线性和非线性弹性体。

11.3.3 卡氏第二定律

设图11.13中的弹性体上作用有n个广义力F_i，与这些力对应的广义位移为Δ_i，其中$i=1,2,\cdots,n$，根据余能的计算公式(11.18)，弹性体的余能U_C可写成下列形式：

$$U_C = \sum_{i=1}^{n}\int_0^{F_i}\delta_i df_i$$

式中，f_i和δ_i为加载过程中荷载及位移大小。显然余能是外力的函数$U_C(F_1,F_2,\cdots,F_n)$。

假设第i个广义力有一微小增量dF_i，则弹性体的余能有相应的增量为：

$$dU_C = \frac{\partial U_C}{\partial F_i}dF_i \tag{c}$$

此外，由于除F_i外其余外力均维持原大小不变，故外力余功的增量为：

$$dW_C = \Delta_i dF_i \tag{d}$$

根据功能原理则有：

$$dU_C = dW_C$$

比较式(c)，式(d)可得：

$$\Delta_i = \frac{\partial U_C}{\partial F_i} \tag{11.21}$$

利用式(11.21)可计算线性和非线性弹性体，在广义力F_i作用方位上与F_i相应的广义位移Δ_i。对于线性弹性体，其应变能与余能相等，即$U=U_C$，则式(11.21)可改写为：

$$\Delta_i = \frac{\partial U}{\partial F_i} \quad (i = 1,2,\cdots,n) \tag{11.22}$$

这是**卡氏第二定理**，只适用于线性弹性体的变形和位移计算。

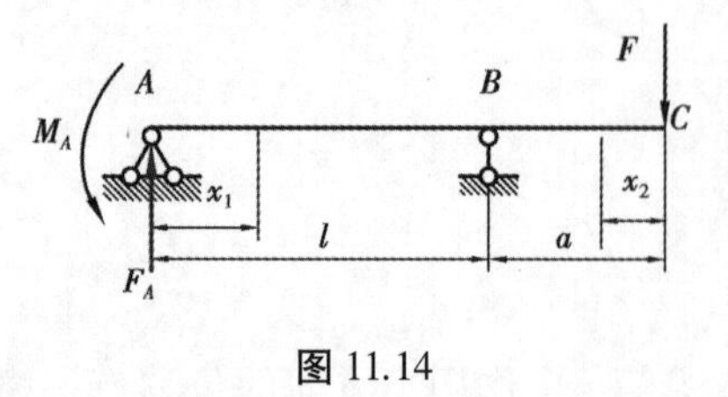

图11.14

【例题11.4】 如图11.14所示外伸梁，材料为线弹性，抗弯刚度为EI，试求外伸端C的挠度Δ_C和左端截面的转角θ_A。

【解】 外伸端C处作用有集中力F，截面A作用有集中力偶矩M_A，根据卡氏第二定理有：

$$\Delta_C=\frac{\partial U}{\partial F}=\frac{\partial\left[\int_l\frac{M^2(x)}{2EI}\mathrm{d}x\right]}{\partial F}=\int_l\frac{1}{2EI}\frac{\partial M^2(x)}{\partial F}\mathrm{d}x=$$

$$\int_l\frac{1}{2EI}\frac{\partial M^2(x)}{\partial M(x)}\frac{\partial M(x)}{\partial F}\mathrm{d}x=\int_l\frac{M(x)}{EI}\frac{\partial M(x)}{\partial F}\mathrm{d}x$$

同理：

$$\theta_A=\frac{\partial U}{\partial M_A}=\int_l\frac{M(x)}{EI}\frac{\partial M(x)}{\partial M_A}\mathrm{d}x$$

梁的弯矩方程分段表达：

AB 段： $M_{AB}(x_1)=F_Ax_1-M_A=\left(\frac{M_A}{l}-\frac{Fa}{l}\right)x_1-M_A$

将 M_{AB} 分别对 F 和 M_A 求偏导：

$$\frac{\partial M_{AB}(x_1)}{\partial F}=-\frac{a}{l}x_1,\frac{\partial M_{AB}(x_1)}{\partial M_A}=\frac{x_1}{l}-1$$

BC 段： $M_{BC}(x_2)=-Fx_2$

将 M_{BC} 分别对 F 和 M_A 求偏导：

$$\frac{\partial M_{BC}(x_2)}{\partial F}=-x_2,\frac{\partial M_{BC}(x_2)}{\partial M_A}=0$$

将上述弯矩方程及相应的偏导数代入卡氏第二定理，得：

$$\Delta_C=\frac{\partial U}{\partial F}=\int_0^l\frac{1}{EI}\left[\left(\frac{M_A}{l}-\frac{Fa}{l}\right)x_1-M_A\right]\left(-\frac{a}{l}x_1\right)\mathrm{d}x_1+\int_0^a\frac{-Fx_2}{EI}(-x_2)\mathrm{d}x_2=$$

$$\frac{1}{EI}\left(\frac{Fa^2l}{3}+\frac{M_Aal}{6}+\frac{Fa^3}{3}\right)$$

$$\theta_A=\frac{\partial U}{\partial M_A}=\int_0^l\frac{1}{EI}\left[\left(\frac{M_A}{l}-\frac{Fa}{l}\right)x_1-M_A\right]\left(\frac{x_1}{l}-1\right)\mathrm{d}x_1+\int_0^a\frac{-Fx_2}{EI}\cdot(0)\mathrm{d}x_2=$$

$$\frac{1}{EI}\left(\frac{M_Al}{3}+\frac{Fal}{6}\right)$$

这里 Δ_C 与 θ_A 皆为正号，表明它们的方向分别与 F 和 M_A 作用方向相同；而若是负号，则表明与之方向相反。

用卡氏第二定理计算结构某位置的位移时，在该位置上需要有与所求位移相应的荷载，如果该位置上没有与此位移相应的荷载，则可采用附加荷载法。

【例题 11.5】 如图 11.15 所示线弹性材料悬臂梁，自由端 A 作用有集中力 F，l，EI 已知，求梁上 A 点的铅垂位移 Δ_A 和 B 点的铅垂位移 Δ_B。

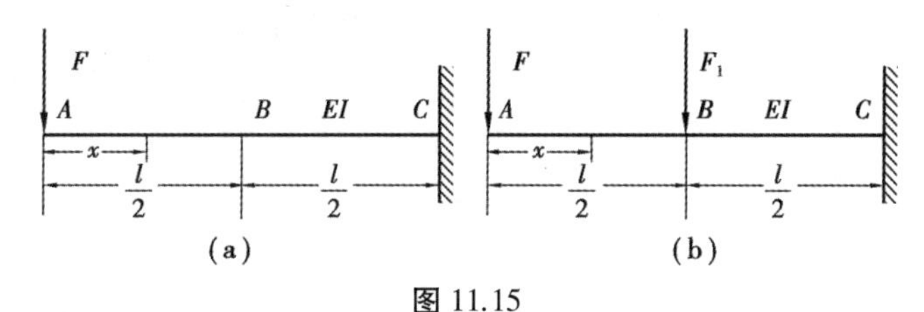

图 11.15

【解】 (1)求梁上 A 点的铅垂位移

写出梁的弯矩方程及其对 F 的偏导:

$$M(x)=-Fx$$

$$\frac{\partial M(x)}{\partial F}=-x$$

由卡氏第二定理得:

$$\Delta_A=\frac{\partial U}{\partial F}=\int_0^l \frac{M}{EI}\frac{\partial M}{\partial F}\mathrm{d}x=\int_0^l \frac{-Fx}{EI}(-x)\mathrm{d}x=\frac{Fl^3}{3EI}$$

(2)求 B 点的铅垂位移

求 B 点的铅垂位移时,可在 B 点虚加一附加力 F_1,弯矩方程及对 F_1 的偏导各为:

AB 段:$M_{AB}(x)=-Fx$, $\dfrac{\partial M_{AB}(x)}{\partial F_1}=0$

BC 段:$M_{BC}(x)=-Fx-F_1\left(x-\dfrac{l}{2}\right)$, $\dfrac{\partial M_{BC}(x)}{\partial F_1}=-\left(x-\dfrac{l}{2}\right)$

由卡氏第二定理,得:

$$\Delta_B=\frac{\partial U}{\partial F_1}=\int_{\frac{l}{2}}^{l}\frac{\left[-Fx-F_1\left(x-\frac{l}{2}\right)\right]}{EI}\left[-\left(x-\frac{l}{2}\right)\right]\mathrm{d}x=\frac{5Fl^3}{48EI}+\frac{F_1l^3}{24EI}$$

B 处并无附加力,式中的 $F_1=0$ 才是实际情况下 B 处位移,故:

$$\Delta_B=\frac{5Fl^3}{48EI}$$

由以上计算可见,在采用附加荷载法计算位移时,只需要在计算 $\dfrac{\partial M}{\partial F_1}$ 时考虑附加力,而在后面的积分运算中,令 $F_1=0$,这样可简化积分。

* 11.4 用能量法解超静定问题

由前面章节可知,在处理超静定问题时可以先选取适当的基本静定基,即解除原结构相应的多余约束,并在基本静定基上作用相应的多余约束力,然后根据结构的位移约束条件,列出变形几何相容方程,将力-位移间的物理关系代入几何方程,得到超静定系统的补充方程,从而解得多余未知力。因此,求解超静定问题的关键是获得力-位移间的物理关系,利用卡氏定理可直接得到这一物理关系。

利用卡氏定理求出在已知外力和多余约束力共同作用下,在多余约束处沿多余约束力方向的位移函数,显然得到的位移函数必须满足相应的约束条件,这样,就可以得到一个(组)以多余约束力为未知量的方程(组),只要求解该方程(组)就可得到多余未知力,这种以力为未知量求解超静定问题的方法,统称为力法。下面举例说明卡氏定理求解超静定问题的步骤。

【例题 11.6】 线弹性材料的等截面超静定梁如图 11.16(a)所示,用卡氏定理求 B 点的垂直位移。

【解】 该题为一次超静定问题。以支座 C 的铅垂反力 X 为多余未知力,基本静定基如图 11.16(b)所示。

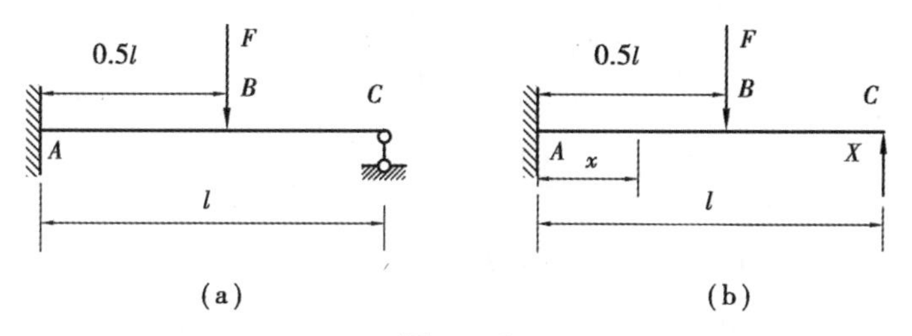

图 11.16

分段写出弯矩方程：

$$M_{AB}(x)=X(l-x)-F(0.5l-x)\quad(0<x\leqslant 0.5l)\tag{a}$$

$$M_{BC}(x)=X(l-x)\quad(0.5l<x\leqslant l)\tag{b}$$

将弯矩方程(a)、(b)对 X 求偏导：

$$\frac{\partial M_{AB}(x)}{\partial X}=l-x$$

$$\frac{\partial M_{BC}(x)}{\partial X}=l-x$$

由卡氏第二定理得静定基上 C 点的位移：

$$\Delta_C=\frac{\partial U}{\partial X}=\int_l\frac{M(x)}{EI}\frac{\partial M(x)}{\partial X}\mathrm{d}x=$$

$$\frac{1}{EI}\left[\int_0^{0.5l}[-F(0.5l-x)](l-x)\mathrm{d}x+\int_0^l X(l-x)^2\mathrm{d}x\right]=$$

$$\frac{1}{EI}\left(-\frac{5Fl^3}{48}+\frac{Xl^3}{3}\right)$$

由约束条件 $\Delta_C=0$ 得 $X=\dfrac{5F}{16}$。

下面求 B 点的位移，将支座 C 的约束反力 X 代入方程(a)、(b)写出各段弯矩方程：

$$M_{AB}(x)=\frac{5F}{16}(l-x)-F(0.5l-x)\ (0<x\leqslant 0.5l)\tag{c}$$

$$M_{BC}(x)=\frac{5F}{16}(l-x)\ (0.5l\leqslant x\leqslant l)\tag{d}$$

将弯矩方程(c)，(d)对 F 求偏导：

$$\frac{\partial M_{AB}(x)}{\partial F}=\frac{11x-3l}{16}$$

$$\frac{\partial M_{BC}(x)}{\partial F}=\frac{5(l-x)}{16}$$

由卡氏第二定理求出 B 点位移：

$$\Delta_B=\frac{\partial U}{\partial F}=\int_l\frac{M(x)}{EI}\frac{\partial M(x)}{\partial F}\mathrm{d}x=\frac{1}{EI}\left[\int_0^{0.5l}F\left(\frac{11x-3l}{16}\right)^2\mathrm{d}x+\int_{0.5l}^l F\left(\frac{5}{16}\right)^2(l-x)^2\mathrm{d}x\right]=\frac{5Fl^3}{768EI}$$

上面是针对原梁结构直接求 B 点的位移。考虑到所选静定基的内力和变形与原结构相同，因而也可以求静定基上的相应的内力和位移来替代，计算过程虽然不同，但结果是一致的。首先，直接求弯矩方程(a)，(b)对 F 的偏导数：

$$\frac{\partial M_{AB}(x)}{\partial F} = -0.5(l-x)$$

$$\frac{\partial M_{BC}(x)}{\partial F} = 0$$

将上式代入卡氏第二定理，求出 B 点位移：

$$\Delta_B = \frac{\partial U}{\partial F} = \int_l \frac{M(x)}{EI}\frac{\partial M(x)}{\partial F}\mathrm{d}x =$$

$$\frac{1}{EI}\int_0^{0.5l}[X(l-x) - F(0.5l-x)][-0.5(l-x)]\mathrm{d}x = \frac{5Fl^3}{768EI}$$

从上面的结论可以发现：对于超静定结构，如果要计算其变形或位移，可在求出多余约束力后，直接在静定基上进行相应的计算，这比在超静定的原结构上进行计算要简便。

【例题 11.7】 如图 11.17 所示，三杆的材料相同，$\sigma = E\sqrt{\varepsilon}$，横截面面积均为 A，1 和 2 两杆长度为 l。用余能定理求各杆的轴力。

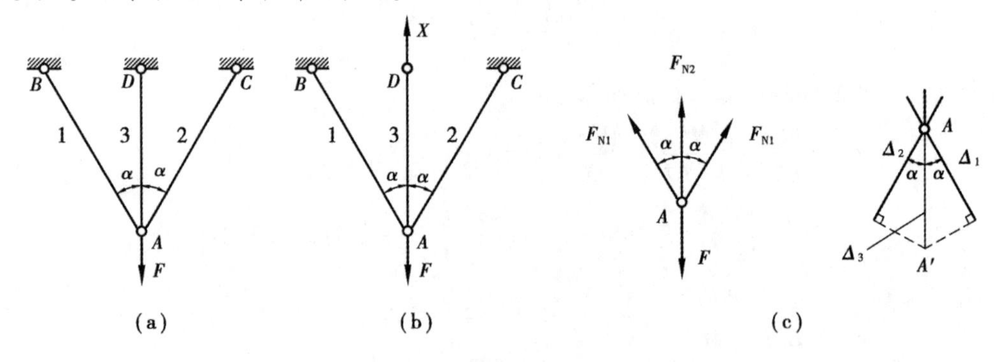

图 11.17

【解】 由题意可知，杆件的应力-应变关系是非线性的，卡氏第二定理是不适用的。

解法 1：以铰链 D 的支反力 X 为多余未知力，基本静定基如图 11.17(b) 所示，F 和 X 看作基本静定基上独立的外力。

因为铰链 D 处沿铅垂方向的位移为零，应有：

$$\frac{\partial U_C}{\partial X} = 0$$

由平衡方程得各杆的轴力分别为：

$$F_{N1} = F_{N2} = \frac{F-X}{2\cos\alpha}, F_{N3} = X \tag{a}$$

各杆的应力分别为：

$$\sigma_1 = \sigma_2 = \frac{F-X}{2A\cos\alpha}, \sigma_3 = \frac{X}{A} \tag{b}$$

由 $\sigma = E\sqrt{\varepsilon}$ 有：

$$\varepsilon = \left(\frac{\sigma}{E}\right)^2$$

三杆的余能密度分别为：

$$u_{C1}=u_{C2}=\int_0^{\sigma_1}\varepsilon \mathrm{d}\sigma=\int_0^{\sigma_1}\left(\frac{\sigma}{E}\right)^2\mathrm{d}\sigma=\frac{1}{3E^2}\left(\frac{F-X}{2A\cos\alpha}\right)^3$$

$$u_{C3}=\int_0^{\sigma_3}\left(\frac{\sigma}{E}\right)^2\mathrm{d}\sigma=\frac{1}{3E^2}\left(\frac{X}{A}\right)^3$$

结构的余能为：

$$U_C=2u_{C1}V_1+u_{C3}V_3=2u_{C1}Al+u_{C3}Al\cos\alpha$$

由 $\dfrac{\partial U_C}{\partial X}=0$ 得：

$$X=F_{N3}=\frac{F}{1+2\cos^2\alpha}$$

将 X 值代入式(a)，得：

$$F_{N1}=F_{N2}=\frac{F\cos\alpha}{1+2\cos^2\alpha}$$

解法2：如图11.17(c)所示，由结构的对称性可以确定，结构 A 点只有垂直向下位移，不妨设 A 点的位移量为 Δ，由变形相容条件可知，杆1和杆2的变形量为 $\Delta_1=\Delta_2=\Delta\cos\alpha$，杆3的变形量 $\Delta_3=\Delta$，设三杆的轴力分别为 F_{N1}，F_{N2}和 F_{N3}，则三根杆的应变能密度分别为：

$$u_1=u_2=\int_0^{\varepsilon_1}\sigma \mathrm{d}\varepsilon=\int_0^{\varepsilon_1}E\sqrt{\varepsilon}\,\mathrm{d}\varepsilon=\frac{2E\varepsilon_1^{3/2}}{3}=\frac{2E}{3}\left(\frac{\Delta_1}{l}\right)^{3/2}$$

$$u_3=\int_0^{\varepsilon_1}\sigma \mathrm{d}\varepsilon=\frac{2E}{3}\left(\frac{\Delta_3}{l_3}\right)^{3/2}$$

各杆的应变能为：

$$U_2=U_1=u_1V_1=\frac{2EA}{3}\sqrt{\frac{\Delta_1^3}{l}};U_3=u_3V_3=\frac{2EA}{3}\sqrt{\frac{\Delta_3^3}{l_3}}$$

由卡氏第一定理可求得各轴力为：

$$F_{N2}=F_{N1}=\frac{\partial U_1}{\partial \Delta_1}=EA\sqrt{\frac{\Delta_1}{l}} \tag{c}$$

$$F_{N3}=\frac{\partial U_3}{\partial \Delta_3}=EA\sqrt{\frac{\Delta_3}{l_3}} \tag{d}$$

分析结点 A 的受力平衡，得方程：

$$F_{N1}\cos\alpha+F_{N2}\cos\alpha+F_{N3}=F \tag{e}$$

将式(c)、式(d)和各杆的变形量代入式(e)，得：

$$2EA\sqrt{\frac{\Delta}{l}}(\cos\alpha)^{\frac{3}{2}}+EA\sqrt{\frac{\Delta}{l\cos\alpha}}=F$$

解得：

$$\Delta=\frac{F^2l\cos\alpha}{(EA)^2[1+2(\cos\alpha)^2]^2}$$

代入式(c)、式(d)得各杆轴力：

$$F_{N2}=F_{N1}=\frac{F\cos\alpha}{1+2\cos^2\alpha},F_{N3}=\frac{F}{1+2\cos^2\alpha}$$

此解法中以结点的位移Δ为未知量,待求出杆端内力同位移量的关系后,再利用结点的平衡方程求解出未知位移和杆端力,这种方法称为位移法。由于这种方法用结点的位移为未知量,因此在处理高阶超静定系统时,所取未知量数目有可能小于超静定次数。而且位移法与力法相比,更容易在计算机上编程计算。

本章小结

(1)利用功能原理解决力学问题的方法统称为能量法。

(2)杆件的应变能计算:

轴向拉伸与压缩杆件的应变能 $U=\int_l \frac{F_N^2(x)\,dx}{2EA}$

扭转圆杆的应变能 $U=\int_l \frac{T^2(x)\,dx}{2GI_P}$

弯曲梁的应变能 $U=\int_l \frac{M^2(x)\,dx}{2EI}$

在线弹性、小变形条件下,轴力、弯矩、剪力和扭矩在杆件变形上作的功是相互独立的,因此组合变形时杆件的应变能为:

$$U=\int_l \frac{F_N^2(x)\,dx}{2EA}+\int_l \alpha_S\frac{F_S^2(x)\,dx}{2GA}+\int_l \frac{M^2(x)\,dx}{2EI}+\int_l \frac{T^2(x)\,dx}{2GI_P}$$

(3)余功与余能的计算:

$$U_C=W_C=\int_0^{F_1}\Delta\,dF$$

(4)卡氏第一定理:应变能函数对某个广义位移的偏导数等于与该位移相应的广义力。该定理适用于线性和非线性弹性体。即:

$$F_i=\frac{\partial U}{\partial \Delta_i}$$

(5)卡氏第二定理:对于线弹性结构,应变能对某广义力的偏导数等于与该力相对应的位移。即:

$$\Delta_i=\frac{\partial U}{\partial F_i}$$

思考题

11.1 何谓广义力与广义位移?

11.2 计算弹性构件应变能的基本原理是什么?

11.3 应变能的值与施加荷载的先后次序有无关系?如果力系中某一荷载引起了塑性变形,情况又将如何?

11.4 试问能否用卡氏第二定理计算非线性弹性体的位移?为什么?

11.5 若用卡氏第二定理求如图所示刚架截面A的铅垂位移Δ_{Ay},在不计剪力和轴力对位移的影响情况下，问能否用 $\Delta_{Ay}=\dfrac{\partial U}{\partial F}$ 计算？为什么？

11.6 受均布荷载作用的等截面悬臂梁，变形后的挠曲线与变形前的轴线间所围的面积为 ω，如图所示。试证明在不计剪力对位移的影响情况下，由变形能 U 对荷载集度 q 的变化率等于面积 ω，即 $\dfrac{\partial U}{\partial q}=\omega$ 。

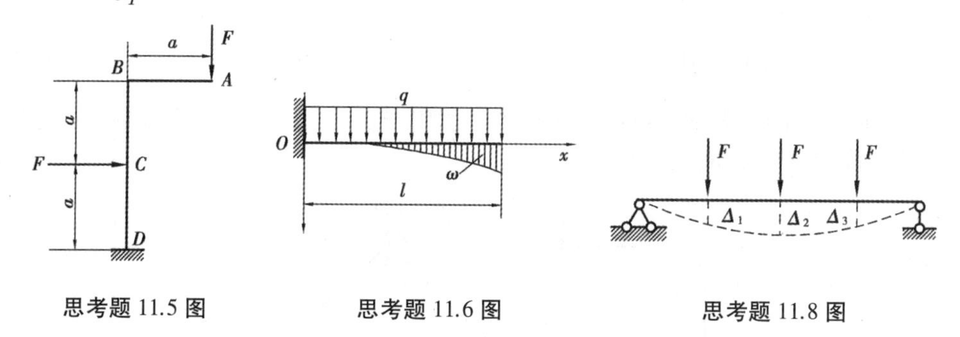

思考题 11.5 图　　思考题 11.6 图　　思考题 11.8 图

11.7 已知单元体的主应力和主应变分别为 $\sigma_1,\sigma_2,\sigma_3$ 和 $\varepsilon_1,\varepsilon_2,\varepsilon_3$，则应变能密度 $u=\dfrac{1}{2}(\sigma_1\varepsilon_1+\sigma_2\varepsilon_2+\sigma_3\varepsilon_3)$，这是否采用了叠加原理？

11.8 设图中对应于三个集中力的位移分别为 Δ_1,Δ_2 和 Δ_3，若把三个力都看成是广义力，它们所对应的广义位移是什么？

11.9 应用卡氏定理时，为什么有时要引入附加力 F_i？在对 F_i 求导之后要令它等于零，又何必要加上它？而 $\dfrac{\partial U}{\partial F_i}$ 和 $\dfrac{\partial M}{\partial F_i}$ 并不等于零，这又是什么原因？

习　题

11.1 如图所示的结构材料均为线弹性，抗弯刚度为 EI，抗拉(压)刚度为 EA，略去剪切的影响。试计算结构上 A 点的铅垂位移。

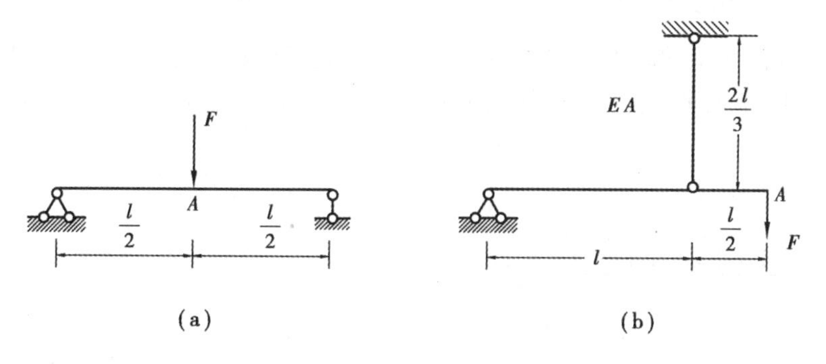

习题 11.1 图

11.2 如图所示的桁架，各杆的 EA 相等。试用卡氏第二定理求结点 B 的水平位移和垂直位移。

11.3 试用卡氏第二定理求如图所示悬臂梁 B 截面的挠度和转角(EI 为常数)。

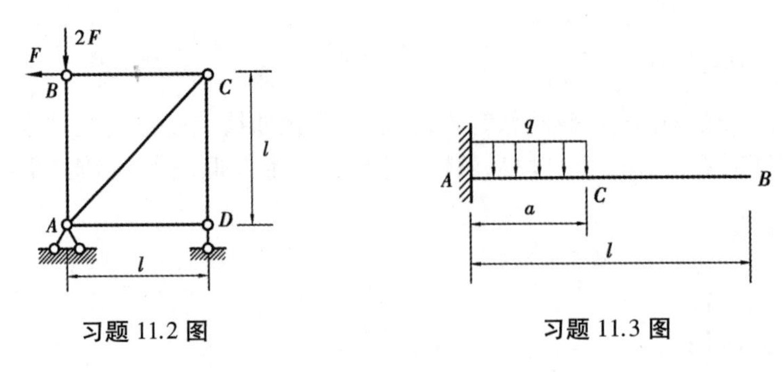

习题 11.2 图　　　　习题 11.3 图

11.4　如图所示的刚性支架，各杆的 EI 相等。试用卡氏第二定理求：图(a)中 A 截面的竖向位移和转角；图(b)中 A 点的水平位移。

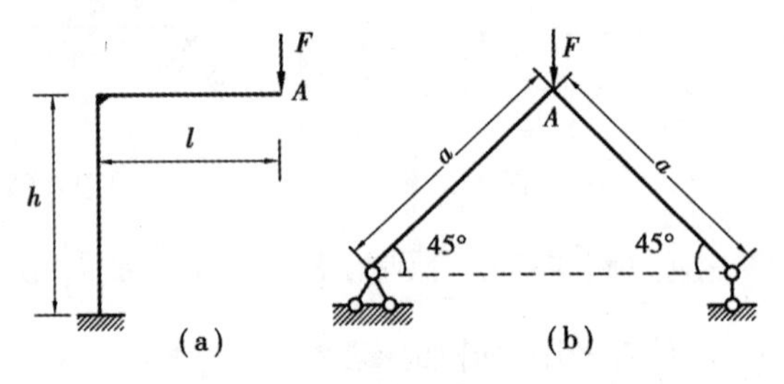

习题 11.4 图

11.5　如图所示刚架，各杆的 EI 相等。试求在一对 F 力的作用下 A,B 两点之间的相对位移以及 A,B 两截面的相对转角。

11.6　如图所示为一外伸梁，抗弯刚度为 EI。不计弯曲剪力的影响，试用卡氏第二定理求自由端 A 的挠度和支座 C 截面的转角。

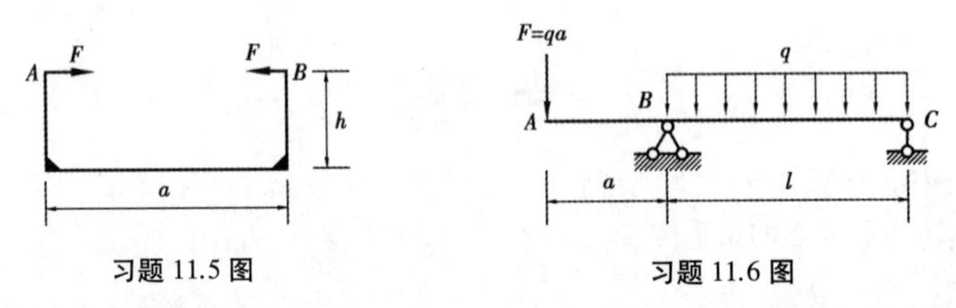

习题 11.5 图　　　　习题 11.6 图

11.7　试求如图所示的超静定梁的支反力。设固定端沿梁轴线的反力可以忽略。

11.8　如图所示的刚性支架，材料为线弹性，各杆的 EI 相等。试用卡氏第二定理求支座反力。

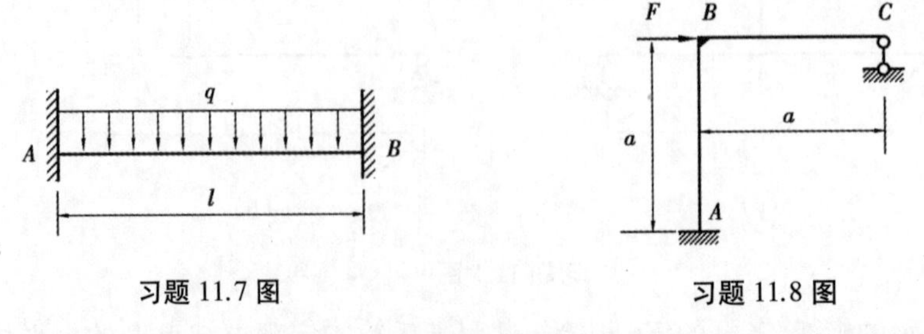

习题 11.7 图　　　　习题 11.8 图

11.9　如图所示的结构，已知梁 AB 的抗弯刚度为 EI,BC 杆的抗拉刚度为 EA，试用卡氏第二定理求 BC 杆所受的拉力及 B 点沿铅垂方向的位移。

11.10 如图所示的结构，AB 梁和 CD 梁的抗弯刚度均为 $EI = 24 \times 10^6\ \text{N} \cdot \text{m}^2$，两梁用长 $l = 5\ \text{m}$、横截面面积 $A = 3 \times 10^{-4}\ \text{m}^2$ 的钢杆连接，弹性模量 $E = 200\ \text{GPa}$。若 $F = 50\ \text{kN}$，试求 AB 梁上 B 点挠度。

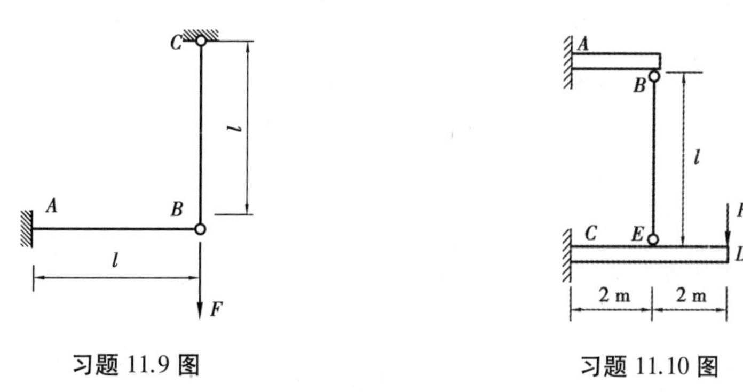

习题 11.9 图

习题 11.10 图

11.11 如图所示，矩形截面木梁 ACB 两端铰支，中点 C 处为弹簧支承。若弹簧刚度 $k = 500\ \text{kN/m}$，且已知 $l = 4\ \text{m}$，$b = 60\ \text{mm}$，$h = 80\ \text{mm}$，$E = 1.0 \times 10^4\ \text{MPa}$，均布载荷集度 $q = 10\ \text{kN/m}$，试用卡氏第二定理求弹簧的约束反力。

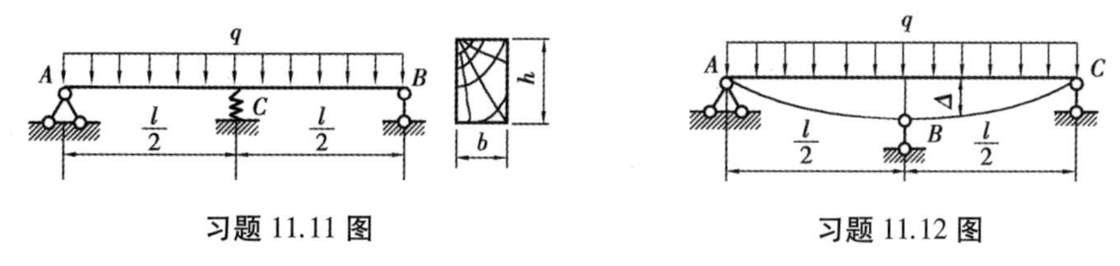

习题 11.11 图

习题 11.12 图

11.12 如图所示，抗弯刚度为 EI 的直梁 ABC 在承受载荷前安装在支座 A，C 上，梁与支座 B 间有一间隙 Δ。承受集度为 q 的均布载荷后，梁发生弯曲变形并与支座 B 接触。若要使三个支座的约束反力均相等，则间隙 Δ 应为多大？

11.13 如图所示为圆弧形小曲率杆，在支座 A 处承受集中力偶 M_0，抗弯刚度 EI 为常量。试用卡氏第二定理求约束反力。

11.14 如图所示的结构，拉压刚度为 EA，抗弯刚度为 EI，在节点 B 受水平集中力 F。试求：

(1) BC 杆的轴力；

(2) 节点 B 的水平位移。

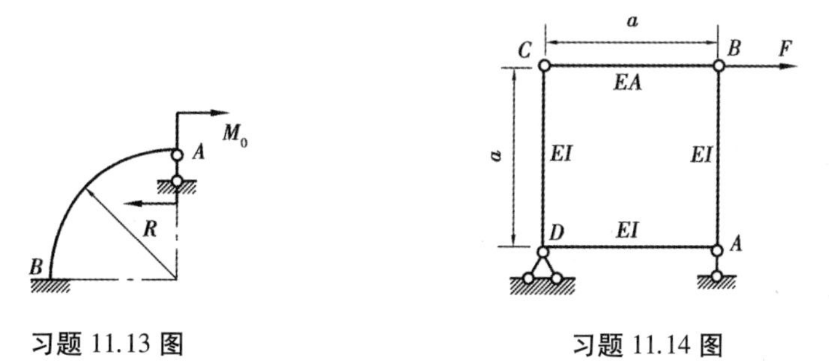

习题 11.13 图

习题 11.14 图

11.15 如图所示为杆件结构，各杆的抗拉刚度均为 EA。试用力法求各杆的内力。

11.16 如图中所示两梁相互交叉，在中点互相接触。已知两梁截面的形心主惯性矩分别为 I_1，I_2，材料相同，求两梁各自所承受的载荷大小。

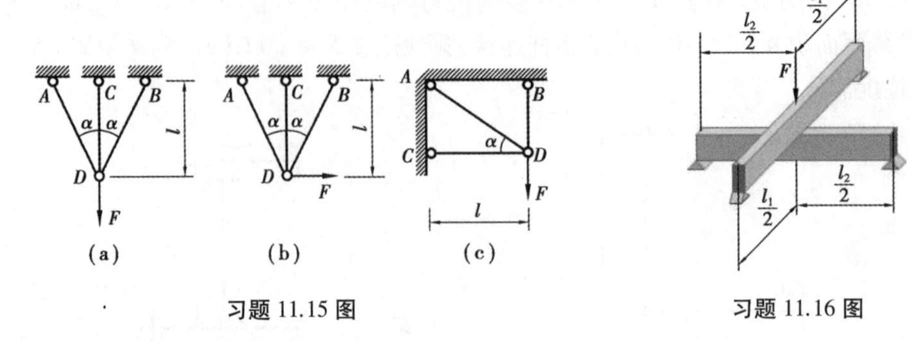

习题 11.15 图　　　　习题 11.16 图

11.17　横截面为圆形的等截面刚架如图所示，材料的弹性模量为 E，泊松比 $\nu = 0.3$。试作刚架的弯矩与扭矩图。

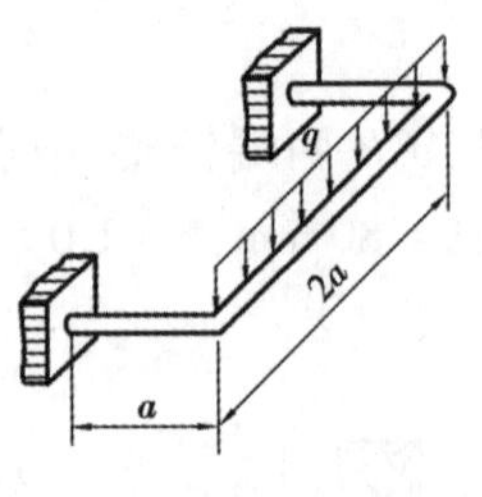

习题 11.17 图

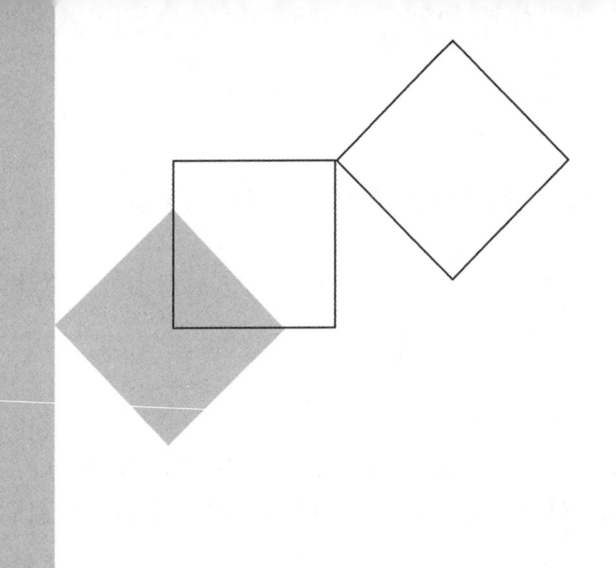

附 录

附录Ⅰ 截面的几何性质

不同受力形式下杆件的应力和变形,不仅取决于外力的大小以及杆件的尺寸,而且与杆件截面的几何性质有关。当研究杆件的应力、变形,以及失效问题时,都要涉及与截面形状和尺寸有关的几何量。这些几何量包括:形心、静矩、惯性矩、极惯性矩、惯性积、主惯性轴等,统称为截面的几何性质。下面介绍截面的几何性质的定义和计算方法。

Ⅰ.1 截面的静矩与形心

一任意形状的截面如图Ⅰ.1所示,其截面面积为 A,y 轴和 z 轴是截面平面内的任意一对直角坐标轴。从截面内任取微元面积 dA,其坐标为(y,z),则 ydA 和 zdA 分别称为该微元面积 dA 对 z 轴和 y 轴的静矩或一次矩,而以下积分:

$$S_z = \int_A y\mathrm{d}A, S_y = \int_A z\mathrm{d}A \tag{Ⅰ.1}$$

则定义为该截面对 z 轴和 y 轴的**静矩**。

截面的静矩不仅与截面的形状和尺寸大小有关,而且与所选坐标轴的位置有关,同一截面对于不同的坐标轴其静矩是不相同的。静矩可能为正值或负值,也可能为零,其常用单位为 m^3 或 mm^3。

图Ⅰ.1

由理论力学可知,均质等厚度薄板的重心坐标为:

$$y_c = \frac{\int_A y\mathrm{d}A}{A}, z_c = \frac{\int_A z\mathrm{d}A}{A} \tag{Ⅰ.2}$$

而均质薄板的重心与该薄板平面图形的形心是重合的,所以,式(Ⅰ.2)可用来计算图Ⅰ.1

所示截面的形心坐标，由于式中 $\int_A y\mathrm{d}A$ 和 $\int_A z\mathrm{d}A$ 就是截面的静矩，于是式(Ⅰ.2)可改写为：

$$y_c = \frac{S_z}{A}, z_c = \frac{S_y}{A} \tag{Ⅰ.3}$$

因此，在知道截面对 z 轴和 y 轴的静矩以后，即可求得截面的形心坐标。

若将式(Ⅰ.3)写为：

$$S_z = Ay_c, S_y = Az_c \tag{Ⅰ.4}$$

则在已知截面的面积 A 以及形心的坐标 y_c 和 z_c 时，就可求得截面对于 z 轴和 y 轴的静矩。

由式(Ⅰ.4)可知：若截面对于某一轴的静矩为零，则该轴必通过截面的形心；反之，截面对于通过形心轴的静矩恒为零。

当截面由若干个简单的图形(如矩形、圆形、三角形等)组合而成时，该截面称为组合截面。组合截面对某一轴的静矩为：

$$S_z = \sum_{i=1}^{n} A_i y_{ci}, S_y = \sum_{i=1}^{n} A_i z_{ci} \tag{Ⅰ.5}$$

式中，A_i 和 y_{ci}，z_{ci} 分别表示任一简单图形的面积及其形心的坐标；n 为组成截面的简单图形的个数。

若将按式(Ⅰ.5)求得的静矩 S_z 和 S_y 代入式(Ⅰ.3)中，可得计算组合截面形心坐标的公式为：

$$y_c = \frac{\sum_{i=1}^{n} A_i y_{ci}}{\sum_{i=1}^{n} A_i}, z_c = \frac{\sum_{i=1}^{n} A_i z_{ci}}{\sum_{i=1}^{n} A_i} \tag{Ⅰ.6}$$

【例题Ⅰ.1】 求如图Ⅰ.2所示截面的形心位置和阴影部分对 z 轴的静矩。

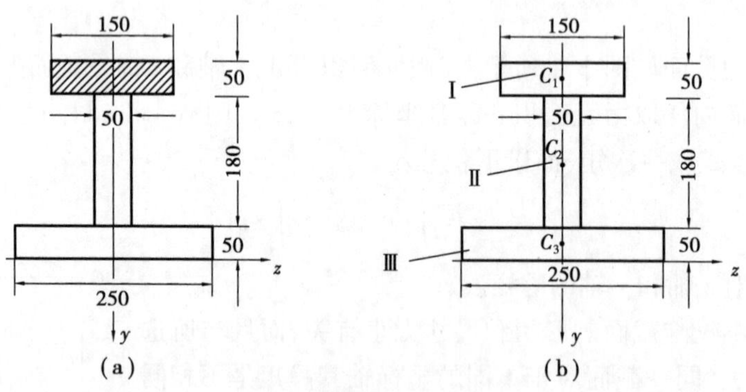

图Ⅰ.2

【解】 该图形由三个矩形组成，如图Ⅰ.2(b)所示，各矩形的面积及形心坐标为：

矩形Ⅰ
$$A_1 = 150\ \mathrm{mm} \times 50\ \mathrm{mm} = 7\ 500\ \mathrm{mm}^2$$

$$y_{c1} = -\left(50 + 180 + \frac{50}{2}\right)\ \mathrm{mm} = -255\ \mathrm{mm}, z_{c1} = 0$$

矩形Ⅱ
$$A_2 = 180\ \mathrm{mm} \times 50\ \mathrm{mm} = 9\ 000\ \mathrm{mm}^2$$

$$y_{c2} = -\left(50 + \frac{180}{2}\right)\ \mathrm{mm} = -140\ \mathrm{mm}, z_{c2} = 0$$

矩形 Ⅲ

$$A_3 = 250\ \text{mm} \times 50\ \text{mm} = 12\ 500\ \text{mm}^2$$

$$y_{c3} = -\frac{50}{2}\ \text{mm} = -25\ \text{mm}, z_{c3} = 0$$

将其代入式(Ⅰ.6),得截面的形心坐标为:

$$y_c = \frac{A_1 y_{c1} + A_2 y_{c2} + A_3 y_{c3}}{A_1 + A_2 + A_3} =$$

$$\frac{7\ 500 \times (-255) + 9\ 000 \times (-140) + 12\ 500 \times (-25)}{7\ 500 + 9\ 000 + 12\ 500}\ \text{mm} = -120.2\ \text{mm}$$

$$z_c = \frac{A_1 z_{c1} + A_2 z_{c2} + A_3 z_{c3}}{A_1 + A_2 + A_3} = 0$$

由式(Ⅰ.4)知,阴影部分对 z 轴的静矩为:

$$S_z = A_1 y_{c1} = 7\ 500\ \text{mm}^2 \times (-255\ \text{mm}) = -1\ 912\ 500\ \text{mm}^3$$

Ⅰ.2 极惯性矩·惯性矩·惯性积

如图Ⅰ.3所示一任意截面,其面积为 A, y 轴和 z 轴为截面平面内的任意一对直角坐标轴。从截面内任取微元面积 dA,其坐标为(y,z),dA 至坐标原点 O 的距离为ρ,则$\rho^2 \text{d}A$ 称为微面积对坐标原点 O 的极惯性矩。而以下积分:

$$I_\text{P} = \int_A \rho^2 \text{d}A \tag{Ⅰ.7}$$

则定义为整个截面对 O 点的**极惯性矩**。极惯性矩的数值恒为正值,其常用单位为 m^4 或 mm^4。

类似地,$y^2 \text{d}A$ 和 $z^2 \text{d}A$ 分别称为该微元面积 dA 对 z 轴和 y 轴的惯性矩。而以下积分:

$$I_z = \int_A y^2 \text{d}A, I_y = \int_A z^2 \text{d}A \tag{Ⅰ.8}$$

则定义为整个截面对 z 轴和 y 轴的**惯性矩**。

由图Ⅰ.3可知,$\rho^2 = z^2 + y^2$,故有:

$$I_\text{P} = \int_A \rho^2 \text{d}A = \int_A (z^2 + y^2)\text{d}A = I_y + I_z \tag{Ⅰ.9}$$

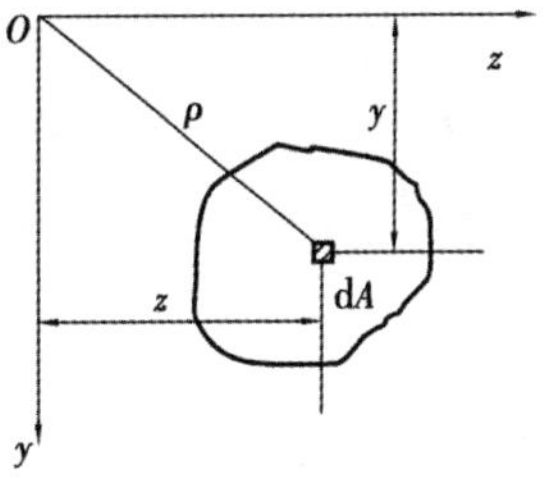

图Ⅰ.3

即任意截面对一点的极惯性矩的数值,等于截面对以该点为原点的任意两正交坐标轴的惯性矩的和。

微元面积 dA 与其分别到 z 轴和 y 轴距离的乘积 $yz\text{d}A$,称为微元面积对于两坐标轴的惯性积。而以下积分:

$$I_{zy} = \int_A yz\text{d}A \tag{Ⅰ.10}$$

定义为整个截面对于 z,y 两坐标轴的**惯性积**。

从定义可知,同一截面对于不同坐标轴的惯性矩或惯性积一般是不同的。惯性矩的数值恒为正值,而惯性积则可能为正值或负值,也可能等于零。若 z,y 两坐标轴中有一个为截面的对称轴(见图Ⅰ.4),则其惯性积 I_{zy} 恒等于零。

因为在对称轴的两侧,处于对称位置的两微元面积 dA 的惯性积 $zy\text{d}A$,数值相等而符号相反,致使整个截面的惯性积必等于零。惯性矩和惯性积的单位相同,均为 m^4 或 mm^4。

在某些应用中,将惯性矩表示为截面面积 A 与某一长度平方的乘积,即:

$$I_z = Ai_z^2, I_y = Ai_y^2 \tag{Ⅰ.11}$$

或改写为:

$$i_z = \sqrt{\frac{I_z}{A}}, i_y = \sqrt{\frac{I_y}{A}} \tag{Ⅰ.12}$$

式中,i_z 和 i_y 分别称为截面对 z 轴和 y 轴的**惯性半径**,其常用单位为 m 或 mm。

【例题Ⅰ.2】 计算如图Ⅰ.5所示矩形截面对其对称轴 z 和 y 的惯性矩。

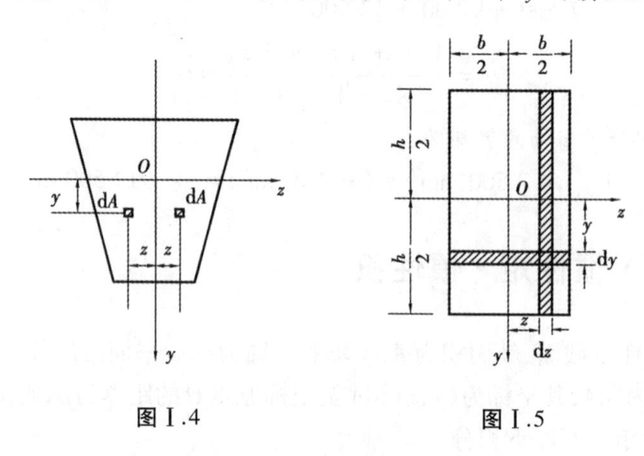

图Ⅰ.4　　图Ⅰ.5

【解】 取平行于 z 轴的狭长条作为微面积,即 $dA = bdy$。

由式(Ⅰ.8)可得:

$$I_z = \int_A y^2 dA = \int_{-\frac{h}{2}}^{\frac{h}{2}} by^2 dy = \frac{bh^3}{12}$$

同理,在计算截面对 y 轴的惯性矩时,取 $dA = hdz$。

由式(Ⅰ.8)可得:

$$I_y = \int_A z^2 dA = \int_{-\frac{b}{2}}^{\frac{b}{2}} hz^2 dz = \frac{hb^3}{12}$$

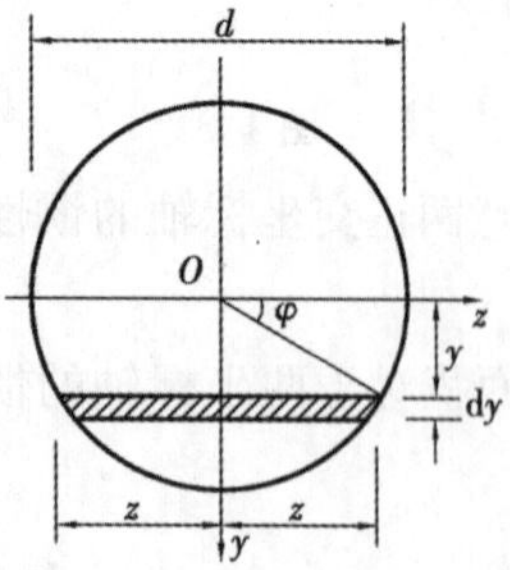

【例题Ⅰ.3】 计算如图Ⅰ.6所示圆形截面对其直径轴 z 和 y 的惯性矩。

图Ⅰ.6

【解】 取平行于 z 轴的狭长条作为微面积,即:$dA = 2zdy$。由式(Ⅰ.8)可得:

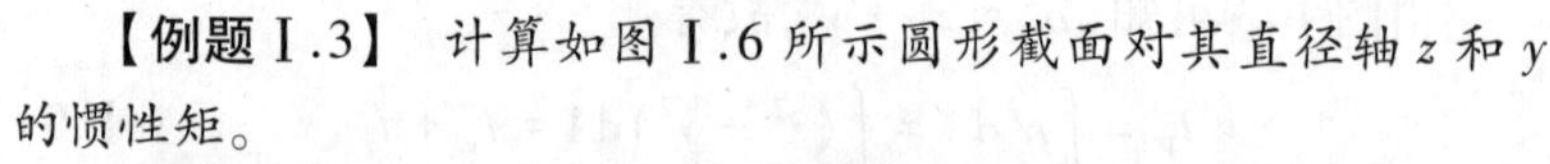

$$I_z = \int_A y^2 dA = \int_{-\frac{d}{2}}^{\frac{d}{2}} y^2 \cdot 2zdy = 4\int_0^{\frac{d}{2}} y^2 \sqrt{\left(\frac{d}{2}\right)^2 - y^2}\, dy$$

式中应用了 $z = \sqrt{\left(\frac{d}{2}\right)^2 - y^2}$ 这一几何关系,并利用了截面对称于 z 轴这一关系将积分下限作了变动。

利用积分公式,可得:

$$I_z = 4\left\{-\frac{y}{4}\sqrt{\left[\left(\frac{d}{2}\right)^2 - y^2\right]^3} + \frac{\left(\frac{d}{2}\right)^2}{8}\left[y\sqrt{\left(\frac{d}{2}\right)^2 - y^2} + \left(\frac{d}{2}\right)^2 \sin^{-1}\frac{y}{\frac{d}{2}}\right]\right\}_0^{\frac{d}{2}} = \frac{\pi d^4}{64}$$

还可利用圆截面的极惯性矩 $I_P = \frac{\pi d^4}{32}$ 来求其对直径轴 z 和 y 的惯性矩，由于圆形截面对任一直径轴的惯性矩均相等，因而 $I_z = I_y$。于是，由式(Ⅰ.9)得：

$$I_z = I_y = \frac{I_P}{2} = \frac{\pi d^4}{64}$$

这与上述计算结果完全相同。

对于矩形和圆形截面，由于 z,y 两轴都是截面的对称轴，因此，惯性积 I_{zy} 均等于零。一些常用截面的几何性质计算公式，列于表Ⅰ.1 中。

表Ⅰ.1 常用截面的几何性质计算公式

截面形状和形心位置	面积 A	惯性矩		惯性半径	
		I_z	I_y	i_z	i_y
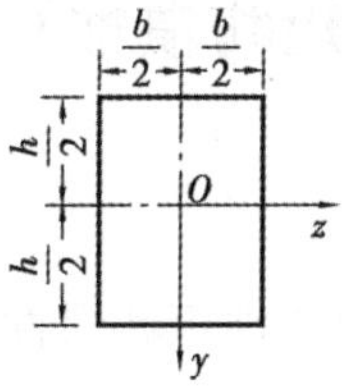 矩形	bh	$\frac{bh^3}{12}$	$\frac{hb^3}{12}$	$\frac{h}{2\sqrt{3}}$	$\frac{b}{2\sqrt{3}}$
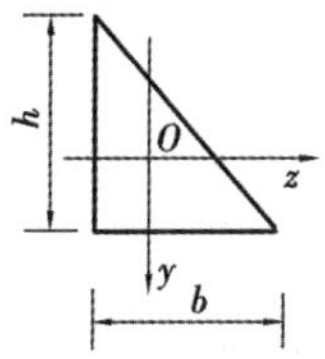 直角三角形	$\frac{bh}{2}$	$\frac{bh^3}{36}$	$\frac{hb^3}{36}$	$\frac{h}{3\sqrt{2}}$	$\frac{b}{3\sqrt{2}}$
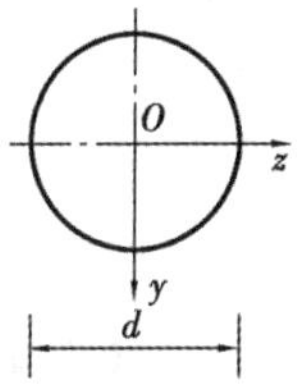 圆形	$\frac{\pi d^2}{4}$	$\frac{\pi d^4}{64}$	$\frac{\pi d^4}{64}$	$\frac{d}{4}$	$\frac{d}{4}$
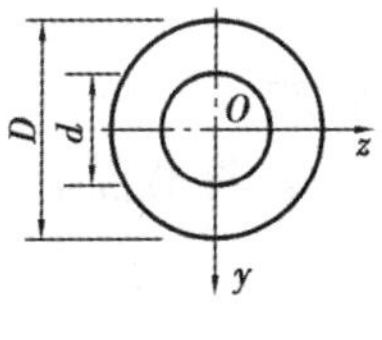 圆环	$\frac{\pi D^2(1-\alpha^2)}{4}$ $\alpha = \frac{d}{D}$	$\frac{\pi D^4(1-\alpha^4)}{64}$	$\frac{\pi D^4(1-\alpha^4)}{64}$	$\frac{D}{4}\sqrt{1+\alpha^2}$	$\frac{D}{4}\sqrt{1+\alpha^2}$

续表

截面形状和形心位置	面积 A	惯性矩		惯性半径	
		I_z	I_y	i_z	i_y
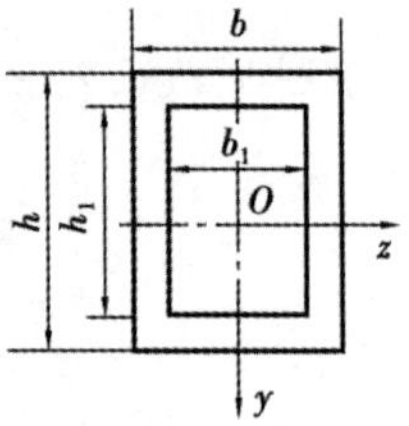	$bh - b_1 h_1$	$\dfrac{bh^3 - b_1 h_1^3}{12}$	$\dfrac{hb^3 - h_1 b_1^3}{12}$		
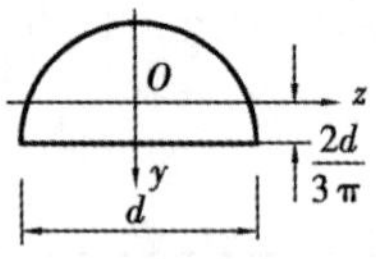	$\dfrac{\pi d^2}{8}$	$\dfrac{\pi d^4}{128} - \dfrac{\pi d^4}{18\pi^2}$	$\dfrac{\pi d^4}{128}$		

Ⅰ.3 惯性矩和惯性积的平行移轴公式·组合截面的惯性矩和惯性积

Ⅰ.3.1 惯性矩和惯性积的平行移轴公式

设一面积为 A 的任意形状的截面如图Ⅰ.7 所示。截面对任意的 z,y 轴的惯性矩和惯性积分别为 I_z,I_y 和 I_{zy}。另外通过截面形心 C 有分别与 z,y 轴平行的 z_c,y_c 轴,称为形心轴。截面对形心轴的惯性矩和惯性积分别为 I_{z_c},I_{y_c} 和 $I_{z_c y_c}$。由定义式(Ⅰ.8)知:

$$I_z = \int_A y^2 \mathrm{d}A = \int_A (y_c + a)^2 \mathrm{d}A =$$

$$\int_A y_c^2 \mathrm{d}A + 2a\int_A y_c \mathrm{d}A + a^2\int_A \mathrm{d}A$$

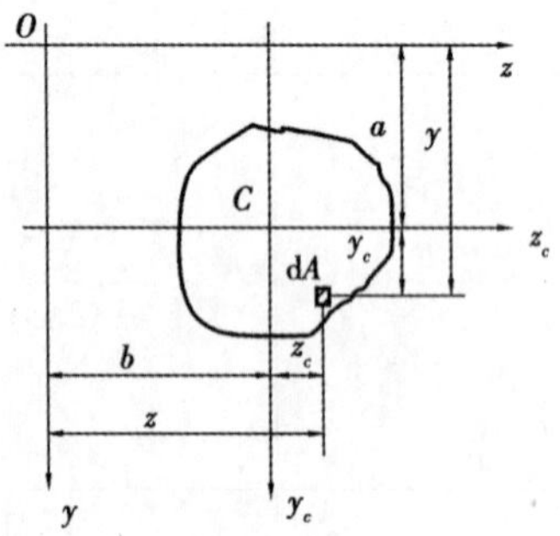

图Ⅰ.7

根据惯性矩和静矩的定义,上式的各项积分分别为:

$$\int_A y_c^2 \mathrm{d}A = I_{z_c}, \int_A y_c \mathrm{d}A = S_{z_c}, a^2\int_A \mathrm{d}A = a^2 A$$

由于 z_c 轴过截面的形心,故 $\int_A y_c \mathrm{d}A = S_{z_c} = 0$。

所以有:

$$I_z = I_{z_c} + a^2 A \qquad (Ⅰ.13a)$$

同理:

$$I_y = I_{y_c} + b^2 A \qquad (Ⅰ.13b)$$

$$I_{zy} = I_{z_c y_c} + abA \qquad (Ⅰ.13c)$$

式(Ⅰ.13)称为**惯性矩和惯性积的平行移轴公式**,式中 a 和 b 可以是正值、负值或零。应用上式即可根据截面对于形心轴的惯性矩或惯性积,计算截面对于与形心轴平行的坐标轴的惯性矩和惯性积,或进行相反的计算。

Ⅰ.3.2 组合截面的惯性矩和惯性积

在工程中常遇到组合截面。根据惯性矩和惯性积的定义可知，组合截面对于某坐标轴的惯性矩（或惯性积）就等于其各组成部分对于同一坐标轴的惯性矩（或惯性积）之和。若截面由 n 部分组成，则组合截面对于 z，y 轴的惯性矩和惯性积分别为：

$$I_z = \sum_{i=1}^{n} I_{zi}, I_y = \sum_{i=1}^{n} I_{yi}, I_{zy} = \sum_{i=1}^{n} I_{zyi} \tag{Ⅰ.14}$$

式中，I_{zi}，I_{yi} 和 I_{zyi} 分别为组合截面中组成部分 i 对于 z，y 轴的惯性矩和惯性积。

【例题Ⅰ.4】 在如图Ⅰ.8 所示的矩形中，挖去两个直径为 d 的圆形，求余下部分（阴影部分）图形对 z 轴的惯性矩。

【解】 阴影部分对 z 轴的惯性矩为：

$$I_z = I_{z矩} - 2I_{z圆}$$

z 轴通过矩形的形心，所以 $I_z = \dfrac{bh^3}{12}$；但 z 轴不通过圆形的形心，所以求 $I_{z圆}$ 时，需要应用平行移轴公式计算。由平行移轴公式（Ⅰ.13）知，圆形对 z 轴的惯性矩为：

$$I_{z圆} = I_{z_c} + a^2A = \frac{\pi d^4}{64} + \left(\frac{d}{2}\right)^2 \times \frac{\pi d^2}{4} = \frac{5\pi d^4}{64}$$

所以

$$I_z = \frac{bh^3}{12} - 2 \times \frac{5\pi d^4}{64} = \frac{bh^3}{12} - \frac{5\pi d^4}{32}$$

【例题Ⅰ.5】 由两个 20a 号槽钢截面组成的组合截面如图Ⅰ.9 所示。已知：$a = 100$ mm，求此组合截面对 z，y 两对称轴的惯性矩。

【解】 由附录Ⅱ型钢表可查得，图Ⅰ.9（b）所示一个 20a 号槽钢截面的几何性质：$A = 28.83 \times 10^2\ \text{mm}^2$，$I_{y_c} = 128 \times 10^4\ \text{mm}^4$，$I_{z_c} = 1\ 780.4 \times 10^4\ \text{mm}^4$，$z_0 = 20.1$ mm

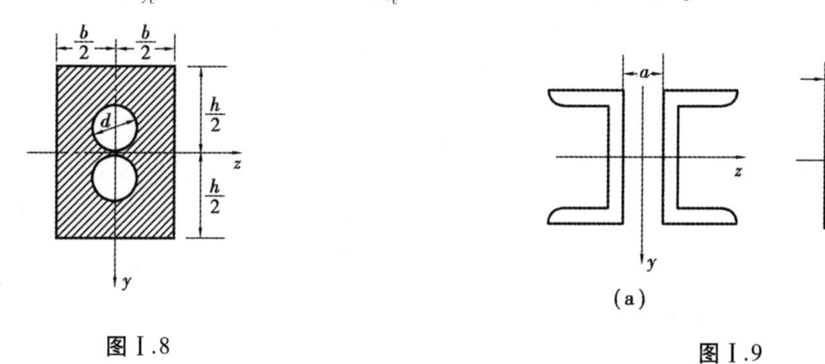

图Ⅰ.8

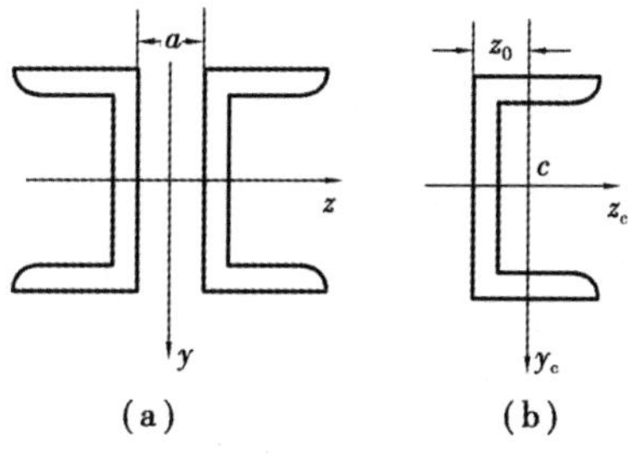

图Ⅰ.9

因此，组合截面对 z 轴的惯性矩为：

$$I_z = 2I_{z_c} = 2 \times 1\ 780.4 \times 10^4\ \text{mm}^4 = 3\ 560.8 \times 10^4\ \text{mm}^4$$

由平行移轴公式（Ⅰ.13）可求得，组合截面对 y 轴的惯性矩为：

$$I_y = 2\left[I_{y_c} + \left(\frac{a}{2} + z_0\right)^2 A\right] =$$

$$2\left[128 \times 10^4\ \text{mm}^4 + \left(\frac{100}{2}\ \text{mm} + 20.1\ \text{mm}\right)^2 \times 28.83 \times 10^2\ \text{mm}^2\right] =$$

$$3\ 089.4 \times 10^4\ \text{mm}^4$$

Ⅰ.4 惯性矩和惯性积的转轴公式·截面的主惯性轴和主惯性矩

Ⅰ.4.1 惯性矩和惯性积的转轴公式

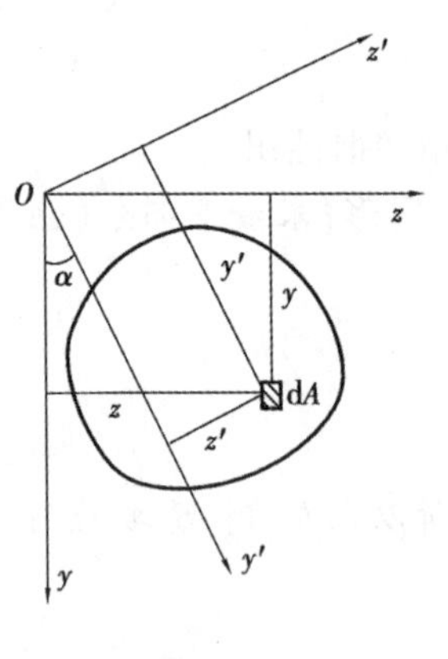

图Ⅰ.10

设一面积为 A 的任意形状截面如图Ⅰ.10 所示。截面对通过其上任意一点 O 的两坐标轴 z,y 的惯性矩和惯性积已知为 I_z,I_y 和 I_{zy}。若坐标轴 z,y 绕 O 点旋转 α 角（α 角以逆时针向旋转为正）至 z',y'位置，该截面对 z',y'轴的惯性矩和惯性积为 $I_{z'},I_{y'}$ 和 $I_{z'y'}$。现分析该截面图形对这两对坐标轴的惯性矩和惯性积的关系。

由图Ⅰ.10 可知，微元面积 dA 在两坐标系中的坐标(z',y')和(z,y)的关系为：

$$y' = y\cos\alpha + z\sin\alpha$$

$$z' = z\cos\alpha - y\sin\alpha$$

由惯性矩的定义可得：

$$I_{y'} = \int_A z'^2 \mathrm{d}A = \int_A (z\cos\alpha - y\sin\alpha)^2 \mathrm{d}A =$$

$$\cos^2\alpha\int_A z^2\mathrm{d}A - 2\sin\alpha\cos\alpha\int_A yz\mathrm{d}A + \sin^2\alpha\int_A y^2\mathrm{d}A =$$

$$I_y\cos^2\alpha - 2\sin\alpha\cos\alpha I_{zy} + I_z\sin^2\alpha$$

利用三角函数关系：

$$\cos^2\alpha = \frac{1+\cos 2\alpha}{2},\ \sin^2\alpha = \frac{1-\cos 2\alpha}{2},$$

$$2\sin\alpha\cos\alpha = \sin 2\alpha$$

上式为：

$$I_{y'} = \frac{I_y + I_z}{2} + \frac{I_y - I_z}{2}\cos 2\alpha - I_{zy}\sin 2\alpha \tag{Ⅰ.15a}$$

同理得：

$$I_{z'} = \frac{I_y + I_z}{2} - \frac{I_y - I_z}{2}\cos 2\alpha + I_{zy}\sin 2\alpha \tag{Ⅰ.15b}$$

$$I_{z'y'} = \frac{I_y - I_z}{2}\sin 2\alpha + I_{zy}\cos 2\alpha \tag{Ⅰ.15c}$$

以上三式就是**惯性矩和惯性积的转轴公式**。

将转轴公式(Ⅰ.15a)和式(Ⅰ.15b)相加，可得：

$$I_{y'} + I_{z'} = I_y + I_z$$

上式表明：当坐标轴旋转时，截面对通过一点的任一对正交坐标轴的惯性矩和为常量。

Ⅰ.4.2 截面的主惯性轴和主惯性矩

由转轴公式(Ⅰ.15c)可看出：当 2α 在 0°~360°变化时，$I_{z'y'}$ 随 α 作周期性变化，其值可正可负，也可以为零。因此，通过一点总能找到一对坐标轴，截面图形对这一对坐标轴的惯性积为零，这一对坐标轴称为**主惯性轴**。截面对主惯性轴的惯性矩称为**主惯性矩**。当一对主惯性轴的交点与截面图形的形心重合时，就称为**形心主惯性轴**。截面对形心主惯性轴的惯性矩称为**形心主惯性矩**。

现在确定主惯性轴的位置。设 α_0 为主惯性轴与原坐标轴的夹角，将 $\alpha = \alpha_0$ 带入转轴公式第三式（Ⅰ.15c）并令 $I_{z'y'} = 0$，即：

$$\frac{I_y - I_z}{2} \sin 2\alpha_0 + I_{zy} \cos 2\alpha_0 = 0$$

因此

$$\tan 2\alpha_0 = \frac{-2I_{zy}}{I_y - I_z} \tag{Ⅰ.16}$$

现在确定主惯性矩的大小。利用三角公式：

$$\sin 2\alpha_0 = \frac{\tan 2\alpha_0}{\sqrt{1 + \tan^2 2\alpha_0}} = \frac{-2I_{zy}}{\sqrt{(I_y - I_z)^2 + 4I_{zy}^2}}$$

$$\cos 2\alpha_0 = \frac{1}{\sqrt{1 + \tan^2 2\alpha_0}} = \frac{I_y - I_z}{\sqrt{(I_y - I_z)^2 + 4I_{zy}^2}}$$

将其代入转轴公式（Ⅰ.15a）和式（Ⅰ.15b），得到主惯性矩的计算式为：

$$I_{y0} = \frac{I_y + I_z}{2} + \sqrt{\left(\frac{I_y - I_z}{2}\right)^2 + I_{zy}^2} \tag{Ⅰ.17a}$$

$$I_{z0} = \frac{I_y + I_z}{2} - \sqrt{\left(\frac{I_y - I_z}{2}\right)^2 + I_{zy}^2} \tag{Ⅰ.17b}$$

另外，由式（Ⅰ.15a）和式（Ⅰ.15b）可见，惯性矩 $I_{y'}$ 和 $I_{z'}$ 都是 α 角的正弦和余弦函数。而 α 角可在 $0° \sim 360°$ 变化，因此 $I_{y'}$ 和 $I_{z'}$ 必然有极值。由于对通过同一点任意一对坐标轴的两惯性矩之和为一常数，因此，其中的一个为极大值，另一个则为极小值。

由

$$\frac{\mathrm{d}I_{y'}}{\mathrm{d}\alpha} = 0 \text{ 和 } \frac{\mathrm{d}I_{z'}}{\mathrm{d}\alpha} = 0$$

解得使惯性矩取得极值的坐标轴位置的表达式，与式（Ⅰ.16）完全一致。从而可知，截面对于通过一点的主惯性轴的主惯性矩值，也就是通过该点所有轴的惯性矩中的极大值 I_{max} 和极小值 I_{min}，由式（Ⅰ.17）可见，$I_{max} = I_{y0}$，$I_{min} = I_{z0}$。

在计算组合截面的形心主惯性矩时，首先应确定其形心位置，然后通过形心选择一对便于计算惯性矩和惯性积的坐标轴，算出组合截面对于这一对坐标轴的惯性矩和惯性积。将上述结果代入式（Ⅰ.16）和式（Ⅰ.17），即可确定表示形心主惯性轴位置的角度 α_0 和形心主惯性矩的数值。

若组合截面具有对称轴，则包括此轴在内的一对相互垂直的形心轴就是形心主惯性轴。此时，只需要利用移轴公式（Ⅰ.13）和式（Ⅰ.14），即可得截面的形心主惯性矩。

【例题Ⅰ.6】 计算如图Ⅰ.11所示截面的形心主惯性矩（图中尺寸单位为 mm）。

【解】 （1）确定截面形心的位置

由式（Ⅰ.6）求出截面的形心 C 的位置，如图Ⅰ.11所示。

$\bar{z} = 20$ mm，$\bar{y} = 80$ mm。

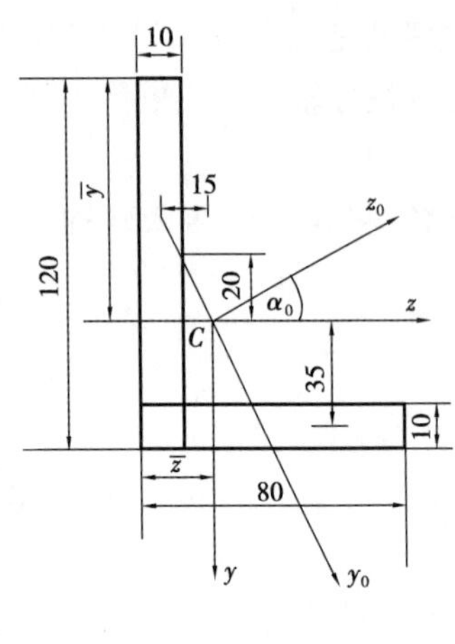

图Ⅰ.11

(2)计算惯性矩 I_z,I_y 和 I_{zy}

过形心 C 选取 z,y 坐标轴。由平行移轴公式(Ⅰ.13),计算得到:

$$I_z = \frac{1}{12} \times 10\ \text{mm} \times (120\ \text{mm})^3 + (-20\ \text{mm})^2 \times 10\ \text{mm} \times 120\ \text{mm} + \frac{1}{12} \times 70\ \text{mm} \times (10\ \text{mm})^3 + (35\ \text{mm})^2 \times 70\ \text{mm} \times 10\ \text{mm} = 278.3 \times 10^4\ \text{mm}^4$$

$$I_y = \frac{1}{12} \times 120\ \text{mm} \times (10\ \text{mm})^3 + (-15\ \text{mm})^2 \times 10\ \text{mm} \times 120\ \text{mm} + \frac{1}{12} \times 10\ \text{mm} \times (70\ \text{mm})^3 + (25\ \text{mm})^2 \times 10\ \text{mm} \times 70\ \text{mm} = 100.3 \times 10^4\ \text{mm}^4$$

$$I_{zy} = 10\ \text{mm} \times 120\ \text{mm} \times (-15)\ \text{mm} \times (-20)\ \text{mm} + 70\ \text{mm} \times 10\ \text{mm} \times 25\ \text{mm} \times 35\ \text{mm} = 97.25 \times 10^4\ \text{mm}^4$$

(3)确定形心主惯性轴的位置

由式(Ⅰ.16)得到:

$$\tan 2\alpha_0 = \frac{-2I_{zy}}{I_y - I_z} = \frac{-2 \times 97.25 \times 10^4\ \text{mm}^4}{100.3 \times 10^4\ \text{mm}^4 - 278.3 \times 10^4\ \text{mm}^4} = \frac{-1\ 945}{-1\ 780} = 1.093$$

所以,$2\alpha_0 = 47.6°$,$\alpha_0 = 23.8°$。

将 z 轴逆时针转 23.8°,得到 z_0 轴,z_0 轴与 y_0 轴垂直,如图Ⅰ.11 所示。

(4)计算形心主惯性矩

由式(Ⅰ.17)得到:

$$I_{\max} = I_{y0} = \frac{I_y + I_z}{2} + \sqrt{\left(\frac{I_y - I_z}{2}\right)^2 + I_{zy}^2} = \frac{100.3 \times 10^4\ \text{mm}^4 + 278.3 \times 10^4\ \text{mm}^4}{2} + \sqrt{\left(\frac{100.3 \times 10^4 - 278.3 \times 10^4}{2}\right)^2 + (97.25 \times 10^4)^2}\ \text{mm}^4 = 321.1 \times 10^4\ \text{mm}^4$$

$$I_{\min} = I_{z0} = \frac{I_y + I_z}{2} - \sqrt{\left(\frac{I_y - I_z}{2}\right)^2 + I_{zy}^2} = \frac{100.3 \times 10^4\ \text{mm}^4 + 278.3 \times 10^4\ \text{mm}^4}{2} - \sqrt{\left(\frac{100.3 \times 10^4 - 278.3 \times 10^4}{2}\right)^2 + (97.25 \times 10^4)^2}\ \text{mm}^4 = 57.4 \times 10^4\ \text{mm}^4$$

思考题

Ⅰ.1 如图所示的各截面图形中 C 是形心。试问哪些截面图形对坐标轴的惯性积等于零?哪些不等于零?

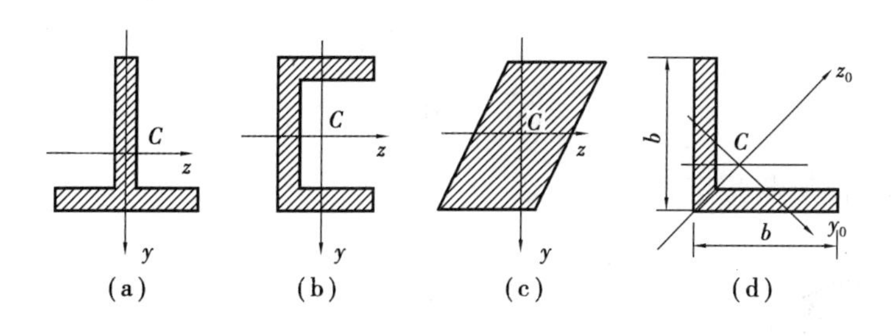

思考题Ⅰ.1 图

Ⅰ.2　如图所示两截面的惯性矩 I_z 是否可按照 $I_z=\frac{bh^3}{12}-\frac{b_0h_0^3}{12}$ 来计算?

Ⅰ.3　如图所示由两根同一型号的槽钢组成的截面。已知每根槽钢的横截面面积为 A,对形心轴 y_0 的惯性矩为 I_{y_0},并知 y_0,y_1 和 y 为相互平行的三根轴。试计算截面对 y,y_1 轴的惯性矩。

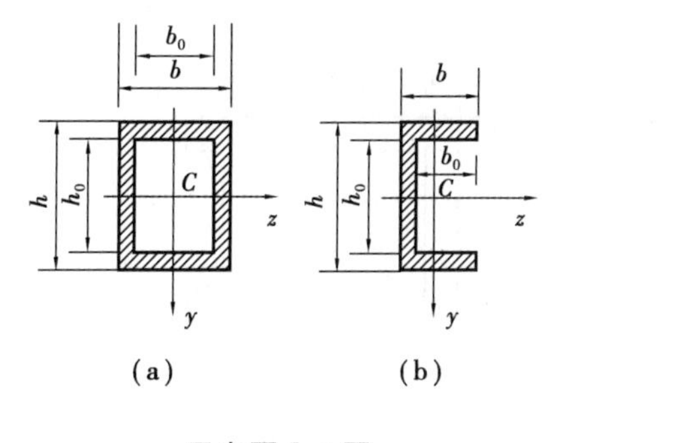

思考题Ⅰ.2 图

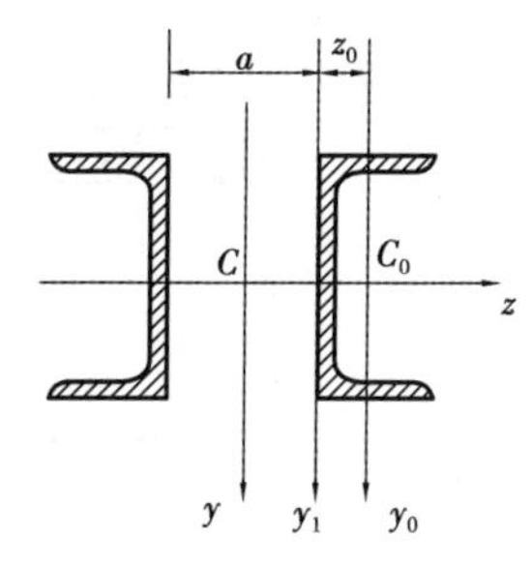

思考题Ⅰ.3 图

Ⅰ.4　如图所示为一等边三角形中心挖去一半径为 r 的圆孔的截面。试证明该截面通过形心 C 的任一轴均为形心主惯性轴。

Ⅰ.5　如图所示为直角三角形截面斜边中点 D 处的一对正交坐标轴 z , y ,试问:

(1) z , y 轴是否为一对主惯性轴?

(2)不用积分,计算 I_z 和 I_{zy} 值为多少?

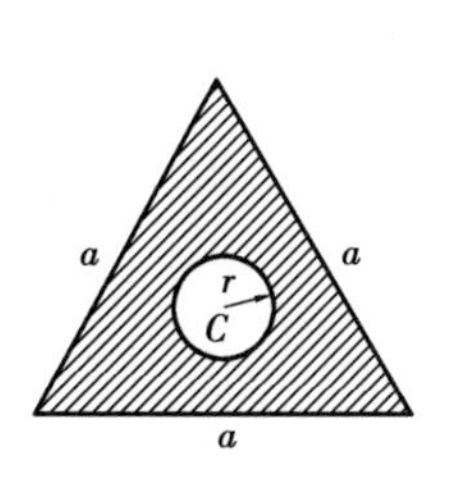

思考题Ⅰ.4 图

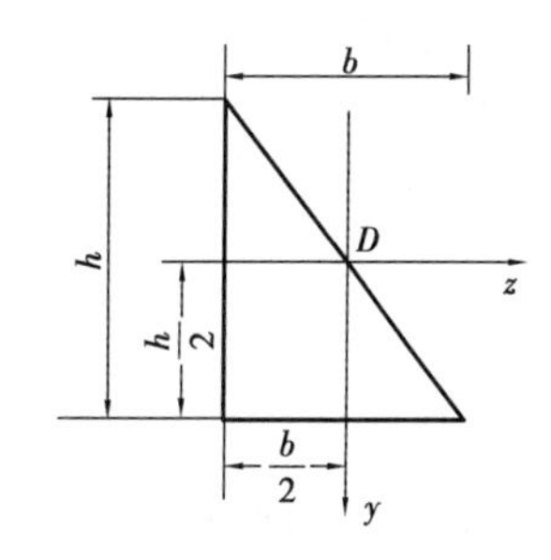

思考题Ⅰ.5 图

习　题

Ⅰ.1　试确定如图所示截面的形心位置。

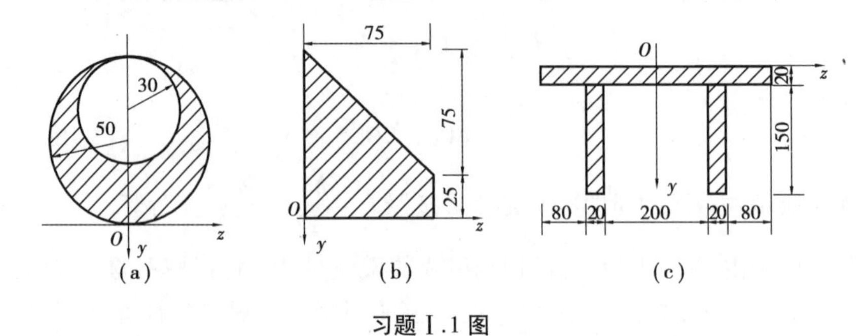

习题Ⅰ.1图

Ⅰ.2　试求如图所示截面水平形心轴 z 轴的位置,并求阴影线部分面积对 z 轴的静矩。

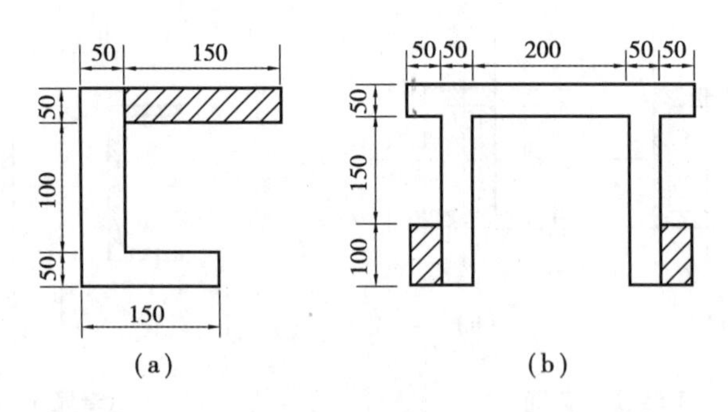

习题Ⅰ.2图

Ⅰ.3　试求如图所示截面对 z,y 轴的惯性矩和惯性积。

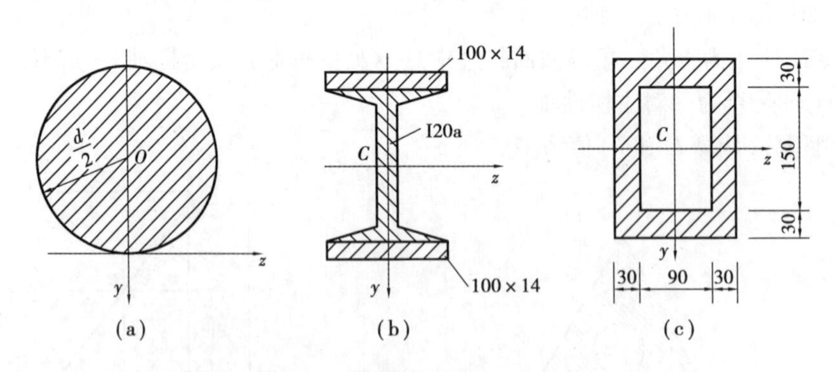

习题Ⅰ.3图

Ⅰ.4　如图所示组合截面对对称轴 z,y 轴的惯性矩相等时,求它们的间距 a 。图(a)是由两个14a号槽钢组成的截面;图(b)是由两个10号工字钢组成的截面。

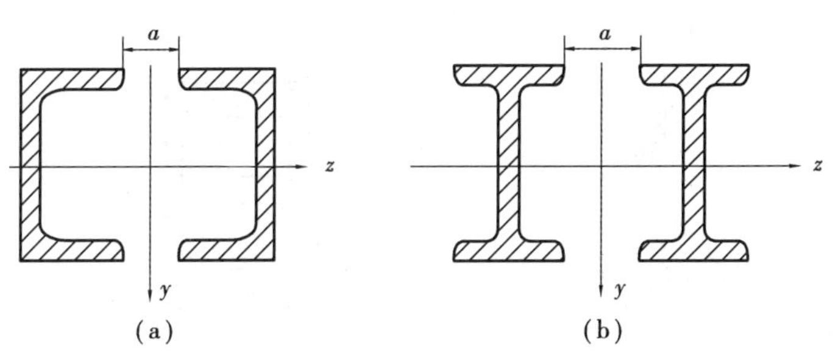

习题Ⅰ.4图

Ⅰ.5　4个70 mm × 70 mm × 8 mm的等边角钢组合成如图(a)和(b)所示的两种截面形式,试求这两种截面对 z 轴的惯性矩。

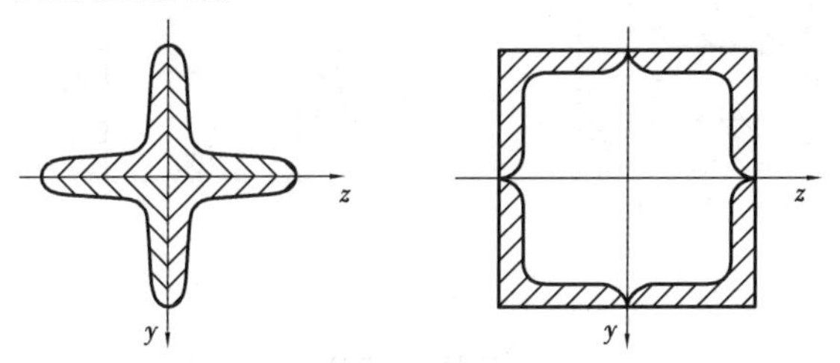

习题Ⅰ.5图

Ⅰ.6　试求如图所示正方形截面对其对角线的惯性矩。

Ⅰ.7　试分别求如图所示环形和箱形截面对其对称轴 z 的惯性矩。

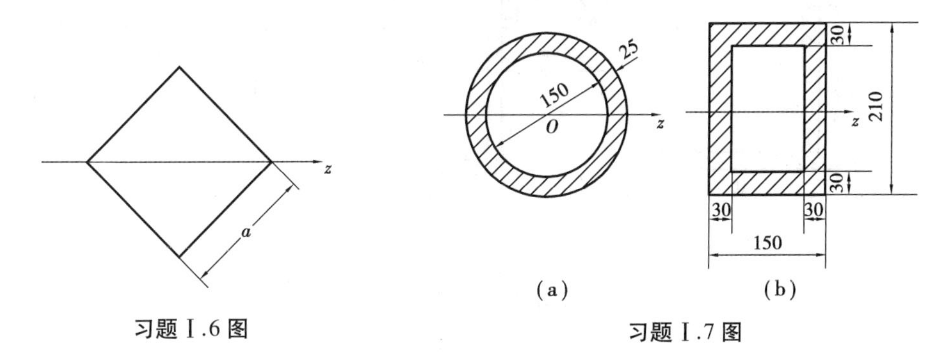

习题Ⅰ.6图

习题Ⅰ.7图

Ⅰ.8　试求如图所示 $r = 1$ m的半圆形截面对于 z 轴的惯性矩。其中 z 轴与半圆形的底边平行,相距1 m。

Ⅰ.9　试求如图所示组合截面对对称轴 z 的惯性矩。

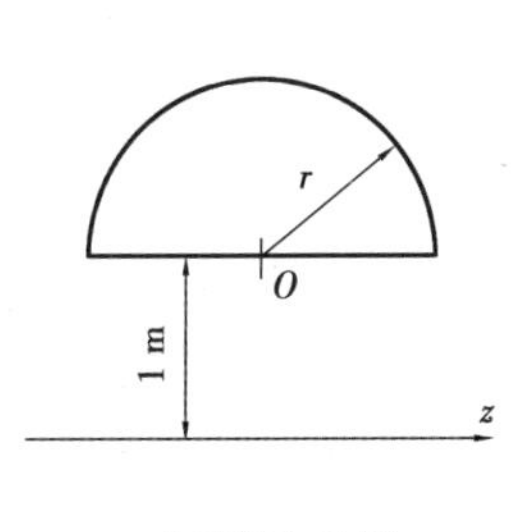

习题Ⅰ.8图

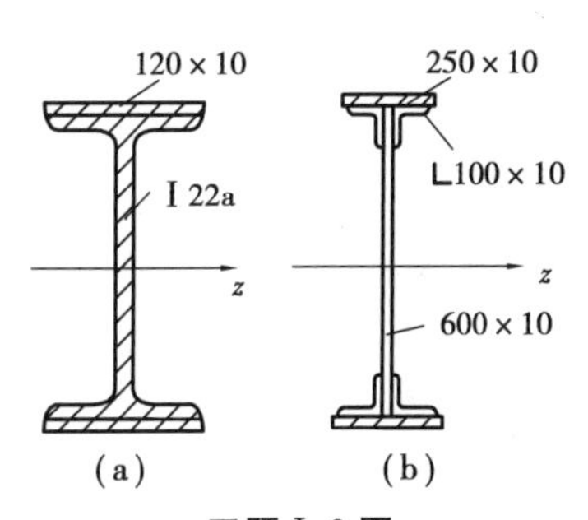

习题Ⅰ.9图

Ⅰ.10　计算如图所示各截面的形心主惯性矩。

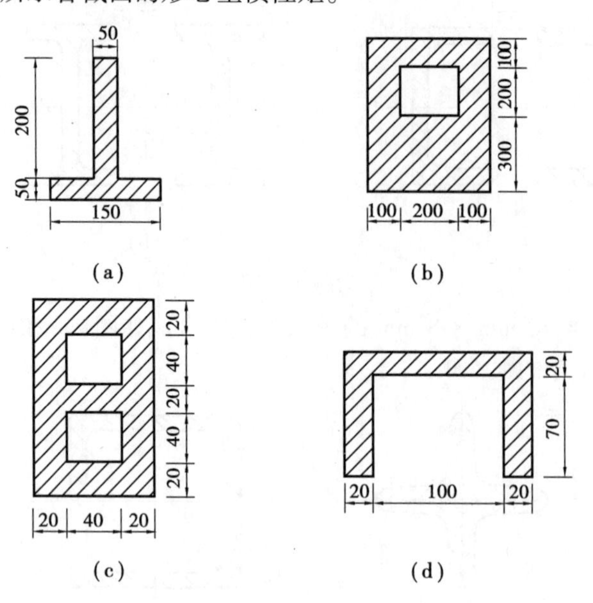

习题Ⅰ.10图

Ⅰ.11　确定如图所示截面形心主惯性轴的位置,并求形心主惯性矩。

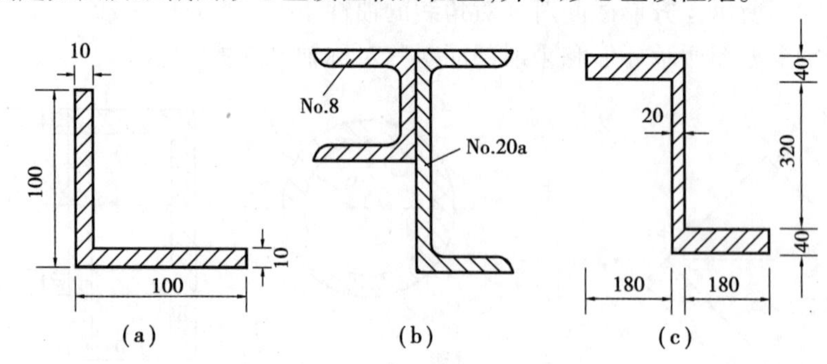

习题Ⅰ.11图

附录Ⅱ 型钢规格表

表 1 热轧等边角钢(GB 9787—1988)

符号意义：

b—边宽度；

d—边厚度；

r—内圆弧半径；

r_1—边端内圆弧半径；

I—惯性矩；

i—惯性半径；

W—弯曲截面系数；

z_0—重心距离。

角钢型号	尺寸/mm			截面面积/cm^2	理论质量/$(kg \cdot m^{-1})$	外表面积/$(m^2 \cdot m^{-1})$	参考数值										z_0/cm
							x—x			x_0—x_0			y_0—y_0			x_1—x_1	
	b	d	r				I_x/cm^4	i_x/cm	W_x/cm^3	I_{x_0}/cm^4	i_{x_0}/cm	W_{x_0}/cm^3	I_{y_0}/cm^4	i_{y_0}/cm	W_{y_0}/cm^3	I_{x_1}/cm^4	
2	20	3	3.5	1.132	0.889	0.078	0.40	0.59	0.29	0.63	0.75	0.45	0.17	0.39	0.20	0.81	0.60
		4		1.459	1.145	0.077	0.50	0.58	0.36	0.78	0.73	0.55	0.22	0.38	0.24	1.09	0.64
2.5	25	3		1.432	1.124	0.098	0.82	0.76	0.46	1.29	0.95	0.73	0.34	0.49	0.33	1.57	0.73
		4		1.859	1.459	0.097	1.03	0.74	0.59	1.62	0.93	0.92	0.43	0.48	0.40	2.11	0.76
3.0	30	3	4.5	1.749	1.373	0.117	1.46	0.91	0.68	2.31	1.15	1.09	0.61	0.59	0.51	2.71	0.85
		4		2.276	1.786	0.117	1.84	0.90	0.87	2.92	1.13	1.37	0.77	0.58	0.62	3.63	0.89
3.6	36	3	4.5	2.109	1.656	0.141	2.58	1.11	0.99	4.09	1.39	1.61	1.07	0.71	0.76	4.68	1.00
		4		2.756	2.163	0.141	3.29	1.09	1.28	5.22	1.38	2.05	1.37	0.70	0.93	6.25	1.04
		5		3.382	2.654	0.141	3.95	1.08	1.56	6.24	1.36	2.45	1.65	0.70	1.09	7.84	1.07

2

续表

角钢型号	尺寸/mm			截面面积/cm²	理论质量/(kg·m⁻¹)	外表面积/(m²·m⁻¹)	参考数值										z_0 /cm
							x—x			x_0—x_0			y_0—y_0			x_1—x_1	
	b	d	r				I_x /cm⁴	i_x /cm	W_x /cm³	I_{x_0} /cm⁴	i_{x_0} /cm	W_{x_0} /cm³	I_{y_0} /cm⁴	i_{y_0} /cm	W_{y_0} /cm³	I_{x_1} /cm⁴	
		3		2.359	1.852	0.157	3.59	1.23	1.23	5.69	1.55	2.01	1.49	0.79	0.96	6.41	1.09
4.0	40	4		3.086	2.422	0.157	4.60	1.22	1.60	7.29	1.54	2.58	1.91	0.79	1.19	8.56	1.13
		5		3.791	2.976	0.156	5.53	1.21	1.96	8.76	1.52	3.01	2.30	0.78	1.39	10.74	1.17
		3	5	2.659	2.088	0.177	5.17	1.40	1.58	8.20	1.76	2.58	2.14	0.90	1.24	9.12	1.22
4.5	45	4		3.486	2.736	0.177	6.65	1.38	2.05	10.56	1.74	3.32	2.75	0.89	1.54	12.18	1.26
		5		4.292	3.369	0.176	8.04	1.37	2.51	12.74	1.72	4.00	3.33	0.88	1.81	15.25	1.30
		6		5.076	3.985	0.176	9.33	1.36	2.95	14.76	1.70	4.64	3.89	0.88	2.06	18.36	1.33
		3		2.971	2.332	0.197	7.18	1.55	1.96	11.37	1.96	3.22	2.98	1.00	1.57	12.50	1.34
5	50	4	5.5	3.897	3.059	0.197	9.26	1.54	2.56	14.70	1.94	4.16	3.82	0.99	1.96	16.69	1.38
		5		4.803	3.770	0.196	11.21	1.53	3.13	17.79	1.92	5.03	4.64	0.98	2.31	20.90	1.42
		6		5.688	4.465	0.196	13.05	1.52	3.68	20.68	1.91	5.85	5.42	0.98	2.63	25.14	1.46
5.6	56	3	6	3.343	2.624	0.221	10.19	1.75	2.48	16.14	2.20	4.08	4.24	1.13	2.02	17.56	1.48
		4		4.390	3.446	0.220	13.18	1.73	3.24	20.92	2.18	5.28	5.46	1.11	2.52	23.43	1.53
5.6	56	5	6	5.415	4.251	0.220	16.02	1.72	3.97	25.42	2.17	6.42	6.61	1.10	2.98	29.33	1.57
		8	7	8.367	6.568	0.219	23.63	1.68	6.03	37.37	2.11	9.44	9.89	1.09	4.16	47.24	1.68
		4		4.978	3.907	0.248	19.03	1.96	4.13	30.17	2.46	6.78	7.89	1.26	3.29	33.35	1.70
		5		6.143	4.822	0.248	23.17	1.94	5.08	36.77	2.45	8.25	9.57	1.25	3.90	41.73	1.74
6.3	63	6	7	7.288	5.721	0.247	27.12	1.93	6.00	43.03	2.43	9.66	11.20	1.24	4.46	50.14	1.78
		8		9.515	7.469	0.247	34.46	1.90	7.75	54.56	2.40	12.25	14.33	1.23	5.47	67.11	1.85
		10		11.657	9.151	0.246	41.09	1.88	9.39	64.85	2.36	14.56	17.33	1.22	6.36	84.31	1.93

7	70	4	8	5.570	4.372	0.275	26.39	2.18	5.14	41.80	2.74	8.44	10.99	1.40	4.17	45.74	1.86
		5		6.875	5.397	0.275	32.21	2.16	6.32	51.08	2.73	10.32	13.34	1.39	4.95	57.21	1.91
		6		8.160	6.406	0.275	37.77	2.15	7.48	59.93	2.71	12.11	15.61	1.38	5.67	68.73	1.95
		7		9.424	7.398	0.275	43.09	2.14	8.59	68.35	2.69	13.81	17.82	1.38	6.34	80.29	1.99
		8		10.667	8.373	0.274	48.17	2.12	9.68	76.37	2.68	15.43	19.98	1.37	6.98	91.92	2.03
7.5	75	5	9	7.367	5.818	0.295	39.97	2.33	7.32	63.30	2.92	11.94	16.63	1.50	5.77	70.56	2.04
		6		8.797	6.905	0.294	46.95	2.31	8.64	74.38	2.90	14.02	19.51	1.49	6.67	84.55	2.07
		7		10.160	7.976	0.294	53.57	2.30	9.93	84.96	2.89	16.02	22.18	1.48	7.44	98.71	2.11
		8		11.503	9.030	0.294	59.96	2.28	11.20	95.07	2.88	17.93	24.86	1.47	8.19	112.97	2.15
		10		14.126	11.089	0.293	71.98	2.26	13.64	113.92	2.84	21.48	30.05	1.46	9.56	141.71	2.22
8	80	5	9	7.912	6.211	0.315	48.79	2.48	8.347	77.33	3.13	13.67	20.25	1.60	6.66	85.36	2.15
		6		9.397	7.376	0.314	57.35	2.47	9.87	90.98	3.11	16.08	23.72	1.59	7.65	102.50	2.19
		7		10.860	8.525	0.314	65.58	2.46	11.37	104.07	3.10	18.40	27.09	1.58	8.58	119.70	2.23
		8		12.303	9.658	0.314	73.49	2.44	12.83	116.60	3.08	20.61	30.39	1.57	9.46	136.97	2.27
		10		15.126	11.874	0.313	88.43	2.42	15.64	140.09	3.04	24.76	36.77	1.56	11.08	171.74	2.35
9	90	6	10	10.637	8.350	0.354	82.77	2.79	12.61	131.26	3.51	20.63	34.28	1.80	9.95	145.87	2.44
		7		12.301	9.656	0.354	94.83	2.78	14.54	150.47	3.50	23.64	39.18	1.78	11.19	170.30	2.48
		8		13.944	10.946	0.353	106.47	2.76	16.42	168.97	3.48	26.55	43.97	1.78	12.35	194.80	2.52
		10		17.167	13.476	0.353	128.58	2.74	20.07	203.90	3.45	32.04	53.26	1.76	14.52	244.07	2.59
		12		20.306	15.940	0.352	149.22	2.71	23.57	236.21	3.41	37.12	62.22	1.75	16.49	293.76	2.67
10	100	6	12	11.932	9.366	0.393	114.95	3.01	15.68	181.98	3.90	25.74	47.92	2.00	12.69	200.07	2.67
		7		13.796	10.830	0.393	131.86	3.09	18.10	208.97	3.89	29.55	54.74	1.99	14.26	233.54	2.71
		8		15.638	12.276	0.393	148.24	3.08	20.47	235.07	3.88	33.24	61.41	1.98	15.75	267.09	2.76
		10		19.261	15.120	0.392	179.51	3.05	25.06	284.68	3.84	40.26	74.35	1.96	18.54	334.48	2.84
		12		22.800	17.898	0.391	208.90	3.03	29.48	330.95	3.81	46.80	86.84	1.95	21.08	402.34	2.91
		14		26.256	20.611	0.391	236.53	3.00	33.73	374.06	3.77	52.90	99.00	1.94	23.44	470.75	2.99
		16		29.627	23.257	0.390	262.53	2.98	37.82	414.16	3.74	58.57	110.89	1.94	25.63	539.80	3.06

4

续表

角钢型号	尺寸/mm			截面面积/cm^2	理论质量/$(kg \cdot m^{-1})$	外表面积/$(m^2 \cdot m^{-1})$	参考数值										z_0/cm
							x—x			x_0—x_0			y_0—y_0			x_1—x_1	
	b	d	r				I_x/cm^4	i_x/cm	W_x/cm^3	I_{x_0}/cm^4	i_{x_0}/cm	W_{x_0}/cm^3	I_{y_0}/cm^4	i_{y_0}/cm	W_{y_0}/cm^3	I_{x_1}/cm^4	
11	110	7	12	15.196	11.928	0.433	177.16	3.41	22.05	280.94	4.30	36.12	73.38	2.20	17.51	310.64	2.96
		8		17.238	13.532	0.433	199.46	3.40	24.95	316.49	4.28	40.69	82.42	2.19	19.39	355.20	3.01
		10		21.261	16.690	0.432	242.19	3.38	30.60	384.39	4.25	49.42	99.98	2.17	22.91	444.65	3.09
		12		25.200	19.782	0.431	282.55	3.35	36.05	448.17	4.22	57.62	116.93	2.15	26.15	534.60	3.16
		14		29.056	22.809	0.431	320.71	3.32	41.31	508.01	4.18	65.31	133.40	2.14	29.14	625.16	3.24
12.5	125	8	14	19.750	15.504	0.492	297.03	3.88	32.52	470.89	4.88	53.28	123.16	2.50	25.86	521.01	3.37
		10		24.373	19.133	0.491	361.67	3.85	39.97	573.89	4.85	64.93	149.46	2.48	30.62	651.93	3.45
		12		28.912	22.696	0.491	423.16	3.83	41.17	671.44	4.82	75.96	174.88	2.46	35.03	783.42	3.53
12.25	125	14	14	33.367	26.193	0.490	481.65	3.80	54.16	763.73	4.78	86.41	199.57	2.45	39.13	915.61	3.61
14	140	10	14	27.373	21.488	0.551	514.65	4.34	50.58	817.27	5.46	82.56	212.04	2.78	39.20	915.11	3.82
		12		32.512	25.522	0.551	603.68	4.31	59.80	958.79	5.43	96.85	248.57	2.76	45.02	1 099.28	3.90
		14		37.567	29.490	0.550	688.81	4.28	68.75	1 093.56	5.40	110.47	284.06	2.75	50.45	1 284.22	3.98
		16		42.539	33.393	0.549	770.24	4.26	77.46	1 221.81	5.36	123.42	318.67	2.74	55.55	1 470.07	4.06
16	160	10	16	31.502	24.729	0.630	779.53	4.98	66.70	1 237.30	6.27	109.36	321.76	3.20	52.76	1 365.33	4.31
		12		37.441	29.391	0.630	916.58	4.95	78.98	1 455.68	6.24	128.67	377.49	3.18	60.74	1 639.57	4.39
		14		43.296	33.987	0.629	1 048.36	4.92	90.95	1 665.02	6.20	147.17	431.70	3.16	68.244	1 914.68	4.47
		16		49.067	38.518	0.629	1 175.08	4.89	102.63	1 865.57	6.17	164.89	484.59	3.14	75.31	2 190.82	4.55
18	180	12	16	42.241	33.159	0.710	1 321.35	5.59	100.82	2 100.10	7.05	165.00	542.61	3.58	78.41	2 332.80	4.89
		14		48.896	38.388	0.709	1 514.48	5.56	116.25	2 407.42	7.02	189.14	625.53	3.56	88.38	2 723.48	4.97
		16		55.467	43.542	0.709	1 700.99	5.54	131.13	2 703.37	6.98	212.40	698.60	3.55	97.83	3 115.29	5.05
		18		61.955	48.634	0.708	1 875.12	5.50	145.64	2 988.24	6.94	234.78	762.01	3.51	105.14	3 502.43	5.13

20	200	14	18	54.642	42.894	0.788	2 103.55	6.20	144.70	3 343.26	7.82	236.40	863.83	3.98	111.82	3 734.10	5.46
		16		62.013	48.680	0.788	2 366.15	6.18	163.65	3 760.89	7.79	265.93	971.41	3.96	123.96	4 270.39	5.54
		18		69.301	54.401	0.787	2 620.64	6.15	182.22	4 164.54	7.75	294.48	1 076.74	3.94	135.52	4 808.13	5.62
		20		76.505	60.056	0.787	2 867.30	6.12	200.42	4 554.55	7.72	322.06	1 180.04	3.93	146.55	5 347.51	5.69
		24		90.661	71.168	0.785	2 338.25	6.07	236.17	5 294.97	7.64	374.41	1 381.53	3.90	166.55	6 457.16	5.87

注：截面图中的 $r_1 = d/3$ 及表中 r 值的数据用于孔型设计，不作为交货条件。

6

表 2　热轧不等边角钢(GB 9788—1988)

符号意义：

B—长边宽度；　　b—短边宽度；

d—边厚度；　　r—内圆弧半径；

r_1—边端内圆弧半径；　　I—惯性矩；

i—惯性半径；　　W—弯曲截面系数；

x_0—形心坐标；　　y_0—形心坐标。

角钢号数	尺寸/mm				截面面积 /cm^2	理论质量 /(kg·m^{-1})	外表面积 /(m^2·m^{-1})	参考数值													
								$x—x$			$y—y$			$x_1—x_1$		$y_1—y_1$		$u—u$			
	B	b	d	r				I_x /cm^4	i_x /cm	W_x /cm^3	I_y /cm^4	i_y /cm	W_y /cm^3	I_{x_1} /cm^4	y_0 /cm	I_{y_1} /cm^4	x_0 /cm	I_u /cm^4	i_u /cm	W_u /cm^3	tan α
2.5/1.6	25	16	3	3.5	1.162	0.912	0.080	0.70	0.78	0.43	0.22	0.44	0.19	1.56	0.86	0.43	0.42	0.14	0.34	0.16	0.392
			4		1.499	1.176	0.079	0.88	0.77	0.55	0.27	0.43	0.24	2.09	0.90	0.59	0.46	0.17	0.34	0.20	0.381
3.2/2	32	20	3		1.492	1.171	0.102	1.53	1.01	0.72	0.46	0.55	0.30	3.27	1.08	0.82	0.49	0.28	0.43	0.25	0.382
			4		1.939	1.522	0.101	1.93	1.00	0.93	0.57	0.54	0.39	4.37	1.12	1.12	0.53	0.35	0.42	0.32	0.374
4/2.5	40	25	3	4	1.890	1.484	0.127	3.08	1.28	1.15	0.93	0.70	0.49	6.39	1.32	1.59	0.59	0.56	0.54	0.40	0.386
			4		2.467	1.936	0.127	3.93	1.26	1.49	1.18	0.69	0.63	8.53	1.37	2.14	0.63	0.71	0.54	0.52	0.381
4.5/2.8	45	28	3	5	2.149	1.687	0.143	4.45	1.44	1.47	1.34	0.79	0.62	9.10	1.47	2.23	0.64	0.8	0.61	0.51	0.383
			4		2.806	2.203	0.143	5.69	1.42	1.91	1.70	0.78	0.80	12.13	1.51	3.00	0.68	1.02	0.60	0.66	0.380
5/3.2	50	32	3	5.5	2.431	1.908	0.161	6.24	1.60	1.84	2.02	0.91	0.82	12.49	1.60	3.31	0.73	1.20	0.70	0.68	0.404
			4		3.177	2.494	0.160	8.02	1.59	2.39	2.58	0.90	1.06	16.65	1.65	4.45	0.77	1.53	0.69	0.87	0.402
5.6/3.6	56	36	3	6	2.743	2.153	0.181	8.88	1.80	2.32	2.92	1.03	1.05	17.54	1.78	4.70	0.80	1.73	0.79	0.87	0.408
			4		3.590	2.818	0.180	11.25	1.79	3.03	3.76	1.02	1.37	23.39	1.82	6.33	0.85	2.23	0.79	1.13	0.408
			5		4.415	3.466	0.180	13.86	1.77	3.71	4.49	1.01	1.65	29.25	1.87	7.94	0.88	2.67	0.78	1.36	0.404

6.3/4	60	40	4	7	4.058	3.185	0.202	16.49	2.02	3.87	5.23	1.14	1.70	33.30	2.04	8.63	0.92	3.12	0.88	1.40	0.398
			5		4.993	3.920	0.202	20.02	2.00	4.74	6.31	1.12	2.71	41.63	2.08	10.86	0.95	3.76	0.87	1.71	0.396
			6		5.908	4.638	0.201	23.36	1.96	5.59	7.29	1.11	2.43	49.98	2.12	13.12	0.99	4.34	0.86	1.99	0.393
			7		6.802	5.339	0.201	26.53	1.98	6.40	8.24	1.10	2.78	58.07	2.15	15.47	1.03	4.97	0.86	2.29	0.389
7/4.5	70	45	4	7.5	4.547	3.570	0.226	23.17	2.26	4.86	7.55	1.29	2.17	45.92	2.24	12.26	1.02	4.40	0.98	1.77	0.410
			5		5.609	4.403	0.225	27.95	2.23	5.92	9.13	1.28	2.65	57.10	2.28	15.39	1.06	5.40	0.98	2.19	0.407
			6		6.647	5.218	0.225	32.54	2.21	6.95	10.62	1.26	3.12	68.35	2.32	18.58	1.09	6.35	0.98	2.59	0.404
			7		7.657	6.011	0.225	37.22	2.20	8.03	12.01	1.25	3.57	79.99	2.36	21.84	1.13	7.16	0.97	2.94	0.402
(7.5/5)	75	50	5	8	6.125	4.808	0.245	34.86	2.39	6.83	12.61	1.44	3.30	70.00	2.40	21.04	1.17	7.41	1.10	2.74	0.435
			6		7.260	5.699	0.245	41.12	2.38	8.12	14.70	1.42	3.88	84.30	2.44	25.37	1.21	8.54	1.08	3.19	0.435
			8		9.467	7.431	0.244	52.39	2.35	10.52	18.53	1.40	4.99	112.50	2.52	34.23	1.29	10.87	1.07	4.10	0.429
			10		11.590	9.098	0.244	62.71	2.33	12.79	21.96	1.38	6.04	140.80	2.60	43.43	1.36	13.10	1.06	4.99	0.423
8/5	80	50	5	8	6.375	5.005	0.255	41.96	2.56	7.78	12.82	1.42	3.32	85.21	2.60	21.06	1.14	7.66	1.10	2.74	0.388
			6		7.560	5.935	0.255	49.49	2.56	9.25	14.95	1.41	3.91	102.53	2.65	25.41	1.18	8.85	1.08	3.20	0.387
			7		8.724	6.848	0.255	56.16	2.54	10.58	16.96	1.39	4.48	119.33	2.69	29.82	1.21	10.18	1.08	3.70	0.384
			8		9.867	7.745	0.254	62.83	2.52	11.92	18.85	1.38	5.03	136.41	2.73	34.32	1.25	11.38	1.07	4.16	0.381
9/5.6	90	56	5	9	7.212	5.661	0.287	60.45	2.90	9.92	18.32	1.59	4.21	121.32	2.91	29.53	1.25	10.98	1.23	3.49	0.385
			6		8.557	6.717	0.286	71.03	2.88	11.74	21.42	1.58	4.96	145.59	2.95	35.58	1.29	12.90	1.23	4.18	0.384
			7		9.880	7.756	0.286	81.01	2.86	13.49	24.36	1.57	5.70	169.66	3.00	41.71	1.33	14.67	1.22	4.72	0.382
			8		11.183	8.779	0.286	91.03	2.85	15.27	27.15	1.56	6.41	194.17	3.04	47.93	1.36	16.34	1.21	5.29	0.380
10/6.3	100	63	6	10	9.617	7.550	0.320	99.06	3.21	14.64	30.94	1.79	6.35	199.71	3.24	50.50	1.43	18.42	1.38	5.25	0.394
			7		11.111	8.722	0.320	113.45	3.29	16.88	35.26	1.78	7.29	233.00	3.28	59.14	1.47	21.00	1.38	6.02	0.393
			8		12.584	9.878	0.319	127.37	3.18	19.08	39.39	1.77	8.21	266.32	3.32	67.88	1.50	23.5	1.37	6.78	0.391
			10		15.467	12.142	0.319	153.81	3.15	23.32	47.12	1.74	9.98	333.06	3.40	85.73	1.58	28.33	1.35	8.24	0.387

续表

角钢号数	尺寸/mm				截面面积/cm^2	理论质量/($kg \cdot m^{-1}$)	外表面积/($m^2 \cdot m^{-1}$)	参考数值													
								$x—x$			$y—y$			$x_1—x_1$		$y_1—y_1$		$u—u$			
	B	b	d	r				I_x/cm^4	i_x/cm	W_x/cm^3	I_y/cm^4	i_y/cm	W_y/cm^3	I_{x_1}/cm^4	y_0/cm	I_{y_1}/cm^4	x_0/cm	I_u/cm^4	i_u/cm	W_u/cm^3	tan α
10/8	100	80	6	10	10.637	8.350	0.354	107.04	3.17	15.19	61.24	2.40	10.16	199.83	2.95	102.68	1.97	31.65	1.72	8.37	0.627
			7		12.301	9.656	0.354	122.73	3.16	17.52	70.08	2.39	11.71	233.20	3.00	119.98	2.01	36.17	1.72	9.60	0.626
			8		13.944	10.946	0.353	137.92	3.14	19.81	78.58	2.37	13.21	266.61	3.04	137.37	2.05	40.58	1.71	10.80	0.625
			10		17.167	13.476	0.353	166.87	3.12	24.24	94.65	2.35	16.12	333.63	3.12	172.48	2.13	49.10	1.69	13.12	0.622
11/7	110	70	6	10	10.637	8.350	0.354	133.37	3.54	17.85	42.92	2.01	7.90	265.78	3.53	69.08	1.57	25.36	1.54	6.53	0.403
			7		12.301	9.656	0.354	153.00	3.53	20.60	49.01	2.00	9.09	310.07	3.57	80.82	1.61	28.95	1.53	7.50	0.402
			8		13.944	10.946	0.353	172.04	3.51	23.30	54.87	1.98	10.25	354.39	3.62	92.70	1.65	32.45	1.53	8.45	0.401
			10		17.167	13.476	0.353	208.39	3.48	28.54	65.88	1.96	12.48	443.13	3.70	116.83	1.72	39.20	1.51	10.29	0.397
12.5/8	125	80	7	11	14.096	11.066	0.403	227.98	4.02	26.86	74.42	2.30	12.01	454.99	4.01	120.32	1.80	43.81	1.76	9.92	0.408
			8		15.989	12.551	0.403	256.77	4.01	30.41	83.49	2.28	13.56	519.99	4.06	137.85	1.84	49.15	1.75	11.18	0.407
			10		19.712	15.474	0.402	312.04	3.98	37.33	100.67	2.26	16.56	650.09	4.14	173.40	1.92	59.45	1.74	13.64	0.404
			12		23.351	18.330	0.402	364.41	3.95	44.01	116.67	2.24	19.43	780.39	4.22	209.67	2.00	69.35	1.72	16.01	0.400
14/9	140	90	8	12	18.038	14.160	0.453	365.64	4.50	38.48	120.69	2.59	17.34	730.53	4.50	195.79	2.04	70.83	1.98	14.31	0.411
			10		22.261	17.475	0.452	445.50	4.47	47.31	146.03	2.56	21.22	913.20	4.58	245.92	2.12	85.82	1.96	17.48	0.409
			12		26.400	20.724	0.451	521.59	4.44	55.87	169.79	2.54	24.95	1096.09	4.66	296.89	2.19	100.21	1.95	20.54	0.406
			14		30.456	23.908	0.451	594.10	4.42	64.18	192.10	2.51	28.54	1279.26	4.74	348.82	2.27	114.13	1.94	23.52	0.403
16/10	160	100	10	13	25.315	19.872	0.512	668.69	5.14	62.13	205.03	2.85	26.56	1 362.89	5.24	336.59	2.28	121.74	2.19	21.92	0.390
			12		30.054	23.592	0.511	784.91	5.11	73.49	239.06	2.82	31.28	1 635.56	5.32	405.94	2.36	142.33	2.17	25.79	0.388
			14		34.709	27.247	0.510	896.30	5.08	84.56	271.20	2.80	35.83	1 908.50	5.40	476.42	2.43	162.23	2.16	29.56	0.385
			16		39.281	30.835	0.510	1 003.04	5.05	95.33	301.60	2.77	40.24	2 181.79	5.48	548.22	2.51	182.57	2.16	33.44	0.382

18/11	180	110	10	14	28.373	22.273	0.571	956.25	5.80	78.96	278.11	3.13	32.49	1 940.40	5.89	447.22	2.44	166.50	2.42	26.88	0.376
			12		33.712	26.464	0.571	1 124.72	5.78	93.53	325.03	3.10	38.32	2 328.38	5.98	538.94	2.52	194.87	2.40	31.66	0.374
			14		38.967	30.589	0.570	1 286.91	5.75	107.76	369.55	3.08	43.97	2 716.60	6.06	631.95	2.59	222.30	2.39	36.32	0.372
			16		44.139	34.649	0.569	1 443.06	5.72	121.64	411.85	3.06	49.44	3 105.15	6.14	726.46	2.67	248.94	2.38	40.87	0.369
20/12.5	200	125	12		37.912	29.761	0.641	1 570.90	6.44	116.73	483.16	3.57	49.99	3 193.85	6.54	787.74	2.83	285.79	2.74	41.23	0.392
			14		43.867	34.436	0.640	1 800.97	6.41	134.65	550.83	3.54	57.44	3 726.17	6.02	922.47	2.91	326.58	2.73	47.34	0.390
			16		49.739	39.045	0.639	2 023.35	6.38	152.18	615.44	3.52	64.69	4 258.86	6.70	1 058.86	2.99	366.21	2.71	53.32	0.388
			18		55.526	43.588	0.639	2 238.30	6.35	169.33	677.19	3.49	71.74	4 792.00	6.78	1 197.13	3.06	404.83	2.70	59.18	0.385

注:①括号内型号不推荐使用。②截面图中的 $r_1 = d/3$ 及表中 r 的数据用于孔型设计,不作为交货条件。

10

表3　热轧工字钢(GB 706 — 1988)

符号意义：

h—高度；
b—腿宽度；
d—腰厚度；
δ—平均腿厚度；
r—内圆弧半径；
r_1—腿端圆弧半径；
I—惯性矩；
W—弯曲截面系数；
i—惯性半径；
S—平截面的静距。

型号	尺寸/mm						截面面积/cm^2	理论质量/($kg \cdot m^{-1}$)	参考数值						
									x—x				y—y		
	h	b	d	δ	r	r_1			I_x/cm^4	W_x/cm^3	i_x/cm	$I_x:S_x$/cm	I_y/cm^4	W_y/cm^3	i_y/cm
10	100	68	4.5	7.6	6.5	3.3	14.3	11.2	245	49	4.14	8.59	33	9.72	1.52
12.6	126	74	5	8.4	7	3.5	18.1	14.2	488.43	77.529	5.195	10.85	46.906	12.677	1.609
14	140	80	5.5	9.1	7.5	3.8	21.5	16.9	712	102	5.76	12	64.4	16.1	1.73
16	160	88	6	9.9	8	4	26.1	20.5	1 130	141	6.58	13.8	93.1	21.2	1.89
18	180	94	6.5	10.7	8.5	4.3	30.6	24.1	1 660	185	7.36	15.4	122	26	2
20a	200	100	7	11.4	9	4.5	35.5	27.9	2 370	237	8.15	17.2	158	31.5	2.12
20b	200	102	9	11.4	9	4.5	39.5	31.1	2 500	250	7.96	16.9	169	33.1	2.06
22a	220	110	7.5	12.3	9.5	4.8	42	33	3 400	309	8.99	18.9	225	40.9	2.31
22b	220	112	9.5	12.3	9.5	4.8	46.4	36.4	3 570	325	8.78	18.7	239	42.7	2.27
25a	250	116	8	13	10	5	48.5	38.1	5 023.54	401.88	10.18	21.58	280.046	48.283	2.403
25b	250	118	10	13	10	5	53.5	42	5 283.96	422.72	9.938	21.27	309.297	52.423	2.404
28a	280	122	8.5	13.7	10.5	5.3	55.45	43.4	7 114.14	508.15	11.32	24.62	345.051	56.565	2.495
28b	280	124	10.5	13.7	10.5	5.3	61.05	47.9	7 480	534.29	11.08	24.24	379.496	61.209	2.493

32a	320	130	9.5	15	11.5	5.8	67.05	52.7	11 075.5	692.2	12.84	27.46	459.93	70.758	2.619
32b	320	132	11.5	15	11.5	5.8	73.45	57.7	11 621.4	726.33	12.58	27.09	501.53	75.989	2.614
32c	320	134	13.5	15	11.5	5.8	79.95	62.8	12 167.5	760.47	12.34	26.77	543.81	81.166	2.608
36a	360	136	10	15.8	12	6	76.3	59.9	15 760	875	14.4	30.7	552	81.2	2.69
36b	360	138	12	15.8	12	6	83.5	65.6	16 530	919	14.1	30.3	582	84.3	2.64
36c	360	140	14	15.8	12	6	90.7	71.2	17 310	962	13.8	29.9	612	87.4	2.6
40a	400	142	10.5	16.5	12.5	6.3	86.1	67.6	21 720	1 090	15.9	34.1	660	93.2	2.77
40b	400	144	12.5	16.5	12.5	6.3	94.1	73.8	22 780	1 140	15.6	33.6	692	96.2	2.71
40c	400	146	14.5	16.5	12.5	6.3	102	80.1	23 850	1 190	15.2	33.2	727	99.6	2.65
45a	450	150	11.5	18	13.5	6.8	102	80.4	32 240	1 430	17.7	38.6	855	114	2.89
45b	450	152	13.5	18	13.5	6.8	111	87.4	33 760	1 500	17.4	38	894	118	2.84
45c	450	154	15.5	18	13.5	6.8	120	94.5	35 280	1 570	17.1	37.6	938	122	2.79
50a	500	158	12	20	14	7	119	93.6	46 470	1 860	19.7	42.8	1 120	142	3.07
50b	500	160	14	20	14	7	129	101	48 560	1 940	19.4	42.4	1 170	146	3.01
50c	500	162	16	20	14	7	139	109	50 640	2 080	19	41.8	1 220	151	2.96
56a	560	166	12.5	21	14.5	7.3	135.25	106.2	65 585.6	2 342.31	22.02	47.73	1 370.16	165.08	3.182
56b	560	168	14.5	21	14.5	7.3	146.45	115	68 512.5	2 446.69	21.63	47.17	1 486.75	174.25	3.162
56c	560	170	16.5	21	14.5	7.3	157.85	123.9	71 439.4	2 551.41	21.27	46.66	1 558.39	183.34	3.158
63a	630	176	13	22	15	7.5	154.9	121.6	93 916.2	2 981.47	24.62	54.17	1 700.55	193.24	3.314
63b	630	178	15	22	15	7.5	167.5	131.5	98 083.6	3 163.38	24.2	53.51	1 812.07	203.6	3.289
63c	630	180	17	22	15	7.5	180.1	141	102 251.1	3 298.42	23.82	52.92	1 924.91	213.88	3.268

注：截面图和表中标注的圆弧半径 r,r_1 的数据用于孔型设计，不作为交货条件。

12

表 4　热轧槽钢(GB 707 — 1988)

符号意义：

h—高度；　　　　r_1—腿端圆弧半径；

b—腿宽度；　　　I—惯性矩；

d—腰厚度；　　　W—弯曲截面系数；

δ—平均腿厚度；　i—惯性半径；

r—内圆弧半径；　z_0—y—y 轴与 y_1—y_1 轴间距。

型号	尺寸/mm						截面面积 /cm²	理论质量 /(kg·m⁻¹)	参考数值							
									x—x			y—y			y_1—y_1	z_0 /cm
	h	b	d	δ	r	r_1			W_x /cm³	I_x /cm⁴	i_x /cm	W_y /cm³	I_y /cm⁴	i_y /cm	I_{y_1} /cm⁴	
5	50	37	4.5	7	7	3.5	6.93	5.44	10.4	26	1.94	3.55	8.3	1.1	20.9	1.35
6.3	63	40	4.8	7.5	7.5	3.75	8.444	6.63	16.123	50.786	2.453	4.50	11.872	1.185	28.38	1.36
8	80	43	5	8.8	8	4	10.24	8.04	25.3	101.3	3.15	5.79	16.6	1.27	37.4	1.43
10	100	48	5.3	8.5	8.5	4.25	12.74	10	39.7	198.3	3.95	7.8	25.6	1.41	54.9	1.52
12.6	126	53	5.5	9.9	9	4.5	15.69	12.37	62.137	391.466	4.953	10.242	37.99	1.567	77.09	1.59
14a	140	58	6	9.5	9.5	4.75	18.51	14.53	80.5	563.7	5.52	13.01	53.2	1.7	107.1	1.71
14b	140	60	8	9.5	9.5	4.75	21.31	16.73	87.1	609.4	5.35	14.12	61.1	1.69	120.6	1.67
16a	160	63	6.5	10	10	5	21.95	17.23	108.3	866.2	6.28	16.3	73.3	1.83	144.1	1.8
16b	160	65	8.5	10	10	5	25.15	19.74	116.8	934.5	6.1	17.55	83.4	1.82	160.8	1.75
18a	180	68	7	10.5	10.5	5.25	25.69	20.17	141.4	1 272.7	7.04	20.03	98.6	1.96	189.7	1.88
18b	180	70	9	10.5	10.5	5.25	29.29	22.99	152.2	1 369.9	6.84	21.52	111	1.95	210.1	1.84

20a	200	73	7	11	11	5.5	28.83	22.63	178	1 780.4	7.86	24.2	128	2.11	244	2.01
20b	200	75	9	11	11	5.5	32.83	25.77	191.4	1 913.7	7.64	25.88	143.6	2.09	268.4	1.95
22a	220	77	7	11.5	11.5	5.75	31.84	24.99	217.6	2 393.9	8.67	28.17	157.8	2.23	298.2	2.1
22b	220	79	9	11.5	11.5	5.75	36.24	28.45	233.8	2 571.4	8.42	30.05	176.4	2.21	326.3	2.03
a	250	78	7	12	12	6	34.91	27.47	269.597	3 369.62	9.823	30.607	175.529	2.243	322.256	2.065
25b	250	80	9	12	12	6	39.91	31.39	282.402	3 530.04	9.405	32.657	196.421	2.218	353.187	1.982
c	250	82	11	12	12	6	44.91	35.32	295.236	3 690.45	9.065	35.926	218.415	2.206	384.133	1.921
a	280	82	7.5	12.5	12.5	6.25	40.02	31.42	340.328	4 764.59	10.91	35.718	217.989	2.333	387.566	2.097
28b	280	84	9.5	12.5	12.5	6.25	45.62	35.81	366.46	5 130.45	10.6	37.929	242.144	2.304	427.589	2.016
c	280	86	11.5	12.5	12.5	6.25	51.22	40.21	392.594	5 496.32	10.35	40.301	267.602	2.286	426.597	1.951
a	320	88	8	14	14	7	48.7	38.22	474.879	7 598.06	12.49	46.473	304.787	2.502	552.31	2.242
32b	320	90	10	14	14	7	55.1	43.25	509.012	8 144.2	12.15	49.157	336.332	2.471	592.933	2.158
c	320	92	12	14	14	7	61.5	48.28	543.145	8 690.33	11.88	52.642	374.175	2.467	643.299	2.092
a	360	96	9	16	16	8	60.89	47.8	659.7	11 874.2	13.97	63.54	455	2.73	818.4	2.44
36b	360	98	11	16	16	8	68.09	53.45	702.9	12 651.8	13.63	66.85	496.7	2.7	880.4	2.37
c	360	100	13	16	16	8	75.29	50.1	746.1	13 429.4	13.36	70.02	536.4	2.67	947.9	2.34
a	400	100	10.5	18	18	9	75.05	58.91	878.9	17 577.9	15.30	78.83	592	2.81	1 067.7	2.49
40b	400	102	12.5	18	18	9	83.05	65.19	932.2	18 644.5	14.98	82.52	640	2.78	1 135.6	2.44
c	400	104	14.5	18	18	9	91.05	71.47	985.6	19 711.2	14.71	86.19	687.8	2.75	1 220.7	2.42

注：截面图和表中标注的圆弧半径 r,r_1 的数据用于孔型设计，不作为交货条件。

附录Ⅲ　简单荷载作用下梁的挠度和转角

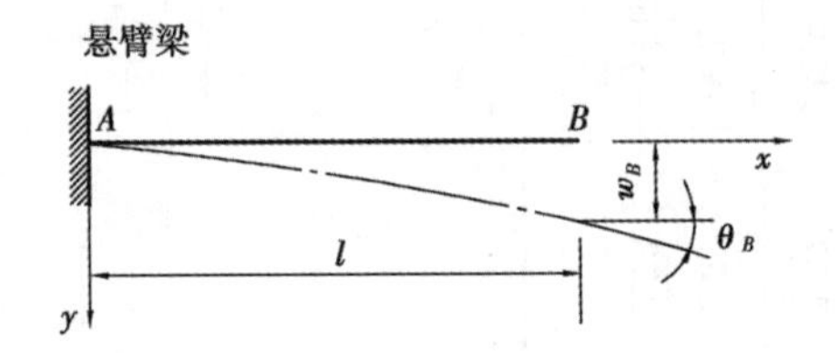

w=沿 y 方向的挠度

$w_B=w(l)$= 梁右端处的挠度

$\theta_B=w'(l)$= 梁右端处的转角

序号	梁上荷载及弯矩图	挠曲线方程	转角和挠度
1		$w=\dfrac{M_e x^2}{2EI}$	$\theta_B=\dfrac{M_e l}{EI}$ $w_B=\dfrac{M_e l^2}{2EI}$
2		$w=\dfrac{Fx^2}{6EI}(3l-x)$	$\theta_B=\dfrac{Fl^2}{2EI}$ $w_B=\dfrac{Fl^3}{3EI}$
3		$w=\dfrac{Fx^2}{6EI}(3a-x)$ $(0\leqslant x\leqslant a)$ $w=\dfrac{Fa^2}{6EI}(3x-a)$ $(a\leqslant x\leqslant l)$	$\theta_B=\dfrac{Fa^2}{2EI}$ $w_B=\dfrac{Fa^2}{6EI}(3l-a)$
4		$w=\dfrac{qx^2}{24EI}(x^2+6l^2-4lx)$	$\theta_B=\dfrac{ql^3}{6EI}$ $w_B=\dfrac{ql^4}{8EI}$

续表

序号	梁上荷载及弯矩图	挠曲线方程	转角和挠度
5	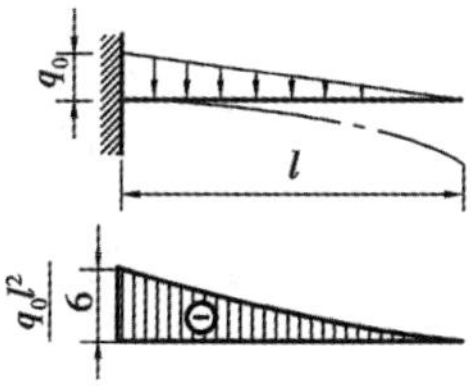	$w=\dfrac{q_0x^2}{120EIl}(10l^3-10l^2x+5lx^2-x^3)$	$\theta_B=\dfrac{q_0l^3}{24EI}$ $w_B=\dfrac{q_0l^4}{30EI}$

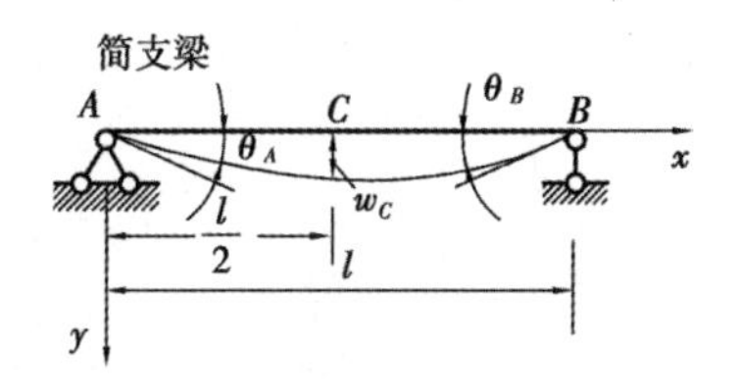

w=沿 y 方向的挠度

$w_C=w\left(\dfrac{1}{2}\right)$=梁的中点挠度

$\theta_A=w'(0)$=梁左端处的转角

$\theta_B=w'(l)$=梁右端处的转角

序号	梁上荷载及弯矩图	挠曲线方程	转角和挠度
6	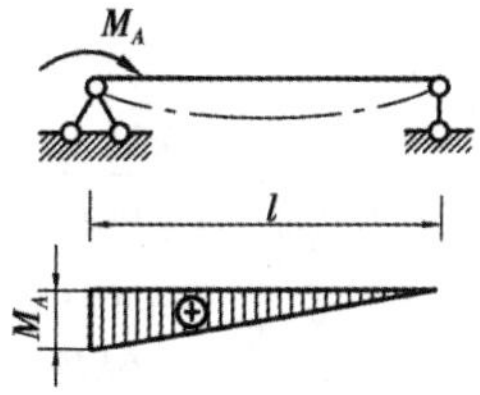	$w=\dfrac{M_Ax}{6EIl}(l-x)(2l-x)$	$\theta_A=\dfrac{M_Al}{3EI}$ $\theta_B=-\dfrac{M_Al}{6EI}$ $w_c=\dfrac{M_Al^2}{16EI}$
7	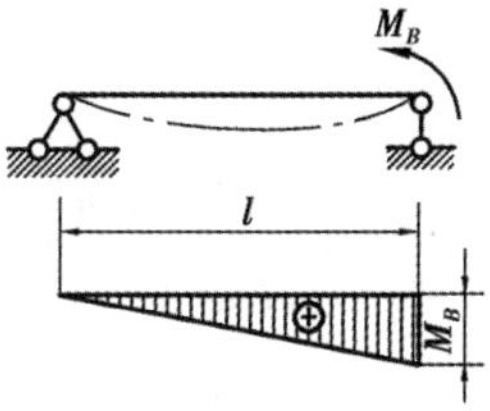	$w=\dfrac{M_Bx}{6EIl}(l^2-x^2)$	$\theta_A=\dfrac{M_Bl}{6EI}$ $\theta_B=-\dfrac{M_Bl}{3EI}$ $w_C=\dfrac{M_Bl^2}{16EI}$
8	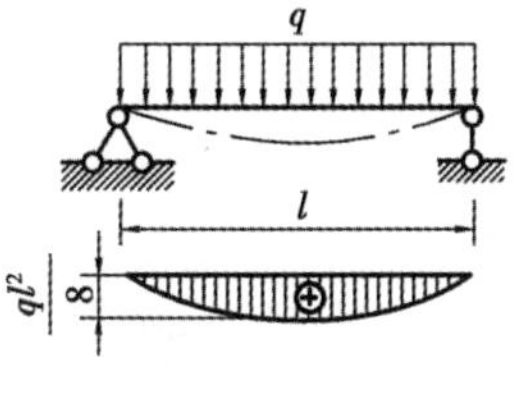	$w=\dfrac{qx}{24EI}(l^3-2lx^2+x^3)$	$\theta_A=\dfrac{ql^3}{24EI}$ $\theta_B=-\dfrac{ql^3}{24EI}$ $w_C=\dfrac{5ql^4}{384EI}$

续表

序号	梁上荷载及弯矩图	挠曲线方程	转角和挠度
9	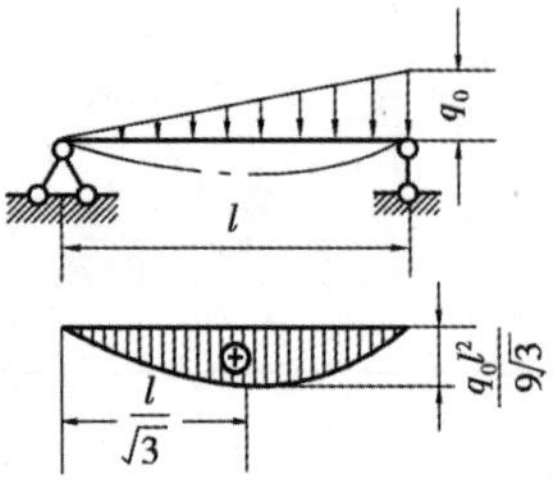	$w=\frac{q_0x}{360EIl}(7l^4-10l^2x^2+3x^4)$	$\theta_A=\frac{7q_0l^3}{360EI}$ $\theta_B=-\frac{q_0l^3}{45EI}$ $w_C=\frac{5q_0l^4}{768EI}$
10	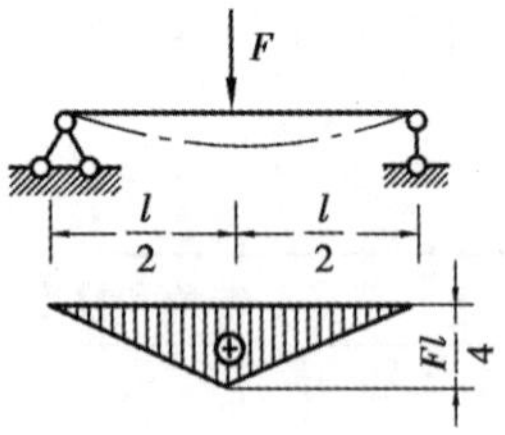	$w=\frac{Fx}{48EI}(3l^2-4x^2)\left(0\leqslant x\leqslant\frac{l}{2}\right)$	$\theta_A=\frac{Fl^2}{16EI}$ $\theta_B=-\frac{Fl^2}{16EI}$ $w_C=\frac{Fl^3}{48EI}$
11	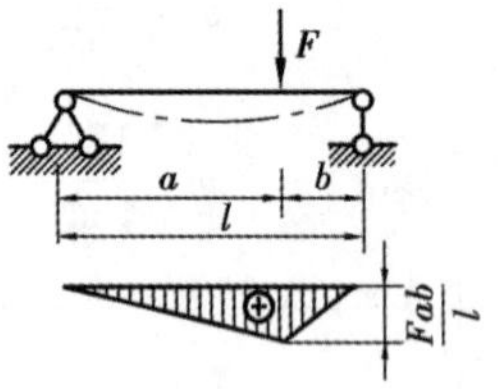	$w=\frac{Fbx}{6EIl}(l^2-x^2-b^2)$ $(0\leqslant x\leqslant a)$ $w=$ $\frac{Fb}{6EIl}\left[\frac{l}{b}(x-a)^3+(l^2-b^2)x-x^3\right]$ $(a\leqslant x\leqslant l)$	$\theta_A=\frac{Fab(l+b)}{6EIl}$ $\theta_B=\frac{Fab(l+a)}{6EIl}$ $w_C=\frac{Fb(3l^2-4b^2)}{48EI}$ （当 $a\geqslant b$ 时）
12	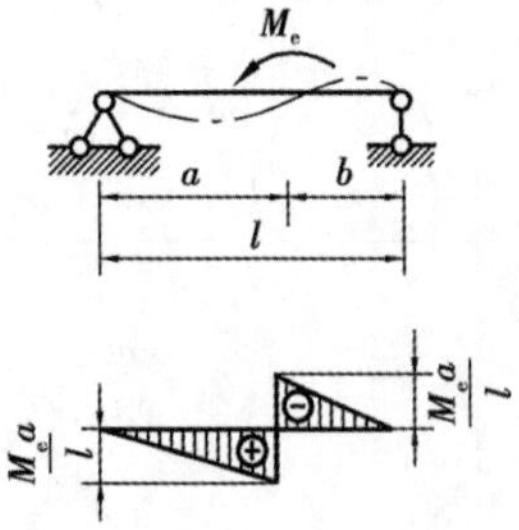	$w=\frac{M_ex}{6EIl}(6al-3a^2-2l^2-x^2)$ $(0\leqslant x\leqslant a)$ 当 $a=b=\frac{l}{2}$时， $w=\frac{M_ex}{24EIl}(l^2-4x^2)$ $\left(0\leqslant x\leqslant\frac{1}{2}\right)$	$\theta_A=\frac{M_e}{6EIl}$ $(6al-3a^2-2l^2)$ $\theta_B=\frac{M_e}{6EIl}(l^2-3a^2)$ 当 $a=b=\frac{l}{2}$时， $\theta_A=\frac{M_el}{24EI}$ $\theta_B=\frac{M_el}{24EI},w_C=0$

续表

序号	梁上荷载及弯矩图	挠曲线方程	转角和挠度
13	q a b l $\frac{qb^2(a+l)^2}{8l^2}$ $\frac{b(a+l)}{2l}$	$w=-\frac{qb^5}{24EIl}\left[2\frac{x^3}{b^3}-\frac{x}{b}\left(2\frac{l^2}{b^2}-1\right)\right]$ $(0\leqslant x\leqslant a)$ $w=-\frac{q}{24EI}\left[2\frac{b^2x^3}{l}-\frac{b^2x}{l}(2l^2-b^2)-(x-a)^4\right]$ $(a\leqslant x\leqslant l)$	$\theta_A=\frac{qb^2(2l^2-b^2)}{24EIl}$ $\theta_B=-\frac{qb^2(2l-b)^2}{24EIl}$ $w_C=\frac{qb^3}{24EIl}\left(\frac{3}{4}\frac{l^3}{b^3}-\frac{1}{2}\frac{l}{b}\right)$ （当 $a>b$ 时） $w_C=\frac{qb^3}{24EIl}\left[\frac{3}{4}\frac{l^3}{b^3}-\frac{1}{2}\frac{l}{b}+\frac{1}{16}\frac{l^5}{b^5}\times\left(1-\frac{2a}{l}\right)^4\right]$ （当 $a<b$ 时）

参考文献

[1] 孙训方,方孝淑,关泰来.材料力学(Ⅰ)[M].北京:高等教育出版社,2009.
[2] 孙训方,方孝淑,关泰来.材料力学(Ⅱ)[M].北京:高等教育出版社,2009.
[3] 单祖辉.材料力学(Ⅰ)[M]. 北京:高等教育出版社,2009.
[4] 单祖辉.材料力学(Ⅱ)[M]. 北京:高等教育出版社,2009.
[5] 徐芝纶.弹性力学[M]. 北京:高等教育出版社,2006.
[6] David Roylance. Mechanics of Materials. NewYork: John Wiley & Sons Inc,1996.
[7] 朱渝春,严波.材料力学[M]. 重庆:重庆大学出版社,2005.
[8] R.C.Hibbeler.材料力学[M].汪越胜,等译. 北京:电子工业出版社,2006.
[9] 中华人民共和国国家质量检验检疫总局.GB/T 228—2002 金属材料室温拉伸试验方法[S].北京:中国标准出版社,2002.
[10] 中华人民共和国建设部.GB 50017—2003 钢结构设计规范[S].北京:中国计划出版社,2003.